EUL VERLAG

EINZELSCHRIFTEN

Mathias Osann
Freiwillige Berichterstattung über immaterielle Ressourcen – Ein deskriptiv-explikatives Mehrebenenmodell
Lohmar – Köln 2010 • 332 S. • € 63,- (D) • ISBN 978-3-89936-976-2

Holger Behrendt
Regionale Analyse der Mortalität in den alten und neuen Bundesländern – Eine vergleichende Untersuchung über die räumliche Variabilität der Sterblichkeit in der Bundesrepublik Deutschland und ihre potenziellen Einflussfaktoren mit einem zeitlichen Analyseschwerpunkt zwischen 1998 und 2004
Lohmar – Köln 2010 • 504 S. • € 73,- (D) • ISBN 978-3-89936-979-3

Richard Vahrenkamp
Von Taylor zu Toyota – Rationalisierungsdebatten im 20. Jahrhundert
Lohmar – Köln 2010 • 212 S. • € 55,- (D) • ISBN 978-3-89936-983-0

Christine Junior
Analyse thermoelektrischer Module und Gesamtsysteme
Lohmar – Köln 2010 • 152 S. • € 47,- (D) • ISBN 978-3-89936-987-8

Tiina Salonen
Strategies, Structures, and Processes for Network and Resources Management in Industrial Parks – The Cases of Germany and China
Lohmar – Köln 2010 • 408 S. • € 66,- (D) • ISBN 978-3-89936-998-4

Nikolai Reynolds
Factors Influencing Business Relationships in Agri-Food Chains – An Analysis of Selected German Chains in European Comparison
Lohmar – Köln 2010 • 252 S. • € 57,- (D) • ISBN 978-3-8441-0004-4

Frederick Krummet
Der Informationsgehalt von latenten Steuern nach IAS 12 – Eine empirische Untersuchung zur Extrapolierbarkeit des IFRS-Ergebnisses in deutschen Konzernabschlüssen
Lohmar – Köln 2011 • 336 S. • € 63,- (D) • ISBN 978-3-8441-0010-5

JOSEF EUL VERLAG

Dr. Frederick Krummet

Der Informationsgehalt von latenten Steuern nach IAS 12

Eine empirische Untersuchung zur Extrapolierbarkeit des IFRS-Ergebnisses in deutschen Konzernabschlüssen

Mit einem Geleitwort von Prof. Dr. Deborah Schanz,
WHU – Otto Beisheim School of Management, Vallendar

EUL VERLAG

Bibliografische Information der Deutschen Nationalbibliothek

Die Deutsche Nationalbibliothek verzeichnet diese Publikation in der Deutschen Nationalbibliografie; detaillierte bibliografische Daten sind im Internet über <http://dnb.d-nb.de> abrufbar.

Dissertation, WHU – Otto Beisheim School of Management, Vallendar, 2010

ISBN 978-3-8441-0010-5
1. Auflage Januar 2011

JOSEF EUL VERLAG GmbH
Brandsberg 6
53797 Lohmar
Tel.: 0 22 05 / 90 10 6-6
Fax: 0 22 05 / 90 10 6-88
E-Mail: info@eul-verlag.de
http://www.eul-verlag.de

Bei der Herstellung unserer Bücher möchten wir die Umwelt schonen. Dieses Buch ist daher auf säurefreiem, 100% chlorfrei gebleichtem, alterungsbeständigem Papier nach DIN 6738 gedruckt.

Geleitwort

Investoren benutzen publizierte Informationen wie beispielsweise Gewinne, um zukünftige Gewinne und Cashflows von Unternehmen zu approximieren und die Entwicklung von Unternehmen zu bewerten. Es existiert jedoch nicht ein korrekter Gewinnbegriff, sondern es gibt zahlreiche Paralleldefinitionen, z.B. gemäß den International Financial Accounting Standards (IFRS), dem deutschen Handelsgesetzbuch (HGB) oder den steuerlichen Gewinnbegriff. Die IFRS zeichnen sich gegenüber dem deutschen Steuerbilanzrecht durch einen größeren Zukunftsbezug aus; dies beinhaltet jedoch einen bewussten Ermessensspielraum bei der Erstellung des Jahresabschlusses. Unterschiede zwischen dem Steuerbilanzgewinn und dem IFRS-Gewinn werden in den IFRS abgebildet, indem latente Steuern gebildet werden.

Frederick Krummet untersucht in der vorliegenden Arbeit auf Basis empirischer Daten deutscher Unternehmen, ob latente Steuern als zusätzliche Größe zum IFRS-Gewinn geeignet sind, bessere Prognosen zukünftiger Ergebnisse zu ermöglichen. Dies basiert auf der Idee, dass Steuerbilanzgewinne möglicherweise weniger Spielraum für Ermessen des Managements bieten als die IFRS. Ist es sinnvoll, über den IFRS-Gewinn hinaus weitere Informationen zu nutzen? Frederick Krummet überprüft, ob latente Steuern, die gemäß IAS 12 gebildet werden müssen, solche relevanten Informationen darstellen.

Die Arbeit von Frederick Krummet stellt ausführlich die Hintergründe dar, die für die Extrapolation von IFRS-Gewinnen mit Hilfe von latenten Steuern notwendig sind. So werden IFRS-Regelungen und abweichende steuerliche Regelungen, sogenannte „Book-Tax-Differences", die zu latenten Steuern führen, umfassend beschrieben. Daneben bietet eine Darstellung des Zusammenhangs zwischen vergangenheitsbezogenen Gewinnen und zukünftigen Gewinnen und Cashflows sowie dem Unternehmenswert die Grundlage für den Hauptteil der Arbeit, die empirische Untersuchung.

Frederick Krummet untersucht erstmals für deutsche Unternehmen, ob IFRS-Gewinne beständig sind und welche Rolle Unterschiede zwischen IFRS-Gewinn und steuerlichem Gewinn – Book-Tax-Differences – spielen. Er kann zeigen, dass die publizierten latenten Steuern wichtige Informationen beinhalten. Sie helfen, die Informationslücke zu reduzieren, die dadurch besteht, dass in Deutschland wie auch in vielen anderen Ländern Steuerbilanzen von Unternehmen nicht publiziert werden.

In der empirischen Untersuchung zeigt Frederick Krummet auf, dass sich die Beständigkeit von IFRS-Gewinnen unterscheidet, wenn als zusätzliche Variable latente Steuern einbezogen werden. Insbesondere hohe positive Book-Tax-Abweichungen – d.h. der aktuelle IFRS-Gewinn übersteigt den steuerlichen Gewinn – sind als „red flag“ zu interpretieren. Die Gewinne dieser Unternehmen sind weniger nachhaltig als Gewinne von Unternehmen mit niedrigeren latenten Steuern. Auch vor dem Hintergrund von Bilanzskandalen wie dem Enron-Fall ist daher die Interpretation von latenten Steuern bei der Bilanzanalyse bedeutsam.

Im Anschluss an die überzeugende empirische Analyse bereitet Frederick Krummet seine Ergebnisse auf, um daraus konkrete Handlungsempfehlungen abzuleiten. Er beschreibt innovativ und sehr gelungen, welche Eigenschaften von Book-Tax-Abweichungen Bilanzlesern als Signal zur Vorsicht dienen sollten. Damit bildet die Monographie nicht nur einen wichtigen Forschungsbeitrag, sondern sie ist auch bedeutsam für die Praxis, da Bilanzleser wertvolle Regeln erhalten, wann latente Steuern ein Warnsignal für die Nachhaltigkeit von Unternehmensgewinnen darstellen können.

Prof. Dr. Deborah Schanz

Vorwort

Die vorliegende Arbeit entstand während meiner Zeit als wissenschaftlicher Mitarbeiter am Lehrstuhl für Betriebswirtschaftliche Steuerlehre von Prof. Dr. Deborah Schanz an der WHU – Otto Beisheim School of Management in Vallendar. Im September 2010 wurde die Arbeit als Dissertationsschrift angenommen. Der erfolgreiche Abschluss der Promotion wurde durch die tatkräftige Unterstützung einer Vielzahl von Menschen ermöglicht. Ich möchte mit diesen Worten meinen gebührenden Dank an all diejenigen richten, die mich sowohl fachlich als auch privat während dieser Zeit unterstützt haben.

An erster Stelle ist meine akademische Lehrerin Prof. Dr. Deborah Schanz zu nennen, deren Betreuung nicht zuletzt durch die vielen hilfreichen Diskussionen, ihren Rat und den außerordentlich großzügigen Freiräumen zur Verfassung meiner Dissertation einmalig war. Sie hatte jederzeit ein offenes Ohr für sowohl fachliche als auch private Anliegen. Das konstruktive, offene Miteinander an Ihrem dynamischen Lehrstuhl ist einzigartig und wird mir stets positiv in Erinnerung bleiben.

Des Weiteren möchte ich mich ebenso herzlich bei Prof. Dr. Thorsten Sellhorn für die Übernahme des Zweitgutachtens sowie sehr hilfreiche Kommentare und Anregungen zu meiner Arbeit bedanken.

Besonderer Dank gebührt ebenfalls meinen Kollegen und Freunden an der WHU für die fachliche Unterstützung, der jederzeit freundschaftlichen Atmosphäre und der unvergeßlichen Zeit an der WHU. Durch sie werde ich diese Zeit immer in sehr schöner Erinnerung behalten.

Ich bin sehr dankbar, durch mein privates Umfeld eine enorme Unterstützung erhalten zu haben. Ich möchte mich bei meinen Eltern Hannelore und Werner herzlich bedanken, die mir während meiner gesamten akademischen Ausbildung ihren uneingeschränkten Rückhalt jederzeit gegeben haben. Ohne ihre Unterstützung wäre meine persönliche und akademische Entwicklung, die sie mit hohem Einsatz gefördert haben, sicherlich nicht möglich gewesen. Mein ganz besonderer Dank geht an Christina. Sie hat diese Arbeit intensiv Korrektur gelesen, unzählige hilfreiche Kommentare gegeben und damit einen wertvollen Beitrag an der Endversion dieser Arbeit geleistet. Aber weitaus wichtiger ist, dass Christina mich während dieser Zeit bedingungslos unterstützt und außergewöhnliche Geduld mit mir gezeigt hat. Dies hat mir die Motivation und Kraft gegeben, meine Dissertation erfolgreich abzuschließen. Der uneingeschränkte familiäre Rückhalt und die Unterstützung sind die Basis für einen freien Kopf und unbeschwertes Arbeiten. Meinen Eltern, meinem Bruder Christopher sowie Christina ist diese Arbeit gewidmet.

Dr. Frederick Krummet

Inhaltsverzeichnis

Abbildungsverzeichnis

Tabellenverzeichnis

Abkürzungsverzeichnis

Abs.	Absatz
a.F.	alte Fassung
AfA	Absetzung für Abnutzung
AktG	Aktiengesetz
AO	Abgabenordnung
APB	Accounting Principles Board
AR(n)	autoregressiver Prozess n-ter Ordnung
Art.	Artikel
Aufl.	Auflage
bearb.	bearbeitete
BGBl.	Bundesgesetzblatt
BilMoG	Bilanzrechtsmodernisierungsgesetz
BilReG	Bilanzrechtsreformgesetz
BStBl.	Bundessteuerblatt
BTA1	Subsample, bestehend aus Geschäftsjahren mit sehr hohen negativen Book-Tax-Abweichungen
BTA2	Subsample, bestehend aus Geschäftsjahren mit hohen negativen Book-Tax-Abweichungen
BTA3	Subsample, bestehend aus Geschäftsjahren mit „normalen“ Book-Tax-Abweichungen (Benchmark-Subsample)
BTA4	Subsample, bestehend aus Geschäftsjahren mit hohen positiven Book-Tax-Abweichungen
BTA5	Subsample, bestehend aus Geschäftsjahren mit sehr hohen positiven Book-Tax-Abweichungen
bzw.	beziehungsweise
CFO	Chief Financial Officer
DAI	Deutsches Aktieninstitut
d.h.	das heißt

DRS	Deutscher Rechnungslegungsstandard
ED/2009/2	Exposure Draft „Income Tax“ (Stand: März 2009)
EGHGB	Einführungsgesetz zum Handelsgesetzbuch
erw.	erweiterte
EStG	Einkommensteuergesetz
EStR	Einkommensteuerrichtlinien
etc.	et cetera
EUR	Euro
f.	folgende
F.	Framework for the Preparation and Presentation of Financial Statements
FASB	Federal Accounting Standards Board
ff.	fortfolgende
FIFO	Verbrauchsfolgeverfahren: First-in-first-out
GewStG	Gewerbesteuergesetz
GoB	Grundsätze ordnungsmäßiger Buchführung
GuV	Gewinn- und Verlustrechnung
H#	Hypothese #
HGB	Handelsgesetzbuch
Hrsg.	Herausgeber
IAS	International Accounting Standard(s)
IASB	International Accounting Standards Board
IASC	International Accounting Standards Committee
IFRIC	International Financial Reporting Interpretations Committee
IFRS	International Financial Reporting Standard(s)
iVm.	in Verbindung mit
KapAEG	Kapitalaufnahmeerleichterungsgesetz
KGV	Kurs-Gewinn-Verhältnis
KStG	Körperschaftsteuergesetz
lt.	laut
Max	Maximum
m.E.	meines Erachtens
Min	Minimum
neubearb.	neubearbeitete
n.F.	neue Fassung

No.	number
Nr.	Nummer
OLS	kleinste Quadrate (ordinary least squares)
REIT	Real Estate Investment Trust
resp.	respektive
Rn.	Randnummer(n)
S.	Satz / Seite
s.d.	Standardabweichung
s.e.	Standardfehler
SFAS	Statement of Financial Accounting Standards
SIC	Standing Interpretations Committee (Interpretation)
sog.	sogenannte
StSenkG	Steuersenkungsgesetz (Gesetz zur Senkung der Steuersätze und zur Reform der Unternehmensbesteuerung)
u.a.	unter anderem
überarb.	überarbeitete
UntStRefG	Unternehmensteuerreformgesetz
USD	US Dollar
US-GAAP	Generally Accepted Accounting Principles der USA
vgl.	vergleiche
vollst.	vollständig
vs.	versus
WC#	Datenbezeichnung in der Worldscope Datenbank
z.B.	zum Beispiel

Symbolverzeichnis

Symbol	Bedeutung
A	Abschreibungsbetrag
AGZ	abnormaler Gewinnzuwachs
b	Thesaurierungsquote
BTA	Book-Tax-Abweichung
$BTA1$	Subsample BTA1 (Dummy-Variable)
$BTA2$	Subsample BTA2 (Dummy-Variable)
$BTA4$	Subsample BTA4 (Dummy-Variable)
$BTA5$	Subsample BTA5 (Dummy-Variable)
CF	Cashflows
$CFOBT$	operative Cashflows vor Steuern
Cov	Kovarianz
D	Dividende (je Aktie)
$E(\cdot)$	Erwartungswertfunktion
EBT_IFRS	IFRS-Periodenergebnis vor Steuern abzüglich dem Minderheitenanteil
EK^B	(anteiliges) buchmäßiges Eigenkapital
ETR^{IFRS}	effektiver IFRS-Steuersatz
$FordLL$	Forderungen aus Lieferungen und Leistungen
g	Wachstumsrate
G	Gewinn (je Aktie)
GJ	Geschäftsjahr (Dummy-Variable)
i	Laufindex oder Beobachtung
IVG	immaterielle Vermögensgegenstände
k	Wiederanlageverzinsung der thesaurierten Gewinne; interne Rendite
$Leverage$	Verschuldungsgrad
n	Anzahl der Beobachtungen oder Laufindex
n_{GJ}	Anzahl der Geschäftsjahre

n_U	Anzahl der Unternehmen
N	Normalverteilung
NG	normaler Gewinn
NOA	Net Operating Assets
NOA_growth	Wachstum der Net Operating Assets
OA	Other Assets
OCA	Other Current Assets
OCL	Other Current Liabilities
OL	Other Liabilities
P	Unternehmenswert bzw. Aktienwert
PA	Periodenabgrenzungen (Accruals)
$PABT$	Periodenabgrenzungen (Accruals) vor Steuern
PPE	Property, Plant and Equipment
r	risikoadäquater Zinssatz
R^2	Bestimmtheitsmaß
$\bar{R}^2$	korrigiertes Bestimmtheitsmaß
ROE	Eigenkapitalrentabilität
$ROEBT$	Eigenkapitalrentabilität vor Steuern
s	Steuersatz
s_{GewSt}^{eff}	effektiver Gewerbesteuersatz
s_{KSt}	Körperschaftsteuersatz
s_{SolZ}	Solidaritätszuschlag
S^{ges}	gesamte (tatsächliche und latente) Steueraufwendungen
S^{lat}	latente Steueraufwendungen
S^{tats}	tatsächliche Steuern/Steueraufwendungen
t	Zeitindex
$Total\ Assets$	Bilanzsumme
UE	Umsatzerlöse
UE_growth	Wachstumsfaktor der Umsatzerlöse
$VerbLL$	Verbindlichkeiten aus Lieferungen und Leistungen
$Vorr$	Vorräte
X	Barwert künftiger Dividenden
Y^G	Information (buchhalterisches Ergebnis)
Y_P^G	Information (publiziertes buchhalterisches Ergebnis)

α	Regressionskoeffizient
β	Regressionskoeffizient
γ	Regressionskoeffizient
δ	Zufallsvariable
ΔBTA_t	Differenz der Mittelwerte bzw. Mediane der Variable BTA_t zwischen zwei Subsamples
$\Delta CF_{t-1 \rightarrow t}$	Veränderung der Cashflows zwischen der Periode t-1 und t
$\Delta CFOBT_t$	Differenz der Mittelwerte bzw. Mediane der Variable $CFOBT_t$ zwischen zwei Subsamples
$\Delta CFOBT_{t-1 \rightarrow t}$	Veränderung der operativen Cashflows vor Steuern zwischen der Periode t-1 und t
$\Delta CFOBT_{t \rightarrow t+1}$	Veränderung der operativen Cashflows vor Steuern zwischen der Periode t und t+1
ΔEBT_IFRS_t	Differenz der Mittelwerte bzw. Mediane der Variable EBT_IFRS_t zwischen zwei Subsamples
ΔEBT_IFRS_{t+1}	Differenz der Mittelwerte bzw. Mediane der Variable EBT_IFRS_{t+1} zwischen zwei Subsamples
$\Delta PA_{t-1 \rightarrow t}$	Veränderung der Periodenabgrenzungen zwischen der Periode t-1 und t
$\Delta PABT_t$	Differenz der Mittelwerte bzw. Mediane der Variable $PABT_t$ zwischen zwei Subsamples
$\Delta PABT_{t-1 \rightarrow t}$	Veränderung der Periodenabgrenzungen vor Steuern zwischen der Periode t-1 und t
$\Delta PABT_{t \rightarrow t+1}$	Veränderung der Periodenabgrenzungen vor Steuern zwischen der Periode t und t+1
$\Delta\omega$	Differenz der Mittelwerte bzw. Mediane der Variable ω zwischen zwei Subsamples
ε	Umweltzustand, Störgröße, Residuum
ε_i^{stud}	studentisiertes Residuum
θ	Umweltzustand, Störgröße
μ	Erwartungswert
ρ	Korrelationskoeffizient
σ	Standardabweichung
σ^2	Varianz
υ	Störgröße, Residuum
ω	Wachstumsfaktor des IFRS-Ergebnisses von t nach t+1

$\vert\ \vert$	Betrag einer Variablen
$\bar{}$	Mittelwert (zur Verdeutlichung)
$\hat{}$	geschätzter Wert des Regressionsmodells (zur Verdeutlichung)
$\tilde{}$	Zufallsvariable (zur Verdeutlichung)

Kapitel 1

Einleitung

1.1 Problemstellung

Die Bilanzierungswelt in Kontinentaleuropa hat sich grundlegend verändert und unterliegt weiterhin einem stetigen Wandel. Infolge der sog. IAS-Verordnung[1] aus dem Jahre 2002 sind alle kapitalmarktorientierten Unternehmen der Europäischen Union seit dem 1. Januar 2005 verpflichtet, ihren Konzernabschluss nach den International Financial Reporting Standards (IFRS[2]) zu erstellen. Diese Unternehmen bzw. die konsolidierungspflichtigen Einzelgesellschaften müssen zugleich eine Gewinnermittlung für steuerliche Zwecke erstellen. Die Zielsetzungen und Adressaten der Rechnungslegung nach den IFRS sowie nach steuerrechtlichen Methoden unterscheiden sich wesentlich voneinander. Die Steuerbilanz erfüllt die Funktion der Zahlungsbemessung, wobei alleiniger Adressat der Fiskus ist. IFRS-Abschlüsse erfüllen primär eine Informationsfunktion, wobei entscheidungsrelevante Informationen insbesondere an Investoren kommuniziert werden. Infolge der hieraus resultierenden Unterschiede der Bilanzierungs- und Bewertungsregelungen weichen die Gewinnermittlungen dieser beiden Periodisierungskonzeptionen in aller Regel voneinander ab. Die tatsächlichen Steuern, die sich aus der Steuerbilanz ergeben, müssen im Jahresabschluss gemäß den IFRS als Aufwendungen

[1] Vgl. IAS-Verordnung (2002).

[2] In dieser Arbeit wird die Bezeichnung IFRS als Oberbegriff verwendet. Die IFRS bestehen aus den International Financial Reporting Standards (IFRS), den International Accounting Standards (IAS) sowie den Interpretationen des International Financial Reporting Interpretations Committee (IFRIC) bzw. des ehemaligen Standing Interpretations Committee (SIC). Vgl. auch IAS 1.11. Sämtliche in dieser Arbeit verwendeteten IFRS bzw. IAS und Interpretationen basieren allesamt auf dem Stand Januar 2008. Vgl. zu diesen IDW (2008). Dies ist erforderlich, da die Datenbasis der empirischen Untersuchung auf IFRS-Konzernabschlüssen des Zeitraums 2001 bis 2007 basiert.

in der Gewinn- und Verlustrechnung (GuV) erfasst werden. Jedoch stehen diese in keinem vernünftigen und erklärbaren Zusammenhang zum öffentlich publizierten IFRS-Ergebnis. Latente Steuern dienen nun genau dazu, diese Divergenzen zu eliminieren.

In Deutschland hat die Berichterstattung über Ertragsteuern in Einzel- und Konzernabschlüssen gemäß Handelsgesetzbuch (HGB) viele Jahre lang ein Schattendasein geführt. Dies lässt sich auf vergleichsweise unpräzise Erläuterungspflichten sowie auf die zugrunde gelegte Konzeption zur Verrechnung latenter Steuern zurückführen. Des Weiteren kam der latenten Steuerabgrenzung, insbesondere im Einzelabschluss nach HGB, durch die Verknüpfung von Handels- und Steuerbilanz über das Prinzip der Maßgeblichkeit lediglich eine geringe Bedeutung zu. Eine erste Annäherung an die Regelungen der latenten Steuerabgrenzung gemäß den IFRS konnte im Konzernabschluss nach HGB durch die Verabschiedung und Bekanntmachung des Deutschen Rechnungslegungsstandards (DRS) 10 beobachtet werden. Durch die Pflicht zur Umstellung der Rechnungslegung auf die IFRS spielen latente Steuern inzwischen eine wichtige Rolle in deutschen IFRS-Konzernabschlüssen. In diesem Kontext ist aktuell auch das Bilanzrechtsmodernisierungsgesetz (BilMoG) zu nennen. Durch das BilMoG werden latente Steuern in Einzel- und Konzernabschlüssen nach HGB in Zukunft ebenfalls einen höheren Stellenwert erhalten. Die Aufgabe der umgekehrten Maßgeblichkeit wird Handels- und Steuerbilanz weiter auseinanderdriften lassen. Der Übergang auf eine Konzeption zur Verrechnung latenter Steuern, die der der IFRS entspricht, erweitert den Anwendungsbereich der latenten Steuerabgrenzung. Diese Entwicklung erhöht die Relevanz der Thematik in dieser Arbeit.

Die Abgrenzung von latenten Steuern in einem IFRS-(Konzern)Abschluss ist sehr umfassend und detailliert in dem International Accounting Standard (IAS) 12 „Income Taxes“ geregelt. Die zugrunde gelegte Konzeption zur Verrechnung latenter Steuern bewirkt, dass eine Vielzahl an Bilanzierungs- und Bewertungsunterschieden zwischen der steuerlichen und der IFRS-Rechnungslegung abgegrenzt werden müssen. Der Standard selbst wird von Rechnungslegungs- und Steuerexperten als besonders komplex angesehen.

Diese Ausführungen stellen den Ausgangspunkt des ersten Teils dieser Arbeit dar. In diesem wird erläutert, woher die Bilanzierungs- und Bewertungsunterschiede zwischen den IFRS und der Gewinnermittlung nach steuerlichen Methoden resultieren, was die Intention der latenten Steuerverrechnung ist, welche Konzeptionen zur Verrechnung latenter Steuern existieren, wie die aufwendige, komplexe Bilanzierung und Bewertung latenter Steuern konkret in IAS 12 geregelt ist und welche Angaben in einem IFRS-Konzernabschluss in Zusammenhang mit der latenten Steuerverrechnung gemacht werden müssen.

Hieran anknüpfend stellt sich die Frage, ob die aufwendige und komplexe Abbildung latenter Steuern nach IAS 12 entscheidungsrelevante Informationen beinhaltet. Zum einen können latente Steuern über künftige Steuerbelastungen bzw. -entlastungen informieren, welche auf Basis der bilanzierten Vermögensgegenstände und Schulden im IFRS-Abschluss nicht unmittelbar ersichtlich sind. Zum anderen enthalten sie Informationen über Unterschiede zwischen den Wertansätzen von Vermögensgegenständen und Schulden gemäß den IFRS auf der einen und gemäß steuerrechtlichen Methoden auf der anderen Seite. Diese Informationen können als Ausgangspunkt für weitere Analysen genutzt werden, welche wiederum Rückschlüsse auf die steuerbilanzielle Gewinnermittlung erlauben.

Im US-amerikanischen Rechtsraum, der durch die Abkoppelung der Handels- von der Steuerbilanz auf eine lange Tradition der Steuerabgrenzung zurückblicken kann, wurden bereits einige empirische Studien zum Informationsgehalt latenter Steuern durchgeführt. Diese Studien zeigen, dass latente Steuern eine bedeutende Informationsquelle in einem Konzernabschluss nach den Generally Accepted Accounting Principles der USA (US-GAAP) darstellen. Der überwiegende Teil dieser empirischen Untersuchungen beschäftigt sich mit der Wertrelevanz von Informationen aus der latenten Steuerverrechnung gemäß US-GAAP. In der jüngeren Vergangenheit sind erste empirische Untersuchungen durchgeführt wurden, die sich mit dem Informationsgehalt von Unterschieden, die sich zwischen dem Steuerbilanzgewinn und dem US-GAAP-Ergebnis manifestieren, auseinandersetzen. U.a. werden zur Approximation dieser Unterschiede latente Steuern verwendet. Fokus dieser Studien ist, herauszufinden, ob Book-Tax-Abweichungen im Allgemeinen und latente Steuern nach den US-GAAP im Speziellen über die (nachhaltige) Ertragslage eines Unternehmens informieren können. Diese Studien stellen u.a. fest, dass approximativ rekonstruierte Steuerbilanzgewinne bzw. die Höhe der Abweichungen dieser von US-GAAP-Ergebnissen Informationen enthalten, die Rückschlüsse auf die (nachhaltige) Entwicklung des US-GAAP-Ergebnisses zulassen.

Empirische Studien zum Informationsgehalt latenter Steuern nach IAS 12 sind bislang rar. Latente Steuern gemäß IAS 12 können möglicherweise ebenfalls dazu verwendet werden, Abweichungen des steuerbilanziellen Gewinns vom IFRS-Ergebnis approximativ zu bestimmen. Aus der Höhe dieser approximativ bestimmten Book-Tax-Abweichungen können gegebenenfalls zusätzliche Erkenntnisse für die Analyse der (nachhaltigen) Ertragslage eines Unternehmens resp. der „Ergebnisqualität" des ausgewiesenen IFRS-Ergebnisses gewonnen werden. Dies würde zusätzliche Informationen liefern – sowohl für ökonomische Entscheidungen externer Bilanzadressaten – allen voran (potenzielle) Investoren und Analysten – als auch für die wissenschaftliche Forschung – insbesondere für Studien, die IFRS-Ergebnisse in empirischen Modellen verwenden.

In der empirischen Untersuchung der vorliegenden Arbeit wird diesen Überlegungen nachgegangen. Es wird der Informationsgehalt latenter Steuern nach IAS 12 bzw. der der zugrunde liegenden Book-Tax-Abweichungen hinsichtlich der „Qualität" des IFRS-Ergebnisses und dessen Komponenten empirisch untersucht. Im Fokus stehen die Fragen: Enthalten die der latenten Steuerverrechnung gemäß IAS 12 zugrunde liegenden Book-Tax-Abweichungen relevante Informationen, die zusätzlich im Rahmen der Jahresabschlussanalyse verwendet werden können, um die Extrapolierbarkeit des IFRS-Ergebnisses zu beurteilen? Können möglicherweise latente Steuern nach IAS 12 von Investoren und Analysten verwendet werden, um die Höhe der Abweichung des steuerlichen Gewinns vom IFRS-Ergebnis zu approximieren und um damit eine Benchmark zu kreieren, die zusätzliche Erkenntnisse hinsichtlich der nachhaltigen Ertragslage bzw. der „Qualität" des publizierten IFRS-Ergebnisses liefert? Eine derartige Benchmark wäre auch für die empirische Rechnungslegungsforschung interessant.

Um dies zu beurteilen, werden in dieser Arbeit verschiedene – für (potenzielle) Investoren bzw. Analysten relevante – rechnungslegungsbasierte, empirische Maßgrößen zur Beurteilung der „Ergebnisqualität" vor dem Hintergrund bestehender Book-Tax-Abweichungen in deutschen IFRS-Konzernabschlüssen berechnet und zusammen dazu verwendet, die Extrapolierbarkeit des IFRS-Ergebnisses zu beurteilen. Die Approximation von Book-Tax-Abweichungen basiert auf latenten Steuern nach IAS 12.

Die empirische Untersuchung in dieser Arbeit ergänzt und erweitert somit bisherige Studien zum Informationsgehalt latenter Steuern zur Analyse der nachhaltigen Ertragslage eines Unternehmens, indem eine differenziertere Untersuchung der „Ergebnisqualität" unter Verwendung mehrerer empirischer Maßgrößen durchgeführt wird, die zusammen zur Beurteilung der Extrapolierbarkeit des kapitalmarktorientierten Ergebnisses verwendet werden können. Dieses stellt meines Wissens die erste empirische Studie dar, die insbesondere den Informationsgehalt latenter Steuern nach IAS 12 hinsichtlich der Extrapolierbarkeit des IFRS-Ergebnisses in deutschen Konzernabschlüssen untersucht.

1.2 Aufbau der Arbeit

Die vorliegende Arbeit ist in 5 Kapitel untergliedert. Kapitel 2 widmet sich ausführlich der latenten Steuerverrechnung. Das Ziel dieses Kapitels ist, ein umfassendes Verständnis für die Abgrenzung latenter Steuern in einem IFRS-Konzernabschluss zu vermitteln. Hierzu werden zunächst die grundsätzlichen Regelungen dargestellt, die kapitalmarktorientierte Unternehmen in Deutschland zu einer Rechnungslegung nach den IFRS sowie nach steuerrechtlichen Methoden verpflichten. Ferner werden die unterschiedlichen Zielsetzungen und Adressaten der Rechnungslegungssysteme erklärt und es wird gezeigt, dass hieraus unterschiedliche Bilanzierungs- und Bewertungsregelungen resultieren. Anhand eines verständlichen Beispiels werden Intention und Wirkungsweise der latenten Steuerverrechnung dargelegt. Anschließend werden die unterschiedlichen Konzeptionen, die sich zum Zwecke der Bilanzierung und Bewertung latenter Steuern in der Theorie und Bilanzierungspraxis herausgebildet haben, veranschaulicht. Der Hauptteil des Kapitels 2 ist eine ausführliche Darstellung der Regelungen zur latenten Steuerabgrenzung nach IAS 12.

Kapitel 3 ist in zwei wesentliche Abschnitte unterteilt. Der erste Teil dieses Kapitels setzt sich mit dem Informationsgehalt latenter Steuern auseinander. Hierzu werden die Hintergründe zu und die Erkenntnisse aus existierenden empirischen Untersuchungen zum potenziellen Informationsgehalt latenter Steuern sowie der von Book-Tax-Abweichungen dargelegt. U.a. werden Studien vorgestellt, die sich bereits mit dem Informationsgehalt latenter Steuern für die Analyse der (nachhaltigen) Ertragslage eines Unternehmens resp. der „Ergebnisqualität" auseinandergesetzt haben. Vor dem Hintergrund der Erkenntnisse aus diesen Studien wird die empirische Untersuchung in dieser Arbeit motiviert und in die bestehende Forschung eingebettet. Der zweite Teil des Kapitels 3 leitet die in dieser Arbeit verwendeten empirischen Maßgrößen zur Beurteilung der Extrapolierbarkeit des IFRS-Ergebnisses ab. Es wird erläutert, was unter „Ergebnisqualität" in dieser Arbeit konkret zu verstehen ist. Insbesondere wird dargelegt, dass das buchhalterische Ergebnis sowie dessen „Qualität“ von enormer Relevanz für Analysten und (potenzielle) Investoren ist. Dies ist nämlich keineswegs per se anzunehmen, denn die diese Adressaten eigentlich interessierende Zielgröße sind die Cashflows einer Unternehmung.

In Kapitel 4 wird die empirische Untersuchung zum Informationsgehalt latenter Steuern nach IAS 12 durchgeführt. Es wird zunächst erläutert, ob und warum Book-Tax-Abweichungen, die auf Basis latenter Steuern gemäß IAS 12 approximiert werden, Informationen hinsichtlich der Extrapolierbarkeit des IFRS-Ergebnisses beinhalten können. Anschließend werden Hypothesen in Zusammenhang mit den in Kapitel 3 vorgestellten Maßgrößen aufgestellt. Der potenzielle Informationsgehalt von Book-Tax-Abweichungen für die Extrapolierbarkeit des IFRS-Ergebnisses wird anschließend deskriptiv und mit Hilfe der Maßgrößen untersucht. Abschließend werden die Resultate aller Maßgrößen sowie die Erkenntnisse aus der deskriptiven Untersuchung gemeinsam verwendet, um Aussagen hinsichtlich der Extrapolierbarkeit des aktuellen IFRS-Ergebnisses vor dem Hintergrund unterschiedlich hoher Book-Tax-Abweichungen zu treffen. Zudem wird überprüft, ob sich auf Basis des IFRS-Ergebnisses vor Steuern und den dazugehörigen latenten Steueraufwendungen eine Benchmark konstruieren lässt, die zusätzliche Erkenntnisse im Rahmen der Jahresabschlussanalyse hinsichtlich der nachhaltigen Ertragslage eines Unternehmens bzw. der „Qualität“ des publizierten IFRS-Ergebnisses liefern könnte.

Die Arbeit schließt mit der in Kapitel 5 erfolgenden Zusammenfassung.

Kapitel 2

Abbildung latenter Steuern im Jahresabschluss nach den IFRS

2.1 Gewinnermittlung nach den IFRS und nach deutschem Steuerrecht

In Deutschland sind kapitalmarktorientierte Unternehmen verpflichtet, einen Jahresabschluss nach den IFRS aufzustellen. Zugleich müssen konsolidierungspflichtige Einzelgesellschaften eine Gewinnermittlung für steuerliche Zwecke in ihren jeweiligen Ansässigkeitsstaaten erstellen. In Abschnitt 2.1.1 werden die grundsätzlichen Regelungen dargestellt, die kapitalmarktorientierte Unternehmen in Deutschland zu einer Rechnungslegung nach den IFRS sowie nach steuerrechtlichen Methoden verpflichten. Die Zielsetzungen und Adressaten der Rechnungslegung nach den IFRS sowie nach steuerrechtlichen Methoden unterscheiden sich wesentlich voneinander. Dies wird in Abschnitt 2.1.2 dargelegt. Infolge der hieraus resultierenden, unterschiedlichen Bilanzierungs- und Bewertungsregelungen weichen die Gewinnermittlungen dieser beiden Periodisierungskonzeptionen in aller Regel voneinander ab. Die tatsächlichen Steuern, die sich aus der Steuerbilanz ergeben, müssen im Jahresabschluss gemäß den IFRS als Aufwendungen in der GuV erfasst werden. Jedoch stehen diese in keinem vernünftigen und erklärbaren Zusammenhang zum öffentlich publizierten IFRS-Ergebnis. Latente Steuern dienen nun genau dazu, diese Divergenzen zu eliminieren. Abschnitt 2.1.3 widmet sich somit der Intention und der Wirkungsweise der latenten Steuerverrechnung.

2.1.1 Grundsätzliche Regelungen

Durch das bereits im Jahre 1998 in Deutschland verabschiedete Kapitalaufnahmeerleichterungsgesetz (KapAEG) und die damit verbundene Einführung des § 292a HGB a.F. wurde es für kapitalmarktorientierte Unternehmen gemäß HGB möglich, einen befreienden Konzernabschluss auf Basis von international anerkannten Rechnungslegungsstandards aufzustellen. Infolge der sog. IAS-Verordnung[1] aus dem Jahre 2002 sind alle kapitalmarktorientierten Unternehmen der Europäischen Union seit dem 1. Januar 2005 verpflichtet[2], ihre konsolidierten Abschlüsse nach den Grundsätzen der IFRS zu erstellen und zu publizieren. Den rechtlichen Rahmen für die IFRS-Konzernrechnungslegung in Deutschland bildet die IAS-Verordnung zusammen mit § 315a HGB, welcher mit dem Bilanzrechtsreformgesetz (BilReG) aus dem Jahre 2004 neu eingefügt wurde.[3] Seit 2007 wird zwingend ein Konzernabschluss nach den IFRS verlangt, so dass einerseits die befreiende Wirkung von US-GAAP-Konzernabschlüssen entfällt und andererseits HGB-Konzernabschlüsse nicht mehr ausreichend sind.[4] Inzwischen sind alle kapitalmarktorientierten Unternehmen mit Sitz in Deutschland dazu übergegangen, ihren Konzernabschluss nach den IFRS anzufertigen.[5] Die IAS-Verordnung räumt den Mitgliedsstaaten ferner das Wahlrecht ein, die Anwendung der IFRS für den Einzelabschluss aller Unternehmen und/oder für den Konzernabschluss nicht kapitalmarktorientierter Unternehmen zu erlauben. In Deutschland kann gemäß § 325 Abs. 2a) in Verbindung mit (iVm.) 2b) HGB der Einzelabschluss auch für Offenlegungszwecke nach den IFRS aufgestellt werden. Aktuell kann eine Annäherung der Regelungen des HGB an die der IFRS infolge des verab-

1 Vgl. IAS-Verordnung (2002).

2 Eine verlängerte Frist bis 2007 bestand für Unternehmen, die ihre Konzernabschlüsse nach den US-GAAP aufgestellt haben oder von denen ausschließlich Schuldtitel notiert waren.

3 Durch die IAS-Verordnung wurde § 292a HGB hinfällig und mit dem BilReG aufgehoben. Die bestehende Übergangsfrist für bestimmte Gesellschaften bis zum 1. Januar 2007 wurde durch Art. 57 des Einführungsgesetzes zum Handelsgesetzbuch (EGHGB) gewahrt.

4 Vgl. Küting/Weber (2006), S. 121 ff.

5 Im Jahre 2005 (2006) haben bereits 89,4% (92,5%) oder 143 (148) von 160 Unternehmen des deutschen Prime Standard, mit den vier Auswahlindizes DAX, MDAX, SDAX sowie TecDAX, ihre Konzernabschlüsse nach den IFRS erstellt. Vgl. Zwirner (2007), S. 272 und Zwirner (2007a), S. 600. Dabei ist seit 1997 eine stetige Zunahme der IFRS-Bilanzierer in diesen Auswahlindizes zu beobachten. Eine Analyse der Industrie-, Handels- und Dienstleistungsunternehmen für das Berichtsjahr 2005 (2006) hat ergeben, dass 71% (74%) der DAX-, 95% (97%) der MDAX-, 97% (100%) der SDAX- und 83% (86%) der TecDAX-Unternehmen die IFRS angewendet haben. Vgl. zu diesen Ergebnissen sowie zur Quantifizierung der Zunahme der Anwendungshäufigkeit der IFRS von 1997 bis 2005 bzw. bis 2006 Zwirner (2007), S. 281 ff. sowie Zwirner (2007a), S. 602 ff. Vgl. zu ähnlichen Studien auch Burger/Ulbrich (2005); Burger/Fröhlich/Ulbrich (2006).

schiedeten BilMoG beobachtet werden.[6] Die IFRS und somit auch die bilanzielle Behandlung latenter Steuern nach IAS 12 nehmen kontinuierlich an Bedeutung zu.

Zusätzlich müssen konsolidierungspflichtige Einzelgesellschaften eine Gewinnermittlung für steuerliche Zwecke in ihren jeweiligen Ansässigkeitsstaaten erstellen. Konzernverbundene Unternehmen mit Sitz in Deutschland sind als buchführungspflichtige Gewerbetreibende[7] zur steuerbilanziellen Gewinnermittlung durch einen Betriebsvermögensvergleich gemäß § 5 Einkommensteuergesetz (EStG) verpflichtet. Nach § 7 und § 8 Körperschaftsteuergesetz (KStG) ist dies auch auf Kapitalgesellschaften anzuwenden. Die handelsrechtliche Buchführungspflicht gilt nach § 140 Abgabenordnung (AO) auch für steuerliche Zwecke (sog. derivative Buchführungspflicht[8]). § 5 Abs. 1 EStG knüpft an die handelsrechtlichen Grundsätze ordnungsmäßiger Buchführung (GoB) an und stellt eine Maßgeblichkeit der Handelsbilanz für die Steuerbilanz her.[9] Unter gewissen Voraussetzungen können Gewerbetreibende ihren Gewinn durch eine Einnahmen-Überschuss-Rechnung nach § 4 Abs. 3 EStG ermitteln. Diese Gewinnermittlungsmethode ist jedoch für den weiteren Gang der Untersuchung irrelevant[10] und wird daher nicht weiter behandelt.

Kapitalmarktorientierte Unternehmen in Deutschland müssen neben dem Konzernabschluss auf Basis der IFRS auch eine durch differierende Grundsätze be-

[6] Vgl. zum BilMoG Bundesgesetzblatt (BGBl.) 2009 I, S. 1102-1137. Vgl. stellvertretend Petersen/Zwirner (2009) zu detaillierten Ausführungen zu den Neuregelungen durch das BilMoG. Zu der Annäherung der Regelung des HGB an die der IFRS vgl. Petersen/Zwirner (2009), S. 34 f.; Zwirner/Künkele (2009), S. 641 ff.

[7] Gemäß § 238 Abs. 1 HGB ist jeder Kaufmann zur Buchführung verpflichtet. Gemäß § 6 Abs. 1 HGB sind Formkaufleute die Handelsgesellschaften. Zu diesen gehören, unabhängig vom Gegenstand des Unternehmens, die Aktiengesellschaft, Kommanditgesellschaft auf Aktien und die Gesellschaft mit beschränkter Haftung sowie mit wenigen Ausnahmen die offene Handelsgesellschaft und die Kommanditgesellschaft. Die konsolidierten deutschen Unternehmen der in dieser Arbeit in der empirischen Untersuchung verwendeten Konzernabschlüsse sind somit stets buchführungspflichtig. Vgl. Wellisch (2002), S. 106 f.; Horschitz/Groß/Fanck (2007), S. 4.

[8] Vgl. ausfürhrlich zur derivativen und originären Buchführungspflicht die Ausführungen z.B. bei Wellisch (2002), S. 100 f.; Horschitz/Groß/Fanck (2007), S. 5 ff.

[9] Das EStG erwähnt explizit nur die Maßgeblichkeit der handelsrechtlichen GoB. Hiermit sind natürlich auch die konkreten handelsrechtlichen Regelungen einbezogen, die GoB ausdrücken. Vgl. übersichtlich zu den GoB sowie zum Grundsatz der Maßgeblichkeit Schildbach (2008), S. 81 ff. und S. 98 ff.

[10] Die in der empirischen Untersuchung verwendeten Daten beziehen deutsche Konzerngesellschaften ein, bei denen davon auszugehen ist, dass sie nicht in den Anwendungsbereich des § 4 Abs. 3 EStG fallen, da sie die handels- und damit die steuerrechtliche Buchführungspflicht erfüllen. Vgl. zum Anwendungsbereich der Einnahmen-Überschuss-Rechnung auch Scheffler (2007a), S. 9.

stimmte Gewinnermittlung für steuerliche Zwecke erstellen. Diese vollzieht sich auf der Ebene der jeweils zum Konzern gehörenden in- oder ausländischen Gesellschaft, sofern keine Besonderheiten, wie z.B. eine steuerliche Organschaft, vorliegen. Infolge unterschiedlicher Bilanzierungs- und Bewertungsregeln weichen die Gewinnermittlungen dieser beiden Periodisierungskonzeptionen in aller Regel voneinander ab bzw. liegt eine Deckungsgleichheit nur zufällig vor. Die entstehenden temporären Book-Tax-Abweichungen werden in den bilanzierten Steuerlatenzen erfasst und spielen eine zunehmend wichtige Rolle in deutschen Konzernabschlüssen.[11]

2.1.2 Konzeptionelle Gegenüberstellung der Gewinnermittlung nach IFRS und nach deutschem Steuerrecht

2.1.2.1 IFRS – Zielsetzung und Grundsätze

Zentrale Zielsetzung der IFRS ist nach Abs. 12 des „Framework for the Preparation and Presentation of Financial Statements" (F.12) die Vermittlung entscheidungsrelevanter Informationen (decision usefulness). Durch den Jahresabschluss sollen Informationen über die Vermögens-, Finanz- und Ertragslage sowie die Cashflows eines Unternehmens an den Adressatenkreis kommuniziert werden. Ebenso sind Veränderungen der wirtschaftlichen Lage zu vermitteln. Zu diesem Adressatenkreis gehören u.a. potenzielle oder gegenwärtige Investoren, Arbeitnehmer, Kreditgeber, Lieferanten und Kunden sowie der Staat (F.9). Zum Teil divergieren die Informationsbedürfnisse[12] einzelner Adressaten. Angesichts dieser Interessenvielfalt geht der International Accounting Standards Board (IASB) davon aus, dass ein Jahresabschluss, der den Informationsbedürfnissen der Investoren genügt, auch den Bedürfnissen der restlichen Adressaten weitgehend gerecht wird (F.10). Die Informationsfunktion der IFRS orientiert sich damit primär an den Interessen der Kapitalinvestoren. Entsprechend sind die IFRS-Regelungen gemäß dieser Interessen konzipiert und somit für kapitalmarktorientierte, meist konzernverbundene Unternehmen anzuwenden. Die Adressaten sollen befähigt sein, unternehmensbezogene Entscheidungen auf Basis des IFRS-Abschlusses zu treffen. Hierzu sind Informationen notwendig, die eine Beurteilung der Fähigkeiten

[11] Vgl. hierzu Küting/Zwirner (2003), S. 307 ff.; Küting/Zwirner (2005), S. 1557 f. und S. 1559 f.; Küting/Zwirner (2007), S. 559 ff.; Lienau (2006), S. 205 ff.

[12] Vgl. zu den Informationsbedürfnissen der Bilanzadressaten im Einzelnen F.9 sowie z.B. die Übersicht bei Pellens/Fülbier/Gassen/Sellhorn (2008), S. 112.

des Unternehmens erlauben, künftige Zahlungsmittel und Zahlungsmitteläquivalente zu generieren sowie den Zeitpunkt und die Eintrittswahrscheinlichkeit dieser einzuschätzen (F.15).[13] Überdies verfolgen die IFRS keine weiteren unmittelbaren Ziele.[14] Insbesondere dienen sie nicht der Anspruchsbemessung; direkte gläubigerschutzorientierte Vorschriften zur Begrenzung des ausschüttungsfähigen Gewinns sowie rein steuerlich motivierte Vorschriften sind den IFRS fremd.[15]

Um die Generalnorm des true and fair view bzw. der fair presentation zu erfüllen, sind die grundlegenden Annahmen (underlying assumptions) der Periodenabgrenzung (accrual principle, F.22) sowie der Unternehmensfortführung (going concern principle, F.23) zwingend zu beachten. Ergänzt werden diese beiden Eckpfeiler um qualitative Anforderungen (qualitative characteristics, F.24), so dass der IFRS-Jahresabschluss seine Informationsvermittlungsfunktion erfüllen kann. Zu diesen zählen die Forderungen nach Verständlichkeit (understandability, F.25), Relevanz (relevance, F.26 ff.), Verlässlichkeit (reliability, F.31 f.) und Vergleichbarkeit (comparability, F.39 ff.). Die Primärgrundsätze der Relevanz und der Verlässlichkeit werden zudem durch Sekundärgrundsätze[16] präzisiert und um gewisse Nebenbedingungen[17] (constraints on relevant and reliable information, F.43 ff.) ergänzt. Abbildung 2.1[18] illustriert die Rechnungslegungsgrundsätze der IFRS.

[13] Analog definieren auch der IASB und der Federal Accounting Standards Board (FASB) den Zweck der Rechnungslegung in einem gemeinsamen Discussion Paper: *„(...) financial reporting should provide information to help present and potential investors and creditors and others to assess the amounts, timing, and uncertainty of the entity's future cash inflows and outflows (the entity's future cash flows). That information is essential in assessing an entity's ability to generate net cash inflows and thus to provide returns to investors and creditors.“* Zitat nach IASB (2006), Abs. S3.

[14] Zwar ist in F.14 das zweite Ziel der Rechenschaft (stewardship) des Managements über die Verwendung der überlassenen Mittel kodifiziert, doch ist dies gegenüber dem Ziel der Vermittlung entscheidungsrelevanter Informationen als nachrangig zu sehen. Eine strikte Trennung dieser Ziele gestaltet sich ohnehin schwierig. Vgl. Pellens/Fülbier/Gassen/Sellhorn (2008), S. 113.

[15] Vgl. Herzig (2004), S. 36.

[16] Das Kriterium Relevanz wird durch den Sekundärgrundsatz der Wesentlichkeit (materiality, F.29 f.) relativiert. Das Kriterium der Verlässlichkeit wird durch die Sekundärgrundsätze der glaubwürdigen Darstellung (faithful representation, F.33 f.), der wirtschaftlichen Betrachtungsweise (substance over form, F.35), der Neutralität (neutrality, F.36), der Vorsicht (prudence, F.37) und der Vollständigkeit (completeness, F.38) konkretisiert. Vgl. auch Baetge/Kirsch/Thiele (2007), S. 148 f.; Pellens/Fülbier/Gassen/Sellhorn (2008), S. 115 ff.

[17] Zu diesen Nebenbedingungen zählen die Zeitnähe (timeliness, F.43), die Abwägung von Kosten und Nutzen (balance between benefit and cost, F.44) sowie die Abwägung der qualitativen Anforderungen (balance between qualitative characteristics, F.45). Vgl. hierzu ebenfalls Baetge/Kirsch/Thiele (2007), S. 149 f.; Pellens/Fülbier/Gassen/Sellhorn (2008), S. 117 f.

[18] Abbildung entnommen aus Lienau (2006), S. 17; Pellens/Fülbier/Gassen/Sellhorn (2008), S. 119.

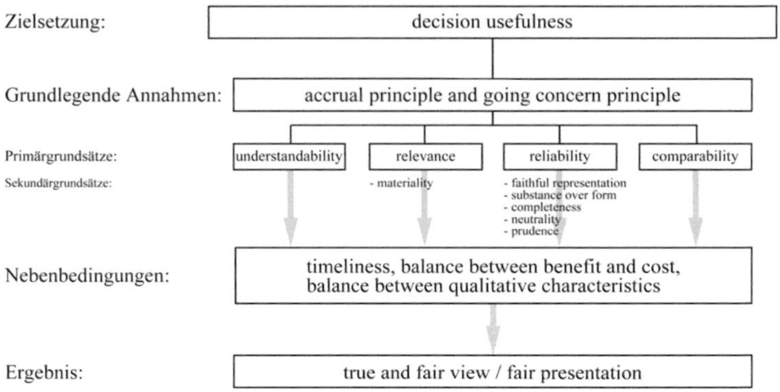

Abbildung 2.1: Rechnungslegungsgrundsätze nach den IFRS.
Quelle: Lienau (2006), S. 17; Pellens/Fülbier/Gassen/Sellhorn (2008), S. 119.

Ferner finden sich im Rahmenkonzept der IFRS konzeptionelle Definitionen zu den Elementen der Bilanz (Vermögenswert, Schuld und Eigenkapital, F.49) und der GuV (Erträge und Aufwendungen, F.70) sowie allgemeine Regelungen zum Ansatz dieser Elemente (F.82-98) im Jahresabschluss. Schließlich werden auch Bewertungsmaßstäbe[19] angeführt (F.100) und Kapitalerhaltungskonzepte[20] diskutiert (F.102-110). Jedoch werden im Rahmenkonzept weder konkrete Zuordnungen von bestimmten Bewertungsmaßstäben zu den Jahresabschlusspositionen gemacht noch wird ein Kapitalerhaltungskonzept priorisiert. Dies geschieht jeweils in den einzelnen Standards.[21] Die Bewertungsmaßstäbe und Kapitalerhaltungskonzepte sind daher lediglich abstrakt zu sehen und für die IFRS-Rechnungslegungspraxis faktisch irrelevant.[22]

[19] Vier verschiedene Bewertungsmaßstäbe werden genannt: die historischen Anschaffungs- oder Herstellungskosten (historical cost), die Wiederbeschaffungskosten (current cost), der Veräußerungswert/Erfüllungsbetrag (realisable/settlement value) und der Barwert (present value). Das Konzept des fair value und des value in use werden als Wertmaßstäbe in einzelnen Standards zusätzlich eingeführt.

[20] Die idealtypischen Kapitalerhaltungskonzepte der finanzwirtschaftlichen und leistungswirtschaftlichen Kapitalerhaltung werden in F.102-110 besprochen.

[21] Vgl. Wollmert/Achleitner (1997), S. 251.

[22] Vgl. Pellens/Fülbier/Gassen/Sellhorn (2008), S. 126 f. Vgl. auch Baetge/Kirsch/Thiele (2007), S. 154 f.

2.1.2.2 Steuerbilanz – Zielsetzung und Grundsätze

Die primäre Zielsetzung der Steuerbilanz ist die Ermittlung des steuerpflichtigen Einkommens zur Bemessung der Steuerzahlung. Folglich kommt der Steuerbilanz in erster Linie eine Zahlungsbemessungsfunktion zu. Neben diesem Fiskalzweck dient die steuerbilanzielle Gewinnermittlung Lenkungsaufgaben und hat eine Dokumentations- und Informationsfunktion.

Steuern dienen der Deckung des Finanzbedarfs öffentlicher Haushalte. Sie sind notwendig, um Einnahmen für die Finanzierung der Staatsausgaben zu erzielen. Ertragsteuern bemessen sich auf Basis des vom Steuerpflichtigen erzielten Markteinkommens. Bei Gewerbetreibenden wird dieses Einkommen regelmäßig über die Gewinnermittlung durch Betriebsvermögensvergleich oder durch Einnahmen-Überschuss-Rechnung bestimmt. Für die Unternehmen der empirischen Untersuchung ist die Steuerbilanz das wichtigste Instrument zur Ermittlung des (körperschaft-)steuerlichen Einkommens. Darüber hinaus dient das Resultat der steuerbilanziellen Gewinnermittlung als Ausgangsgröße zur Ermittlung der gewerbesteuerlichen Bemessungsgrundlage.[23]

Die Erhebung von Steuern kann auch Lenkungs- bzw. Umverteilungszwecke[24] haben und damit wirtschafts- und sozialpolitischen Zielen dienen. Bezogen auf die Steuerbilanz ist der Umverteilungszweck nicht von großer Bedeutung. Der Lenkungszweck hingegen findet sich an verschiedenen Stellen der Gewinnermittlung wieder. Als Beispiele können Sonderabschreibungen, die Bildung steuerfreier Rücklagen und Investitionszulagen angeführt werden.[25]

Schließlich dokumentiert der Steuerpflichtige durch das Erstellen der Steuerbilanz, dass die mit der steuerlichen Veranlagung in Verbindung stehenden verfahrensrechtliche Verpflichtungen erfüllt wurden. Bei kleineren Unternehmen wird häufig nur eine Steuerbilanz erstellt. In diesem Fall kann die Steuerbilanz Informationen zur wirtschaftlichen Lage liefern.[26]

[23] Vgl. Scheffler (2007a), S. 2 f.
[24] Vgl. Lang (2008), S. 75, Rn. 21 zur Differenzierung dieser Begriffe.
[25] Vgl. Scheffler (2007), S. 4.
[26] Vgl. Scheffler (2007), S. 4 f.

Neben diesen Zielen müssen allgemeine Besteuerungsprinzipien[27] bei der Ausgestaltung der Gewinnermittlungsregelungen beachtet werden.[28] In Zusammenhang mit der steuerbilanziellen Gewinnermittlung wird häufig auf das steuerrechtliche Prinzip der Tatbestandsmäßigkeit der Besteuerung (§ 38 AO) hingewiesen. Demnach dürfen Steuern nur auf Basis von Gesetzen erhoben werden, da die Besteuerung in die Rechte des Steuerpflichtigen eingreift. Zusätzlich müssen die Regelungen im Hinblick auf Inhalt, Gegenstand, Zweck und Ausmaß eindeutig bestimmt sein, um zu gewährleisten, dass die Steuerlast vom Steuerpflichtigen vorhersehbar und berechenbar ist (Tatbestandsbestimmtheit).[29] Dieses Prinzip führt zu hohen Anforderungen an die Objektivierung der verwendeten Gewinnermittlungsregeln und lässt wenig Raum für eine Investorenorientierung – im Sinne der Vermittlung entscheidungsrelevanter Informationen.[30]

Infolge des Maßgeblichkeitsgrundsatzes in § 5 EStG orientiert sich das Steuerrecht an der handelsrechtlichen Kalkulation des nominalkapitalerhaltenden Periodenergebnisses. Der Jahresabschluss nach HGB dient den Zwecken der Kapitalerhaltung und Rechenschaft, wobei keiner dieser Zwecke dominant ist. Durch eine gleichmäßige Gewichtung dieser Zwecke versucht der Gesetzgeber einen relativierten Schutz der Adressaten zu erreichen.[31] Bedingt durch die Maßgeblichkeit finden die auf diesen Zwecken basierenden gesetzlichen Regelungen Eingang in die steuerbilanzielle Gewinnermittlung.

Ebenfalls entsprechen die an den steuerlichen Betriebsvermögensvergleich gestellten Grundsätze im Wesentlichen denen des handelsrechtlichen GoB-Systems. Es lassen sich fünf für den Jahresabschluss maßgebliche Arten von Grundsätze unterscheiden.[32] Die Systemgrundsätze, die sich mit den grundlegenden Annahmen der IFRS vergleichen lassen, stellen das Prinzip der Unternehmensfortführung sowie die Grundsätze der Pagatorik und der Einzelbewertung dar. Die Rahmen-

[27] Vgl. Lang (2008), S. 77 ff., Rn. 50 ff. sowie S. 70 ff., Rn. 70 ff. ausführlich zu diesen Prinzipien.

[28] Aus ökonomischer Sicht wäre eine entscheidungsneutrale Besteuerung wünschenswert. Unter der Entscheidungsneutralität der Besteuerung wird in aller Regel verstanden, dass die Erhebung einer Steuer die Entscheidungen der Wirtschaftssubjekte nicht beeinflusst; die zielorientierte Rangfolge der Handlungsalternativen „vor Steuern“ deckt sich mit der zielorientierten Rangfolge „nach Steuern“ (Rangfolgeinvarianz). Diese Prämisse muss in einem entscheidungsneutralen Steuersystem, unabhängig von den konkret vorliegenden Handlungsalternativen, eingehalten werden. Vgl. z.B. Wagner (1989), S. 264 ff.; Wagner (1992), S. 3 ff.; Wagner (2005), S. 412 ff.

[29] Vgl. Lang (2008), S. 78 f.; Rn. 50 ff.

[30] Vgl. Kahle (2002a), S. 180.

[31] Vgl. ausführlich Baetge/Kirsch/Thiele (2007), S. 104 f.

[32] Vgl. Baetge/Kirsch/Thiele (2007), S. 117 f.

grundsätze sind vergleichbar mit den im IFRS-Rahmenkonzept angeführten qualitativen Anforderungen. Sie umfassen die Grundsätze der Richtigkeit, Vergleichbarkeit, Klarheit und Übersichtlichkeit, Vollständigkeit sowie Wirtschaftlichkeit. Die Ansatzgrundsätze[33] bzw. Definitionsgrundsätze[34] legen fest, welche Zahlungen eine Aktivierung oder Passivierung zur Folge haben resp. wann Zahlungen ergebniswirksam oder ergebnisneutral zu erfassen sind. Schließlich gibt es Kapitalerhaltungsgrundsätze in Form des Imparitäts- und Vorsichtsprinzips, die eine nominale Kapitalerhaltung in der Gewinnermittlung nach HGB anvisieren.

2.1.3 Intention der latenten Steuerverrechnung

Die vorhergehenden Ausführungen verdeutlichen, dass sich Zielsetzungen und Adressaten der Steuerbilanz und des IFRS-Abschlusses wesentlich unterscheiden. Die Steuerbilanz erfüllt die Funktion der Zahlungsbemessung, wobei alleiniger Adressat der Fiskus ist. IFRS-Abschlüsse erfüllen primär eine Informationsfunktion, wobei entscheidungsrelevante Informationen insbesondere an Investoren kommuniziert werden. Typischerweise weicht die steuerliche Gewinnermittlung von der Gewinnermittlung nach IFRS ab. Die tatsächlichen Steuern, die sich aus der Steuerbilanz ergeben, müssen im IFRS-Abschluss als Aufwendungen in der GuV eines Unternehmens erfasst werden. Das Problem der Abgrenzung latenter Steuern ergibt sich, wenn die Steuerschuld, bemessen auf Grundlage des steuerlichen Gewinns, und die fiktive Steuerschuld, basierend auf einem nicht durch steuerlichen Bilanzierungsvorschriften geprägtem IFRS-Gewinn, divergieren. In diesem Fall stehen die aus dem steuerlichen Ergebnis ermittelten Ertragsteuerverbindlichkeiten in keinem vernünftigen und erklärbaren Zusammenhang zum öffentlich publizierten Ergebnis. Ziel der Bilanzierung latenter Steuern ist es, diese Divergenzen zu eliminieren und die Steuerwirkungen den Sachverhalten, die im Jahresabschluss ihren Niederschlag fanden, zeitlich entsprechend zuzuordnen[35], um einen möglichst genauen Einblick in die Steuerbelastung des Unternehmens oder

[33] Hierbei handelt es sich um das Prinzip der selbstständigen Verwertbarkeit (Aktivierungsgrundsatz) bzw. um das Prinzip der Verpflichtung, der wirtschaftlichen Belastung und der Quantifizierbarkeit (Passivierungsgrundsatz).

[34] Diese sind das Realisationsprinzip und die Grundsätze der Abgrenzung der Sache und Zeit nach.

[35] Latenter Steueraufwand resp. -ertrag ist rechtlich noch nicht entstanden, ökonomisch aber bereits in der abgelaufenen Periode verursacht worden. Vgl. Siegel (1987), S. 138; Baetge/Kirsch/Thiele (2007), S. 545; Coenenberg (2005), S. 431.

Konzerns zu ermöglichen. Tabelle 2.1[36] illustriert vereinfacht diesen Zusammenhang.

	Steuerliche Gewinnermittlung		IFRS-Gewinnermittlung
	Betriebseinnahmen		Erträge
−	Betriebsausgaben	−	Aufwendungen
=	Gewinn	=	Ergebnis vor Steuern
×	Steuersatz	−	Ertragsteuern
=	**tatsächliche Steuern** (Steuerschuld/-erstattungsanspruch)		(= **tatsächliche Steuern** + **latente Steuern**)
		=	Ergebnis nach Steuern

Tabelle 2.1: Zusammenhang zwischen den tatsächlichen Steuern gemäß der steuerlichen Gewinnermittlung und dem IFRS-Steuerausweis.

Latente Steuern sind damit fiktive Steuern, welchen in der betrachteten Periode keine tatsächlichen Steuerzahlungen gegenüber stehen. Künftig führen sie jedoch zu Mehr- oder Minderzahlungen. Durch die latente Steuerabgrenzung wird der ausgewiesene Ertragsteueraufwand in einen erklärbaren Zusammenhang zum IFRS-Ergebnis vor Steuern gebracht. Gleichzeitig wird der Einblick in die Vermögenslage des bilanzierenden Unternehmens verbessert.[37] Eine exakte und umfassende Übereinstimmung der Ergebnisse der IFRS- und steuerlichen Gewinnermittlung kann und soll nicht erreicht werden.[38]

Wird von sog. permanenten Differenzen und speziellen Ansatzverboten abgesehen, verursachen Bilanzierungs- und/oder Bewertungsunterschiede, die das steuerliche Ergebnis in künftigen Perioden größer als das IFRS-Ergebnis werden lassen, die Passivierung einer latenten Steuerschuld. Umgekehrt können Periodisierungsunterschiede, welche das künftige steuerliche Ergebnis geringer ausfallen lassen als das IFRS-Ergebnis, die Aktivierung einer latenten Steuerforderung zur Folge haben. Zur Veranschaulichung werden im Folgenden die resultierenden Effekte der latenten Steuerverrechnung basierend auf einem vereinfachenden Beispiel[39] skizziert.

[36] In Anlehnung an Küting/Zwirner/Reuter (2003), S. 441.

[37] Vgl. Baumann/Spanheimer (2008), S. 4, Rn. 9.

[38] Vgl. auch Dusemond/Kessler (2001), S. 27, allerdings basierend auf Überlegungen zur Steuerabgrenzung nach HGB.

[39] Es handelt sich in diesem Beispiel um einen Sachverhalt, der die Passivierung einer latenten Steuerverbindlichkeit zur Folge hat. Die Ausführungen gelten spiegelbildlich für die Aktivierung einer latenten Steuerforderung.

Ein Unternehmen investiert zu Beginn der Periode t=1 EUR 60,000 in eine abschreibungsfähige Anlage. Die Nutzungsdauer dieser Anlage beträgt fünf Perioden und der Restwert nach dieser Zeit ist null. Nach den IFRS wird die Anlage linear über die Nutzungsdauer abgeschrieben. Steuerlich wird eine digitale Abschreibung[40] über diese fünf Perioden unterstellt. Zudem realisiert das Unternehmen in jeder Periode Umsatzerlöse in Höhe von EUR 24,000. Bei der periodischen Realisierung der Umsatzerlöse besteht kein Unterschied zwischen der IFRS- und der steuerlichen Gewinnermittlung. Folglich unterscheiden sich beide Gewinnermittlungen lediglich durch die divergierenden Abschreibungsmethoden. Durch die unterschiedlichen Abschreibungsbeträge A_t und die daraus resultierenden voneinander abweichenden Gewinne wird eine sog. **Book-Tax-Abweichung** generiert. Tabelle 2.2 stellt die Abschreibungen, die resultierenden Gewinne und die periodische Veränderung der Book-Tax-Abweichung dar.

(EUR)	**IFRS**		**Steuerbilanz**		**Veränderung der Book-Tax-Abweichung**
t	A_t	**Ergebnis vor Steuern**	A_t	**Gewinn**	
1	12,000	12,000	20,000	4,000	8,000
2	12,000	12,000	16,000	8,000	4,000
3	12,000	12,000	12,000	12,000	0
4	12,000	12,000	8,000	16,000	-4,000
5	12,000	12,000	4,000	20,000	-8,000
$\sum$	60,000	60,000	60,000	60,000	0

Tabelle 2.2: Beispiel zur Entstehung und Umkehr einer Book-Tax-Abweichung.

Tabelle 2.2 zeigt, dass die IFRS-Abschreibung (das IFRS-Ergebnis vor Steuern) in den Perioden t=1 und t=2 kleiner (größer) ist als die steuerliche Abschreibung (der Steuerbilanzgewinn). In diesen Perioden entsteht eine Book-Tax-Abweichung, die kumuliert EUR 12,000 beträgt. In der Periode t=3 sind die Abschreibungsbeträge gleich hoch und die Höhe der Book-Tax-Abweichung ändert sich nicht. In den Perioden t=4 und t=5 ist die IFRS-Abschreibung (das IFRS-Ergebnis vor Steuern) nun größer (kleiner) als die steuerliche Abschreibung (der Steuerbilanzgewinn). Folglich kehrt sich die entstandene Book-Tax-Abwei-

[40] Die Wahl dieser Methode dient illustrativen Gründen. Die digitale Abschreibung ist ein Sonderfall der arithmetisch-degressiven Abschreibung. Die Abschreibungsbeträge mindern sich bei dieser Methode jährlich um den Abschreibungsbetrag, der im letzten Jahr der Nutzungsdauer anfällt. Der Abschreibungsbetrag in t=5 beträgt $A_5 = \frac{2 \cdot 60{,}000}{5 \cdot (5+1)} = 4,000$. Die Abschreibung in t entspricht $A_t = (5 - t + 1) \cdot A_5$. Vgl. zur digitalen Abschreibung z.B. Hettich/Jüttler/Luderer (2009), S. 90.

chung in diesen Perioden um. Die grafische Veranschaulichung in Abbildung 2.2 verdeutlicht diese Entwicklungen.

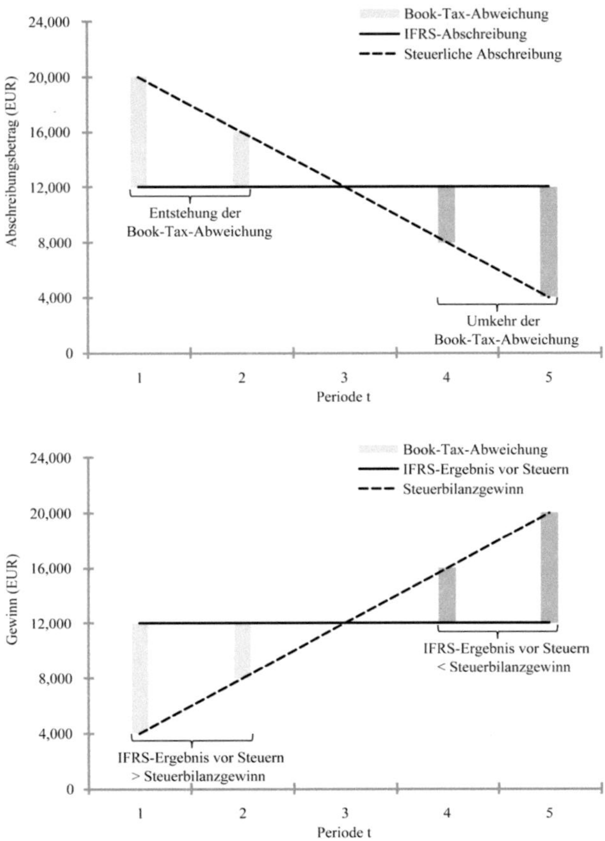

Abbildung 2.2: Entstehung und Umkehr einer Book-Tax-Abweichung.

Unterstellt wird ein konstanter Steuersatz von s=30% in den Perioden t=1 bis t=5. Von diesem Steuersatz und dem periodischen Steuerbilanzgewinn können die tatsächlichen Steuern der Periode S_t^{tats} abgeleitet werden. Wird jetzt das IFRS-Ergebnis nach Steuern berechnet, ohne die latente Steuerverrechnung zu berücksichtigen, zeigt sich, dass die aus dem steuerlichen Gewinn ermittelten tatsächlichen Steuern in keinem vernünftigen und erklärbaren Zusammenhang zum IFRS-Ergebnis vor Steuern stehen. Mit anderen Worten ergeben sich auf Basis des IFRS-Ergebnisses vor Steuern und dem Steuersatz s fiktive Steueraufwendungen in einer anderen Höhe von jährlich EUR 3,600. Dies ist die Folge der bestehenden Book-Tax-Abweichung. Anschaulich wird diese Diskrepanz, wenn der effektive IFRS-Steuersatz[41] der Periode ETR_t^{IFRS} berechnet wird. Ohne die latente Steuerverrechnung weicht dieser in den Perioden der Entstehung und der Umkehr der Book-Tax-Abweichung vom tatsächlichen Steuersatz s=30% ab. Tabelle 2.3 illustriert diese Ausführungen.

(EUR) t	**IFRS-Ergebnis vor Steuern**	S_t^{tats}	ETR_t^{IFRS}	**IFRS-Ergebnis nach Steuern**
1	12,000	1,200	10%	10,800
2	12,000	2,400	20%	9,600
3	12,000	3,600	30%	8,400
4	12,000	4,800	40%	7,200
5	12,000	6,000	50%	6,000

Tabelle 2.3: Ergebniseffekte der Book-Tax-Abweichung auf das IFRS-Ergebnis nach Steuern ohne Berücksichtigung der latenten Steuerverrechnung.

Wird der Effekt aus der Entstehung und Umkehr der Book-Tax-Abweichung nicht einkalkuliert und lediglich die tatsächlichen Steuern als Steueraufwand in die IFRS-Gewinnermittlung übernommen, zeigt sich, dass von t=1 nach t=5 der ETR_t^{IFRS} zu- und das IFRS-Ergebnis nach Steuern abnimmt. Dies führt zu einer Diskrepanz in der IFRS-GuV zwischen dem IFRS-Ergebnis vor Steuern und den S_t^{tats}.

Ferner wird der Vermögens- bzw. Schuldenausweis in der IFRS-Bilanz durch die Book-Tax-Abweichung verzerrt. Die in den Perioden t=1 und t=2 in Relation zu der IFRS-Gewinnermittlung höhere steuerliche Abschreibung wird durch eine geringere Abschreibung in den Perioden t=4 und t=5 kompensiert. Beispielsweise übersteigt in der Periode t=1 der steuerliche Abschreibungsbetrag die Abschreibung gemäß IFRS und generiert eine Book-Tax-Abweichung in Höhe von EUR 8,000. Dies impliziert, dass die steuerliche Abschreibung künftig um EUR 8,000 niedriger ausfällt als die IFRS-Abschreibung. Daher hat die höhere steuerliche Abschreibung in t=1 eine künftige Steuerschuld von EUR 2,400 (=EUR 8,000 · 30%) zur Folge, die unberücksichtigt bleibt, wenn lediglich die tatsächlichen

[41] Dieser wird zunächst berechnet als Verhältnis der tatsächlichen Steueraufwendungen zum IFRS-Ergebnis vor Steuern.

Steuern als Steueraufwand verwendet werden. Dies lässt sich auch wie folgt veranschaulichen: Wird die Anlage am Ende der Periode t=1 zum IFRS-Buchwert (EUR 48,000) verkauft, liegt ein steuerpflichtiger Veräußerungsgewinn in Höhe der Differenz zwischen dem IFRS-Buchwert und dem steuerlichen Buchwert (EUR 40,000) von EUR 8,000 vor. Die Steuerbelastung beträgt demnach EUR 2,400. Werden die steuerlichen Konsequenzen aus dem Verkauf der Anlage in der IFRS-Bilanz nicht berücksichtigt, führt dies zu einem unangemessenen Vermögensausweis. Der Schuldenausweis muss um die „latente“ Steuerverbindlichkeit angepasst werden.

Hieran knüpft die latente Steuerverrechnung an und zielt auf die Eliminierung der durch Book-Tax-Abweichungen hervorgerufenen Divergenzen ab. Steuerwirkungen werden den Sachverhalten, die im IFRS-Jahresabschluss erfasst werden, zeitlich entsprechend zugeordnet. Zudem wird ein besserer Einblick in die (künftige) Steuerbelastung und damit auch in die (Netto-)Vermögenslage eines Unternehmens oder Konzerns ermöglicht. Tabelle 2.4 und Tabelle 2.5 demonstrieren dies für den dargestellten Sachverhalt.

(EUR) t	S_t^{tats}	**Veränderung der Book-Tax-Abweichung**	S_t^{lat}	S_t^{ges}	**Passive latente Steuer**
1	1,200	8,000	2,400	3,600	2,400
2	2,400	4,000	1,200	3,600	3,600
3	3,600	0	0	3,600	3,600
4	4,800	-4,000	-1,200	3,600	2,400
5	6,000	-8,000	-2,400	3,600	0

Tabelle 2.4: Berechnung der Steueraufwendungen unter Berücksichtigung der latenten Steuerverrechnung.

(EUR) t	**IFRS-Ergebnis vor Steuern**	S_t^{ges}	ETR_t^{IFRS}	**IFRS-Ergebnis nach Steuern**
1	12,000	3,600	30%	8,400
2	12,000	3,600	30%	8,400
3	12,000	3,600	30%	8,400
4	12,000	3,600	30%	8,400
5	12,000	3,600	30%	8,400

Tabelle 2.5: Ergebniseffekte der Book-Tax-Abweichung auf das IFRS-Ergebnis nach Steuern unter Berücksichtigung der latenten Steuerverrechnung.

Die gesamten Steueraufwendungen S_t^{ges} umfassen jetzt die tatsächlichen Steuern S_t^{tats} sowie die latenten Steueraufwendungen S_t^{lat}, die basierend auf der periodischen Veränderung der Book-Tax-Abweichung berechnet werden. Die hier dargestellte Book-Tax-Abweichung ruft in den Perioden ihrer Entstehung in t=1 und t=2 die Passivierung einer latenten Steuer hervor. In t=1 wird z.B. wie folgt gebucht:

Steueraufwendungen	*EUR 3,600*	*an*	*Steuerverbindlichkeiten*	*EUR 1,200*
		und	*passive latente Steuern*	*EUR 2,400*

Da sich die Book-Tax-Abweichung in der Periode t=3 nicht verändert, muss keine latente Steuerverrechnung vorgenommen werden. In den Perioden t=4 und t=5 kehrt sich die Book-Tax-Abweichung um und die gebildete passive latente Steuer wird wieder aufgelöst. Die dazugehörige Buchung in t=5 lautet z.B.:

Steueraufwendungen	*EUR 6,000*	*an*	*Steuerverbindlichkeiten*	*EUR 6,000*
passive latente Steuern	*EUR 2,400*	*an*	*Steuererträge*	*EUR 2,400*

Wird der ETR_t^{IFRS} berechnet, zeigt sich, dass dieser in jeder Periode dem tatsächlichen Steuersatz s=30% entspricht. Durch die Berücksichtigung der latenten Steuerverrechnung wird eine Steuerbelastung ausgewiesen, die sich ergeben würde, wenn das IFRS-Ergebnis vor Steuern zugleich auch die steuerliche Bemessungsgrundlage wäre. Dies tangiert ebenfalls die IFRS-Bilanz. In t=1 und t=2 sind künftige steuerliche Verpflichtungen absehbar, die durch die passive latente Steuer abgebildet werden. Diese Verpflichtungen nehmen beim Umkehr der Book-Tax-Abweichung in t=4 und t=5 ab, wodurch sich die passive latente Steuer reduziert. Demnach wird durch die Berücksichtigung latenter Steuern zusätzlich der bilanzielle Netto-Vermögensausweis periodisch korrigiert.

2.2 Konzeptionelle Grundlagen der latenten Steuerverrechnung

Zum Zwecke der Bilanzierung und Bewertung latenter Steuern haben sich in der Theorie und Bilanzierungspraxis unterschiedliche Konzeptionen herausgebildet. Eine Konzeption zur Verrechnung latenter Steuern subsumiert ein spezielles Konzept der latenten Steuerverrechnung sowie eine bestimmte Methode zur Abgrenzung latenter Steuern. Die Entscheidung für ein spezielles Konzept legt fest, welche Book-Tax-Abweichungen in die latente Steuerabgrenzung einzubeziehen sind. Anhand der angewendeten Erfassungs- und Ermittlungsmethode wird der jeweils konkret anzusetzende Betrag bestimmt.[42] Abschnitt 2.2.1 stellt die zwei wesentlichen Konzepte der latenten Steuerabgrenzung, das Timing-Konzept und das Temporary-Konzept, dar. Abschnitt 2.2.2 widmet sich den grundsätzlichen Methoden zur Ermittlung und Erfassung latenter Steuern – der Deferred-Methode, der Liability-Methode und der Net-of-Tax-Methode. Abschließend wird in Abschnitt 2.2.3 aufgezeigt, inwieweit das Timing-Konzept bzw. das Temporary-Konzept kompatibel mit der Deferred-Methode und/oder der Liability-Methode ist.

2.2.1 Konzepte der latenten Steuerabgrenzung

2.2.1.1 Timing-Konzept

Das Timing-Konzept orientiert sich an der GuV, d.h. es berücksichtigt diejenigen Book-Tax-Abweichungen, die aus Ansatz-, Bewertungs- und Konsolidierungsmaßnahmen resultieren und sich in der GuV sowohl bei ihrer Entstehung als auch bei ihrer Kompensation niederschlagen. Im Vordergrund steht somit strikt die zutreffende Darstellung der Ertragslage – das publizierte Ergebnis vor Steuern und die Steueraufwendungen sollen in einen erklärbaren Zusammenhang gebracht werden.[43] Das Timing-Konzept unterscheidet zeitlich begrenzte Differenzen (timing differences) und zeitlich unbegrenzte Differenzen (permanent differences).

Zeitlich begrenzte Differenzen sind dadurch charakterisiert, dass sie sich im Zeitablauf automatisch aufgrund der bestehenden Rechnungslegungsregeln ausgleichen. Analoge Erfolgskomponenten werden über einen betrachteten Zeitraum von mehreren Perioden insgesamt in der gleichen Höhe berücksichtigt, jedoch in abweichenden Geschäftsjahren erfasst. Die divergierende zeitliche Berücksichtigung in der handels- bzw. kapitalmarktrechtlichen (z.B. den IFRS) und in der steuerrechtlichen Gewinnermittlung führt zu einer Umkehrung der steuerlichen Konsequenzen in späteren Perioden.[44] Nach dem Timing-Konzept werden nur diese Differenzen in die latente Steuerabgrenzung einbezogen. Beispielhaft können folgende Sachverhalte angeführt werden:

[42] Vgl. Coenenberg/Hille (1997), S. 537.

[43] Vgl. Coenenberg/Hille (1997), S. 537; Klein (2001), S. 1451; Baetge/Kirsch/Thiele (2007), S. 547 f.; Küting/Gattung (2005), S. 242 f.; Lienau (2006), S. 30 f.

[44] Vgl. Baetge/Kirsch/Thiele (2007), S. 549; Coenenberg (2005), S. 432; Pellens/Fülbier/Gassen/Sellhorn (2008), S. 218 f.

- Im handelsbilanziellen[45] Abschluss wird eine neu erworbene Maschine linear über einen Zeitraum von 15 Jahren abgeschrieben. Steuerrechtlich wird diese Maschine hingegen zunächst degressiv abgeschrieben und erst im späteren Verlauf der 15 Jahre wird auf die lineare Abschreibung übergegangen.

- Bei der Begebung einer Anleihe wird das Disagio in der Handelsbilanz in vollem Umfang als Aufwand verrechnet, während in der Steuerbilanz eine Verteilung des Disagios über die Laufzeit der Anleihe zwingend ist.

- Die Fifo-Methode wird bei der Vorratsbewertung in der Handelsbilanz angewendet. Diese Methode ist steuerlich jedoch nicht zulässig.

Differenzen, die sich nicht wieder ausgleichen, stellen sog. **zeitlich unbegrenzte** oder **permanente Differenzen** dar. Die relevanten Erfolgskomponenten treten entweder nur in der Handelsbilanz oder nur in der steuerlichen Gewinnermittlung in Erscheinung. Folglich schlagen sich die steuerlichen Auswirkungen in späteren Perioden nicht ins Gegenteil um. Der Steueraufwand späterer Perioden wird nicht beeinflusst und diese permanenten Differenzen bleiben bei der Abgrenzung von Steuerlatenzen nach dem Timing-Konzept unberücksichtigt.[46] Beispiele hierfür sind nicht abziehbare Betriebsausgaben, die aus steuerlicher Sicht Gewinnbestandteile bleiben[47] sowie steuerfreie Investitionszulagen.

Ferner lässt sich eine weitere Gruppe von Ergebnisdifferenzen bestimmen, die sich weder den timing differences noch den permanent differences eindeutig zuordnen lassen. Diese sog. **quasi-permanenten Differenzen** sind dadurch charakterisiert, dass sie sich zwar künftig wieder ausgleichen, jedoch ist hierzu eine unternehmerische Disposition notwendig (zum Beispiel die Veräußerung von Anteilen an Tochtergesellschaften und die damit verbundene Entkonsolidierung oder die Veräußerung einzelner Vermögensgegenstände). Demnach erfolgt keine automatische Umkehr der Book-Tax-Abweichungen im Zeitablauf durch divergierende Periodisierungen.[48] Quasi-permanente Differenzen kehren sich im Extremfall erst mit

[45] Im Folgenden werden die Begriffe „handelsbilanziell“ bzw. „Handelsbilanz“ verwendet, um zu verdeutlichen, dass es sich um eine vom Steuerrecht abweichende Periodisierungskonzeption handelt.

[46] Vgl. Baetge/Kirsch/Thiele (2007), S. 548; Coenenberg (2005), S. 432.

[47] Vgl. hierzu § 4 Abs. 5 EStG. Weiter lassen sich verdeckte Gewinnausschüttungen, beispielsweise in Form überhöhter Geschäftsführungsgehälter oder unangemessener hoher Mietzahlungen an Gesellschafter (§ 8 Abs. 3 S. 2 EStG), sowie steuerrechtlich nur zur Hälfte abzugsfähige Aufsichtsratvergütungen (§ 10 Nr. 4 KStG) als Beispiele anführen.

[48] Vgl. Heurung (2000), S. 539; Baetge/Kirsch/Thiele (2007), S. 548 f.; Coenenberg (2005), S. 433.

der Liquidation der entsprechenden Vermögensposition – spätestens jedoch zum Ende des Unternehmensbestehens – um. Umfasst der Planungshorizont zur Bestimmung von Steuerlatenzen die Totalperiode – also die gesamte Lebensdauer der Unternehmung –, handelt es sich exakt genommen bei einer quasi-permanenten Differenz um eine zeitlich begrenzte Differenz, welche nach dem Timing-Konzept zu berücksichtigen wäre.[49] Für quasi-permanente Differenzen besteht allerdings ein umstrittenes Abgrenzungsverbot.[50] Abbildung 2.3[51] veranschaulicht nochmals die Abgrenzung von Steuerlatenzen auf Basis des Timing-Konzepts.

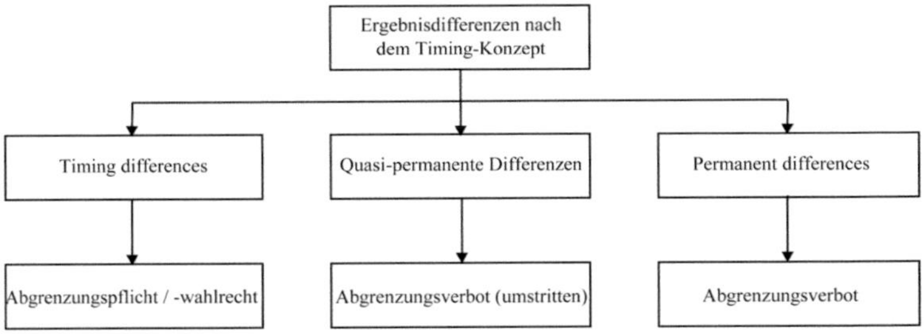

Abbildung 2.3: Abgrenzung von Steuerlatenzen nach dem Timing-Konzept. Quelle: Baetge/Kirsch/Thiele (2007), S. 550.

Das Timing-Konzept war bis einschließlich 1989 in der amerikanischen Richtlinie Opinion No. 11 des Accounting Principles Board (APB) verankert. Durch die Implementierung von Statement of Financial Accounting Standards (SFAS) No. 96 wurde in den US-GAAP das Timing-Konzept durch das Temporary-Konzept substituiert. Durch das 1992 verabschiedete SFAS No. 109 („Accounting for Income Taxes") ist das Temporary-Konzept bis heute in den US-GAAP fixiert.[52] Ebenso war das Timing-Konzept nach IAS 12 („Income Taxes") von 1979 bis zur Verabschiedung der gegenwärtig gültigen Fassung im Oktober 1996 (überarbeitet im

[49] So auch Baetge/Kirsch/Thiele (2007), S. 549.

[50] Zur Diskussion vgl. z.B. Karrenbrock (1991), S. 224 f.; Rabeneck/Reichert (2002), S. 1367; Baetge/Kirsch/Thiele (2007), S. 549; Coenenberg (2005), S. 433; Hoyos/Fischer (2006), S. 1040, Rn. 9. Das Abgrenzungsverbot wird damit begründet, dass Differenzen, die sich erst mit der Liquidation aufheben, dem going-concern-principle widersprechen und es sich somit faktisch um zeitlich unbegrenzte Differenzen handelt. Diese sind jährlich daraufhin zu überprüfen, ob sie aufgrund geplanter Dispositionen in überschaubarer Zukunft zu zeitlich begrenzten Differenzen werden.

[51] Abbildung entnommen aus Baetge/Kirsch/Thiele (2007), S. 550.

[52] Vgl. ausführlich Schäffeler (2000), S. 37 ff.

Jahre 2000) anzuwenden. Im Gegensatz hierzu orientierte sich das handelsrechtliche Konzept der latenten Steuern, welches auf die Umsetzung der 4. EG-Richtlinie in das HGB zurückzuführen ist[53], noch bis Ende des Jahres 2009 am Timing-Konzept.[54] Ab 2010 wird die handelsrechtliche Abgrenzung latenter Steuern allerdings auch auf dem Temporary-Konzept basieren und das Timing-Konzept ablösen.[55]

2.2.1.2 Temporary-Konzept

Zur Bestimmung abgrenzbarer Steuerlatenzen bezieht das Temporary-Konzept sämtliche Book-Tax-Abweichungen ein. Dieses Konzept ist bilanzorientiert und zielt vornehmlich auf die richtige Darstellung der künftigen steuerlichen Verpflichtungen in der Bilanz ab. Die Voraussetzung für die Berücksichtigung abgrenzbarer Steuerlatenzen nach dem Temporary-Konzept ist, dass die auf Bilanzierungs-, Bewertungs- und Konsolidierungsmaßnahmen basierenden Book-Tax-Abweichungen künftige Steuerbelastungen oder -entlastungen hervorrufen. Dies hat auch dann Gültigkeit, wenn die Ansatz- resp. Bewertungsdifferenz erfolgsneutral entstanden ist und ausschließlich bei ihrer Auflösung bzw. Umkehr in späteren Perioden zu Ergebnisunterschieden in Handels- und Steuerbilanz führt. Auf den konkreten Zeitpunkt[56] des Ausgleichs der Ergebnisunterschiede kommt es hierbei nicht an.[57]

[53] Die einschlägigen Regelungen enthält Art. 43 Abs. 1 Nr. 10 und 11 der 4. EG-Richtlinie. Vgl. ausführlich hierzu Karrenbrock (1991), S. 194 ff. Die handelsrechtliche Steuerabgrenzung ist für den Einzelabschluss in § 274 HGB und für den Konzernabschluss in § 298 Abs. 1 HGB iVm. § 274 HGB und in § 306 HGB kodifiziert.

[54] Vgl. Coenenberg/Hille (1997), S. 537; Heurung (2000), S. 539; Schmidt (2000), S. 243.

[55] Die Bedeutung latenter Steuern wird durch das BilMoG auch im HGB-Abschluss deutlich zunehmen. Dies hat insbesondere zwei Gründe: Der Übergang auf das Temporary-Konzept erweitert den Anwendungsbereich der §§ 274, 306 HGB und die Aufgabe der umgekehrten Maßgeblichkeit wird die Handels- und Steuerbilanz weiter auseinanderdriften lassen. Folglich entstehen weitaus mehr Book-Tax-Abweichungen, die latente Steuern generieren. Vgl. zu den Regelungen der latenten Steuerverrechnung nach dem BilMoG und den entsprechenden Anpassungen insbesondere in den §§ 274, 306 HGB n.F. sowie in den §§ 285 Abs. 1 Nr. 29, 314 Abs. 1 Nr. 21 HGB n.F. z.B. Herzig/Vossel (2009); Kessler/Leinen/Paulus (2009) und Kessler/Leinen/Paulus (2010); Kühne/Melcher/Wesemann (2009) und Kühne/Melcher/Wesemann (2009a); Maier/Weil (2009); Schanz/Schanz (2009); Zwirner/Künkele (2009a).

[56] Dies kann auch erst der Veräußerungszeitpunkt des für die Differenz ursächlichen Vermögensgegenstands sein. Einzig die Tatsache, dass sich die Differenz grundsätzlich auflösen wird, ist ausschlaggebend. Vgl. auch Lienau (2006), S. 33.

[57] Vgl. Coenenberg/Hille (1997), S. 537; Heurung (2000), S. 540; Baetge/Kirsch/Thiele (2007), S. 550 f.; Coenenberg (2005), S. 437 f.

Folglich wird in diesem Kontext von einer umfassenden Steuerabgrenzung (comprehensive allocation) gesprochen, während die Abgrenzung nach dem Timing-Konzept nur partiell geschieht (partial tax allocation).[58] Auf Basis des Wertansatzes der bilanzierten Vermögensgegenstände und Schulden findet lediglich eine Unterscheidung zwischen temporären Differenzen (temporary differences) und anderen Differenzen (other differences) statt.

Bei timing differences handelt es sich ausschließlich um erfolgswirksam entstandene Differenzen. Somit stellen sie eine Teilmenge der **temporary differences** dar. Temporary differences beinhalten überdies erfolgsneutral entstandene Bilanzierungs- oder Bewertungsunterschiede. Das Temporary-Konzept schließt daher nicht nur das Timing-Konzept ein, sondern geht noch weit darüber hinaus und definiert die Menge der zu berücksichtigenden Book-Tax-Abweichungen umfassender.[59] Zu den temporary differences gehören auch die nach dem Timing-Konzept nicht ansatzfähigen quasi-permanenten Differenzen.[60] Beispielhaft lässt sich die handelsbilanzielle ergebniswirksame Abschreibung eines nicht abnutzbaren Vermögensgegenstands anführen, welche vom Steuerrecht nicht anerkannt wird: Die so entstandene Differenz kehrt sich erst bei der Disposition des Vermögensgegenstands um. Diese quasi-permanente Differenz ist in die Steuerabgrenzung nach dem Temporary-Konzept einzubeziehen.[61] Es sind auch Konstellationen möglich, in denen zeitlich unbegrenzte Differenzen zum Gegenstand der Steuerabgrenzung nach dem Temporary-Konzept werden. Denkbar ist die handelsbilanzielle erfolgsneutrale Neubewertung eines Vermögensgegenstands zu einem über den fortgeführten Anschaffungs- und Herstellungskosten liegenden Zeitwert[62], während eine steuerrechtliche Neubewertung unterbleibt[63]. Die zusätzlichen, planmäßigen und erfolgswirksamen Abschreibungen, welche aus der erfolgsneutralen Neubewertung resultieren, verursachen eine zeitlich unbegrenzte Diffe-

[58] Vgl. z.B. Zülch/Lienau (2004), S. 568; Wagenhofer (2005), S. 322 sowie S. 326. Vgl. auch die Ausführungen zum partial vs. comprehensive approach bei Schäffeler (2000), S. 32 f.

[59] Vgl. Coenenberg (2005), S. 437; Küting/Gattung (2005), S. 242 sowie S. 245 f.

[60] Beispiele für temporary differences, die keine timing differences sind, finden sich bei Wagenhofer (2005), S. 325.

[61] Vgl. Baetge/Kirsch/Thiele (2007), S. 551.

[62] Nach den IFRS dürfen Sachanlagen (IAS 16.31 iVm. IAS 16.39) oder immaterielle Vermögensgegenstände (IAS 38.75 iVm. IAS 38.85) unter bestimmten Voraussetzungen erfolgsneutral zu ihrem Zeitwert (fair value) bewertet werden. Vgl. hierzu z.B. Pellens/Fülbier/Gassen/Sellhorn (2008), S. 320 ff. (Sachanlagen) sowie S. 291 ff. (immaterielle Vermögensgegenstände).

[63] Vgl. z.B. im deutschen Steuerrecht § 6 Abs. 1 Nr. 1 S. 1 EStG wonach die fortgeführten Anschaffungs- und Herstellungskosten eines Wirtschaftsguts die Obergrenze definieren.

renz[64] zwischen Handels- und Steuerbilanz, auf die nach dem Temporary-Konzept Steuerlatenzen abzugrenzen sind.[65]

Other differences gründen auf der Steuerfreistellung bestimmter Erträge bzw. dem steuerlichen Abzugsverbot bestimmter Aufwendungen oder auf der direkten Kürzung der Steuerschuld. Somit handelt es sich bei other differences um permanente Ergebnisunterschiede, die ausschließlich in der GuV auftreten. Diese dürfen nach dem Temporary-Konzept nicht abgegrenzt werden.[66]

Die bisherige Darstellung hat die grundlegenden Konzepte zur Identifizierung abgrenzbarer Differenzen aufgezeigt. Die unterschiedlichen Konzepte beeinflussen die Zahl der abgrenzbaren Book-Tax-Abweichungen und legen fest in welchen Sachverhalten eine Bilanzierung latenter Steuern in Betracht kommt. Abbildung 2.4[67] stellt die Abgrenzung nach den unterschiedlichen Konzepten nochmals dar.

Die anhand des jeweils zugrunde liegenden Konzepts ermittelte abgrenzbare Book-Tax-Abweichung muss in einem zweiten Schritt einer Bewertung unterzogen werden, um den in der Bilanz konkret anzusetzenden Betrag zu determinieren. Im anglo-amerikanischen Rechtsraum[68] sind hierzu drei verschiedene Erfassungs- und Ermittlungsmethoden zur Abgrenzung latenter Steuern entwickelt wurden, die im Folgenden dargestellt und hinsichtlich ihrer Anwendungsvoraussetzungen analysiert werden.

---

[64] Zunächst wird in diesem Fall der Eindruck erweckt, dass latente Steuern auf die temporary difference aus der Neubewertung gebildet werden. Allerdings liegen durch diese Neubewertung permanente Differenzen vor, da die zusätzlichen handelsbilanziellen Abschreibungen in dem Jahresergebnis vor Steuern Berücksichtigung finden, aber niemals in dem steuerpflichtigen Gewinn. Dieser Sachverhalt entspricht im Kern einer außerbilanziellen Hinzurechnung bei der steuerlichen Einkommensermittlung, wie dies etwa im Fall von Aufsichtsratsvergütungen gemäß § 10 Nr. 4 KStG der Fall ist. Vgl. Förschle/Kroner (1996), S. 1634. Zu der hieraus resultierenden Einschränkung der Informationsfunktion des Jahresabschlusses vgl. kritisch Schildbach (1998), S. 942 f.

[65] Vgl. zu diesem Beispiel auch Baetge/Kirsch/Thiele (2007), S. 551 f.

[66] Vgl. Förschle/Kroner (1996), S. 1634; Coenenberg/Hille (1997), S. 537.

[67] Abbildung entnommen aus Baetge/Kirsch/Thiele (2007), S. 552.

[68] Durch die Abkoppelung der Handels- von der Steuerbilanz, kann der anglo-amerikanische Rechtsraum auf eine lange Tradition der Steuerabgrenzung zurückblicken. Vgl. Baetge/Kirsch/Thiele (2007), S. 553.

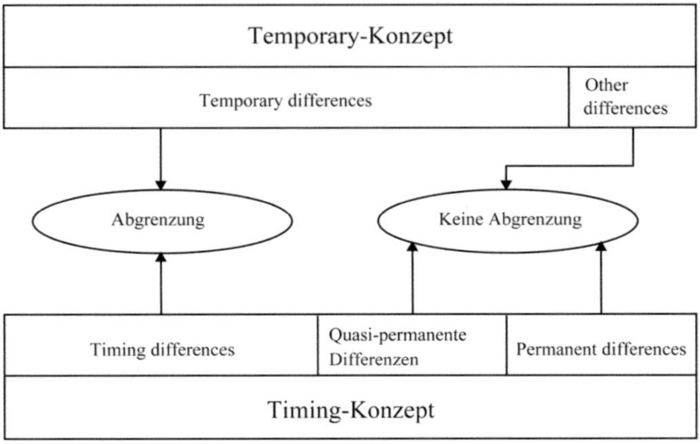

Abbildung 2.4: Abgrenzung latenter Steuern nach dem Temporary-Konzept vs. Timing-Konzept.
Quelle: Baetge/Kirsch/Thiele (2007), S. 552.

2.2.2 Methoden der latenten Steuerabgrenzung

2.2.2.1 Deferred-Methode

Gemäß dem matching principle[69] visiert die Deferred-Methode (Abgrenzungsmethode) eine zutreffende Relation von ausgewiesenem handelsbilanziellem Ergebnis und Steueraufwand an.[70] Damit steht die korrekte Darstellung der Erfolgslage im Vordergrund. Die ansatzfähigen Book-Tax-Abweichungen werden hierzu abgegrenzt und entsprechend dem zeitlichen Anfall den korrespondierenden Aufwendungen bzw. Erträgen periodisch zugeordnet.[71]

Folglich umfasst die Erfolgsrechnung die tatsächlich zu entrichtenden Steuern sowie die Steuereffekte aus den abgrenzbaren Differenzen. Durch die Passivierung von Steuerlatenzen wird der Steueraufwand erhöht resp. durch die Aktivierung

[69] Der Zeitpunkt der Erfassung von Aufwendungen wird an den Zeitpunkt der korrespondierenden Erträge geknüpft. D.h. Aufwendungen und Erträge, die demselben Sachverhalt zugrunde liegen, sind auch gleichzeitig in der Erfolgsrechnung zu berücksichtigen.

[70] Vgl. Coenenberg/Hille (1979), S. 616.

[71] Vgl. Karrenbrock (1991), S. 110. Es findet eine periodengerechte Abgrenzung im Sinne der „dynamischen Bilanztheorie“ statt. Vgl. ausführlich zur dynamischen Bilanztheorie Schmalenbach (1953). Zu einer kurzen Darstellung der Ansätze der dynamischen Bilanztheorie vgl. Baetge/Kirsch/Thiele (2007), S. 17 ff.; Freidank/Velte (2008), S. 714 f.

reduziert.[72] Im anglo-amerikanischen Rechtsraum wird hierbei von der Bildung von „deferred charges“ bzw. „deferred credits“ gesprochen.[73] Die Berechnung der anzusetzenden Steuerlatenz der abgelaufenen Periode vollzieht sich durch Anwendung des aktuellen Steuersatzes. Eine Anpassung der bereits abgegrenzten Beträge an eingetretene Steuersatzänderungen unterbleibt.[74]

Eine konkrete bilanzielle Einordnung latenter Steuern folgt nicht aus der Deferred-Methode.[75] Sie stellen Korrekturposten des Steueraufwands dar und setzen sich aus Komponenten zusammen, die in den Folgeperioden bei Auflösung der Differenzen voraussichtlich finanzielle Einsparungen oder Mehrbelastungen generieren.[76] Latente Steuern haben keinen Forderungs- oder Verbindlichkeitscharakter, sie sind vielmehr als „schwebende Vorleistungen“[77] bzw. „schwebende Nachleistungen“[78] zu interpretieren.[79]

Damit stimmen aktive und passive Steuerabgrenzungsposten auf Basis der Deferred-Methode nicht mit der Definition von Vermögenswerten und Schulden gemäß Framework des IASB überein.[80] Diese Inkompatibilität sowie die Orientierung des IASB an SFAS No. 109 der US-GAAP führte dazu, eine bilanzorientierte Steuerabgrenzung nach der Liability-Methode in IAS 12 umzusetzen.[81]

2.2.2.2 Liability-Methode

Die Liability-Methode (Verbindlichkeitsmethode) zielt auf den korrekten bilanziellen Ausweis der aktuellen sowie künftig voraussichtlich anfallenden Steueraufwendungen bzw. -erstattungen als Steuerschuld bzw. -forderung ab.[82] Eine passive latente Steuer entsteht durch einen höheren handelsbilanziellen Erfolgsausweis. Sie stellen Steuerminderzahlungen der Periode dar, die bei Auflösung der zugrunde liegenden Book-Tax-Abweichung in späteren Perioden zu Steuernachzahlungen führen. Entsprechend umgekehrt verhält es sich, wenn der steuerbilanzielle Gewinn höher ist. Dieser Sachverhalt impliziert die Bildung aktiver

[72] Vgl. Klein (2001), S. 1452.
[73] Vgl. Black (1966), S. 13.
[74] Vgl. Coenenberg (2005), S. 439.
[75] Vgl. Coenenberg/Hille (1997), S. 538.
[76] Vgl. Baetge/Kirsch/Thiele (2007), S. 554.
[77] Vgl. Schmalenbach (1953), S. 51.
[78] Vgl. Schmalenbach (1953), S. 55.
[79] Vgl. Karrenbrock (1991), S. 111.
[80] Vgl. zur jeweiligen Definition F.49 (a) sowie F.53 ff. bzw. F.49 (b) sowie F.60 ff.
[81] Vgl. Ballwieser/Kurz (2007), S. 717, Rn. 9.
[82] Vgl. Ballwieser/Kurz (2007), S. 719, Rn. 17.

latenter Steuern. Aus Sicht der zu erstellenden Handelsbilanz sind Steuermehrzahlungen angefallen, die künftig vermutlich Minderungen des Steueraufwands oder Steuerrückzahlungen verursachen.[83]

Bei dieser bilanzorientierten Sichtweise sind passive latente Steuern als Verbindlichkeit für zukünftige Steuerzahlungen, aktive latente Steuern als Forderungen aus Steuervorauszahlungen, zu interpretieren.[84] Die Bewertung dieser Positionen findet unter Anwendung des zukünftig zu erwartenden Steuersatzes statt, da die Höhe der künftigen Forderungen bzw. Verbindlichkeiten von diesem bestimmt wird. Somit sind latente Steuern vorläufige Schätzungen von Vermögenswerten oder Schulden, die bei einer nachträglichen Steuersatzänderung anzupassen sind.[85] Damit umfasst der Steueraufwand der laufenden Periode die gegenwärtigen Steuereffekte sowie gegebenenfalls diejenigen, die auf Book-Tax-Abweichungen vergangener Perioden gründen und deren Steuerlatenzen einer Anpassung unterzogen werden müssen. Die Summe aus tatsächlichem und latentem Steueraufwand entspricht für gewöhnlich nicht dem Steueraufwand, der sich bei einer Bemessung auf Basis des handelsbilanziellen Vorsteuerergebnisses ergibt.[86]

2.2.2.3 Net-of-Tax-Methode

Die Net-of-Tax-Methode basiert auf der Überlegung, dass der Wert eines Vermögensgegenstands oder einer Schuld von dessen steuerlicher Absetzbarkeit bestimmt wird. Der Wert einer Position besteht aus zwei Komponenten: dem Gebrauchswert sowie der steuerlichen Wertkomponente. Der Steuereffekt wird den jeweiligen Vermögenswerten resp. Schulden direkt zugerechnet und der Wertansatz der betroffenen Positionen um diese Effekte korrigiert.[87] Folglich ist ein Vermögenswert (Schuld), dessen Abnutzung (deren Ablösung) steuerlich zu einer Betriebsausgabe führt ceteris paribus mehr (weniger) wert, als ein Vermögensgegenstand (Schuld), dessen Abnutzung (deren Ablösung) nicht bei der Ermittlung des

[83] Vgl. Baetge/Kirsch/Thiele (2007), S. 553.

[84] Vgl. Black (1966), S. 13. Dies ist der „statischen Bilanztheorie" ähnlich. Vgl. ausführlich zur statischen Bilanztheorie Simon (1899). Das Charakteristikum „statisch" stammt von Schmalenbach, der die Priorität der (Stichtags-)Bilanz vor der (Zeitraum-)GuV veranschaulichen wollte. Vgl. Schmalenbach (1953), S. 27. Zu einer kurzen Darstellung der Ansätze der statischen Bilanztheorie vgl. Baetge/Kirsch/Thiele (2007), S. 12 ff.; Freidank/Velte (2008), S. 713 f.

[85] Vgl. Coenenberg (2005), S. 439.

[86] Vgl. Ballwieser/Kurz (2007), S. 718, Rn. 15.

[87] Vgl. Black (1966), S. 14.

steuerbilanziellen Gewinns berücksichtigt wird.[88] Somit werden latente Steuern nach der Net-of-Tax-Methode nicht separat ausgewiesen. In der GuV erscheinen explizit nur die tatsächlich anfallenden Steuern als Aufwand, während die latente Steuerverrechnung mittelbar, d.h. über die Realisation der entsprechenden Position (z.B. über Abschreibungen), eine ergebniswirksame Berücksichtigung findet.[89] Für die Bewertung sind künftige Steuersätze zu verwenden; gleichwohl werden aus Gründen der Praktikabilität auch die aktuell geltenden Steuersätze verwendet.[90] Eine Steuersatzänderung führt zu einer Anpassung der Wertansätze.[91]

Die Net-of-Tax-Methode ist in der Praxis kaum angewendet wurden. In einem heute nicht mehr geltenden IAS war sie von großer Bedeutung als Bewertungsverfahren für Vermögenswerte und Schulden, die im Zuge eines Unternehmenszusammenschlusses akquiriert wurden.[92] Im Gegensatz zu den anderen Methoden ist die Net-of-Tax-Methode eine reine Bewertungsmethode.[93] Darüber hinaus verstößt diese Methode gegen das Bruttoprinzip und das Saldierungsverbot.[94] Im nächsten Abschnitt werden daher nur die in der Praxis relevante Liability- und Deferred-Methode weiter betrachtet.

2.2.3 Kompatibilität der Konzepte und Methoden

Wie bereits dargestellt, liegt der wesentliche Unterschied zwischen der Deferred- und der Liability-Methode in den entsprechenden bilanztheoretischen Begründungen. Während die Deferred-Methode eine periodengerechte Verteilung des Steueraufwands anstrebt und somit der dynamischen Bilanztheorie entspricht, folgt die Liability-Methode der statischen Bilanztheorie und möchte einen besseren Einblick in die Vermögens- und Schuldpositionen einer Unternehmung geben.[95] Damit entspricht das bilanzorientierte Temporary-Konzept ausschließlich der Sichtweise der Liability-Methode. Die Deferred-Methode ist in erster Linie in Zusammenhang mit dem GuV-orientierten Timing-Konzept zu sehen. Allerdings

[88] Vgl. Coenenberg (2005), S. 439.
[89] Vgl. Black (1966), S. 14; Karrenbrock (1991), S. 111 f.
[90] Vgl. Coenenberg/Hille (1979), S. 616.
[91] Vgl. Lührmann (1997), S. 137.
[92] Vgl. Ballwieser/Kurz (2007), S. 717, Rn. 2.
[93] Diese Methode *„(...) verknüpft die steuerlichen Konsequenzen aus der Bewertung mit dem Bewertungsvorgang selbst. Hier findet eine Vermischung von Ursache und Wirkung statt."* Zitat nach Coenenberg (2005), S. 443.
[94] Vgl. Coenenberg (2005), S. 443.
[95] Vgl. zu latenten Steuern und Bilanzkonzeptionen Siegel (1987), S. 142 ff.

lässt sich das Timing-Konzept auch mit der Liability-Methode verknüpfen.[96] Abbildung 2.5[97] verdeutlicht abschließend diese Zusammenhänge.

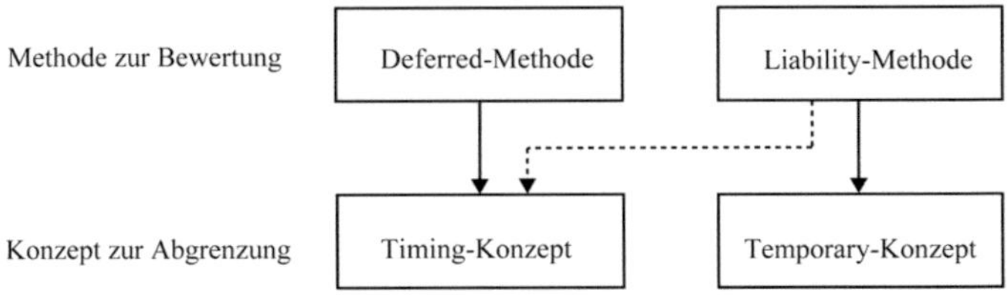

Abbildung 2.5: Zusammenhang zwischen den Konzepten zur Abgrenzung und den Methoden zur Bewertung latenter Steuern.
Quelle: Baetge/Kirsch/Thiele (2007), S. 555.

2.3 Die Steuerabgrenzung nach IAS 12

Die latente Steuerverrechnung nach den IFRS ist in IAS 12 fixiert. Die Verrechnung latenter Steuern nach IAS 12 basiert auf dem bilanzorientierten Temporary-Konzept in Verbindung mit der Liability-Methode. Die Abgrenzung von latenten Steuern in einem IFRS-(Konzern)Abschluss ist sehr umfassend und detailliert geregelt. Temporary differences nach IAS 12 umfassen sämtliche Differenzen, die sich aus unterschiedlichen Wertansätzen in der IFRS-Bilanz gegenüber der Steuerbilanz, unabhängig von ihren Entstehungsursachen, ergeben. Diese können in einem Jahresabschluss nach IFRS durch beinahe jeden Geschäftsvorfall hervorgerufen werden. Der Standard selbst wird von Rechnungslegungs- und Steuerexperten als besonders komplex angesehen. Im Folgenden werden die Regelungen des IAS 12 detailliert erläutert. Abschnitt 2.3.1 setzt sich zunächst mit den Grundlagen des Standards auseinander. Eine ausführliche Darstellung hinsichtlich der Ansatzvoraussetzungen und der Erfassung von passiven und aktiven latenten Steuern sind Gegenstand des Abschnitts 2.3.2. Abschnitt 2.3.3 geht auf die Besonderheiten der latenten Steuerverrechnung in einem IFRS-Konzernabschluss ein. Die Bewertungsmethodik von latenten Steuern wird in Abschnitt 2.3.4 erklärt. Abschnitt 2.3.5 erläutert, wie passive und aktive Steuerlatenzen in Bilanz

[96] Vgl. Coenenberg (2005), S. 443; Lienau (2006), S. 39 f.
[97] Abbildung entnommen aus Baetge/Kirsch/Thiele (2007), S. 555.

und GuV abzubilden sind. Abschnitt 2.3.6 listet abschließend die ausführlichen Anhangangaben auf, die IAS 12 verlangt.

2.3.1 Grundlagen der Steuerverrechnung nach IAS 12

Die Behandlung von Ertragsteuern im Einzel- sowie Konzernabschluss wird durch die im September 1996 und im Oktober 2000 ergänzte Richtlinie IAS 12 „Income Taxes“ geregelt.[98] Weiter finden sich Ergänzungen zum eigentlichen Standard in den Interpretationen des Standing Interpretations Committee (SIC) SIC 21 „Income taxes – recovery of revalued non-depreciable assets“ sowie in SIC 25 „Income taxes – changes in the tax status of an enterprise or it's shareholders“.[99] Mit IAS 12 visiert der IASB eine umfassende Regelung bezüglich des Bilanzansatzes, der Bewertung und des Ausweises von Ertragsteuern an, um eine periodengerechte Erfassung der Ertragsteuern sowie eine den tatsächlichen Verhältnissen entsprechende Darstellung der Vermögenslage im Jahresabschluss zu erreichen.

Der IASB hat am 31. März 2009 den Exposure Draft ED/2009/2 „Income Tax“ veröffentlicht. Aufgrund der geplanten Änderungen hat sich der IASB gegen eine bloße Überarbeitung des IAS 12 entschieden und beabsichtigt stattdessen die Einführung im Rahmen eines neuen IFRS. Die Veröffentlichung des endgültigen Standards ist für 2010 geplant. Die Darstellung in dieser Arbeit orientiert sich ausschließlich an dem aktuell gültigen IAS 12, da dieser insbesondere für die empirische Untersuchung relevant ist.[100]

IAS 12 ist von allen Unternehmen unabhängig von der Größe, Rechtsform und Börsennotierung im IFRS-Einzel- bzw. Konzernabschluss anzuwenden. IAS 12.2 regelt zunächst den Geltungsbereich des Standards. Hiernach sind sämtliche in- und ausländische Ertragsteuern, welche das steuerpflichtige Einkommen der Unternehmen betreffen, zu berücksichtigen. Hierunter fallen auch Quellensteuern,

[98] Die Darstellung der Regelungen des IAS 12 sowie allen weiteren verwendeten IAS bzw. IFRS und Interpretationen spiegeln den Stand Januar 2008 wider. Vgl. hierzu IDW (2008). Dies ist notwendig, da die Datenbasis der empirischen Untersuchung auf IFRS-Konzernabschlüsse des Zeitraums 2001 bis 2007 basiert.

[99] SIC 21 regelt die Bilanzierung latenter Steuern im Fall einer temporary difference aufgrund der Neubewertung nicht mehr planmäßig abzuschreibender Vermögenswerte nach IAS 16 sowie IAS 40. SIC 25 regelt die Bilanzierung für den Fall, dass sich der Steuerstatus des bilanzierenden Unternehmens oder des Anteilseigners geändert hat.

[100] Konzeptionell unterscheiden sich der Exposure Draft ED/2009/2 und IAS 12 nicht. Vgl. ausführlich zu einer Darstellung der geplanten Änderungen Loitz (2009); Simlacher/Schurbohm-Ebneth (2009).

die aufgrund einer Ausschüttung von einer Tochtergesellschaft, einem assoziierten Unternehmen oder einem Joint Venture an das berichtende Unternehmen entstehen können. In Deutschland lassen sich unter diese Definition die Einkommen-, Körperschaft- und Gewerbesteuer sowie der Solidaritätszuschlag subsumieren. Verbrauchs-, Substanz-, Abzug- und Umsatzsteuern, Bußgelder, Säumnis- und Verspätungszuschläge sowie Steuern, die ein Unternehmen aus Haftungsgründen oder wegen vertraglicher Vereinbarungen für Dritte zu zahlen hat, sind nicht Gegenstand von IAS 12.[101] IAS 12 unterscheidet den tatsächlichen und den latenten Steueraufwand.

Tatsächliche Steuern sind der Betrag der geschuldeten bzw. erstattungsfähigen Ertragsteuern, der aus dem zu versteuernden Einkommen bzw. dem steuerlichen Verlust der Periode resultiert (IAS 12.5). Diese Ertragsteuern sind prinzipiell erfolgswirksam zu verrechnen. Sie sind in dem Umfang als Schuld anzusetzen, in dem sie die laufende oder vorangegangene Perioden betreffen und noch nicht bezahlt worden sind. Ein Vermögenswert ist auszuweisen, sofern die bereits geleisteten Steuerzahlungen den für diese Perioden geschuldeten Betrag überschreiten (IAS 12.12). Stets ist das Prinzip der Periodenabgrenzung zu berücksichtigen. Analog gilt dies für die Erstattung tatsächlicher Ertragsteuern früherer Perioden bedingt durch einen Verlustrücktrag (IAS 12.13). Eine Aktivierung darf frühestens in der Periode der Entstehung des Verlustrücktrags vollzogen werden.[102] Der bilanzielle Ausweis von tatsächlichen Steueransprüchen und -verbindlichkeiten hat separat zu erfolgen (IAS 1.68 (m)). Ferner ist eine Saldierung der Steueransprüche und -schulden grundsätzlich nicht zulässig. Jedoch besteht eine Saldierungspflicht, wenn es möglich ist, die Steueransprüche und -schulden gegeneinander aufzurechnen und dies auch geplant ist (IAS 12.71).[103] Die Regelungen zur Bilanzierung von tatsächlichen Steuern sind weniger problematisch. IAS 12 widmet sich daher überwiegend der Bilanzierung latenter Steuern.

Die Verrechnung **latenter Steuern** nach IAS 12 basiert auf dem bilanzorientierten Temporary-Konzept in Verbindung mit der Liability-Methode.[104] Im Rahmen der Identifizierung von temporary differences kommt es somit zu einer Gegenüberstellung von Buchwerten nach IFRS und den steuerbilanziellen Buchwerten,

[101] Vgl. Hoffmann (2008), S. 1334, Rn. 1; Schulz-Danso (2006), S. 639, Rn. 2.
[102] Vgl. Schulz-Danso (2006), S. 641, Rn. 13.
[103] Insbesondere wird hierzu die Identität der Steuerbehörde vorausgesetzt. Vgl. IAS 12.72. Vgl. hierzu auch Schulz-Danso (2006), S. 644 f., Rn. 27 f.
[104] Vgl. zum Temporary-Konzept Abschnitt 2.2.1.2. Vgl. zur Liability-Methode die Erläuterungen in Abschnitt 2.2.2.2.

um zu den nach IAS 12 grundsätzlich ansatzpflichtigen Steuerlatenzen zu gelangen. Jedem Vermögensgegenstand bzw. jeder Schuld wird hierbei unmittelbar ein Steuerwert (tax base) zugerechnet, wenn die Realisierung des Vermögensgegenstands bzw. die Bezahlung der Schuld – abhängig von der steuerlichen Absetzbarkeit – die Höhe der Steuerbemessungsgrundlage beeinflusst. Dieser Steuerwert ist der „für steuerliche Zwecke beizulegende Betrag" (IAS 12.5). Es handelt sich somit in aller Regel um den Buchwert in der Steuerbilanz.[105] Falls ein Steuerwert nicht eindeutig festgestellt werden kann, weist IAS 12.10 zur Ermittlung auf das **Grundprinzip des Standards** hin:

„(...) an enterprise should, with certain limited expectations, recognise a deferred tax liability (asset) whenever recovery or settlement of the carrying amount of an asset or liability would make future tax payments larger (smaller) than they would be if such recovery or settlement were to have no tax consequences."

Diese Passage verdeutlicht, dass die Identifikation von abgrenzbaren Differenzen nach IAS 12 auf Basis des Temporary-Konzepts vollzogen wird. Gegenstand dieses Konzepts ist die spätere erfolgswirksame „Auflösung" von Differenzen. Eine ergebniswirksame Entstehung und spätere „Umkehrung" wird nicht vorausgesetzt.[106] Temporary differences nach IAS 12 umfassen sämtliche Differenzen aus unterschiedlichen Wertansätzen in der IFRS- gegenüber der Steuerbilanz, unabhängig von ihren Entstehungsursachen. Es wird weder ein Zeitrahmen vorgeschrieben innerhalb dessen eine Auflösung erfolgen muss noch wird es als relevant angesehen, ob die Auflösung der Differenzen automatisch geschieht oder sie von einer Disposition abhängig sind. Nicht abgrenzbare Differenzen nach IAS 12 resultieren aus außerbilanziellen Hinzurechnungen und Kürzungen bei der steuerlichen Einkommensermittlung, der direkten Kürzung der Steuerschuld oder konkreten Ansatzverboten des IASB.[107]

IAS 12.5 differenziert zwischen temporary differences, die bei ihrer Auflösung höhere Steuerbelastungen hervorrufen (**taxable temporary differences**), sowie solchen, die bei ihrer Auflösung zu Steuerentlastungen führen (**deductible temporary differences**). Taxable temporary differences erfordern den Ansatz

[105]Vgl. Wagenhofer (2005), S. 323; Schulz-Danso (2006), S. 640, Rn. 5. IAS 12 umschreibt jeweils, was unter dem Steuerwert eines Vermögensgegenstands resp. Schuld zu verstehen ist und nennt Beispiele. Vgl. hierzu IAS 12.7-9.

[106]Vgl. auch Förschle/Kroner (1996), S. 1634; Coenenberg/Hille (1997), S. 538; Heurung (2000a), S. 1344.

[107]Vgl. Förschle/Kroner (1996), S. 1633 f.; Coenenberg (2005), S. 459 f.

einer passiven latenten Steuerverbindlichkeit, deductible temporary differences den Ansatz einer aktiven latenten Steuerforderung.

Eine detaillierte Ausführung hinsichtlich der Ansatzvoraussetzungen, der Bewertungsmethodik sowie der Abbildung passiver und aktiver Steuerlatenzen in Bilanz, GuV und Anhang sind Gegenstand der folgenden Abschnitte.

2.3.2 Erfassung latenter Steuern

2.3.2.1 Passive latente Steuern

Gemäß IAS 12.15 besteht eine grundsätzliche Bilanzierungspflicht für passive latente Steuern bei Vorliegen einer taxable temporary difference. Allgemein führen folgende Fallkonstellationen zu taxable temporary differences:

(1) Vermögenswerte werden nach den IFRS höher bewertet als in der Steuerbilanz;

(2) Vermögenswerte sind nach den IFRS in der Bilanz anzusetzen, nicht jedoch in der Steuerbilanz;

(3) Schulden werden nach den IFRS niedriger bewertet als in der Steuerbilanz;

(4) Schulden sind nach steuerrechtlichen Vorschriften zu bilanzieren, hingegen nicht nach den IFRS.

Die Auflösung einer taxable temporary difference löst eine zusätzliche Steuerbelastung aus, die inkompatibel zum IFRS-Ergebnis vor Steuern ist. Im Zeitpunkt der Realisation wird in der IFRS-Gewinnermittlung ein geringerer Gewinn generiert als in der steuerlichen Gewinnermittlung. Um diese Unstimmigkeit zu eliminieren bzw. aus Gründen der Synchronisation, ist eine latente Steuerschuld zu passivieren. Diese kalkuliert den bei der Auflösung der temporary difference hervorgerufenen Steuereffekt bereits zum Zeitpunkt der Entstehung ein.[108] Die (sukzessive) Auflösung der passiven Steuerlatenz bringt das IFRS-Ergebnis und den Steueraufwand periodengerecht in Einklang.

[108]Vgl. Coenenberg/Hille (1997), S. 538.

Von diesem grundsätzlichen Gebot der Passivierung latenter Steuerverbindlichkeiten weicht IAS 12 in Ausnahmen ab. Diese im Standard explizit verankerten Ausnahmen werden im Folgenden kurz illustriert.

Ergeben sich taxable temporary differences aus dem erstmaligen Ansatz eines Goodwills[109] als Folge eines share deals, untersagen IAS 12.15 (a) und IAS 12.21 explizit den Ansatz einer latenten Steuerschuld. Eine zu versteuernde Differenz entsteht, wenn ein Goodwill im Rahmen eines Unternehmenszusammenschlusses „bezahlt" wird und eine Aktivierung für steuerliche Zwecke unterbleibt. Während der Steuerwert Null beträgt, ist der Goodwill im IFRS-Abschluss zu aktivieren und im Rahmen der Folgebilanzierung nach dem impairment-only-approach zu behandeln.[110] Nach IAS 12.21 soll die Residualgröße Goodwill nicht unnötig durch eine passive latente Steuerabgrenzung erhöht werden.[111] Ein Ansatzverbot gilt grundsätzlich zudem für Differenzen, die aus der Fortentwicklung eines aus der Kapitalkonsolidierung resultierenden Goodwills hervorgerufen werden (IAS 12.21 A).

Anders verhält es sich bei einem Goodwill, der aus einem asset deal resultiert.[112] In diesem Fall ist ein erworbener Goodwill auch nach steuerrechtlichen Regelungen anzusetzen und abzuschreiben. Angesichts der steuerlichen Absetzbarkeit können temporary differences entstehen, zum einen durch divergierende Anschaffungskostendefinitionen nach IFRS bzw. Steuerrecht oder durch die Kaufpreisal-

[109]Der Goodwill resp. Geschäfts- oder Firmenwert entspricht dem Unterschiedsbetrag zwischen den Anschaffungskosten eines Unternehmenszusammenschlusses und dem Anteil des Erwerbers an den Zeitwerten der identifizierbaren Vermögenswerten, Schulden und Eventualschulden des akquirierten Unternehmens (IAS 12.21).

[110]Vgl. zum erstmaligen Ansatz eines Goodwills im Rahmen eines Unternehmenszusammenschlusses IFRS 3.51-53 und zur Folgebilanzierung IFRS 3.54 f. unter Verweis auf IAS 36. Vgl. hierzu auch z.B. Pellens/Fülbier/Gassen/Sellhorn (2008), S. 685 f. sowie S. 705 ff.

[111]Dieses Verbot ist konzeptionell angreifbar, da nach dem Wortlaut von IFRS 3.51 (a) der Goodwill kein Residuum, sondern ein Vermögenswert darstellt. Bei einer stringenten Vorgehensweise wären latente Steuern anzusetzen. Vgl. Busse von Colbe (2004), S. I; Pellens/Fülbier/Gassen/Sellhorn (2008), S. 715. Vgl. auch Heurung/Kurtz (2000), S. 1775 ff., die hierin keine konsequente Umsetzung des Temporary-Konzepts sehen.

[112]Die Akquisition von Anteilen an einer Personengesellschaft werden steuerlich wie ein asset deal behandelt. Ein Goodwill kann in den steuerlichen Ergänzungsbilanzen entstehen. Die Ausführungen gelten analog. Vgl. Kirsch (2002), S. 1876, allerdings basierend auf des inzwischen überholten IAS 22. Vgl. Fülbier/Mages (2007), S. 74 auf Grundlage des IFRS 3. Eine ausführliche Darstellung der Besonderheiten bei der Bilanzierung latenter Steuern infolge von Ergänzungsbilanzen findet sich bei Lienau (2006), S. 233 ff. Vgl. auch Meyer/Loitz/Quella/Zerwas (2009), S. 106 ff. zu den Besonderheiten bei der Ermittlung latenter Steuern im Einzelabschluss von deutschen Personengesellschaften.

lokation (IFRS 3.36 ff.)[113], zum anderen (erst) durch unterschiedliche Abschreibungsregeln in den Folgeperioden. Nach IAS 12.21 B sind auf diese temporary differences latente Steuern zu passivieren.

Eine weitere Ausnahme vom Ansatzgebot passiver Steuerlatenzen besteht für erfolgsneutrale Unterschiede beim erstmaligen Ansatz eines Vermögenswertes bzw. einer Schuld, sofern sie nicht aus einer Unternehmensakquisition resultieren.[114] Entstehen darüber hinaus temporary differences in der Folgebilanzierung dieser Positionen (z.B. durch unterschiedliche Abschreibungsverfahren), dürfen ebenfalls keine Steuerlatenzen passiviert werden (IAS 12.15 (b) und IAS 12.22 (c)). Folglich greift dieses Ansatzverbot, wenn ein Vermögenswert in der IFRS- und in der steuerlichen Eröffnungsbilanz unterschiedlich bewertet wird. Hingegen sind aufgedeckte stille Reserven, die im Zuge der Erstkonsolidierung im IFRS-Konzernabschluss entstehen, von diesem Verbot nicht betroffen. Der Ansatz latenter Steuern wird lediglich in Zusammenhang mit einem als Restwert innerhalb der Kapitalkonsolidierung entstehenden Goodwill nicht gewährt. Das Ansatzverbot greift nicht, wenn die IFRS- und/oder steuerliche GuV von dem divergierenden Wertansatz im Zeitpunkt des Ansatzes berührt wird (IAS 12.22 (a) und (b)).[115]

Schließlich ist ein weiteres Ansatzverbot in IAS 12.15 unter Verweis auf IAS 12.39 verankert. Demnach dürfen bei Differenzen, die sich in Verbindung mit Anteilen an Tochterunternehmen, Zweigniederlassungen, assoziierten Unternehmen sowie Joint Ventures ergeben, keine latenten Steuern passiviert werden, wenn das die

[113]Ist der Goodwill nach IFRS größer als der Goodwill in der Steuerbilanz, so dürfen latente Steuern nur in Höhe des steuerlich abzugsfähigen Teils abgegrenzt werden. Die Konstellation, dass der Goodwill nach IFRS kleiner als der steuerlicher Goodwill ist, dürfte in der Praxis häufiger anzutreffen sein, da nach IFRS 3 im Vergleich zum Steuerrecht tendenziell mehr immaterielle Vermögenswerte und stattdessen weniger Goodwill anzusetzen sind. Auf diese temporary difference ist eine aktive latente Steuer anzusetzen und fortzuführen. Die planmäßige steuerliche Abschreibung verursacht in der Folgebilanzierung zunächst eine aufwandswirksame Auflösung dieser aktiven latenten Steuern und dann die Bildung passiver latenter Steuern, sobald der steuerliche Goodwill den IFRS-Goodwill unterschreitet. Vgl. ausführlich zur Steuerabgrenzung auf Goodwilldifferenzen bei der Konsolidierung von Personengesellschaften Pawelzik (2006). Zu diesen Ausführungen vgl. S. 13 f. Vgl. auch Heuser/Theile (2005), S. 490 f., Rn. 1321 ff.; Schulz-Danso (2006), S. 659 ff., Rn. 75 ff.

[114]Der IASB plant eine Abschaffung dieser Ausnahme von der Steuerlatenzrechnung im Rahmen des Konvergenzprojektes mit dem FASB. Vgl. IASB (2007), dort unter „Exceptions to the temporary difference approach". Vgl. hierzu explizit auch ED/2009/2, IN8 (e).

[115]Nach IAS 12.22 (b) kann es somit zu einer Steuerlatenz im Fall eines Investitionszuschusses kommen, der steuerlich sofort erfolgswirksam vereinnahmt wird, während dieser im IFRS-Abschluss von den Anschaffungs- und Herstellungskosten abgezogen wird. Vgl. Hoffmann (2008), S. 1357; Rn. 48. Vgl. Abschnitt 2.3.2.2 zum Ansatzverbot latenter Steuern in Zusammenhang mit einer Investitionszulage. Vgl. auch die Darstellung bei Hoffmann (2008a), S. 541 f., Rn. 31.

Beteiligung haltende Unternehmen (Mutterunternehmen, Anteilseigner, Partnerunternehmen) den zeitlichen Verlauf der Auflösung der temporary difference determinieren kann und diese in einem vorhersehbaren Zeitrahmen wahrscheinlich nicht zu erwarten ist. Die Abgrenzung latenter Steuern, die auf diese sog. outside basis differences basieren, wird in Abschnitt 2.3.3.3 dargestellt.

2.3.2.2 Aktive latente Steuern

Liegen deductible temporary differences vor, d.h. Differenzen, welche in künftigen Perioden zu abzugsfähigen Beträgen im Rahmen der steuerlichen Einkommensermittlung führen (IAS 12.5), sind latente Steuern zu aktivieren. Damit führen folgende allgemeine Fallkonstellationen zum Ansatz aktiver latenter Steuerforderungen:

(1) Vermögenswerte werden nach den IFRS niedriger bewertet als in der Steuerbilanz;

(2) Vermögenswerte sind steuerrechtlich in der Bilanz anzusetzen, nicht jedoch nach den IFRS;

(3) Schulden werden nach den IFRS höher bewertet als in der Steuerbilanz;

(4) Schulden sind nach den IFRS zu bilanzieren, hingegen nicht nach steuerrechtlichen Vorschriften.

Im Zeitpunkt der Realisation einer deductible temporary difference wird in der IFRS-GuV ein höherer Gewinn generiert als in der steuerlichen Gewinnermittlung und der errechnete Steueraufwand steht in keinem erklärbaren Zusammenhang zum IFRS-Ergebnis vor Steuern. In diesem Fall muss zur Synchronisation eine latente Steuerforderung aktiviert werden. Diese kalkuliert den bei der Auflösung der temporary difference hervorgerufenen potenziellen Entlastungseffekt bereits zum Zeitpunkt der Entstehung ein.[116] Die (sukzessive) Auflösung der latenten Steuerforderung gleicht das IFRS-Ergebnis an den Steueraufwand periodengerecht an.

Im Gegensatz zu passiven Steuerlatenzen, die unter Berücksichtigung der im Standard explizit angeführten Ausnahmen stets zu bilden sind, postuliert IAS 12.24 eine Bilanzierungspflicht für aktive latente Steuern unter der Voraussetzung, dass

[116] Vgl. Coenenberg/Hille (1997), S. 538.

die zu aktivierende latente Steuerforderung im Zeitpunkt der Auflösung voraussichtlich (probable) mit zukünftigen steuerpflichtigen Gewinnen verrechnet, sprich steuerlich wirksam genutzt werden kann.[117] Nur unter dieser Prämisse kann ein ökonomischer Vorteil aus der Auflösung einer deductible temporary difference erwachsen, welche die Aktivierung latenter Steuern rechtfertigt (IAS 12.27).

Um festzustellen, ob in Zukunft mit ausreichenden steuerpflichtigen Gewinnen zu rechnen ist und somit gegenwärtig ein wirtschaftlicher Vorteil aus der Auflösung einer deductible temporary difference existiert, nennt IAS 12 **Objektivierungskriterien**, statt explizit auf konkrete Wahrscheinlichkeitsgrenzen[118] einzugehen. Diese Kriterien sollen den Ansatz aktiver latenter Steuern durch Unternehmen, die sich in einer dauerhaften steuerlichen Verlustsituation befinden und selbst bei Liquidation nicht mit einem steuerlichen Gewinn abschließen würden, unterbinden.[119] Liegt einer dieser Kriterien vor, ist von wahrscheinlichen steuerpflichtigen Gewinnen auszugehen und eine Aktivierung von latenten Steuerforderungen kann bis zur Höhe des realisierbaren Umfangs[120] vorgenommen werden.

(1) Das betroffene steuerpflichtige Unternehmen hat ausreichend passive latente Steuern bilanziert, welche Verpflichtungen gegenüber derselben Steuerbehörde zum Gegenstand haben, gegen die sich auch die abzugrenzenden aktiven latenten Steuern richten. Daneben müssen sich die betroffenen aktiven und passiven Steuerlatenzen im selben Geschäftsjahr auflösen, oder es muss die Möglichkeit zu einer zeitkongruenten Auflösung durch einen ent-

[117] Die differenzierte Bilanzierungspflicht für aktive und passive latente Steuern liegt darin begründet, dass aktive Steuerlatenzen nicht wie gewöhnliche Forderungen vom Fiskus eingefordert, sondern lediglich gegen künftige Steuerzahlungen aufgerechnet werden können. Aktive latente Steuern begründen damit nicht zwangsläufig einen wirtschaftlichen Vorteil. Hingegen führen passive latente Steuern stets zu einer Steuerschuld gegenüber dem Fiskus, da eine Schuld bereits aus der Verpflichtung zu künftigen Steuerzahlungen entsteht. Vgl. Wagenhofer (2005), S. 327; ähnlich Petersen/Bansbach/Dornbach (2008), S. 303.

[118] Die Wahrscheinlichkeitsgrenze „probable“ wird im Standard selbst nicht näher spezifiziert. Der IASB führte zu dem in IAS 12 verwendeten Begriff „probable“ aus, dass es sich dabei um eine über 50% (*„more likely than not“*) liegende Wahrscheinlichkeitsgrenze handelt. Vgl. IASB (2003), S. 3. Diese Sichtweise findet sich in den aktuellen Änderungsvorschlägen des IASB zu IAS 12 im Rahmen des Konvergenzprojektes mit dem FASB wieder: *„The IASB agreed probable should be defined as meaning 'more likely than not'.“*. Vgl. IASB (2007), dort unter „Recognition of deferred tax assets“. Dies ist nun inzwischen im ED/2009/2, IN8 (g) explizit verankert. In der Literatur wurde zum Teil eine Eintrittswahrscheinlichkeit von mindestens 75% gefordert. Vgl. z.B. Loitz/Rössel (2002), S. 648; Küting/Zwirner (2003), S. 305; Ballwieser/Kurz (2007), S. 728, Rn. 35. Zur generellen Regelung der imparitätischen Wahrscheinlichkeit in den IFRS sowie hinsichtlich latenter Steuern vgl. Lüdenbach/Hoffmann (2003).

[119] Vgl. Heuser/Theile (2005), S. 485, Rn. 1309.

[120] Vgl. exemplarisch Ballwieser/Kurz (2007), S. 731 f., Rn. 42.

sprechenden Verlustrücktrag bzw. -vortrag gegeben sein (IAS 12.28). Dies setzt voraus, dass passive latente Steuern in den Perioden vorhanden sein müssen, in die ein aus der Auflösung der entsprechenden latenten Steuerforderung entstehender Verlust vor- bzw. rückgetragen werden kann.

Sofern die in (1) beschriebenen Merkmale nicht erfüllt sind, gelten alternativ folgende Kriterien:

(2) Das Unternehmen (Steuersubjekt[121]) erwartet mit einer hinreichenden Wahrscheinlichkeit steuerpflichtige Gewinne in den künftigen Perioden der Auflösung der aktiven Steuerlatenzen zu generieren. Dabei sind zukünftige deductible temporary differences und damit ihre gewinnerhöhende Wirkung außer Acht zu lassen, weil der Ansatz der hieraus resultierenden latenten Steueransprüche seinerseits zukünftige steuerpflichtige Gewinne voraussetzt (IAS 12.29 (a)).
Diese Verfahrensweise zur Beurteilung der Wahrscheinlichkeit künftiger Gewinne impliziert das Anfertigen von fundierten Prognoserechnungen[122] für die Jahre der Auflösung der deductible temporary difference. Diese Planungsrechnungen müssen sich an dem Stetigkeits- und Plausibilitätsgrundsatz orientieren.[123]
Weist ein Unternehmen in der näheren Vergangenheit eine Historie von Verlusten auf, bedarf die Annahme wahrscheinlicher künftiger Gewinne einer besonderen Begründung. Es müssen „überzeugende substanzielle Hinweise“ (convincing other evidence) dafür vorliegen, dass ausreichende steuerpflichtige Gewinne zukünftig generiert werden (IAS 12.35).[124]

(3) Darüber hinaus ist eine aktive Steuerabgrenzung möglich, wenn das Unternehmen einen entsprechenden steuerlichen Gewinn durch steuerbilanzpoli-

[121]Es muss sich um denselben Steuerschuldner handeln; d.h. Verrechnungsmöglichkeiten innerhalb eines Konzerns zwischen verschiedenen Steuersubjekten dürfen nicht berücksichtigt werden. Vgl. Hoffmann (2008), S. 1358, Rn. 50.

[122]Diese betriebswirtschaftlichen Analysen und Prognoserechnungen setzen eine enge Verzahnung verschiedener Unternehmensbereiche (z.B. Controlling, Planung, Rechnungswesen) voraus. Vgl. Loitz (2007), S. 779. In Analogie zu IAS 36.33 (b) sollten die Planungsrechnungen auf einem Zeitraum von maximal fünf Jahren basieren. Vgl. Berger (2006), S. 2474.

[123]Vgl. Schulz-Danso (2006), S. 650, Rn. 48.

[124]Vgl. hierzu ausführlich Abschnitt 2.3.2.3.

tische oder sachverhaltsgestaltende Maßnahmen (tax planning opportunities[125]) generieren kann (IAS 12.29 (b)).

Latente Steuerforderungen, welche die Objektivierungskriterien nicht erfüllen und somit nicht angesetzt werden dürfen, müssen an jedem Bilanzstichtag im Hinblick auf eine eventuelle Nachaktivierung überprüft werden. Kommt es im Rahmen dieser Überprüfung zu einer Neueinschätzung der Situation, die den Ansatz aktiver Steuern begründet, so sind sie zwingend nachzuaktivieren. Dies hat bis zur Höhe des wahrscheinlich künftigen wirtschaftlichen Vorteils, der sich aus der Auflösung der deductible temporary difference ergibt, zu erfolgen (IAS 12.37). Ebenso verhält es sich mit bereits aktivierten latenten Steuern. Diese sind in der Höhe aufzulösen, in der es wahrscheinlich ist, dass sie mit künftigen Gewinnen nicht verrechnet werden können (IAS 12.56).[126]

Entsprechend der Ausnahmen zur Passivierung latenter Steuerschulden führt IAS 12 Sachverhalte an, bei denen von einer Aktivierung latenter Steuern abzusehen ist.

Zum einen handelt es sich dabei um deductible temporary differences, die erfolgsneutral entstanden sind und nicht aus einem Unternehmenszusammenschluss resultieren (IAS 12.24 (a) und (b)). Korrespondierend zu dem Ansatzverbot im Rahmen der passiven Steuerabgrenzung ist zu beachten, dass diese Ausnahmeregelung nur in Zusammenhang mit dem Kauf einzelner Vermögensgegenstände und Schulden anzuwenden ist.[127] Als Beispiel für eine solche Differenz lässt sich eine steuerfreie Investitionszulage nennen (IAS 12.33).[128] Gemäß IAS 20 „Accounting for government grants and disclosure of government assistance“ können derartige

[125]Gemäß IAS 12.30 stellen „tax planning opportunities“ Maßnahmen dar, die von einem Unternehmen in einer bestimmten Periode ergriffen werden können, um einen steuerpflichtigen Gewinn zu generieren oder zu erhöhen, bevor ein steuerlicher Verlust- oder Gewinnvortrag verfällt. Exemplarisch nennt IAS 12.30 (a) die Wahlmöglichkeit, Zinserträge nach dem Zuflussprinzip zu besteuern, oder eine zeitlich abgegrenzte Zinsforderung zu aktivieren (vorausgesetzt dies ist nach den jeweiligen steuerrechtlichen Vorschriften zulässig). Weitere Beispiele für derartige Sachverhaltsgestaltungen finden sich in IAS 12.30 (b)-(d).

[126]Dabei folgt die Erfassung in der GuV den allgemeinen Grundsätzen gemäß IAS 12.57 ff. Vgl. hierzu Abschnitt 2.3.2.4. Vgl. auch Ballwieser/Kurz (2007), S. 731 f., Rn. 41 f.

[127]Vgl. hierzu die Erläuterungen in Abschnitt 2.3.2.1. Der IASB plant eine Abschaffung dieser Ausnahme von der Steuerlatenzrechnung im Rahmen des Konvergenzprojektes mit dem FASB. Vgl. IASB (2007), dort unter „Exceptions to the temporary difference approach“. Vgl. hierzu explizit auch ED/2009/2, IN8 (e).

[128]Vgl. zu diesen Ausführungen auch Förschle/Kroner (1996), S. 1635; Baetge/Kirsch/Thiele (2007), S. 580 f.; Coenenberg (2005), S. 460; Heuser/Theile (2005), S. 491, Rn. 1324; Schulz-Danso (2006), S. 661 f., Rn. 80.

steuerfreie Zulagen von den Anschaffungskosten in der IFRS-Bilanz abgezogen oder als passiver Rechnungsabgrenzungsposten angesetzt werden (IAS 20.24). In der Steuerbilanz ist der Vermögenswert hingegen mit den tatsächlichen Anschaffungskosten zu bilanzieren, da der Zuschuss steuerfrei gewährt wurde. Die unterschiedliche Behandlung verursacht ein höheres Abschreibungspotenzial in der Steuerbilanz und damit eine Minderung des Steueraufwands in den Folgejahren. Dies würde grundsätzlich die Aktivierung einer Steuerlatenz rechtfertigen. IAS 12.24 (b) verbietet jedoch den Ansatz von erfolgsneutral entstandenen deductible temporary differences, die im Zuge der Erstverbuchung entstehen.[129]

Zum anderen dürfen latente Steuern aus deductible temporary differences, die in Zusammenhang mit Beteiligungen an Tochterunternehmen, Zweigniederlassungen, assoziierten Unternehmen oder Joint Ventures entstehen, nur aktiviert werden, wenn es wahrscheinlich ist, dass sich die Differenzen in einem vorhersehbaren Zeitrahmen[130] auflösen und ausreichend steuerpflichtiges Einkommen zur Verrechnung der latenten Steuern verfügbar sein wird (IAS 12.44). Die Abgrenzung latenter Steuern, die auf diese sog. outside basis differences zurückzuführen sind, wird in Abschnitt 2.3.3.3 skizziert.

Aktive latente Steuern können nach den IFRS auch auf ungenutzte steuerliche Verlustvorträge sowie auf vorgetragene ungenutzte Steuergutschriften gebildet werden. Den hierbei zu beachtenden Besonderheiten widmet sich der folgende Abschnitt.

[129] Die in IAS 20 geregelte Bilanzierungsweise soll bewirken, dass die steuerfreie Investitionszulage über die Nutzungsdauer des Vermögenswertes durch eine niedrigere Abschreibung realisiert wird. Die Bildung einer aktiven Steuerlatenz würde diesem Abschreibungseffekt entgegenwirken. Denkbare alternative Varianten der Erfassung latenter Steuern in Zusammenhang mit Investitionszulagen finden sich bei Förschle/Kroner (1996), S. 1635 f.

[130] Ebenfalls sollte in Analogie zu IAS 36.33 (b) ein Zeitraum von fünf Jahren zugrunde gelegt werden. Vgl. hierzu Meyer/Bornhofen/Homrighausen (2005), S. 506.

2.3.2.3 Latente Steuern auf steuerliche Verlustvorträge

Verfügt ein Unternehmen über steuerliche Verlustvorträge oder über nicht genutzte Steuergutschriften[131], so ist auf diese eine latente Steuerforderung abzugrenzen (IAS 12.34). Zwar wird kein direkter Steuererstattungsanspruch durch einen Verlustvortrag begründet, sondern lediglich das Recht zur Verrechnung mit positiven Einkünften in künftigen Veranlagungszeiträume eingeräumt[132], dennoch besteht eine Aktivierungspflicht, wenn die Verrechnung mit zukünftigen steuerlichen Gewinnen wahrscheinlich[133] ist (IAS 12.34). Das Aktivierungsgebot wird damit begründet, dass ein steuerlicher Verlustvortrag einen ökonomischen Vorteil in Form einer künftigen Steuerminderung darstellt. Dieser Vorteil steht in einem funktionalen Zusammenhang mit dem steuerlichen Verlust, weshalb eine latente Steuerforderung in der Entstehungsperiode des Verlustvortrags nach den IFRS anzusetzen ist.[134] Die Prüfung und der Nachweis wahrscheinlicher künftiger Gewinne, die zum Ansatz von aktiven Steuerlatenzen auf Verlustvorträge berechtigen, erfolgen dabei nach denselben Regeln wie der Ansatz anderer aktiver latenter Steuern.[135] Insbesondere sind die in Abschnitt 2.3.2.2 dargestellten Objektivierungskriterien[136] zu beachten.

Liegen allerdings ungenutzte steuerliche Verluste vor bzw. weist ein Unternehmen in der näheren Vergangenheit eine Verlusthistorie[137] auf, ist dies ein Indikator dafür, dass künftig steuerbilanzielle Gewinne möglicherweise nicht vorhanden sein werden. In diesem Fall wird die Realisierbarkeit des Verlustvortrags infrage gestellt (IAS 12.35). Diese Zweifel müssen im Rahmen der Gewinnprognose widerlegt werden. Das Steuersubjekt ist daraufhin zu untersuchen, ob hinreichende passive latente Steuern oder ausreichende Gewinne zur Verfügung stehen werden, ob der Verlustvortrag auf identifizierbare, nicht wiederkehrende Gründe beruht, und ob steuerpflichtige Gewinne durch Sachverhaltsgestaltung generiert werden können (IAS 12.36).

[131] Da die Ansatzvoraussetzungen von „unused tax credits“ identisch (vgl. IAS 12.34-36) mit denen eines Verlustvortrags sind, wird auf sie nicht weiter explizit eingegangen.
[132] Vgl. Eitzen/Helms (2002), S. 824; Rabeneck/Reichert (2002a), S. 1409.
[133] Vgl. zur Eintrittswahrscheinlichkeit der zukünftigen verrechenbaren Gewinne Fußnote 118 in diesem Abschnitt.
[134] Vgl. Coenenberg/Hille (1997), S. 542; Eitzen/Helms (2002), S. 824. Vgl. zur Definition und zum Ansatz eines Vermögenswertes F.53 ff., F.82 ff. und F.89 f.
[135] Vgl. Wagenhofer (2005), S. 329.
[136] Vgl. hierzu auch Loitz (2007), S. 782 ff.
[137] Vgl. zum Begriff der „Verlusthistorie“ die Ausführungen bei Loitz (2007), S. 780 f.

Insbesondere wenn eine Historie von Verlusten vorliegt, müssen „überzeugende substanzielle Hinweise“ dargelegt werden, dass in Zukunft mit ausreichenden steuerpflichtigen Gewinnen zu rechnen ist.[138] Als Beispiele[139] hierzu lassen sich anführen:

- In einem neuen Geschäftsbereich sind Verluste in der Anfangsphase entstanden. Künftig ist mit diesen nicht mehr zu rechnen, da der Break-Even Punkt mit ausreichender Wahrscheinlichkeit in absehbarer Zeit erreicht ist.[140]
- Die künftige Entwicklung in der Branche wird positiver eingeschätzt als die zurückliegende Entwicklung.
- Der erfolgreiche Abschluss einer Restrukturierungsphase steht bevor.[141]
- Die Nutzung eines steuerlichen Verlustvortrags ergibt sich aufgrund eines Unternehmenszusammenschlusses (IAS 12.67).[142]

Falls passive latente Steuern bilanziert sind, jedoch mit zukünftigen Gewinnen nicht zu rechnen ist, dürfen latente Steuern maximal bis zur Höhe der passiven Steuerlatenzen aktiviert werden. Vorausgesetzt wird auch hier wieder, dass die passiven latenten Steuern Verpflichtungen gegenüber derselben Steuerbehörde zum Gegenstand haben und sich zeitkongruent auflösen.[143] Zu jedem Bilanzstichtag ist, analog zu den übrigen aktiven Steuerlatenzen, die Verwertbarkeit von noch nicht resp. bereits aktivierten latenten Steuern auf steuerliche Verlustvorträge zu überprüfen (IAS 12.37 resp. IAS 12.56). Die sich hieraus ergebenden Konsequenzen sind erfolgswirksam zu erfassen.[144]

[138] Vgl. ausführlich Loitz (2007), S. 785 f.

[139] Vgl. zu weiteren Indizien für und gegen das Vorliegen künftiger Gewinne zur Verlustkompensation Lienau (2006), S. 139 f.

[140] Vgl. Coenenberg (2005), S. 463.

[141] Vgl. Schulz-Danso (2006), S. 655, Rn. 62.

[142] Für deutsche Kapitalgesellschaften wird die Verwertbarkeit von erworbenen steuerlichen Verlustvorträgen durch die Regelungen zum Mantelkauf in § 8 Abs. 4 KStG eingeschränkt.

[143] Vgl. Schulz-Danso (2006), S. 655, Rn. 61. Vgl. zum Zusammenspiel zwischen passiven latenten Steuern und die Aktivierungsberechtigung für latente Steuern auf steuerliche Verlustvorträge das Beispiel bei Hoffmann (2008), S. 1363, Rn. 56.

[144] Vgl. Schulz-Danso (2006), S. 656, Rn. 66. Verluste können somit mögliche Ursache latenter Steuern sein. Zugleich können sie ein Indiz für einen Abwertungsbedarf auf bilanzierte aktive latente Steuern sein. Vgl. zu dieser Besonderheit Schildbach (1998), S. 945.

Die angeführten Kriterien zielen darauf ab, festzustellen, inwieweit zukünftig mit weiteren Verlusten zu rechnen ist und ob das Unternehmen in der Lage ist, einen Verlustvortrag (innerhalb des gesetzlichen Zeitraums[145]) steuerlich zu verwerten.[146] Der Betrag der latenten Steuerforderung sowie die „substanziellen Hinweise", die den Ansatz rechtfertigen, müssen im Anhang angegeben werden (IAS 12.35 unter Verweis auf IAS 12.82).

Bei deutschen Kapitalgesellschaften ist zwischen körperschaft- und gewerbesteuerlichen Verlustvorträgen zu differenzieren.[147] Da sich die Bemessungsgrundlage der Körperschaft- und Gewerbesteuer durch die Hinzurechnungen und Kürzungen gemäß § 8 und § 9 GewStG sowie durch die fehlende Rücktragsmöglichkeit für gewerbesteuerliche Verluste unterscheiden, weichen die korrespondierenden Verlustvorträge in der Regel voneinander ab. Daher ist die Ermittlung latenter Steuern für die jeweiligen Verlustvorträge einzeln und getrennt für jede Gesellschaft vorzunehmen.[148] Ferner muss in Deutschland die eingeschränkte Verrechnung und damit das zeitliche Hinauszögern der Verwertbarkeit von körperschaft- und gewerbesteuerlichen Verlustvorträgen beachtet werden.[149] In anderen Ländern ist zu berücksichtigen, dass Verluste nur innerhalb der gleichen Einkunftsart verre-

[145]Diesbezüglich muss beachtet werden, dass es, in Abhängigkeit der lokalen Gesetzgebung, zu zeitlichen Restriktionen kommen kann. In Deutschland können derzeit inländische Verlustvorträge unbegrenzt vorgetragen werden. Vgl. § 10d Abs. 2 EStG. Der Umstand, dass Verlustvorträge unbeschränkt vorgetragen werden können, ist alleine kein ausreichender Grund dafür, latente Steuern anzusetzen. Den Prognoserechnungen ist ein Zeitraum von fünf Jahren zugrunde zu legen. Vgl. Berger (2006), S. 2474; Schulz-Danso (2006), S. 655, Rn. 61.; Hoffmann (2008), S. 1360 f., Rn. 53. Petersen/Bansbach/Dornbach (2008), S. 309 lehnen eine Begrenzung des Planungszeitraums ab und plädieren für eine unternehmensindividuelle Bestimmung.

[146]Vgl. Baetge/Kirsch/Thiele (2007), S. 583.

[147]Vgl. zu den körperschaftsteuerlichen Regelungen § 8 Abs. 1 KStG iVm. § 10d EStG bzw. zu den gewerbesteuerlichen Regelungen § 7 iVm. § 10a Gewerbesteuergesetz (GewStG). Nach § 10d Abs. 1 EStG besteht die Möglichkeit eines Verlustrücktrags. Hierdurch entsteht unmittelbar ein Anspruch auf eine Steuerrückzahlung resp. -minderung, weshalb eine Forderung auszuweisen ist (IAS 12.13). Vgl. auch Coenenberg/Hille (1997), S. 542.

[148]Vgl. Eitzen/Helms (2002), S. 825; Gens/Wahle (2003), S. 289. Gens/Wahle (2003), S. 290 f. demonstrieren, dass es im Fall nicht identischer körperschaft- und gewerbesteuerlicher Verlustvorträge zu einer Passivierung einer latenter Körperschaftsteuer kommen kann. Dies betrifft Kapitalgesellschaften mit hohen, abweichenden gewerbesteuerlichen Verlustvorträgen, die aus gewerbesteuerlichen Kürzungen nach § 9 GewStG resultieren. Der körperschaftsteuerliche Verlustvortrag kann dann geringer sein als der Vorteil aus der Ersparnis, der sich aus dem gewerbesteuerlichen Verlustabzug ergibt.

[149]Gemäß § 10d Abs. 2 S. 1 EStG bzw. § 10a S. 1 und S. 2 GewStG ist der jeweilige Verlustvortrag bis zu einem Gesamtbetrag der Einkünfte bzw. einem Gewerbeertrag von einer Million Euro unbeschränkt möglich. Darüber hinaus dürfen Beträge bis zu 60% des eine Million Euro übersteigenden Gesamtbetrags der Einkünfte bzw. Gewerbeertrags verrechnet werden.

chenbar sind. In diesen Systemen muss die Verwertbarkeit der latenten Steuerforderungen zusammen mit den latenten Steuerschulden beurteilt werden.[150]

2.3.2.4 Erfolgswirksame versus erfolgsneutrale Erfassung latenter Steuern

Latente Steuern sind – ebenso wie tatsächliche Steuern – korrespondierend zu den Transaktionen bzw. Ereignissen zu erfassen, auf welche sie basieren (IAS 12.57). Dieser Grundsatz impliziert, dass ergebniswirksame Sachverhalte eine ergebniswirksame Erfassung und ergebnisneutrale Sachverhalte eine ergebnisneutrale Erfassung von latenten Steuern effizieren (IAS 12.58). Überdies gibt es Transaktionen bzw. Ereignisse, die zu einer erfolgsneutralen sowie einer erfolgswirksamen Erfassung der Steuerlatenzen führen.[151] Jedoch ist die Ergebniswirksamkeit der Folgebilanzierung von latenten Steuern unabhängig von der erstmaligen Erfassung zu beurteilen. Sie wird durch die Erfolgswirksamkeit des Sachverhalts bestimmt, der den Abbau der zugrunde liegenden temporary difference verursacht.[152]

Für gewöhnlich gründet die erfolgswirksame Erfassung latenter Steuern auf zeitlich begrenzte Differenzen. Da sich diese Differenzen im Zeitablauf automatisch aufgrund der bestehenden unterschiedlichen Rechnungslegungsregeln umkehren und damit sowohl bei ihrer Entstehung als auch Auflösung unmittelbare Auswirkungen auf die GuV haben, sind die hieraus resultierenden latenten Steuern grundsätzlich ergebniswirksam zu erfassen (IAS 12.59).

Die erfolgsneutrale Bildung von latenten Steuern resultiert hauptsächlich aus erfolgsneutralen Neubewertungen von Vermögensgegenständen und Schulden im

[150] Vgl. Loitz (2007), S. 783 f.

[151] Vgl. auch Coenenberg/Hille (1997), S. 542; Schulz-Danso (2006), S. 667, Rn. 94.

[152] Vgl. für eine ausführliche, systematische Begründung, ob zuvor ergebnisneutral gebildete latente Steuern ergebnisneutral oder -wirksam aufzulösen sind, Ruhnke/Schmidt/Seidel (2005), S. 84 ff.; Lienau (2006), S. 82 ff. Vgl. insbesondere zu einer Darstellung der verschiedenen Ansichten im Schrifttum in Bezug auf diese Fragestellung Ruhnke/Schmidt/Seidel (2005), S. 82 ff. Für eine ergebniswirksame Folgebilanzierung sprechen sich u.a. Baetge/Beermann (1999), S. 346; Zülch/Lienau (2004), S. 572; Coenenberg (2005), S. 465; Ruhnke/Schmidt/Seidel (2005), S. 87 f.; Pellens/Fülbier/Gassen/Sellhorn (2008), S. 231; Schulz-Danso (2006), S. 668, Rn. 97; Zülch/Lienau (2006), S. 701 aus.

Einzelabschluss (IAS 12.61-65)[153] oder im Rahmen einer Unternehmensakquisition im Konzernabschluss (IAS 12.66)[154].

Schließlich können Transaktionen zugleich erfolgswirksame und erfolgsneutrale Buchungen zur Folge haben. In diesen Fällen ist die entstehende Steuerlatenz auf den ergebniswirksamen und -neutralen Effekt aufzuteilen und korrespondierend zu erfassen.[155] Dabei kann die Berechnung der Teilbeträge problematisch sein. Schwierigkeiten bei der exakten Bestimmung der jeweiligen Steuerlatenz können insbesondere infolge der Anwendung eines progressiven Steuersatzes auftreten. Schwierigkeiten können sich auch durch eine Neubewertung von sowohl

[153] In diesem Zusammenhang sind insbesondere die Neubewertung des Anlagevermögens und die Wertänderungen bei Wertpapieren der Kategorie „available-for-sale" zu nennen. Für den Einzelabschluss führt IAS 12.62 u.a. explizit die wahlweise Anwendung der Neubewertungsmethode im Sachanlagevermögen (IAS 16.31) sowie eine Anpassung des Anfangssaldos der Gewinnrücklagen aufgrund einer Änderung der Bilanzierungs- und Bewertungsmethoden (IAS 8.14 ff.) oder die Korrektur von Fehlern (IAS 8.41 ff.) an. Vgl. zum Neubewertungsmodell des IAS 16 Pellens/Fülbier/Gassen/Sellhorn (2008), S. 320 ff. Vgl. ausführlich zur Behandlung des Sachanlagevermögens nach IAS 16 auch Baetge/Beermann (1999); Zülch/Lienau (2006), S. 699 und S. 702 f. Zur Behandlung von Bilanzierungskorrekturen vgl. Pellens/Fülbier/Gassen/Sellhorn (2008), S. 816 ff. Zu weiteren Beispielen, die eine erfolgsneutrale Erfassung latenter Steuern zur Folge haben vgl. IAS 12.62 sowie Heuser/Theile (2005), S. 500 ff., Rn. 1341 f.; Schulz-Danso (2006), S. 667 f., Rn. 97; Petersen/Bansbach/Dornbach (2008), S. 316 f.

[154] Im Rahmen eines Unternehmenszusammenschlusses stellen noch nicht bilanzierte latente Steueransprüche eine Besonderheit dar. Durch eine Unternehmensakquisition können die Voraussetzungen für die Nachholung bisher nicht angesetzter aktiver latenter Steuern erfüllt werden. In IAS 12.67 f. werden hierzu zwei Fälle unterschieden. Zum einen kann ein bislang noch nicht aktivierungsfähiger Steueranspruch beim Erwerber infolge des Unternehmenszusammenschluss als realisierbar eingestuft werden. In diesem Fall setzt der Erwerber eine aktive Steuerlatenz im Anschluss an die Bilanzierung des Unternehmenszusammenschlusses an. Diese Aktivierung ist kein Bestandteil der Kaufpreisallokation und die Regeln zur Bilanzierung eines Unternehmenszusammenschlusses beeinflussen nicht die Aktivierung der latenten Steuern. Der Anspruch ist somit erfolgswirksam zu erfassen (IAS 12.67). Vgl. hierzu auch Hayn/Grüne (2006), S. 125; Lienau (2006), S. 137. Zum anderen kann eine Nachaktivierung dann erforderlich werden, wenn die Voraussetzungen zum Ansatz einer aktiven latenten Steuer zunächst beim erworbenen Unternehmen nicht gegeben waren, allerdings der Ansatz zu einem späteren Stichtag aus Sicht des Konzerns wegen zukünftige Gewinne des akquirierenden Unternehmens zulässig ist. Damit waren zum Zeitpunkt der Erstkonsolidierung die Kriterien für einen gesonderten Ansatz gemäß IFRS 3 nicht erfüllt. Es muss eine erfolgswirksame Nachaktivierung im Konzernabschluss vorgenommen werden. Der Buchwert des Goodwills ist dabei aufwandswirksam auf den Betrag zu verringern, der von vornherein bei einer Berücksichtigung des latenten Steueranspruchs angesetzt worden wäre (IFRS 3.65 und IAS 12.68). Per Saldo wird das Konzernergebnis somit nicht beeinflusst. Eine Nachaktivierung darf nur bis zur Höhe eines bestehenden Goodwills vollzogen werden. Somit erübrigt sich bei einem Badwill die Nachaktivierung. Vgl. hierzu auch Hoffmann (2008), S. 1368, Rn. 63 f.; Petersen/Bansbach/Dornbach (2008), S. 319.

[155] Denkbar ist, dass die Neubewertung z.B. gemäß IAS 16.39 zugleich eine ergebniswirksame Umkehr einer früheren Abschreibung zur Folge hat sowie ergebnisneutral zu einem über den historischen Anschaffungskosten liegenden Wert führt. Vgl. Schulz-Danso (2006), S. 688, Rn. 99.

als erfolgswirksam als auch als erfolgsneutral abgegrenzter latenter Steuern ergeben[156], wenn sich deren genaue Höhe durch eine fehlende Dokumentation nicht mehr ermitteln lässt. In diesen Fällen ist die Anwendung von Schätzungen, z.B. die Anwendung eines Durchschnittssteuersatzes bzw. eines Verfahrens zur sachgerechten Aufteilung, zulässig (IAS 12.63).[157]

Müssen erfolgswirksam gebildete aktive oder passive Steuerlatenzen in ihrem Wertansatz korrigiert werden, ist diese Korrektur ergebniswirksam vorzunehmen. Hingegen werden direkt im Eigenkapital erfasste latente Steuern erfolgsneutral angepasst. Beispiele hierfür sind Änderungen des Steuersatzes, Änderungen im Steuerrecht oder Änderungen in der Einschätzung der Eintrittswahrscheinlichkeit künftiger Gewinne, die zu einer Vornahme von Wertberichtigungen bzw. -aufholungen auf aktive latente Steuern führen (IAS 12.60).

In diesem Zusammenhang ist SIC 25 „Income taxes – changes in the tax status of an enterprise or it's shareholders“ anzuführen. Ändert sich der Steuerstatus[158] eines Unternehmens, können sich Änderungen in den bilanzierten Steuerlatenzen ergeben. Diese sind wertmäßig dann anzupassen, wenn aus der Änderung des Steuerstatus veränderte steuerliche Konsequenzen bei der Auflösung der temporary differences resultieren (SIC 25.2). Die Erfassung im Periodenergebnis und/oder im Eigenkapital erfolgt nach den eben erläuterten Grundsätzen (SIC 25.4).[159]

2.3.3 Latente Steuern im Konzernabschluss

2.3.3.1 Ursachen latenter Steuern im Konzernabschluss

Im Konzernabschluss resultieren temporary differences aus den unterschiedlichen Wertansätzen der Vermögensgegenstände und Schulden in der Konzernbilanz gegenüber denjenigen, die in den jeweiligen Steuerbilanzen der konsolidierungspflichtigen Gesellschaften ausgewiesen sind. Der Steuerwert der Vermögensgegenstände bzw. Schulden wird durch die für die Auflösung der temporary difference relevante steuerliche Vorschrift bestimmt. Hierbei muss das Steuerrecht desjenigen Staates zugrunde gelegt werden, in dem das zurechenbare Ergebnis tatsächlich

[156]Ein Beispiel zu der „Aufteilung“ der Steuerlatenz in einen erfolgswirksamen und -neutralen Bestandteil infolge einer Steuertarifänderung findet sich bei Hoffmann (2008), S. 1387, Rn. 98.

[157]Vgl. Coenenberg/Hille (1997), S. 542 f.; Ballwieser/Kurz (2007), S. 732, Rn. 44 f.

[158]SIC 25.1 nennt Beispiele, die hierfür ursächlich sein können. Diese beschreiben den Rechtsformwechsel eines Unternehmens sowie den Umzug eines beherrschenden Anteilseigners ins Ausland.

[159]Vgl. Freiberg (2006), S. 177 f.; Ballwieser/Kurz (2007), S. 733 f., Rn. 47 f.

besteuert wird (IAS 12.11). Die bisherigen Ausführungen legen dar, dass IAS 12 eine Vielzahl an Regelungen umfasst, die sich explizit auf die Bilanzierung von latenten Steuern im IFRS-Konzernabschluss beziehen. Darüber hinaus sind dieselben Regelungen zu beachten, die auch im Einzelabschluss Gültigkeit besitzen. Im Folgenden werden die Ursachen der Steuerlatenzen im Unternehmensverbund systematisiert sowie die Besonderheiten der latenten Steuerverrechnung im Konzern dargestellt.

Ein Konzernabschluss erfüllt den Zweck, die Vermögens-, Finanz- und Ertragslage der konsolidierungspflichtigen Einzelgesellschaften so darzustellen, als ob sie ein einziges Unternehmen wären.[160] Im Konzernabschluss wird die wirtschaftliche Situation einer Gruppe von rechtlich selbständigen Unternehmen mit Hilfe der Instrumente der Rechnungslegung kommuniziert.[161] Ausgangsbasis bilden die Einzelabschlüsse der konsolidierungspflichtigen Gesellschaften, welche über die Summenbilanz in den Konzernabschluss einfließen. Die hierin abgebildeten Geschäftsvorfälle müssen aus Sicht der wirtschaftlichen Einheit „Konzern" neu beurteilt werden – Bilanzierungs- und Bewertungsmethoden sind konzerneinheitlich anzuwenden und innerkonzernliche Beziehungen müssen eliminiert werden.[162] Jedoch werden diese Anpassungen steuerlich nicht nachvollzogen, so dass sich die steuerbilanziellen Buchwerte sowie Erfolgskomponenten der Einzelgesellschaften nicht ändern; sämtliche Modifikationen sind damit ohne steuerliche Konsequenzen.[163]

Temporary differences können somit auf allen Ebenen[164] der Konzernabschlusserstellung (zusätzlich) verursacht oder verändert werden. Das bilanzierende Unternehmen übernimmt zunächst die Wertansätze der Vermögensgegenstände und Schulden aus den IFRS-Bilanzen I der konsolidierungspflichtigen Einzelgesellschaften. Diese weichen für gewöhnlich von denjenigen der Steuerbilanz ab und sind ursächlich für latente Steuern. Diese Wertansätze werden dann im Rahmen der Erstellung der IFRS-Bilanz II an konzerneinheitliche Bilanzierungs- und Be-

---

[160] Die Vorschriften des HGB und den IFRS zur Konzernrechnungslegung basieren auf der Fiktion der rechtlichen Einheit des Konzerns. Vgl. hierzu § 297 Abs. 3 HGB bzw. IAS 27.22 sowie ausführlich Busse von Colbe/Ordelheide/Gebhardt/Pellens (2006), S. 24 ff. Vgl. zum sog. Einheitsgrundsatz auch Baetge/Kirsch/Thiele (2004), S. 8 sowie S. 63 ff.; Küting/Weber (2006), S. 76 ff.

[161] Vgl. in diesem Zusammenhang die Ausführungen zur Einheitstheorie vs. Interessentheorie bei Baetge/Kirsch/Thiele (2004), S. 11 ff. sowie S. 86; Küting/Weber (2006), S. 72 ff.

[162] Vgl. Baetge/Kirsch/Thiele (2004), S. 42 ff.

[163] Vgl. Coenenberg (2005), S. 722.

[164] Vgl. zu diesen Ebenen Baetge/Kirsch/Thiele (2004), S. 71 f. sowie die Übersicht auf S. 520. Vgl. in diesem Zusammenhang insbesondere auch Lüdenbach (2008), S. 2008, Rn. 187.

wertungsvorschriften angepasst; gegebenenfalls müssen die Wertansätze ausländischer Tochtergesellschaften in die einheitliche Konzernberichtswährung umgerechnet werden. Bei diesen Modifikationen können weitere Differenzen entstehen bzw. bereits identifizierte können sich verändern. Schließlich wird der Konzernabschluss auf Basis dieser modifizierten Werte durch Konsolidierungsmaßnahmen oder durch Anwendung der Equity-Methode erstellt, wobei abermalig temporary differences resultieren können. Die verschiedenen Ebenen der Steuerabgrenzung in einem Unternehmensverbund werden in inside resp. outside basis differences[165] unterschieden.[166]

2.3.3.2 Inside basis differences

Inside basis differences betreffen grundsätzlich die Sphäre des steuerpflichtigen Unternehmens selbst.[167] Abhängig von der Ebene der Konzernabschlusserstellung werden sie als inside basis differences I bzw. inside basis differences II klassifiziert.

Inside basis differences I: Diese Differenzen resultieren aus den divergierenden Wertansätzen in der IFRS-Bilanz I und der Steuerbilanz der konsolidierungspflichtigen Gesellschaften. Sie betreffen lediglich den Einzelabschluss und bergen keine konzernspezifischen Besonderheiten.[168] Da die Einzelabschlüsse die Grundlage des Konzernabschlusses bilden, sind auch die im Einzelabschluss gebildeten latenten Steuern relevant. Voraussetzung hierfür ist jedoch, dass die Einzelabschlüsse nach den Grundsätzen der IFRS erstellt wurden. In diesem Fall sind die Steuerlatenzen als Resultat von inside basis differences I angemessen ausgewiesen und können somit in die IFRS Bilanz II übernommen und dort fortentwickelt werden.[169]

[165]Vgl. zur Begriffsbildung Ernsting (2001), S. 19 (dort Fußnote 83).

[166]Vgl. z.B. Schulz-Danso (2006), S. 669, Rn. 102 ff.; Hoffmann (2008), S. 1364, Rn. 59.

[167]Vgl. Heuser/Theile (2005), S. 492, Rn. 1327.

[168]Vgl. Baetge/Kirsch/Thiele (2004), S. 519.

[169]Wird im Einzelabschluss einer konsolidierungspflichtigen Gesellschaft nicht nach den IFRS bilanziert oder werden latente Steuern nicht nach dem Temporary-Konzept abgegrenzt, können Steuerlatenzen nicht automatisch in den IFRS-Konzernabschluss übernommen werden. In diesen Fällen muss der Jahresabschluss unter Beachtung der IFRS neu erstellt werden, wobei auch die bestehenden Steuerlatenzen aufgelöst und nach IAS 12 neu gebildet werden müssen. Dies kann zusammen mit der Anpassung des Einzelabschlusses an die konzerneinheitlichen Bilanzierungs- und Bewertungsvorschriften im Rahmen der Erstellung der IFRS Bilanz II durchgeführt werden. Vgl. z.B. Heurung (2000), S. 541 f. Vgl. zu den grundlegenden Unterschieden des Timing- vs. Temporary-Konzepts die Ausführungen in Abschnitt 2.2.1.1 und Abschnitt 2.2.1.2.

Inside basis differences II: Diese Differenzen ergeben sich infolge der Anpassungen der IFRS-Bilanz I an konzerneinheitliche Bilanzierungs- und Bewertungsvorschriften in der IFRS-Bilanz II. Folglich können latente Steuern aus der verpflichtenden Modifikation der Bilanzierungs- und Bewertungsmethodik der Tochtergesellschaften (IAS 27.28), der eventuellen Erstellung von Zwischenabschlüssen im Fall von abweichenden Abschlussstichtagen der konsolidierungspflichtigen Gesellschaften (IAS 27.26) sowie aus Währungsumrechnungen[170] ausländischer Tochtergesellschaften (IAS 21) resultieren.[171] Weiter ergeben sich temporary differences aufgrund von Konsolidierungsmaßnahmen (IAS 27.24) sowie der Zuordnung stiller Reserven und stiller Lasten im Zuge der Kaufpreisallokation nach IFRS 3. Diese werden nachfolgend besprochen.

Im Zuge der **Kapitalkonsolidierung** entstehen in drei Fällen temporary differences[172]:

Erstens entstehen temporary differences bei der Aufdeckung stiller Reserven und stiller Lasten beim Ansatz der identifizierbaren Vermögenswerte und Schulden[173] im Rahmen der Kaufpreisallokation gemäß IFRS 3. Die Anschaffungskosten des Unternehmenszusammenschlusses werden unter Berücksichtigung der erworbenen, identifizierbaren Vermögenswerte und Schulden, die zu ihrem fair value anzusetzen sind, verteilt (IFRS 3.36). Temporary differences entstehen hierbei, wenn im Vergleich zum Ansatz in der IFRS-Konzernbilanz sich die steuerbilanziellen Buchwerte der identifizierbaren Vermögenswerte und Schulden[174] des erworbenen Unternehmens nicht oder in einer anderen Höhe ändern (IAS 12.19 und IAS 12.22 (a)). Diese Differenzen sind bei ihrer Entstehung erfolgsneutral und werden erst bei ihrer Auflösung erfolgswirksam. Die sich ergebenden latenten Steuern beeinflussen die Höhe des Goodwills (IAS 12.66). Die aus der Erstkonsolidierung entstandenen Steuerlatenzen sind in der Folgekonsolidierung entsprechend den ihnen zugrunde liegenden stillen Reserven bzw. Lasten weiter zu entwickeln.[175]

[170] Vgl. ausführlich zu latenten Steuern aufgrund von Währungsumrechnungen Lienau (2006), S. 116 ff.

[171] Vgl. auch Baetge/Kirsch/Thiele (2004), S. 519.

[172] Vgl. Baetge/Kirsch/Thiele (2004), S. 520 f.

[173] Vgl. zum Begriff der identifizierbaren Vermögenswerte und Schulden IFRS 3.37 ff.

[174] Die Bilanzierung von aktiven latenten Steuern in Zusammenhang mit Eventualschulden stellt eine Besonderheit dar. Auf diese dürfen keine aktiven latenten Steuern bilanziert werden, da der künftige Abfluss wirtschaftlicher Ressourcen wahrscheinlich nicht gegeben ist und somit ein Nutzenzufluss (Steuerminderzahlung) unwahrscheinlich ist. Vgl. hierzu Lienau (2006), S. 110 ff.; Meyer/Loitz/Quella/Zerwas (2009), S. 130.

[175] Vgl. hierzu exemplarisch Meyer/Loitz/Quella/Zerwas (2009), S. 133 ff.

Zweitens stellt ein nach der Kaufpreisallokation verbleibender Goodwill eine temporary difference dar, die allerdings keine passive Steuerabgrenzung zur Folge hat, falls der Goodwill steuerlich nicht abzugsfähig ist.[176]

Schließlich entstehen temporary differences in Zusammenhang mit steuerlichen Verlustvorträgen des erworbenen Unternehmens. Auf diese sind aktive latente Steuern zu bilden, wenn im Zeitpunkt der Auflösung beim erworbenen Unternehmen voraussichtlich mit steuerpflichtigen Gewinnen zu rechen ist und damit der Verlustvortrag steuerlich wirksam genutzt werden kann.[177] Dies ist unabhängig davon zu beurteilen, ob das erworbene Unternehmen bereits aktive latente Steuern dafür bilanziert hat oder nicht.[178] Durch eine Unternehmensakquisition können ebenfalls die Voraussetzungen für die Nachholung bisher nicht angesetzter latenter Steuern auf steuerliche Verlustvorträge beim Erwerber erfüllt werden, da z.B. Synergien mit dem erworbenen Unternehmen realisiert oder der Eintritt in neue Märkte[179] durch den Erwerb möglich werden, so dass künftig mit ausreichenden steuerlichen Gewinnen zu rechnen ist. Eine bislang noch nicht aktivierungsfähige Steuerlatenz beim Erwerber könnte somit durch den Unternehmenszusammenschluss als realisierbar eingestuft werden (IAS 12.67).[180] Analog gilt dies auch, wenn vorhandene Verlustvorträge beim erworbenen Unternehmen durch die Akquisition werthaltig werden.[181]

Ferner müssen im IFRS-Konzernabschluss sämtliche Ansprüche und Verpflichtungen, die zwischen Konzernunternehmen bestehen, vollständig durch die **Schuldenkonsolidierung** eliminiert werden (IAS 27.24). Hierdurch erreicht man ebenfalls, dass die in Zusammenhang stehenden Aufwendungen und Erträge, die aus Sicht des Konzerns nicht entstandenen sind, vollständig eliminiert werden.[182] Falls in den IFRS-Bilanzen II von Konzernunternehmen Forderungen und korrespondierende Verbindlichkeiten in gleicher Höhe ausgewiesen werden, kommt es zu keinen Aufrechnungsdifferenzen und folglich auch zu keinen neuen temporary differences. Existieren jedoch Sachverhalte, bei denen sich konzerninterne Forderungen

[176]Vgl. hierzu ausführlich die Ausführungen in Abschnitt 2.3.2.1.
[177]Vgl. hierzu ausführlich Abschnitt 2.3.2.3.
[178]Vgl. Hayn/Grüne (2006), S. 124.
[179]Vgl. Lienau (2006), S. 137.
[180]Vgl. hierzu und zu aktiven latenten Steuern auf steuerliche Verlustvorträge, die zum Zeitpunkt der Erstkonsolidierung die Kriterien für einen gesonderten Ansatz gemäß IFRS 3 nicht erfüllt haben, allerdings zu einem späteren Stichtag aus Sicht des Konzerns werthaltig sind (IAS 12.68), Abschnitt 2.3.2.4, Fußnote 154.
[181]Vgl. Küting/Wirth (2004), S. 173.
[182]Vgl. detailliert Coenenberg (2005), S. 684 f.

und Verbindlichkeiten betragsmäßig nicht entsprechen, kommt es zu temporary differences. In diesen Fällen ist eine latente Steuerabgrenzung notwendig, da die Auflösung dieser Differenzen steuerliche Folgen in den Einzelabschlüssen haben. Zu diesen Differenzen gehören insbesondere Abschreibungen auf konzerninterne Forderungen (z.B. aufgrund eines bestehenden Bonitätsrisikos), konzerninterne Rückstellungen (z.B. eine Garantierückstellung) und die Umrechnung konzerninterner Fremdwährungskredite mit divergierenden Kursen.[183] Durch die Eliminierung bzw. Umrechnung kann es zu Unterschieden zwischen dem Buchwert in der IFRS-Konzernbilanz (im Fall der Eliminierung beträgt dieser Null) und dem Steuerwert der beteiligten Konzernunternehmen kommen. Bei einer aktivischen (passivischen) Aufrechnungsdifferenz ist die steuerliche Forderung größer (kleiner) als die steuerliche Verbindlichkeit. Bei der Eliminierung verbleibt somit ein aktiver (passiver) Überhang bestehen, der einen steuerlichen Ertragsüberschuss (Aufwandsüberschuss) darstellt. Dieser wird künftig nicht erneut besteuert (nicht erneut das steuerliche Ergebnis mindern). Auf diesen Überschuss muss eine aktive (passive) latente Steuer bilanziert werden.[184]

Neben der Kapital- und Schuldenkonsolidierung müssen Konzernabschlüsse um Zwischenergebnisse bereinigt werden (IAS 27.24). Die **Zwischenergebniseliminierung** zielt auf die Eliminierung der in den Bilanzpositionen enthaltenen konzerninternen Zwischenergebnisse ab.[185] Zwischengewinne bzw. -verluste resultieren aus differierenden Anschaffungs- und Herstellungskosten eines konzernintern verkauften Vermögensgegenstands in der Konzernbilanz und der IFRS-Bilanz I des empfangenden Konzernunternehmens. Beinhalten die Wertansätze dieser Vermögensgegenstände Zwischenergebnisse, ist aus Sicht des Konzerns der Wertansatz des Vermögensgegenstands sowie das Konzernergebnis um den Zwischengewinn zu hoch bzw. um den Zwischenverlust zu niedrig.[186] Die Eliminierung dieser Zwischenergebnisse hat zur Folge, dass Abweichungen zwischen dem Wertansatz in der IFRS-Konzernbilanz und dem gleichbleibenden Steuerwert in der Steuerbilanz des empfangenden Unternehmens entstehen. Beim Vorliegen eines Zwischengewinns (Zwischenverlusts) wird der Buchwert eines Vermögensgegenstands im IFRS-Konzernabschluss um den Unterschiedsbetrag zwischen den

[183] Vgl. Baetge/Kirsch/Thiele (2004), S. 522; Senger/Brune (2006), S. 927, Rn. 240 ff.; Lüdenbach (2008), S. 2008, Rn. 187.
[184] Vgl. Lienau (2006), S. 174.
[185] Die in Zusammenhang stehenden Aufwendungen resp. Erträge werden im Rahmen der Aufwands- und Ertragskonsolidierung eliminiert. Vgl. Baetge/Kirsch/Thiele (2004), S. 298 ff.
[186] Vgl. z.B. Coenenberg (2005), S. 686 f.

Konzernanschaffungs- und -herstellungskosten und dem konzerninternen Verrechnungspreis vermindert (erhöht). In der Steuerbilanz ändert sich der Wertansatz nicht und bleibt weiterhin in der Höhe des konzerninternen Verrechnungspreises angesetzt. Der Steuerwert ist somit im Falle eines Zwischengewinns (Zwischenverlusts) höher (niedriger) als der Buchwert in der IFRS-Konzernbilanz. Auf die resultierenden temporary differences sind latente Steuern abzugrenzen (IAS 27.25), wobei temporary differences aus Zwischengewinnen eine Aktivierung, aus Zwischenverlusten eine Passivierung einer Steuerlatenz bewirken.[187]

Da es im Zuge der Aufrechnung von konzerninternen Aufwendungen und Erträgen zu keinen Unterschieden zwischen dem IFRS-Buchwert und Steuerwert kommt, entstehen bei der **Aufwands- und Ertragskonsolidierung** keine temporary differences.[188] Eine Besonderheit ergibt sich jedoch bei der Konsolidierung von konzerninternen Ergebnisübernahmen. Auf diese sowie weitere sog. outside basis differences und den hieraus resultierenden Steuerlatenzen wird nachfolgend kurz eingegangen.

2.3.3.3 Outside basis differences

Outside basis differences beziehen sich auf die Sphäre des Anteilseigners und damit auf dessen Steuerbelastung.[189] Die bisherige Darstellung zeigt, dass inside basis differences sich grundsätzlich auf die Sphäre des steuerpflichtigen Unternehmens selbst beziehen, da sie aus dem Vergleich der Wertansätze der Vermögensgegenstände und Schulden in der IFRS-Konzernbilanz mit den entsprechenden Steuerwerten der Konzerngesellschaften resultieren. Outside basis differences basieren hingegen auf Unterschiede zwischen dem Ansatz der Beteiligung bei der jeweiligen Muttergesellschaft in der Steuerbilanz im Vergleich zum Bilanzansatz auf Ebene der IFRS-Bilanz I der Muttergesellschaft oder auf Ebene der IFRS-Konzernbilanz. Folglich findet der Vergleich auf Basis einer Sachgesamtheit, abgebildet durch den Beteiligungsbuchwert eines Konzernunternehmens oder dessen Nettovermögen, statt.[190] Outside basis differences können somit sowohl im IFRS-Einzelabschluss als auch im IFRS-Konzernabschluss bestehen, wobei die Rechtsform des Mutter- bzw. Beteiligungsunternehmens eine entscheidende Rolle spielt.

[187] Vgl. Baetge/Kirsch/Thiele (2004), S. 521 f.
[188] Vgl. Küting/Weber (2006), S. 441.
[189] Vgl. Heuser/Theile (2005), S. 492, Rn. 1328.
[190] Vgl. Schulz-Danso (2006), S. 670, Rn. 104. Vgl. hierzu auch Lienau (2006), S. 187.

Die Behandlung von outside basis differences, die sich in Verbindung mit Anteilen an Tochterunternehmen, Zweigniederlassungen, assoziierten Unternehmen sowie Joint Ventures ergeben, ist in den bereits angesprochenen IAS 12.38 ff. gesondert geregelt. Passive latente Steuern dürfen nicht bilanziert werden, wenn das die Beteiligung haltende Unternehmen (Mutterunternehmen, Anteilseigner, Partnerunternehmen) den zeitlichen Verlauf der Auflösung der temporary difference determinieren kann (Control-Aspekt) und diese in einem vorhersehbaren Zeitrahmen wahrscheinlich nicht zu erwarten ist (zeitlicher Aspekt) (IAS 12.39).[191] Durch diese Regelung ist ein Ansatz passiver latenter Steuern aus Beteiligungen an Tochterunternehmen meist unzulässig, da das Mutterunternehmen die Distributionspolitik und weitere Entscheidungen diktieren kann (IAS 12.40). Nur wenn eine Gewinnausschüttung oder Veräußerung des Tochterunternehmens geplant ist, kann der Ansatz passiver latenter Steuern in Betracht gezogen werden. Bei Beteiligungen unter 50% sind demgegenüber regelmäßig latente Steuern zu bilden, da unter diesem Umstand die Möglichkeit der Einflussnahme begrenzt ist.[192] Aktive latente Steuern auf outside basis differences dürfen nur angesetzt werden, wenn es wahrscheinlich ist, dass sich die Differenzen in einem vorhersehbaren Zeitrahmen auflösen und ausreichend steuerpflichtiges Einkommen zur Verrechnung der latenten Steuern verfügbar sein wird (IAS 12.44). Durch den zeitlichen Aspekt kann eine Aktivierung latenter Steuern auf outside basis differences lediglich in Ausnahmefällen tatsächlich in Erwägung gezogen werden.[193] Werden latente Steuern aufgrund dieser Ausnahmetatbestände nicht angesetzt, sieht jedoch IAS 12.81 (f) zwingend die Angabe des Betrages an outside basis differences im Anhang vor.

Im Folgenden wird die Abgrenzung von Steuerlatenzen bei Vorliegen von outside basis differences für die IFRS-Bilanz I sowie für den IFRS-Konzernabschluss erläutert, wenn das Mutterunternehmen eine Kapitalgesellschaft und das Tochterunternehmen eine konsolidierungspflichtige Kapitalgesellschaft ist. Ferner wird die latente Steuerabgrenzung in Zusammenhang mit outside basis differences bei assoziierten Unternehmen, die durch Anwendung der Equity-Methode im IFRS-Konzernabschluss einbezogen werden, dargestellt.[194]

[191] Vgl. auch Ernsting/Loitz (2004), S. 1054.

[192] Vgl. Wagenhofer (2005), S. 331 f.

[193] Vgl. Schulz-Danso (2006), S. 672 f., Rn. 111.

[194] Vgl. zu den nachfolgenden Ausführungen sowie für den Fall, dass das Mutterunternehmen und/oder das Beteiligungsunternehmen eine Personengesellschaft ist, die ausführlichen Darstellungen bei Schulz-Danso (2006), S. 673 ff., Rn. 113 ff.; Hoffmann (2008), S. 1364 ff., Rn. 59 ff.

Im Falle einer Beteiligung an einer Kapitalgesellschaft wird sowohl in der Steuerbilanz als auch in der IFRS-Bilanz I des Anteilseigners ein Beteiligungsbuchwert angesetzt, der systematisch keine Unterschiede aufweist.[195] Folglich können temporary differences durch einen Vergleich der Beteiligungsbuchwerte identifiziert werden. In der Steuerbilanz erfolgt die Bilanzierung der Beteiligung zu den fortgeführten Anschaffungskosten. In der IFRS-Bilanz I wird die Beteiligung entweder ebenfalls zu den fortgeführten Anschaffungskosten oder zum fair value bilanziert (IAS 27.37, IAS 28.35, IAS 31.46, IAS 39.46 (c)). Handelt es sich um Anteile an einer Beteiligung, die zur Veräußerung vorgesehen ist, kann diese auch zum niedrigeren Wert aus Buchwert und fair value abzüglich Veräußerungskosten angesetzt werden (IFRS 5.15). Outside basis differences können im Fall einer Bilanzierung zu fortgeführten Anschaffungskosten in der IFRS-Bilanz I entstehen, wenn außerplanmäßige Abschreibungen vorliegen, die steuerlich nicht anerkannt werden. Erfolgt die Bilanzierung zum fair value (IAS 39.46), können ebenfalls im Rahmen der Folgebewertung outside basis differences generiert werden. Auf diese dürfen jedoch nur Steuerlatenzen angesetzt werden, wenn die Voraussetzungen von IAS 12.39 bzw. IAS 12.44 erfüllt sind – also z.B. eine Veräußerung tatsächlich

[195] Dies ist anders für den Fall einer Beteiligung an einer Personengesellschaft. Diese ist steuerlich nicht als Wirtschaftsgut anzusehen. Der Wert der Beteiligung wird durch Anwendung der steuerlichen Spiegelbildmethode und dem hieraus resultierenden Nettovermögen des spiegelbildlichen Kapitalkontos des Gesellschafters bestimmt. Sowohl die Gesamthandsbilanz als auch die Ergänzungsbilanzen müssen hierbei berücksichtigt werden. Auf Ebene der Einzelabschlüsse werden somit outside basis differences durch einen Vergleich des steuerlichen Nettovermögens des Gesellschafters mit dem Beteiligungsbuchwert in der IFRS-Bilanz I identifiziert. Vgl. hierzu Schulz-Danso (2006), S. 675 f., Rn. 120 sowie Hoffmann (2008), S. 1376 ff., Rn. 79 ff. Vgl. zur Spiegelbildmethode Wellisch (2002), S. 126. Im IFRS-Konzernabschluss liegen bei einer Beteiligung an einer Personengesellschaft keine systematischen Unterschiede zwischen den beiden Rechnungslegungswerken vor, so dass keine outside basis differences entstehen. Gleichwohl liegen in der Regel inside basis differences vor. Vgl. hierzu Schulz-Danso (2006), S. 676, Rn. 121; Hoffmann (2008), S. 1374 f., Rn. 71 f.

geplant ist – und steuerpflichtige Erträge oder steuerlich anrechenbare Verluste entstehen.[196]

Im IFRS-Konzernabschluss resultieren outside basis differences aus dem Unterschied zwischen dem Nettovermögen einer Konzerngesellschaft[197] und dem Buchwert der korrespondierenden Beteiligung in der Steuerbilanz der Muttergesellschaft. Outside basis differences bei konsolidierten Konzerngesellschaften sind somit die Folge einer unterschiedlichen systematischen Behandlung des Abgangs eines Anteils an einer Kapitalgesellschaft in der Steuerbilanz und der wertmäßigen Ermittlung dieses Abgangs im Rahmen der Entkonsolidierung im IFRS-Konzernabschluss. Outside basis differences werden identifiziert durch einen Vergleich des steuerbilanziellen Beteiligungsbuchwertes mit dem im IFRS-Konzernabschluss bilanzierten Nettovermögen der konsolidierten Konzerngesellschaft. Abweichungen zwischen dem steuerbilanziellen Beteiligungsbuchwert und dem Nettovermögen im IFRS-Konzernabschluss können sich, z.B. aus thesaurierten Jahresüberschüssen oder der erfolgsneutralen Erfassung von unrealisierten Gewinnen im Eigenkapital, ergeben.[198] Aufgrund der Regelungen des IAS 12.39 ist ein Ansatz passiver latenter Steuern aus Beteiligungen an Tochterunternehmen jedoch meist unzulässig, da das Mutterunternehmen die Distributionspolitik und weitere Entscheidungen diktieren kann (IAS 12.40).

---

[196] In diesem Fall muss differenziert werden, ob das die Beteiligung haltende Unternehmen eine Kapitalgesellschaft oder eine Personengesellschaft ist. Im Falle einer Kapitalgesellschaft sind z.B. in Deutschland Beteiligungserträge und Veräußerungsgewinne gemäß § 8b KStG steuerfrei bzw. Veräußerungsverluste gemäß § 8b Abs. 3 S. 3 KStG steuerlich nicht abzugsfähig. Demnach liegen permanente Differenzen vor, auf die latente Steuern nicht abgegrenzt werden dürfen. Vgl. Schulz-Danso (2006), S. 674, Rn. 115 zu Ausnahmefällen in Zusammenhang mit dem deutschen KStG. Z.B. stellen gemäß § 8b Abs. 5 KStG fünf Prozent der Dividendenausschüttungen nicht abzugsfähige Betriebsausgaben dar, auf die eine latente Steuer abgegrenzt werden muss. Vgl. Schulz-Danso (2006), S. 675, Rn. 116 und Rn. 118 sowie Hoffmann (2008), S. 1375, Rn. 75 zu outside basis differences im Einzel- und Konzernabschluss für den Fall, dass das Mutterunternehmen eine Personengesellschaft und das Tochterunternehmen eine Kapitalgesellschaft ist. Sind sowohl Mutter- als auch Tochterunternehmen eine Personengesellschaft sind outside basis differences im Einzel- und Konzernabschluss unbeachtlich. Vgl. Hoffmann (2008), S. 1376, Rn. 76.

[197] D.h. das anteilige Eigenkapital einer Tochtergesellschaft im IFRS-Konzernabschluss berechnet als Saldo der auf die Tochtergesellschaft entfallenden identifizierbaren Vermögenswerte und Schulden.

[198] Vgl. Meyer/Loitz/Quella/Zerwas (2009), S. 152 f. Aufgrund der Steuerbefreiung des § 8b KStG stellen jedoch diese outside basis differences in Deutschland permanente Differenzen dar, falls das Mutterunternehmen eine Kapitalgesellschaft ist. Auch hier ist allerdings die Pauschalzurechnung gemäß § 8b Abs. 5 KStG zu beachten. Vgl. auch Schulz-Danso (2006), S. 673 f., Rn. 115 sowie Hoffmann (2008), S. 1373, Rn. 70.

Bei einem assoziierten Unternehmen (IAS 28.2 und IAS 28.13) wird im IFRS-Konzernabschluss grundsätzlich[199] die Equity-Methode angewendet. Ebenfalls können Gemeinschaftsunternehmen (IAS 31.3 und IAS 3.24) durch Anwendung der Equity-Methode in den IFRS-Konzernabschluss einbezogen werden.[200] Prinzipiell entstehen, wie bei der Vollkonsolidierung, inside basis differences, auf die latente Steuern abgegrenzt werden müssen.[201] Outside basis differences liegen vor, wenn sich der at equity bilanzierte Beteiligungsbuchwert im IFRS-Konzernabschluss von dem steuerbilanziellen Buchwert der Beteiligung der Muttergesellschaft an der Tochtergesellschaft unterscheidet. Dies ist regelmäßig bei Gewinnausschüttungen der Fall.[202] Ebenso könnte eine outside basis difference entstehen, wenn der at equity-Wert außerplanmäßig in der IFRS-Konzernbilanz abgeschrieben wird, dies steuerlich jedoch nicht zulässig ist.[203] Bei assoziierten Unternehmen besteht für gewöhnlich die Verpflichtung zur Abgrenzung von latenten Steuern auf outside basis differences, da die Ausnahmetatbestände in der Regel nicht zur Anwendung kommen (IAS 12.42).[204] Im Falle von Gemeinschaftsunternehmen, die nach der Equity-Methode in den IFRS-Konzernabschluss einbezogen werden, müssen die Ansatzvoraussetzungen hingegen streng überprüft werden (IAS 12.43).[205]

2.3.4 Bewertung latenter Steuern

2.3.4.1 Maßgeblicher Steuersatz

Aktive und passive Steuerlatenzen werden grundsätzlich auf Basis künftiger Steuersätze bewertet. Die Bewertung latenter Steuern hat daher unter Berücksichtigung der angekündigten Gesetzesänderungen zu erfolgen. Liegen zum Bilanzstichtag keine konkreten Anhaltspunkte vor, die auf Steuersatz- bzw. Steuerrechtsänderungen zum Zeitpunkt der Auflösung der temporary differences schließen lassen,

[199] Vgl. IAS 28.13 zu den Ausnahmen.

[200] Vgl. zur Equity-Methode Pellens/Fülbier/Gassen/Sellhorn (2008), S. 770 ff.

[201] Vgl. hierzu ausführlich Lienau (2006), S. 198 ff.

[202] Vgl. Meyer/Loitz/Quella/Zerwas (2009), S. 159. Wird z.B. von dem at equity bilanzierten Unternehmen ein Gewinn an die Muttergesellschaft nach dem Abschlussstichtag der Periode t=1 ausgeschüttet, werden die Beteiligungserträge steuerlich phasenverschoben erst nach dem Stichtag bei der Muttergesellschaft in der Periode t=2 erfasst. Im IFRS-Konzernabschluss werden diese jedoch phasengleich in der Periode t=1 erfasst und erhöhen den at equity-Wert. Vgl. hierzu Pellens/Fülbier/Gassen/Sellhorn (2008), S. 770 f.

[203] Vgl. Schulz-Danso (2006), S. 676, Rn. 122.

[204] Auch in diesen Fällen muss jedoch überprüft werden, ob eine permanente Differenz aufgrund steuerlicher Regelungen vorliegt.

[205] Vgl. Lienau (2006), S. 200 f.

können die aktuell geltenden Steuersätze verwendet werden (IAS 12.47). Änderungen sind zwingend einzubeziehen, wenn das materielle Gesetzgebungsverfahren[206] abgeschlossen ist. Falls die Ankündigung der Steueränderungen die materielle Wirkung einer tatsächlichen Inkraftsetzung hat, gilt dies ebenfalls (IAS 12.48).

Variiert der maßgebliche Steuersatz in Abhängigkeit der Höhe des steuerlichen Gewinns, ist eine hinreichend genaue Bestimmung nicht möglich. In diesem Fall sind latente Steueransprüche und -schulden mit einem Durchschnittssteuersatz zu bewerten (IAS 12.49). Dabei muss das bilanzierende Unternehmen das voraussichtliche steuerpflichtige Einkommen, welches in der Periode der Auflösung der temporary difference zu erwarten ist, antizipieren. Diese Vorgehensweise ist auch bei einem progressiven Steuertarif anzuwenden. In Deutschland kommt diese Regelung im Rahmen der Gewerbesteuer aufgrund der zwischen den Gemeinden divergierenden Hebesätze zur Anwendung.[207]

Bei der Bewertung der latenten Steuern sind die steuerlichen Konsequenzen zu berücksichtigen, die sich aus der Art und Weise ergeben, wie ein Unternehmen vorhandene Vermögenswerte und Schulden beabsichtigt zu realisieren bzw. zu begleichen. Das Unternehmen könnte dadurch den anzuwendenden Steuersatz und/oder den Steuerwert der betroffenen Vermögenswerte und Schulden beeinflussen. Besteht für ein Unternehmen tatsächlich die Möglichkeit der Sachverhaltsgestaltung, muss dies beachtet werden. Die Bewertung muss unter Berücksichtigung der geplanten Art der Auflösung der temporary difference erfolgen (IAS 12.51 f.).[208] Diese Regelung ist relevant, wenn z.B. die Veräußerung eines Vermögensgegenstands anders besteuert wird als dessen Nutzung.[209]

---

[206]In Deutschland ist die Zustimmung des Bundesrates erforderlich. Vgl. zu dieser Konkretisierung IASB (2005), S. 4. Vgl. auch Heuser/Theile (2005), S. 503, Rn. 1345; Schulz-Danso (2006), S. 680, Rn. 128; Hoffmann (2008), S. 1386, Rn. 97.

[207]Vgl. Pellens/Fülbier/Gassen/Sellhorn (2008), S. 227 f. Ein weiteres Anwendungsbeispiel dieser Regelung ergab sich aus den bis zum Jahr 2008 geltenden Regelungen des § 11 Abs. 2 GewStG a.F. Hiernach war für Personengesellschaften bei der Festlegung der Steuermesszahl ein Staffeltarif von ein Prozent bis fünf Prozent in Schritten von EUR 12.000 vorgesehen. § 11 Abs. 2 GewStG n.F. verzichtet auf den Staffeltarif zugunsten einer einheitlichen Messzahl von dreieinhalb Prozent.

[208]Gründen die temporary differences auf der Neubewertung von nicht planmäßig abzuschreibenden Vermögenswerten (z.B. Grundstücke (IAS 16.31) oder als Finanzinvestitionen gehaltene Immobilien (IAS 40.33)), ist auf Basis der steuerlichen Konsequenzen zu bewerten, die sich aus der Realisierung des Buchwertes dieser Vermögenswerte durch Verkauf ergäben. Vgl. hierzu die Ausführungen in SIC 21 „Income taxes – recovery of revalued non-depreciable assets“.

[209]Vgl. Wagenhofer (2005), S. 333. Vgl. zur Veranschaulichung Example A-C in IAS 12.52.

Werden Gewinnausschüttungen und -thesaurierungen mit unterschiedlichen Steuersätzen belastet[210], ist grundsätzlich der Steuersatz für thesaurierte Gewinne für die Bewertung der latenten Steuern zu verwenden (IAS 12.52 A). Wurde die Dividende bereits als Verbindlichkeit passiviert, ist der Ausschüttungssteuersatz maßgeblich. Die resultierende Differenz in der Steuerbelastung ist erfolgswirksam zu erfassen (IAS 12.52 B).[211]

Steuerlatenzen sind nicht nur dem Grunde nach, sondern auch hinsichtlich ihrer Bewertungsparameter zu jedem Bilanzstichtag zu überprüfen (IAS 12.56). Tritt eine Änderung des Steuersatzes in den Jahren der Folgebilanzierung in Kraft, muss eine Neubewertung der Steuerlatenzen erfolgen. Hierdurch können erhebliche Einmaleffekte ausgelöst werden.

Im Rahmen des IFRS-Konzernabschlusses müssen die steuerlichen Verhältnisse des Konzernunternehmens zugrunde gelegt werden, in dem das zurechenbare Ergebnis tatsächlich besteuert wird (IAS 12.11). Folglich muss zwischen inside und outside basis differences unterschieden werden. Latente Steuern auf inside basis differences I werden im Einzelabschluss des Konzernunternehmens erfasst. Die Bewertung erfolgt gemäß den allgemeinen Vorschriften des IAS 12. Relevant ist somit der künftige Steuersatz des Steuerrechtskreises des entsprechenden Konzernunternehmens. Gleiches gilt für inside basis differences II. Im Rahmen der Kapitalkonsolidierung ist der zum Auflösungszeitpunkt gültige Steuersatz des erworbenen Unternehmens anzuwenden. Auf temporary differences aus der Schuldenkonsolidierung ist derjenige Steuersatz anzuwenden, der für die Konzerngesellschaft gilt, bei der ein Anspruchs- oder Schuldüberhang besteht. Bei temporary

210 Einen unterschiedlichen Steuersatz für thesaurierte und ausgeschüttete Gewinne hat es in Deutschland unter dem bis zum Jahr 2000 gültigen körperschaftsteuerlichen Anrechnungsverfahren gegeben. Vgl. ausführlich zum körperschaftsteuerlichen Anrechnungsverfahren Wellisch (2002), S. 86 f. sowie S. 828 ff. Vgl. zu den Besonderheiten des deutschen Anrechnungsverfahrens und den hieraus resultierenden Einzelfragen bei der Bilanzierung latenter Steuern nach IAS 12 die Darstellung bei Förschle/Hoffmann (1998). Vgl. zu den Auswirkungen des Steuersenkungsgesetzes auf bilanzierte Steuerlatenzen in deutschen Konzernabschlüssen Ernsting (2001).

211 Durch Abschaffung des körperschaftsteuerlichen Anrechnungsverfahrens und der Einführung einer Definitivbesteuerung ist IAS 12.52 A für deutsche Konzernabschlüsse irrelevant geworden. IAS 12.52 B verpflichtet den Bilanzierenden, die steuerlichen Konsequenzen einer Ausschüttung erst dann zu erfassen, wenn die Beschlussfassung über die Ausschüttung erfolgt ist und die Verpflichtung passiviert wird (IAS 10.12 f.). Eine Bilanzierung latenter Steuern kommt somit nicht in Betracht. Vgl. in diesem Zusammenhang die Ausführungen zu der Bilanzierung der steuerlichen Konsequenzen des Körperschaftsteuerguthabens nach § 37 KStG bei Ernsting (2001), S. 17 f.; Heuser/Theile (2005), S. 482 f., Rn. 1302; Lienau (2006), S. 126 ff.; Schulz-Danso (2006), S. 642 f., Rn. 19 sowie S. 657, Rn. 67 ff.; Petersen/Bansbach/Dornbach (2008), S. 309.

differences aus der Zwischenergebniseliminierung ist der Steuersatz des Empfängers der konzerninternen Lieferung bzw. Leistung heranzuziehen. Die Bewertung der latenten Steuern auf outside basis differences basiert hingegen auf den steuerlichen Verhältnissen des Anteilseigners.

2.3.4.2 Diskontierung latenter Steuern

Nach IAS 12.53 besteht ein explizites Diskontierungsverbot[212] für latente Steuern, obwohl latente Steuerforderungen und -schulden häufig erst nach mehreren Jahren realisiert resp. beglichen werden. Um Steuerlatenzen entsprechend ihres ökonomischen Wertes (durch Anwendung eines Diskontierungskalküls) zu bewerten, müssten die künftigen Auflösungszeiträume der temporary differences bekannt sein. Dies würde eine detaillierte Aufstellung des zeitlichen Verlaufes jeder Differenz erfordern.[213] Ferner hängt der Barwert einer Steuerlatenz von dem anzuwendenden Steuersatz und dem anzuwendenden Diskontierungszinssatz ab.[214]

Im Standard wird das Abzinsungsverbot damit begründet, dass in vielen Fällen eine Aufstellung des zeitlichen Verlaufs praktisch nicht durchführbar oder aufgrund ihrer Komplexität wirtschaftlich nicht vertretbar ist.[215] Demzufolge ist die

[212]Vor dem Hintergrund der zunehmenden fair value-Bilanzierung in den IFRS ist jedoch das Diskontierungsverbot fraglich. Vgl. Loitz/Rössel (2002), S. 645. Das Verbot wird ausführlich von Lienau (2006) analysiert. Vgl. Lienau (2006), S. 63 ff. Er untersucht inwieweit dieses Verbot mit der zunehmenden fair value-Bilanzierung im IFRS-Abschluss vereinbar ist. Die Diskontierung von latenten Steuern wird anhand der im Framework aufgestellten Kriterien 'Entscheidungsrelevanz' sowie 'Zuverlässigkeit' beurteilt. Lienau (2006) kommt zu dem Ergebnis, dass die fehlende Diskontierung zu einer Überbewertung der Steuerlatenzen führt. Es besteht ein „mismatch" zwischen den zum fair value angesetzten Positionen und den entsprechenden zum Nominalbetrag bilanzierten latenten Steuern. Folglich werden in der GuV resp. im Eigenkapital überbewertete latente Steuern im Zeitpunkt des Ansatzes erfasst, was eine Verzerrung der Vermögens- und Ertragslage zur Folge hat. Vgl. Lienau (2006), S. 65 f. Vgl. zu dieser Schlussfolgerung u.a. auch Klein (2001), S. 1452 f.; Loitz/Rössel (2002), S. 651 f.; Schulz-Danso (2006), S. 683, Rn. 138. Hierdurch wird die Entscheidungsrelevanz der Jahresabschlussinformationen aus Steuerlatenzen eingeschränkt. Werden latente Steuern allerdings diskontiert, können Fehlprognosen und Ermessensspielräume bei der Wahl der Bewertungsparameter im Rahmen des Bewertungsprozesses zu Fehlern führen. Damit ist die Zuverlässigkeit der Jahresabschlussinformationen aus den Steuerlatenzen für die Adressaten nicht gewährleistet. Vgl. Lienau (2006), S. 68 f. Vgl. auch Loitz/Rössel (2002), S. 650 f. zu diesen und weiteren Argumenten für bzw. gegen die Diskontierung latenter Steuern.

[213]IAS 12.54 spricht in diesem Zusammenhang von „scheduling".

[214]Vgl. Loitz/Rössel (2002), S. 647.

[215]Dieser Argumentation kann entgegengehalten werden, dass IAS 12.28 die Aufzeichnung des zeitlichen Verlaufs der temporary difference als Ansatzkriterium für deductible temporary differences verlangt. Vgl. auch Schulz-Danso (2006), S. 683, Rn. 137. Lediglich im Falle quasi-permanenter Differenzen ist die Antizipation des Auflösungszeitpunkts in der Regel mit Unsicherheit verbunden, was eine ungenaue Bestimmung des Diskontierungszeitraums impliziert.

Verpflichtung zu einer Abzinsung latenter Steueransprüche bzw. latenter Steuerschulden nicht sachgerecht. Darüber hinaus wurde ein Wahlrecht zur Diskontierung im Standard nicht verankert, um eine Vergleichbarkeit der Jahresabschlüsse einzelner Unternehmen sicherzustellen (IAS 12.54).

2.3.5 Ausweis latenter Steuern

Latente Steueransprüche und -schulden sind in der **Bilanz** prinzipiell separat unter den langfristigen Vermögenswerten und Schulden auszuweisen[216] (IAS 1.68 (n) und IAS 1.70). Eine Saldierung aktiver und passiver latenter Steuern ist dabei grundsätzlich nicht zulässig. Jedoch besteht ein Saldierungsgebot (IAS 12.74)[217], wenn:

- die Kriterien zur Saldierung tatsächlicher Steuerforderungen und -schulden erfüllt sind[218] und
- die latenten Steueransprüche und -schulden sich auf Ertragsteuern beziehen, die von derselben Steuerbehörde erhoben werden, falls:
  - (a) ein einzelnes steuerpflichtiges Unternehmen betroffen ist, oder
  - (b) verschiedene steuerpflichtige Unternehmen betroffen sind, die beabsichtigen, tatsächliche Steuerforderungen und -schulden zu saldieren bzw. aktive und passive latente Steuern simultan abzuwickeln.

Folglich können aktive und passive Steuerlatenzen von inländischen Konzernunternehmen nur saldiert werden, wenn sie die gleiche Steuerart und Fälligkeit gegenüber derselben Steuerbehörde aufweisen. In Deutschland ist eine Saldierung im Rahmen der Körperschaft- und Gewerbesteuer damit nur bei Bestehen einer steuerlichen Organschaft[219] möglich. Durch die restriktiven Voraussetzungen zur Saldierung wird eine Einzeldifferenzbetrachtung[220] vom IASB bewirkt.[221]

[216] Vgl. hierzu auch Ballwieser/Kurz (2007), S. 749, Rn. 87.

[217] Vgl. auch Coenenberg/Hille (1997), S. 544; Heuser/Theile (2005), S. 505, Rn. 1352; Schulz-Danso (2006), S. 684 f., Rn. 143; Ballwieser/Kurz (2007), S. 749, Rn. 88 ff.; Hoffmann (2008), S. 1391 f., Rn. 106.

[218] Vgl. zu diesen Kriterien IAS 12.71-73 sowie die Erläuterungen bei Schulz-Danso (2006), S. 644 f., Rn. 27 f. Es muss insbesondere ein einklagbares Recht bestehen, welches dem Steuersubjekt ermöglicht, Steuerforderungen und -verbindlichkeiten gegeneinander aufzurechnen.

[219] Vgl. Scheffler (2007), S. 234 ff. (körperschaftsteuerliche Organschaft) sowie S. 295 ff. (gewerbesteuerliche Organschaft).

[220] Vgl. zur Einzeldifferenz- vs. Gesamtdifferenzbetrachtung Baetge/Kirsch/Thiele (2007), S. 561 f.; Coenenberg (2005), S. 449 ff.

[221] Vgl. Zülch/Lienau (2004), S. 568. Vgl. auch Baetge/Kirsch/Thiele (2007), S. 585.

Der Steueraufwand bzw. -ertrag, der die gewöhnliche Geschäftstätigkeit betrifft, muss in der **GuV** gesondert ausgewiesen werden (IAS 12.77). Die tatsächlichen und latenten Steueraufwendungen und -erträge können dabei zusammen[222] in einer Position angegeben werden. Übersteigen die tatsächlichen und latenten Steuererträge die Steueraufwendungen, so ist insgesamt ein Ertrag auszuweisen. Eine Detaillierung im Anhang ist in jedem Fall vorzunehmen.

2.3.6 Angaben im Anhang zu latenten Steuern

Neben dem Ausweis von latenten Steuern in der Bilanz und in der GuV sieht IAS 12 eine umfangreiche Liste von Angaben und Erläuterungen im Anhang vor. Diese werden abschließend aufgezählt.

Nach IAS 12.79 sind grundsätzlich alle wesentlichen Komponenten des Steueraufwands und -ertrags gesondert anzugeben. Im Einzelnen können folgende Angaben gemacht werden (IAS 12.80 (a)-(h)):

- eine Aufgliederung des Steueraufwands bzw. -ertrags in den auf das Geschäftsjahr entfallenden tatsächlichen und latenten Bestandteil;
- alle in der Periode erfassten Anpassungen für periodenfremde tatsächliche Steuern;
- der Betrag des latenten Steueraufwands bzw. -ertrags, der auf das Entstehen oder die Umkehrung bzw. Auflösung von temporary differences zurückzuführen ist;
- der Betrag des latenten Steueraufwands bzw. -ertrags, der auf Änderungen der Steuersätze und/oder der Steuergesetze beruht;
- die Minderung des tatsächlichen bzw. latenten Steueraufwands aufgrund der Nutzung bisher nicht berücksichtigter steuerlicher Verluste, Steuergutschriften oder infolge bisher nicht berücksichtigter temporary differences vorangegangener Perioden;

[222] Dies gilt auch für aperiodische Steuerverrechnungen. Vgl. Hoffmann (2008), S. 1394, Rn. 111. Gemäß IAS 1.81 umfasst das Mindestgliederungsschema für die GuV lediglich den Posten „Steueraufwendungen“. Um eine bessere Verständlichkeit sowie Vergleichbarkeit der IFRS-Abschlüsse zu gewährleisten, sollte jedoch zwischen tatsächlichen und latenten Steuern unterschieden werden. Vgl. Baetge/Kirsch/Thiele (2007), S. 585.

- der latente Steueraufwand, der auf Abwertungen und/oder Wertaufholungen latenter Steueransprüche (gemäß IAS 12.56) basiert;
- der Betrag des Steueraufwands bzw. -ertrags, der aus Änderungen der Bilanzierungs- und Bewertungsmethoden oder aus der Berücksichtigung von Fehlern nach IAS 8 resultiert, vorausgesetzt dieser wurde erfolgswirksam erfasst.

Nach IAS 12.81 (a)-(i) sind zwingend anzugeben:

- der Gesamtbetrag der erfolgsneutral verrechneten tatsächlichen und latenten Steuern;
- die Erläuterung der Relation zwischen Steueraufwand bzw. -ertrag und dem IFRS-Periodenergebnis vor Steuern unter Verwendung einer Überleitungsrechnung[223]:
    (a) entweder zwischen dem tatsächlichen Steueraufwand bzw. -ertrag und dem Produkt aus IFRS-Periodenergebnis vor Steuern und dem anzuwendenden Steuersatz,
    (b) oder dem durchschnittlichen effektiven Steuersatz[224] und dem anzuwendenden Steuersatz, wobei jeweils der anzuwendende Steuersatz und die Grundlagen seiner Ermittlung anzugeben sind;
- eine Erläuterung zu Änderungen des anzuwendenden Steuersatzes im Vergleich zu der vorherigen Periode;
- der Betrag und (falls vorhanden) das Verfallsdatum der deductible temporary differences aus nicht genutzten steuerlichen Verlustvorträgen und Steuergutschriften, für die keine latenten Steuern aktiviert worden sind;
- der Gesamtbetrag an temporary differences in Zusammenhang mit Anteilen an Tochterunternehmen, Zweigniederlassungen und assoziierten Unternehmen sowie Anteilen an Joint Ventures, für die gemäß IAS 12.39 keine latenten Steuerschulden bilanziert worden sind[225];

[223]Vgl. hierzu auch IAS 12.84 f.

[224]Der durchschnittliche effektive Steuersatz ist der Quotient aus Steueraufwand bzw. -ertrag und dem IFRS-Periodenergebnis vor Steuern (IAS 12.86).

[225]Aus Gründen der Praktikabilität müssen die korrespondierenden latenten Steuern auf diese temporary differences nicht angegeben werden. Jedoch wird empfohlen diese Angaben zu machen. Vgl. hierzu IAS 12.87.

- getrennte Angabe aktiver und passiver Steuerlatenzen sowie latenter Steuererträge und -aufwendungen für jede dargestellte Periode, wobei nach Entstehungsursachen zu unterscheiden ist;
- der tatsächliche und latente Steueraufwand, der auf einmalige Stilllegungsgewinne oder -verluste sowie auf das laufende Ergebnis der gewöhnlichen Geschäftstätigkeit des stillgelegten (Teil-)Betriebs entfällt;
- der Betrag der ertragsteuerlichen Konsequenzen von Dividendenzahlungen, die vorgeschlagen oder beschlossen wurden, bevor eine Freigabe zur Veröffentlichung des Jahresabschlusses erfolgt ist, und die gemäß IAS 10.12 nicht als Verbindlichkeit passiviert wurden[226].

Schließlich hat ein Unternehmen den Betrag eines latenten Steueranspruchs und die substanziellen Hinweise für seinen Ansatz anzugeben, wenn die Realisierung dieses Anspruchs von künftigen zu versteuernden Ergebnissen abhängt, die höher als die Ergebniseffekte aus der Umkehrung bzw. Auflösung bestehender taxable temporary differences sind und das Unternehmen in der laufenden Periode oder Vorperiode steuerliche Verluste erlitten hat (IAS 12.82).

[226]Werden Thesaurierung und Ausschüttungen unterschiedlich besteuert (IAS 12.52 A), müssen die potenziellen steuerlichen Konsequenzen aus Dividenden an Anteilseigner angegeben werden (IAS 12.82 A). In Deutschland ist damit die Angabe des Körperschaftsteuerguthabens gemäß § 37 Abs. 2 S. 3 KStG von dieser Regelung betroffen. Vgl. auch die Empfehlungen und Erläuterungen in IAS 12.87 A-C.

Kapitel 3

Informationsgehalt latenter Steuern und Ableitung der Maßgrößen für die empirische Untersuchung

3.1 Empirische Studien zum Informationsgehalt latenter Steuern

Die Ausführungen in Kapitel 2 zeigen, dass latente Steuern nach IAS 12 eine bedeutende Informationsquelle in einem IFRS-Jahresabschluss darstellen. Sie enthalten grundlegende Informationen über künftige Steuerbelastungen bzw. -entlastungen sowie über zugrunde liegende Book-Tax-Abweichungen. Diese Informationen können als Ausgangspunkt für weitere Analysen genutzt werden, welche wiederum Rückschlüsse auf die steuerbilanzielle Gewinnermittlung erlauben. Diese liefert zusätzliche Informationen sowohl für ökonomische Entscheidungen externer Bilanzadressaten – allen voran (potenzieller) Investoren und Analysten – als auch für die wissenschaftliche Forschung. Der potenzielle Informationsgehalt latenter Steuern sowie der von Book-Tax-Abweichungen ist in der Vergangenheit bereits Gegenstand verschiedener empirischer Untersuchungen gewesen.

In der jüngeren Vergangenheit hat es erste Bestrebungen gegeben, den Informationsgehalt latenter Steuern nach IAS 12 empirisch zu untersuchen. Die Approximation steuerlicher Wertansätze unter Verwendung der Informationen aus der latenten Steuerverrechnung nach IAS 12 stand im Fokus dieser Studien. Sie werden in Abschnitt 3.1.1 dargestellt. Davon abgesehen, wurden empirische Untersuchungen zum Informationsgehalt latenter Steuern und der zugrunde liegenden Book-Tax-Abweichungen bislang hauptsächlich für den US-amerikanischen

Rechtsraum durchgeführt. Dieser kann, durch die Abkoppelung der Handels- von der Steuerbilanz, auf eine lange Tradition der Steuerabgrenzung zurückblicken. Der überwiegende Teil dieser empirischen Untersuchungen beschäftigt sich mit der Wertrelevanz von Informationen aus der latenten Steuerverrechnung gemäß US-GAAP. Hintergründe zu und Einblicke in relevante empirische Studien, die sich mit der Wertrelevanz latenter Steuern auseinandersetzen, werden in Abschnitt 3.1.2 gegeben. Eine weitere Fragestellung, die bereits Gegenstand empirischer Analysen war, bezieht sich auf den Informationsgehalt latenter Steuern hinsichtlich bilanzpolitischer Maßnahmen. Die hier wesentlichen Untersuchungen werden in Abschnitt 3.1.3 vorgestellt. Schließlich gibt es empirische Untersuchungen, welche latente Steuern und andere steuerliche Größen aus dem Jahresabschluss nach US-GAAP verwenden, um den steuerbilanziellen Gewinn bzw. Abweichungen von diesem approximativ zu bestimmen. Intention dieser Studien ist es, festzustellen, ob aus einem approximativ rekonstruierten Steuerbilanzgewinn bzw. aus der Höhe der Differenz, die zwischen dem geschätzten Steuerbilanzgewinn und dem US-GAAP-Ergebnis besteht, zusätzliche Erkenntnisse für die Analyse der (nachhaltigen) Ertragslage eines Unternehmens resp. der „Ergebnisqualität“ gewonnen werden können. Dies ist ebenfalls die Zielsetzung der empirischen Untersuchung in dieser Arbeit. Eine Darstellung existierender Studien zu dieser Fragestellung sowie eine Einordnung der empirischen Untersuchung in dieser Arbeit in die bestehende Forschung sind Gegenstand des Abschnitts 3.1.4.

3.1.1 Empirische Studien zur Approximation steuerlicher Wertansätze mittels latenter Steuern

3.1.1.1 Hintergrund der Studien zur Approximation steuerlicher Wertansätze mittels latenter Steuern

Während die Rechnungslegung nach den IFRS infolge zunehmender Internationalisierung stetig steigenden Anforderungen gerecht werden muss und durch wachsende Transparenz und Vergleichbarkeit gekennzeichnet ist, ist die steuerliche Gewinnermittlung, obwohl diese entscheidungsrelevante Informationen beinhaltet, für externe Bilanzadressaten bis dato weitgehend unbekannt. Gerade die nicht publikationspflichtigen steuerlichen Wertansätze der Vermögensgegenstände und Schulden eines Unternehmens, welche zugleich die Ausgangsgröße der Steuerbemessung liefern, sind von enormen Interesse für einen großen Adressatenkreis und insbesondere für das Forschungsgebiet der Betriebswirtschaftlichen Steuerlehre[1]. Diese Wertansätze bilden die Basis für eine fundierte ökonomische Entscheidungsfindung. Beispielsweise können die Gesamtbestände der steuerlichen Verlustvorträge und Steuergutschriften sowie der steuerliche Wertansatz von Rückstellungen nützliche Informationen für die Ermittlung von Unternehmenswerten liefern. Ferner können sie als Datengrundlage für empirische Studien und Simulationsmodelle der betriebswirtschaftlichen Forschung dienen, welche Aussagen über die Steuerbelastungen und Steuerwirkungen im Falle von Änderungen in der steuerlichen Gewinnermittlung zulassen.[2] Damit können die Wirkungen steuerpolitischer Maßnahmen bemessen und überwacht werden, um so nationale Steuersysteme zu verbessern und Fehlallokationen rechtzeitig entgegenzuwirken. In diesem Zusammenhang könnten latente Steuern sowie die zugehörigen Angaben nach IAS 12 als Analyseinstrumentarium für eine Rückrechnung und approximative Ermittlung steuerlicher Wertansätze genutzt werden.

In der jüngeren Vergangenheit hat es im deutschen Rechtsraum bereits erste Bestrebungen gegeben, steuerliche Wertansätze basierend auf IFRS-Konzernabschlüssen und den Informationen der latenten Steuerverrechnung nach IAS 12 approximativ zu bestimmen. Die beiden relevanten Studien werden nachfolgend vorgestellt.

3.1.1.2 Erkenntnisse aus empirischen Untersuchungen zur Approximation steuerlicher Wertansätze mittels latenter Steuern

Zwirner (2007) konzipiert ein Modell zur Quantifizierung der Abweichungen zwischen der Bilanzierung und Bewertung nach den IFRS und nach nationalem Recht und benutzt als Analyseinstrumentarium die Steuerabgrenzung nach IAS 12. U.a. besteht die Zielsetzung dieser Untersuchung darin, wesentliche Bilanzierungs- und Bewertungsunterschiede zwischen dem IFRS-Konzernabschluss und einem fiktiv konsolidierten steuerlichen Vergleichsabschluss aufzuzeigen sowie die

[1] Zur Disziplin der Betriebswirtschaftlichen Steuerlehre vgl. Wagner (2005), S. 407 ff.

[2] Vgl. z.B. die Untersuchungen von Eberhartinger (2000); Knirsch (2005). In beiden Simulationsmodellen werden ersatzweise Handelsbilanzdaten eingesetzt, um die steuerliche Situation der Modellunternehmen zu approximieren. Vgl. Eberhartinger (2000), S. 429; Knirsch (2005), S. 27. Eine derartige Untersuchung könnte eine zusätzliche Datenbasis liefern für Steuerbelastungs- und Steuerwirkungssimulationen im Falle einer Maßgeblichkeit der IFRS für die steuerliche Gewinnermittlung. Vgl. zu diesen Simulationsmodellen sowie zu den quantitativen Effekten bei Grundlage der IFRS für die steuerliche Gewinnermittlung Oestreicher/Schmidt/Spengel (1999); Oestreicher/Spengel (1999); Oestreicher/Spengel (1999a); Oestreicher/Spengel (2001); Spengel (2003); Spengel (2003a); Spengel (2004); Spengel (2006).

Veränderung des Eigenkapitals zu quantifizieren, die sich durch den Übergang von einer Rechnungslegung nach dem HGB zu einer Rechnungslegung nach den IFRS ergibt. Dazu leitet ZWIRNER (2007) rekursiv Steuerbilanzwerte her, um Aussagen über die zwischen dem steuerlichen Wertansatz und dem IFRS-Wertansatz liegende Differenz zu treffen. Er analysiert diese Wertansatzdifferenzen nach Wesentlichkeit sowie Häufigkeit und arbeitet die grundlegenden Abweichungen heraus.[3] Obwohl bei dieser Untersuchung mit vereinfachenden Annahmen gearbeitet wird[4], demonstriert ZWIRNER (2007) eine Berechnungsmethodik[5], die bei einer entsprechenden Datenverfügbarkeit[6] erfolgversprechend ist.

KAGER/KNIRSCH/NIEMANN (2008) stellen einen ähnlichen Modellansatz[7] vor, der insbesondere auf der Segmentberichterstattung im Sinne des IAS 14, den veröffentlichten Anteilsbesitzlisten und der Auflistung der Steuerlatenzen je Bilanzposition gemäß IAS 12.81 (g) basiert. Dieser Beitrag liefert erstmalig konkrete Ansätze, wie den auftretenden Komplikationen begegnet werden kann, die sich aus der empirischen Herleitung von Steuerbilanzwerten ergeben. KAGER/KNIRSCH/NIEMANN (2008) demonstrieren, wie komplex sich eine solche Approximation basierend auf IFRS-Konzernabschlüssen gestalten kann und verdeutlichen, welche Angaben im Anhang für dieses Vorhaben notwendig sind. Sie stellen eine mögliche Berechnungsmethodik vor, um den bei der Steuerlatenzrechnung herangezogenen Ertragsteuersatz zu approximieren. Dieser ist externen Bilanzadressaten in der Regel unbekannt, wird jedoch für die Herleitung der Steuerbilanzwerte benötigt. Die hierfür entwickelte Approximation basiert auf der Segmentberichterstattung

[3] Vgl. ausführlich Zwirner (2007), S. 393 ff. Vgl. auch Küting/Zwirner (2007a) und Küting/Zwirner (2007b).

[4] So werden z.B. Konzernabschlüsse anstelle der jeweiligen Einzelabschlüsse herangezogen und es wird auf den inländischen Konzernsteuersatz der deutschen Muttergesellschaft abgestellt. Vgl. Zwirner (2007), S. 398 f.; Küting/Zwirner (2007a), S. 96 f. Küting/Zwirner (2007b), S. 146 f. Es werden Besonderheiten des internationalen Steuerrechts ausgeblendet und Steuersatzunterschiede bleiben unberücksichtigt. Ausländische Tochtergesellschaften mit ihrem jeweiligen Vermögen und ihren Schulden werden nicht herausgerechnet, was zu einer weiteren Verzerrung führt. Das ausländische Betriebsvermögen wird somit nur unzureichend mit dem adäquaten Steuersatz bewertet und es wird fingiert, dass sämtliche Vermögensgegenstände und Schulden nach dem deutschen EStG resp. KStG bilanziert und bewertet werden. Vgl. auch Hanlon (2003), S. 838 ff. zu diesen und weiteren Problemen, die eine Ableitung steuerlicher Wertansätze auf Basis von kapitalmarktorientierten Konzernabschlüssen verkomplizieren, oder gar unrealisierbar machen.

[5] Vgl. hierzu Zwirner (2007), S. 404 ff.

[6] Um zu genaueren Ergebnissen zu gelangen, muss eine derartige Untersuchung auf Basis nicht konsolidierter Einzelabschlüsse (IFRS-Bilanz I oder IFRS-Bilanz II) durchgeführt werden. Ferner werden Steuerbilanzen der jeweiligen Gesellschaften zur Verifizierung der Ergebnisse benötigt. Die Datenbeschaffung stellt somit eine Herausforderung dar.

[7] Vgl. zu diesem Ansatz Kager/Knirsch/Niemann (2008), S. 3 ff.

und der Auflistung der Konzernunternehmen.[8] Ein weiterer Schwerpunkt dieser Untersuchung stellt die Herleitung steuerlicher Verlustvorträge auf Basis der dafür aktivierten latenten Steuern dar.[9]

Es kann konstatiert werden, dass die empirische Herleitung von Steuerbilanzwerten auf Grundlage von kapitalmarktorientierten Jahresabschlüssen[10] sich schwierig gestaltet und weiteres Forschungspotenzial birgt.

3.1.2 Empirische Studien zur Wertrelevanz latenter Steuern

3.1.2.1 Hintergrund der Studien zur Wertrelevanz latenter Steuern

Der Informationsgehalt latenter Steuern kann auch vor dem Hintergrund der Wertrelevanz (value relevance) von Jahresabschlussgrößen beurteilt werden. Diese in der empirischen Literatur verfolgte Fragestellung beschäftigt sich mit dem Zusammenhang von Daten aus der Rechnungslegung und dem Marktwert von Unternehmen. Bei der Beurteilung der Jahresabschlussdaten wird unterstellt, dass Marktpreise und ihre wertmäßigen Veränderungen alle verfügbaren, das entsprechende Unternehmen betreffende Informationen widerspiegeln und so eine Benchmark für deren Wertrelevanz bilden. Es werden auch solche Informationen aus der Rechnungslegung beurteilt, die nicht neu am Markt sind und daher lediglich einen bestätigenden Charakter haben.[11]

Diese Assoziationen lassen sich überdies intuitiv[12] begründen. Die Rechnungslegung stellt ein kapitalmarktorientiertes Informationsinstrument dar. Informationen besitzen eine Entscheidungsnützlichkeit, wenn sie Erwartungen über künftige Zustände, insbesondere Zahlungsüberschüsse, ändern können und dadurch die

[8] Vgl. Kager/Knirsch/Niemann (2008), S. 6 ff.

[9] Vgl. Kager/Knirsch/Niemann (2008), S. 16 ff.

[10] Vgl. Hanlon (2003) stellvertretend für Untersuchungen im US-amerikanischen Rechtsraum. Vgl. insbesondere auch die empirische Untersuchung und die alternative Vorgehensweise von Lisowsky (2009), S. 38 ff. Vgl. in diesem Zusammenhang auch die Diskussion bei Frank (2009) sowie den Überblick über bisherige empirische Untersuchungen bei Graham/Raedy/Shackelford (2010), S. 27 ff.

[11] Dies impliziert, dass in einer empirischen Ereignisstudie keine unmittelbare Änderung der Rendite gemessen werden kann. Vgl. zu diesen Ausführungen auch Wagenhofer/Dücker (2007), S. 279.

[12] Vgl. Wagenhofer/Ewert (2007), S. 45 zu diesen intuitiven Zusammenhängen.

Adressaten in ihrer Entscheidungsfindung beeinflussen.[13] Mit den Informationen im Jahresabschluss kommunizieren Unternehmen ihre wirtschaftliche Lage an Investoren und Analysten. Diese stützen sich auf diese Informationen im Rahmen ihrer Entscheidungsfindung, indem sie die Höhe und das Risiko künftiger Zahlungsüberschüsse eines Unternehmens beurteilen. Die getroffenen Erwartungen beeinflussen die Kapitalkosten des Unternehmens und folglich die Vorteilhaftigkeit von Investitionen im Unternehmen.[14]

Allerdings werden Investoren nur relevante und zuverlässige Informationen in ihrem Kalkül berücksichtigen.[15] Voraussetzung für die Wertrelevanz von Rechnungslegungsinformationen ist daher, dass beide Bedingungen – Relevanz und Zuverlässigkeit – zu einem gewissen Maße erfüllt sind.[16]

Auf diesen Überlegungen basieren empirische Untersuchungen zur Wertrelevanz von Jahresabschlussdaten. Durch die Verknüpfung von Jahresabschlussgrößen und Marktpreisen werden die Kriterien Relevanz und Zuverlässigkeit empirisch-kapitalmarktorientiert präzisiert. Da die Marktteilnehmer nur relevante und hinreichend zuverlässige Informationen bei ihrer Informationsverarbeitung und Entscheidungsfindung berücksichtigen werden, wird der Marktpreis – als Resultat dieses Prozesses – zur Beurteilung herangezogen.[17]

Entsprechend diesen Erläuterungen kann auch die Wertrelevanz latenter Steuern beurteilt werden. Durch eine empirische Verknüpfung von Steuerlatenzen sowie anderen Jahresabschlussgrößen und Marktpreisen wird analysiert, inwieweit ein systematischer Zusammenhang zwischen den Informationen aus der latenten Steuerverrechnung und den Marktpreisen besteht. D.h. es wird untersucht, ob die Informationen aus der Bildung und Bewertung latenter Steuern sowie die Implikationen der zugrunde liegenden temporary differences von den Marktteilnehmern verwendet werden und sich diese im Marktpreis abbilden.

---

[13] Vgl. Wagenhofer/Ewert (2007), S. 46 ff. zu einer ökonomischen Analyse von (Rechnungslegungs-)Informationen. Vgl. ebenfalls ausführlich zu einer informationsökonomischen Beurteilung Beaver (1998), S. 18 ff.

[14] Vgl. Beaver (1998), S. 34 f. zu einer Übersicht über die ökonomischen Konsequenzen von Informationen aus dem Jahresabschluss.

[15] Diese Kriterien sind elementar, um die Erwartungen der Investoren zu ändern. Sie lassen sich in den Rahmengrundsätzen der IFRS und der US-GAAP wiederfinden. Jahresabschlussinformationen sind relevant, wenn sie sich zu Prognosezwecken eignen und rechtzeitig zur Verfügung stehen. Jedoch müssen die Informationen ausreichend zuverlässig sein, um eine Änderung der Erwartungen der Nutzer sicherzustellen. Vgl. Wagenhofer/Ewert (2007), S. 105.

[16] Vgl.Wagenhofer/Dücker (2007), S. 279.

[17] Vgl. Barth/Beaver/Landsman (2001), S. 80 f.

Nachfolgend werden wesentliche empirische Untersuchungen zur Wertrelevanz von latenten Steuern vorgestellt. Die Darstellung ist nicht abschließend. Sie soll lediglich einen Überblick über die zentralen Fragestellungen und wesentliche Erkenntnisse geben. Die Studien wurden in corpore im US-amerikanischen Rechtsraum durchgeführt.

3.1.2.2 Erkenntnisse aus empirischen Untersuchungen zur Wertrelevanz latenter Steuern

Einer der ersten empirischen Untersuchungen zur Wertrelevanz latenter Steuern ist von BEAVER/DUKES (1972). Sie untersuchen den Zusammenhang zwischen verschiedenen Jahresabschlussgrößen und dem Börsenkurs mittels eines „Abnormal Performance Index".[18] Als Jahresabschlussgrößen verwenden sie den Jahresüberschuss nach US-GAAP, der um latente Steuern gemäß APB Opinion No. 11 korrigierte Jahresüberschuss sowie ein approximativ ermittelter Cashflow.[19] BEAVER/DUKES (1972) kommen zu dem Ergebnis, dass der Jahresüberschuss inklusive der latenten Steuern den höchsten „Abnormal Performance Index" aufweist und somit der größte Zusammenhang zum Börsenkurs und folglich die höchste Wertrelevanz besteht.[20]

RAYBURN (1986) untersucht empirisch den Zusammenhang zwischen kumulierten abnormalen Renditen und operativen Cashflows sowie Periodenabgrenzungen. Die Intention dieser Studie ist es zu zeigen, dass Periodenabgrenzungen zusätzliche wertrelevante Informationen zu den operativen Cashflows enthalten. RAYBURN (1986) modelliert die Periodenabgrenzungskomponente als periodische Anpassung der Periodenabgrenzungen. Diese finden zusammen mit den operativen Cashflows Eingang in die Regressionsanalysen, um einen Zusammenhang zu kumulierten abnormalen Renditen herzustellen.[21] RAYBURN (1986) berücksichtigt dabei explizit die Veränderung der bilanzierten latenten Steuern gemäß APB Opinion No. 11 als einer dieser Anpassungen.[22] Sie findet empirische Unterstüt-

[18] Vgl. Beaver/Dukes (1972), S. 324 f. zu der Konstruktion dieses Indizes, der eine Verbindung zwischen dem Jahresüberschuss und dem Börsenkurs herstellt.

[19] Vgl. hierzu Beaver/Dukes (1972), S. 324. Sie berechnen den um latente Steuern korrigierten Jahresüberschuss, indem sie vom Jahresüberschuss die bilanzielle Veränderung der latenten Steuern subtrahieren.

[20] Der „Abnormal Performance Index" für den Jahresüberschuss inklusive latente Steuern beträgt im Mittel 10,5%. Für den Jahresüberschuss korrigiert um latente Steuern beträgt dieser 8,8% und für Cashflows 8,5%. Vgl. Beaver/Dukes (1972), S. 329.

[21] Zur verwendeten Regressionsgleichung vgl. Rayburn (1986), S. 120.

[22] Vgl. Rayburn (1986), S. 115 f. Darüber hinaus verwendet sie die periodische Veränderung des Working Capitals sowie die periodischen Abschreibungen.

zung dafür, dass die periodischen Anpassungen der Periodenabgrenzungen – also auch die Veränderung der latenten Steuern – wertrelevante Informationen zusätzlich zu den operativen Cashflows beinhalten. Jedoch ist das Ergebnis hinsichtlich latenter Steuern nicht eindeutig und hängt vom verwendeten Modell sowie der Untersuchungsperiode ab.[23]

OHLSON/PENMAN (1992) analysieren den Zusammenhang zwischen Aktienrenditen und diversen Jahresabschlussgrößen aus Bilanz und GuV.[24] Sie berücksichtigen bei diesen Messungen explizit auch den Zusammenhang zwischen Aktienrenditen und den bilanzierten (passiven) latenten Steuern gemäß APB Opinion No 11. Sie stellen fest, dass dieser signifikant negativ ist.[25] Somit nimmt der Kapitalmarkt passive Steuerlatenzen als künftige Schuld wahr. Interessant ist, dass die Regressionskoeffizienten für passive latente Steuern jeweils kleiner sind als für die übrigen Bilanzpositionen. OHLSON/PENMAN (1992) führen hierzu an, dass dies eine Folge der Komplexität der Bilanzierung und Bewertung von latenten Steuern sein könnte: *„(...) the accounting measurement of 'deferred tax liabilities' is inherently more complex than the measurement of most other assets and liabilities.“*[26]

CHANEY/JETER (1994) untersuchen – ähnlich wie BEAVER/DUKES (1972) – den Zusammenhang zwischen Aktienrenditen und der bilanziellen Veränderung der latenten Steuern gemäß APB Opinion No. 11. Sie kontrollieren hierbei für den Jahresüberschuss nach US-GAAP korrigiert um die bilanzielle Veränderung latenter Steuern sowie einer durchschnittlichen Aktienmarktrendite.[27] Sie finden empirische Unterstützung, dass ein negativer Zusammenhang zwischen latenten Steueraufwendungen und Aktienrenditen besteht.[28] Somit umfassen latente Steuern zusätzliche wertrelevante Informationen. CHANEY/JETER (1994) untermauern damit die Ergebnisse von BEAVER/DUKES (1972). In einem nächsten Schritt untersuchen sie, ob verschiedene Zusammenhänge zwischen Aktienrenditen und unterschiedlichen Komponenten des latenten Steueraufwands existieren. Hierzu teilen CHANEY/JETER (1994) den periodischen latenten Steueraufwand in eine wiederkehrende (recurring) und eine einmalige (nonrecurring) Komponente auf

[23] Vgl. Rayburn (1986), S. 127 ff.
[24] Vgl. zu den einzelnen Positionen Ohlson/Penman (1992), S. 560 f.
[25] Vgl. hierzu Ohlson/Penman (1992), S. 570 f.
[26] Zitat nach Ohlson/Penman (1992), S. 570.
[27] Vgl. Chaney/Jeter (1994), S. 101 f. zu den verwendeten Variablen und dem Regressionsmodell.
[28] Vgl. Chaney/Jeter (1994), S. 103 f.

und wiederholen ihre Regressionsanalysen. Sie kommen zwar zum Ergebnis, dass sowohl für wiederkehrende als auch für einmalige latente Steueraufwendungen ein signifikant negativer Zusammenhang zur Aktienrendite besteht, allerdings sind die Unterschiede zwischen diesen beiden Komponenten insignifikant.[29] Schließlich finden CHANEY/JETER (1994) einen empirischen Zusammenhang zwischen der Variabilität der latenten Steueraufwendungen und den Aktienrenditen. Mit Hilfe eines earnings-response Koeffizienten, der den Grad der Reaktion der Aktienrendite auf den ausgewiesenen Jahresüberschuss misst, stellen sie fest, dass dieser tendenziell höher ist, wenn latente Steuern weniger volatil sind. Sie führen hierzu an, dass latente Steuern möglicherweise Informationen hinsichtlich Verzerrungen oder Manipulationen des Jahresüberschusses beinhalten.[30]

GIVOLY/HAYN (1992) untersuchen, ob der Kapitalmarkt passive latente Steuern gemäß APB Opinion No. 11 als Schulden wahrnimmt und diese entsprechend bepreist. Sie führen ihre Studie zum Zeitpunkt einer US-amerikanischen Unternehmensteuerreform (Tax Reform Act 1986) durch, in welcher der Unternehmensteuersatz von 46% auf 34% gesenkt wurde. Die Reduktion des Steuersatzes impliziert, dass künftige steuerliche Verpflichtungen, welche durch passive latente Steuern abgebildet werden, abnehmen. Dementsprechend vermuten GIVOLY/HAYN (1992), dass dies künftige steuerliche Auszahlungen reduziert, was eine Erhöhung des Unternehmenswertes zur Folge haben müsste, sofern der Kapitalmarkt passive latente Steuern als „echte" Schuld wahrnimmt. Um dies zu überprüfen, schätzen sie den Zusammenhang zwischen unternehmensspezifischen kumulierten abnormalen Renditen und der wertmäßigen realen[31] Reduktion der passiven latenten Steuern, der Wachstumsrate dieser Position sowie der Wahrscheinlichkeit, einen steuerlichen Verlust in künftigen Perioden zu generieren.[32] Sie kommen zum Ergebnis, dass der Kapitalmarkt passive Steuerlatenzen als „echte" Schulden bepreist. Die abnormalen Renditen hängen positiv mit der Höhe der passiven latenten Steuern zusammen. Dies impliziert, dass der Kapitalmarkt die wertmäßige Reduktion der passiven latenten Steuern durch die Steuersatzsen-

[29] Vgl. Chaney/Jeter (1994), S. 106 ff.

[30] Vgl. Chaney/Jeter (1994), S. 110 ff.

[31] Unter dem APB Opinion No. 11 kam die Deferred-Methode zur Anwendung und bereits bilanzierte latente Steuern wurden bei einer Steuersatzänderung nicht neu bewertet. Somit hat sich der nominale Bilanzansatz nicht verändert. Vgl. hierzu auch Schäffeler (2000), S. 39. Zur Deferred-Methode vgl. Abschnitt 2.2.2.1.

[32] Vgl. Givoly/Hayn (1992), S. 395 f. Die Wachstumsrate approximiert die Dauer bis sich die passive latente Steuer umkehren wird. Liegt ein steuerlicher Verlust in Zukunft vor, ist die künftige Steuerzahlung geringer als dies durch die passiven latenten Steuern kommuniziert wird.

kung antizipiert und sich dies positiv auf den Unternehmenswert auswirkt. Ferner deuten ihre Ergebnisse an, dass die Reaktion des Kapitalmarkts schwächer ist für Unternehmen, die mit einer geringen Wahrscheinlichkeit künftig vollständig Steuern in Höhe der ausgewiesenen passiven Latenz bezahlen werden oder für Unternehmen, deren passive latente Steuern sich erst über einen längeren zeitlichen Horizont umkehren werden.[33]

CHEN/SCHODERBEK (2000) führen ebenfalls eine empirische Untersuchung vor dem Hintergrund einer Steuersatzänderung von 34% auf 35% im Rahmen einer weiteren US-amerikanischen Unternehmensteuerreform (Omnibus Budget Reconciliation Act 1993) durch.[34] Die Erhöhung des Steuersatzes hatte eine Neubewertung der latenten Steuern gemäß SFAS No. 109 zur Folge[35] und entsprechend Auswirkungen auf den Jahresüberschuss nach Steuern.[36] CHEN/SCHODERBEK (2000) stellen fest, dass Finanzanalysten die resultierenden Effekte, die die Anpassungen der Steuerlatenzen auf das US-GAAP-Ergebnis nach Steuern haben, in ihren Ergebnisvorhersagen nicht berücksichtigen.[37] Ferner können sie keinen eindeutigen Zusammenhang zwischen Änderungen in kumulierten abnormalen Renditen und der Neubewertung der latenten Steuern feststellen.[38] Sie führen zu diesem Ergebnis u.a. an, dass dies mit dem neu eingeführten SFAS No. 109[39] und der Komplexität dieser Regelungen zusammenhängen könnte: *„Our findings suggest that investors might not be able to adjust for accounting numbers that result from more complex rules.“*[40]

AYERS (1998) untersucht, ob die im Vergleich zu dem APB Opinion No. 11 umfassendere Abbildung von latenten Steuern gemäß SFAS No. 109 einen zusätzlichen Informationsgehalt für den Kapitalmarkt und damit eine höhere Wertrelevanz besitzt. Hierzu schätzt er den Zusammenhang zwischen dem Marktwert des Eigenkapitals und der latenten Steuerschuld gemäß APB Opinion No. 11, dem kumulierten wertmäßigen Effekt infolge der Anpassung der latenten Steuerverrechnung

[33] Vgl. Givoly/Hayn (1992), S. 403 ff.
[34] Vgl. Chen/Schoderbek (2000), S. 23.
[35] Gemäß SFAS No. 109 ist die Liability-Methode anzuwenden. Vgl. auch Schäffeler (2000), S. 40. Vgl. zur Liability-Methode Abschnitt 2.2.2.2.
[36] Vgl. im Detail Chen/Schoderbek (2000), S. 27 ff.
[37] Vgl. Chen/Schoderbek (2000), S. 32 ff.
[38] Vgl. Chen/Schoderbek (2000), S. 34 ff.
[39] SFAS No. 109 wurde im Jahre 1992 verabschiedet und war für Geschäftsjahre ab 1993 anzuwenden. Die erstmalige Anwendung von SFAS No. 109 und die Steuersatzänderung im Rahmen des Omnibus Budget Reconciliation Act fanden also zeitgleich statt.
[40] Zitat nach Chen/Schoderbek (2000), S. 43.

an SFAS No. 109 sowie weiteren Jahresabschlussgrößen.[41] Seine Ergebnisse lassen den Schluss zu, dass latente Steuern nach beiden Bilanzierungsmethoden wertrelevant sind, jedoch der Informationsgehalt der latenten Steuerverrechnung nach SFAS No. 109 größer ist als nach APB Opinion No. 11, da der Kapitalmarkt dieser Methode eine signifikant höhere Wertrelevanz zuschreibt.[42] Anschließend untersucht AYERS (1998), inwieweit die aktiven und passiven Steuerlatenzen gemäß SFAS No. 109 sowie die Wertberichtigung auf aktive latente Steuern (valuation allowance[43]) wertrelevant sind. Hierzu wiederholt AYERS (1998) die Regressionen, jedoch diesmal unter Berücksichtigung der genannten Jahresabschlussgrößen anstelle des kumulierten Anpassungseffekts und der latenten Steuerschuld gemäß APB Opinion No. 11. Er kommt zu dem Ergebnis, dass aktive latente Steuern positiv und passive latente Steuern sowie die Wertberichtigung auf aktive latente Steuern negativ mit dem Marktwert des Eigenkapitals zusammenhängen. Er schließt daraus, dass der getrennte Ausweis dieser Größen sinnvoll ist und im Vergleich zum Ausweis einer einzelnen kumulierten latenten Steuerposition den Informationsgehalt und damit die Wertrelevanz erhöht.[44]

Eine relativ umfassende empirische Studie zur Wertrelevanz einzelner Komponenten der bilanzierten aktiven und passiven latenten Steuern gemäß SFAS No. 109 führen AMIR/KIRSCHENHEITER/WILLARD (1997) durch. Basierend auf dem Residualgewinnmodell von FELTHAM/OHLSON (1995)[45] entwickeln sie ein Regressionsmodell und schätzen mit diesem den Zusammenhang zwischen dem Marktwert des Eigenkapitals und einzelnen Komponenten der bilanzierten latenten Steuern sowie weiteren Jahresabschlussgrößen.[46] Intention ihrer Studie ist, herauszufinden, ob die Wertrelevanz latenter Steuern vom wahrscheinlichen Auflösungszeitpunkt der zugrunde liegenden temporary difference abhängig ist. Um die latenten Steuern in einzelne Komponenten zu untergliedern, analysieren sie die Angaben im Anhang der jeweiligen Geschäftsberichte der untersuchten Unternehmen

[41] Vgl. detailliert Ayers (1998), S. 201 ff.
[42] Vgl. Ayers (1998), S. 205 f.
[43] Vgl. zu dieser Regelung in SFAS No. 109 z.B. Schäffeler (2000), S. 69 ff.
[44] Vgl. Ayers (1998), S. 206 ff.
[45] Vgl. Ohlson (1995), S. 666 f.; Feltham/Ohlson (1995), S. 696. Vgl. hierzu auch Abschnitt 3.2.1.4.
[46] Vgl. zur Entwicklung des Modells im Detail Amir/Kirschenheiter/Willard (1997), S. 603 ff.

und gruppieren sie in sieben Kategorien.[47] Sie finden empirische Unterstützung, dass der Kapitalmarkt die einzelnen Komponenten der Steuerlatenzen in Abhängigkeit der Wahrscheinlichkeit und der Dauer der Auflösung der zugrunde liegenden temporary difference bepreist. Beispielsweise stellen AMIR/KIRSCHENHEITER/WILLARD (1997) eine relativ geringe Wertrelevanz von latenten Steuern auf Abschreibungsdifferenzen fest. Sie argumentieren, dass sich diese Differenzen nicht ausgleichen, da durch Reinvestitionen kontinuierlich neue Differenzen entstehen und sich deshalb die temporary differences nicht auflösen. Weiter führen sie an, dass der Kapitalmarkt die korrespondierende latente Steuerschuld aufgrund einer fehlenden Diskontierung dieser und dem langfristigen Charakter der temporary differences als überbewertet wahrnimmt und folglich den Buchwert des Eigenkapitals als unterbewertet einschätzt. Deshalb schreibt der Kapitalmarkt dieser Komponente keine Wertrelevanz zu. Anders verhält es sich z.B. bei temporary differences aus Restrukturierungsrückstellungen. Bei diesen stellen AMIR/KIRSCHENHEITER/WILLARD (1997) die höchste Wertrelevanz fest und führen dies auf die hohe Wahrscheinlichkeit der Umkehr der temporary difference in unmittelbarer Zukunft zurück. Demnach misst der Kapitalmarkt dieser Komponente eine besonders hohe Wertrelevanz bei. Darüber hinaus ist es interessant, dass in der Studie keine Wertrelevanz für die Wertberichtigungskomponente auf aktive latente Steuern (valuation allowance) festgestellt wird. AMIR/KIRSCHENHEITER/WILLARD (1997) schließen daraus, dass Investoren diese Komponente in ihrem Bewertungskalkül vernachlässigen, da die Bestimmung des Umfangs der Wertberichtigung subjektiv ist.[48] Dieses Ergebnis steht somit im Widerspruch zu den Erkenntnissen von AYERS (1998).

Neben den bereits erwähnten gibt es noch weitere Studien[49], die sich explizit mit dem Informationsgehalt und der Wertrelevanz von aktiven latenten Steuern auf steuerliche Verlustvorträge und der Wertberichtigungskomponente dieser Position (valuation allowance) auseinandersetzen. Diese Studien basieren grundsätzlich auf der Überlegung, dass durch den Ansatz von latenten Steuern auf steuerliche Verlustvorträge Informationen des Managements bezüglich der künftigen Profitabilität des Unternehmens kommuniziert werden. Einerseits stellen latente Steuern

[47] Diese Kategorien sind: (1) Abschreibungen; (2) steuerliche Verlustvorträge und Steuergutschriften; (3) Restrukturierungsrückstellungen; (4) Rückstellungen für Umweltlasten (environmental charges); (5) Entlohnung inklusive Pensionen; (6) Wertberichtigungen auf aktive latente Steuern (valuation allowance); (7) übrige temporary differences. Vgl. Amir/Kirschenheiter/Willard (1997), S. 605 sowie S. 619.

[48] Vgl. zu diesen und weiteren Ergebnissen Amir/Kirschenheiter/Willard (1997), S. 614 ff.

[49] Vgl. z.B. Amir/Sougiannis (1999) sowie Kumar/Visvanathan (2003).

auf steuerliche Verlustvorträge künftige Steuerminderzahlungen dar, andererseits können diese Anhaltspunkte für mögliche Verluste in der Zukunft sein. Auf diese Studien wird jedoch nicht weiter eingegangen.

Die Übersicht der empirischen Untersuchungen macht deutlich, dass latente Steuern offensichtlich wertrelevante Informationen enthalten. Der Kapitalmarkt bepreist die Komponenten der latenten Steuerpositionen entsprechend den darin enthaltenen Informationen der zugrunde liegenden temporary differences. Insbesondere werden Informationen über künftige Steuerbelastungen bzw. -entlastungen in der Preisbildung berücksichtigt. Der Kapitalmarkt misst der umfassenderen Abbildung latenter Steuern nach SFAS No. 109 – der konzeptionell den Regelungen des IAS 12 entspricht – eine höhere Wertrelevanz bei als der Abbildung gemäß APB Opinion No. 11.

Untersuchungen hinsichtlich der Wertrelevanz der Informationen des IAS 12 gibt es meines Wissens für deutsche Unternehmen bislang nicht. Insbesondere vor dem Hintergrund von Steuerreformen in Deutschland, würde sich eine Untersuchung der Wertrelevanz anbieten.[50] Auch in Zusammenhang mit der Implementierung des Temporary-Konzepts – also der Ablösung des Timing-Konzepts – in IAS 12 im Jahre 1997 könnte die Wertrelevanz latenter Steuern in einem interessanten Kontext untersucht werden. Ferner könnte eine vergleichende Darstellung der Wertrelevanz von latenten Steuern nach SFAS No. 109 und nach IAS 12 durchgeführt werden, da viele europäische Unternehmen zunächst nach den US-GAAP bilanziert haben und anschließend nach den IFRS. Diesen möglichen Fragestellungen wird sich jedoch die vorliegende Arbeit nicht widmen.

[50] Mit dem Steuersenkungsgesetz im Jahre 2000 wurde eine erhebliche Neustrukturierung des KStG sowie eine Absenkung des Körperschaftsteuersatzes durchgeführt. Mit dem Unternehmensteuerreformgesetz 2008 wurde eine erneute Reduktion des Tarifs vollzogen und es wurden einzelne Neuregelungen implementiert, die zum Teil gravierende Änderungen in der steuerlichen Gewinnermittlung zur Folge hatten. Beide Reformen haben zu wesentlichen Neubewertungen und Anpassungen der bilanzierten latenten Steuern im IFRS-Konzernabschluss geführt.

3.1.3 Empirische Studien zum Informationsgehalt latenter Steuern zum Nachweis von Bilanzpolitik

3.1.3.1 Hintergrund der Studien zum Informationsgehalt latenter Steuern zum Nachweis von Bilanzpolitik

In der Literatur gibt es eine Vielzahl an Beiträgen[51], die den Einsatz von bilanzpolitischen Maßnahmen empirisch untersuchen. In Zusammenhang mit der latenten Steuerverrechnung gibt es zwei grundlegende Arten von Untersuchungen.

Zum einen gibt es empirische Studien, die sich der Frage widmen, ob Bewertungswahlrechte im Rahmen der Bilanzierung von latenten Steuern zur Bilanzpolitik genutzt werden. Insbesondere steht die Wertberichtigung auf aktive latente Steuern gemäß SFAS No. 109 (valuation allowance) im Fokus dieser Untersuchungen[52], da die wertmäßige Reduktion der aktiven Steuerlatenz von den subjektiven Einschätzungen des Managements abhängt und somit die Möglichkeit eröffnet, bilanzpolitische Maßnahmen mit dieser Komponente zu ergreifen. Bei diesen Untersuchungen steht nur mittelbar der Informationsgehalt der zugrunde liegenden Book-Tax-Abweichungen im Vordergrund, weshalb sie in dieser Arbeit nicht näher beleuchtet werden.[53]

Zum anderen gibt es empirische Untersuchungen, die unmittelbar an den Informationsgehalt der zugrunde liegenden Book-Tax-Abweichungen, also an die Abweichungen zwischen dem steuerbilanziellen und dem kapitalmarktorientierten Gewinn, anknüpfen und diese Abweichungen zum Nachweis bilanzpolitischer Maßnahmen verwenden. Diesen Studien liegt folgende Annahme zugrunde: Im Vergleich zu der steuerbilanziellen Gewinnermittlung besteht bei der Erstellung eines Jahresabschlusses nach kapitalmarktorientierten Grundsätzen ein größeres Maß an Subjektivität und ein erweiterter Ermessensspielraum. Es wird davon ausgegangen, dass das Management die vorhandenen Wahlrechte in Ansatz und Bewertung von Vermögensgegenständen und Schulden nach kapitalmarktorien-

[51] Ein ausführlicher Überblick über verschiedene Studien findet sich z.B. bei Healy/Wahlen (1999). Vgl. Ronen/Yaari (2008) zu einer umfassenden Darstellung – inklusive empirischer Studien – zum Thema „earnings management".

[52] Vgl. zu derartigen empirischen Studien z.B. Miller/Skinner (1998); Visvanathan (1998); Bauman/Bauman/Halsey (2001); Schrand/Wong (2003); Frank/Rego (2006); Christensen/Paik/Stice (2008).

[53] Vgl. Hanlon/Heitzman (2009), S. 69 ff. sowie Graham/Raedy/Shackelford (2010), S. 35 ff. zu einem Einblick in die entsprechenden Fragestellungen und zu Zusammenfassungen wesentlicher Studien, die sich mit bilanzpolitischen Maßnahmen in Zusammenhang mit der Bilanzierung und Bewertung von latenten Steuern auseinandersetzen.

tierten Methoden vorzugsweise in der Gestalt nutzt, dass die Lage des Unternehmens in einem bestimmten günstigen Licht erscheint. Insbesondere wird angenommen, dass der kapitalmarktorientierte Gewinn nach oben manipuliert wird, während die steuerbilanzielle Gewinnermittlung von den bilanzpolitischen Maßnahmen gar nicht oder weniger ausgeprägt tangiert wird. Dieser Umstand führt teilweise zu der Entstehung von temporary differences, die sich in der latenten Steuerverrechnung widerspiegeln. Dieser Argumentation folgend kann die latente Steuerverrechnung als Anhaltspunkt verwendet werden, um „normale" Periodenabgrenzungen und die durch Bilanzpolitik entstehenden „diskretionären" Periodenabgrenzungen zu unterscheiden.[54] Basierend auf diesen Überlegungen, gibt es zwei wesentliche empirische Studien, die nachfolgend dargestellt werden. Beide wurden für den US-amerikanischen Rechtsraum durchgeführt.

3.1.3.2 Erkenntnisse aus empirischen Untersuchungen zum Informationsgehalt latenter Steuern zum Nachweis von Bilanzpolitik

Phillips/Pincus/Rego (2003) untersuchen, ob der latente Steueraufwand nach SFAS No. 109 zum Nachweis von bilanzpolitischen Maßnahmen des Managements als Variable in empirischen Modellen genutzt werden kann. Insbesondere ist die Intention der Studie, zu zeigen, dass latente Steuern ergänzende bzw. zusätzliche Informationen zu den üblich verwendeten Kennzahlen bzw. Messgrößen zur Identifizierung von Bilanzpolitik beinhalten. Konkret wird auf Modelle referenziert, die Aussagen über die Höhe und Art der verwendeten Periodenabgrenzungen und damit über bilanzpolitische Maßnahmen des Managements zulassen (sog. „accrual models").[55] Phillips/Pincus/Rego (2003) argumentieren, dass Book-Tax-Abweichungen Hinweise geben können, um „normale" Periodenabgrenzungen von den durch Bilanzpolitik entstehenden „diskretionären" Periodenabgrenzungen zu unterscheiden.[56] Als Surrogat für die Abweichung des steuerbilanziellen Gewinns von dem Periodenergebnis gemäß US-GAAP verwenden sie den periodischen latenten Steueraufwand gemäß SFAS No. 109. Dieser vernachlässigt erfolgsneutral entstandene temporary differences sowie permanente Differenzen. Dies ist von

[54] Vgl. zu der Unterscheidung in „normale" und „diskretionäre" Periodenabgrenzungen Wagenhofer/Ewert (2007), S. 254 ff.

[55] Vgl. in diesem Zusammenhang die empirischen Untersuchungen von z.B. Healy (1985); DeAngelo (1986); Jones (1991); Dechow/Sloan/Sweeney (1995); Dechow/Richardson/Tuna (2003). Vgl. ausfürhlich zu diesen und weiteren Studien sowie zu „accrual models" Ronen/Yaari (2008), S. 389 ff.

[56] Vgl. Phillips/Pincus/Rego (2003), S. 494.

PHILLIPS/PINCUS/REGO (2003) erwünscht, da sie den Informationsgehalt von Book-Tax-Abweichungen analysieren möchten, die einen unmittelbaren Einfluss auf das Periodenergebnis haben. Diese Book-Tax-Abweichungen sind geeignet, Hinweise über bilanzpolitische Maßnahmen der aktuellen Periode sowie die Auswirkungen dieser auf die GuV zu geben.[57] PHILLIPS/PINCUS/REGO (2003) untersuchen den Informationsgehalt des latenten Steueraufwands vor dem Hintergrund unterschiedlicher Szenarien[58], in denen Bilanzpolitik typischerweise zu erwarten ist. Dies geschieht unter Zuhilfenahme eines Probit-Modells.[59] Im Ergebnis unterstützt die Studie die Ausgangshypothese, dass der latente Steueraufwand zusätzliche Informationen hinsichtlich bilanzpolitischer Maßnahmen enthält und in entsprechenden empirischen Modellen zur Identifizierung dieser Maßnahmen eingesetzt werden kann.[60]

In einer sich anschließenden Studie prüfen PHILLIPS/PINCUS/REGO/WAN (2004), ob die periodischen Veränderungen der latenten Steuerposition bzw. die periodischen Veränderungen der einzelnen Komponenten der aktiven und passiven latenten Steuern gemäß SFAS No. 109 einen zusätzlichen Informationsgehalt besitzen, um jeweils als Variable in empirischen Modellen zum Nachweis von Bilanzpolitik verwendet zu werden. Zunächst untersuchen sie, ob die Veränderung der latenten Steuerschuld (netto)[61] über ergänzende bzw. zusätzliche Informationen verfügt, die auf bilanzpolitische Maßnahmen zur Vermeidung eines Gewinnrückgangs hinweisen. Die Verwendung dieser Größe ermöglicht PHILLIPS/PINCUS/REGO/WAN (2004) – im Gegensatz zur vorangegangen Untersuchung – nun zusätzliche Aussagen hinsichtlich des Einflusses von erfolgsneutral entstandenen temporary differences zu treffen. Aufbauend auf dem Probit-Modell von PHILLIPS/PINCUS/REGO (2003) können sie jedoch keinen empirischen

[57] Vgl. Phillips/Pincus/Rego (2003), S. 496.

[58] Die Autoren analysieren drei in der Literatur häufig diskutierten Ausgangssituationen: Einsatz von Bilanzpolitik zur Vermeidung einer Abnahme des Gewinns oder zur Vermeidung der Entstehung eines Verlusts sowie zur Realisierung von Gewinnprognosen von Analysten. Vgl. Phillips/Pincus/Rego (2003), S. 496 und 499.

[59] Vgl. zum technischen Aufbau der Untersuchung Phillips/Pincus/Rego (2003), S. 499 ff.

[60] Allerdings sind die Ergebnisse nur eindeutig in den Szenarien, in denen Bilanzpolitik eingesetzt wird, um die Abnahme des Gewinns zu vermeiden oder der Entstehung eines Verlusts vorzubeugen. Sie können keine empirische Unterstützung finden, dass der latente Steueraufwand zusätzliche Informationen zur Aufdeckung von bilanzpolitischen Maßnahmen liefert, die zur Realisierung von Gewinnprognosen von Analysten eingesetzt werden. Vgl. im Detail Phillips/Pincus/Rego (2003), S. 512 ff.

[61] Latente Steuerschuld (netto) = passive latente Steuern - (aktive latente Steuern - Wertberichtigungen auf aktive latente Steuern (valuation allowance)). Vgl. Phillips/Pincus/Rego/Wan (2004), S. 44.

Zusammenhang feststellen und lehnen ihre Hypothese ab.[62] Sie vermuten, dass die erfolgsneutralen Komponenten zu einer Verzerrung führen, die den Informationsgehalt der latenten Steuerposition als Ganzes einschränkt.[63] Sie analysieren in einem nächsten Schritt den Informationsgehalt einzelner Komponenten, die der Veränderung der latenten Steuerposition zweier aufeinanderfolgender Perioden zugrunde liegen. Anhand der Angaben im Anhang der jeweiligen Geschäftsberichte der untersuchten Unternehmen unterteilen PHILLIPS/PINCUS/REGO/WAN (2004) die periodischen Veränderungen, die sich in den aktiven und passiven latenten Steuern ergeben, in acht Kategorien[64], welche sie als Variablen zur Schätzung des Probit-Modells verwenden. Im Ergebnis können sie lediglich empirische Unterstützung dafür finden, dass die Komponenten der latenten Steuern, die mit Abgrenzungen und Rückstellungen in Zusammenhang stehen, nützlich für den Nachweis bilanzpolitischer Maßnahmen zur Vermeidung eines Gewinnrückgangs sind. Bei der empirischen Analyse von bilanzpolitischen Maßnahmen sollte somit ein besonderes Augenmerk auf diese Komponenten gelegt werden. Bei den übrigen Komponenten können PHILLIPS/PINCUS/REGO/WAN (2004) keinen signifikanten Einfluss auf die abhängige Variable feststellen.[65]

Die empirischen Befunde dieser beiden Studien lassen vermuten, dass lediglich Book-Tax-Abweichungen, die gleichzeitig erfolgswirksame temporary differences zur Folge haben, einen Informationsgehalt zum Nachweis von Bilanzpolitik besitzen und daher zusätzlich bzw. ergänzend in Modellen zur Bestimmung von „diskretionären" Periodenabgrenzungen verwendet werden können. Unterschiede zwischen dem steuerbilanziellen Gewinn und dem kapitalmarktorientierten Periodenergebnis umfassen demnach offensichtlich teilweise Informationen, die auf bilanzpolitische Maßnahmen hinweisen können.

[62] Vgl. Phillips/Pincus/Rego/Wan (2004), S. 50 ff.

[63] Vgl. hierzu Phillips/Pincus/Rego/Wan (2004), S. 54.

[64] Diese Kategorien sind: (1) Abgrenzungen und Rückstellungen für Forderungsverluste, Garantien, Restrukturierungsmaßnahmen und ähnliche Verwerfungen zwischen US-GAAP-Abschluss und Steuerbilanz; (2) Entlohnung inklusive Pensionen; (3) Abschreibungen; (4) temporary differences in Zusammenhang mit immateriellen Wirtschaftsgütern, Vorräten, Leasingaktivitäten sowie aktiven Forschungs- und Entwicklungsprojekten; (5) übrige Verwerfungen zwischen Wertansätzen nach US-GAAP und Steuerrecht; (6) steuerliche Verlustvorträge und Steuergutschriften; (7) unrealisierte Gewinne und Verluste in Zusammenhang mit Finanzanlagen; (8) Wertberichtigungen auf aktive latente Steuern (valuation allowance). Vgl. ausführlich Phillips/Pincus/Rego/Wan (2004), S. 54 ff. Zur besonderen Modellierung des Einflusses der Wertberichtigungen auf aktive latente Steuern gemäß SFAS No. 109 (valuation allowance) vgl. Phillips/Pincus/Rego/Wan (2004), S. 57 f.

[65] Dies erklärt, weshalb die Veränderung in der absoluten latenten Steuerposition keinen signifikanten Einfluss in der ersten Schätzung hatte. Vgl. zu diesen Ergebnissen Phillips/Pincus/Rego/Wan (2004), S. 58 ff.

3.1.4 Empirische Studien zum Informationsgehalt steuerlicher Jahresabschlussgrößen zur Analyse der nachhaltigen Ertragslage

3.1.4.1 Hintergrund der Studien zum Informationsgehalt steuerlicher Jahresabschlussgrößen zur Analyse der nachhaltigen Ertragslage

Latente Steuern und andere steuerliche Größen aus dem kapitalmarktorientierten Jahresabschluss können ferner dazu verwendet werden, den steuerbilanziellen Gewinn bzw. Abweichungen von diesem approximativ zu bestimmen. Aus einem approximativ rekonstruierten Steuerbilanzgewinn bzw. aus der Höhe der Abweichungen von diesem zum kapitalmarktorientierten Gewinn können zusätzliche Erkenntnisse für die Analyse der (nachhaltigen) Ertragslage eines Unternehmens resp. der „Ergebnisqualität“[66] des ausgewiesenen kapitalmarktorientierten Gewinns gewonnen werden.

Um generell zu verstehen, weshalb die Höhe von Book-Tax-Abweichungen bzw. der steuerbilanzielle Gewinn zusätzliche Informationen enthalten könnte, ist folgende intuitive Begründung nützlich: Wird die Totalperiode einer Unternehmung betrachtet, ist die Höhe des Totalgewinns in unterschiedlichen Rechnungslegungssystemen unabhängig von der zugrunde gelegten Periodisierungskonzeption und unterscheidet sich nicht. Die Abweichungen zwischen dem periodischen Gewinn nach kapitalmarktorientierten Grundsätzen und steuerrechtlichen Methoden sind allein auf die unterschiedliche zeitliche Periodisierung der Cashflows zurückzuführen. Nach diesem Kongruenzprinzip[67] ist die Summe der Gewinne gleich die Summe der Cashflows über die Totalperiode betrachtet. Divergieren der steuerbilanzielle und der kapitalmarktorientierte Gewinn, könnten die der Abweichung zugrunde liegenden Ursachen wichtige Informationen hinsichtlich der Nachhaltigkeit der Ergebnisgrößen im kapitalmarktorientierten Jahresabschluss geben.

Werden beispielsweise ein höheres Maß an Subjektivität und erweiterte Ermessensspielräume bei der Erstellung des Jahresabschlusses nach kapitalmarktorientierten Grundsätzen im Vergleich zu der steuerbilanziellen Gewinnermittlung unterstellt, könnte die Periodisierung der künftig wahrscheinlich anfallenden Cashflows durch defektive Prognosen und Schätzungen oder bilanzpolitische Maß-

[66] Vgl. Abschnitt 3.2.1.1 zum Begriff „Ergebnisqualität“.

[67] Dies entspricht in einer erweiterten Form der Kongruenzbedingung des Lücke-Theorems. Vgl. hierzu Preinreich (1937); Lücke (1955); Lücke (1965).

nahmen im kapitalmarktorientierten Jahresabschluss fehlerhaft sein. Wird das künftige Ergebnispotenzial einer Unternehmung deshalb in der aktuellen kapitalmarktorientierten Gewinnermittlung überschätzt, hat dies Adjustierungen am künftigen kapitalmarktorientierten Ergebnis, also eine Umkehr in zukünftigen Perioden, zur Folge. Da diese Schätzungen und Prognosen in der steuerbilanziellen Gewinnermittlung weniger extensiv zulässig sind, wird der aktuelle Steuerbilanzgewinn nicht überschätzt – steuerliche und kapitalmarktorientierte Gewinnermittlung weichen voneinander ab. Die resultierenden Book-Tax-Abweichungen – teilweise abgebildet durch latente Steuern – enthalten in diesem Fall wichtige Informationen bezüglich der nachhaltigen Ertragslage und den künftigen Cashflows einer Unternehmung. Die Höhe von Book-Tax-Abweichungen bzw. der Steuerbilanzgewinn können demnach als Benchmark für die Qualität der im Jahresabschluss ausgewiesenen Ergebnisgrößen sowie zur Prognose der künftigen Ergebnisentwicklung von Unternehmen herangezogen werden.

Das Divergieren der Gewinnermittlungen nach Steuerrecht und nach kapitalmarktorientierten Grundsätzen kann durch drei grundlegende Entstehungsursachen[68] bedingt sein. Der Informationsgehalt der entstehenden Book-Tax-Abweichungen muss in Zusammenhang mit diesen gesehen werden. So können Book-Tax-Abweichungen zum einen das Resultat einer angemessenen und korrekten Umsetzung der entsprechenden Regelungen sein. Da sich jedoch die Zielsetzungen und die Adressaten der Rechnungslegungssysteme grundlegend unterscheiden, kann es dazu kommen, dass identische Sachverhalte unterschiedlich geregelt werden.[69] Als zweite grundlegende Ursache von Book-Tax-Abweichungen lassen sich Steuerplanungs- und Steuervermeidungsaktivitäten des Managements anführen. Zum Dritten können Unterschiede in der Gewinnermittlung in Zusammenhang mit den Ermessensspielräumen des Managements im Rahmen der Jahresabschlusserstellung nach kapitalmarktorientierten Grundsätzen beleuchtet werden. Die Entstehungsursachen von Book-Tax-Abweichungen sind somit umfangreich, vielfältig und liegen in der Realität nebeneinander vor. Ob und inwieweit diese tatsächlich zusätzliche Informationen besitzen, ist deshalb nicht eindeutig und Gegenstand verschiedener empirischer Untersuchungen in der jüngeren Vergangenheit. Nachfolgend werden empirische Studien vorgestellt, die sich hier-

[68] In dieser Arbeit wird ausführlich der potenzielle Informationsgehalt von Book-Tax-Abweichungen vor dem Hintergrund dieser grundlegenden Entstehungsursachen im Rahmen der Herleitung der Hypothesen in Abschnitt 4.1.2 diskutiert.

[69] Vgl. hierzu z.B. die konzeptionelle Gegenüberstellung der IFRS und des deutschen Steuerrechts in Abschnitt 2.1.2.

mit bereits auseinandergesetzt haben. Sie wurden ebenfalls in corpore im US-amerikanischen Rechtsraum durchgeführt.

3.1.4.2 Erkenntnisse aus empirischen Untersuchungen zum Informationsgehalt steuerlicher Jahresabschlussgrößen zur Analyse der nachhaltigen Ertragslage

Zunächst werden zwei empirische Studien vorgestellt, die sich primär der Fragestellung widmen, ob der Kapitalmarkt einem approximativ rekonstruierten Steuerbilanzgewinn einen (zusätzlichen) Informationsgehalt beimisst.

HANLON/LAPLANTE/SHEVLIN (2005) untersuchen im Kontext der Diskussion der sog. Book-Tax-Konformität[70], ob ein approximativ errechneter steuerbilanzieller Gewinn nützliche Informationen für den Kapitalmarkt enthält. Der Steuerbilanzgewinn wird mittels des tatsächlichen in- und ausländischen Steueraufwands sowie des anzuwendenden US-Körperschaftsteuersatzes, abzüglich der wertmäßigen Veränderung steuerlicher Verlustvorträge, approximiert.[71] HANLON/LAPLANTE/SHEVLIN (2005) verwenden die periodische Veränderung dieser Variable sowie die periodische Veränderung des US-GAAP-Ergebnisses vor Steuern[72], um den Informationsgehalt dieser Jahresabschlussgrößen empirisch zu überprüfen. Hierzu führen sie drei verschiedene Tests durch. Sie testen (1) auf Basis von Portfoliorenditen den Anteil der Rendite, den Investoren hätten erzielen können, wenn diesen der Steuerbilanzgewinn bzw. das US-GAAP-Ergebnis vor Steuern bereits

[70] Die Diskussion um „book-tax conformity“ thematisiert das Für und Wider einer Verknüpfung der Gewinnermittlung nach kapitalmarktorientierten Grundsätzen – insbesondere nach denen des US-GAAP – und nach steuerrechtlichen Methoden. Vgl. zu einer ausführlichen Darstellung dieser Diskussion z.B. Hanlon/Shevlin (2005); Desai/Dharmapala (2009) sowie Hanlon/Maydew (2009). Die Befürworter der Book-Tax-Konformität argumentieren u.a., dass das Ausmaß an Bilanzpolitik in beiden Periodisierungskonzeptionen durch die Verknüpfung kapitalmarktorientierter und steuerlicher Rechnungslegung limitiert wird. Wenn keine Book-Tax-Konformität besteht, kann beispielsweise das Management den kapitalmarktorientierten Gewinn manipulativ erhöhen, ohne dabei gleichzeitig die Steuerlast zu beeinflussen; bzw. durch aggressive Steuerbilanzpolitik den steuerlichen Gewinn minimieren, ohne dass sich Konsequenzen für den kapitalmarktorientierten Jahresabschluss ergeben. Vgl. in diesem Zusammenhang z.B. die empirische Studie von Frank/Lynch/Rego (2009). Darüber hinaus beschäftigen sich empirische Untersuchungen zu diesem Thema u.a. mit dem möglichen Informationsverlust, der durch die Konformität des kapitalmarktorientierten und steuerbilanziellen Gewinns entstehen könnte. Vgl. z.B. Hanlon/Maydew/Shevlin (2008). Vgl. auch Hanlon/Heitzman (2009), S. 75 ff. sowie Graham/Raedy/Shackelford (2010), S. 71 ff. zu einem Überblick über wesentliche empirische Studien zum Thema Book-Tax-Konformität.

[71] Vgl. Hanlon/Laplante/Shevlin (2005), S. 415 f.

[72] Die vorsteuerliche Betrachtung des US-GAAP-Ergebnisses ist aus Gründen der Konsistenz wichtig, da der steuerbilanzielle Gewinn ebenfalls ohne Berücksichtigung der resultierenden Steuerlast (vor Steuern) approximiert wird.

zu Beginn des Geschäftsjahres bekannt gewesen wäre; (2) den relativen sowie (3) den zusätzlichen Informationsgehalt eines approximativ rekonstruierten Steuerbilanzgewinns jeweils im Vergleich zu dem vorsteuerlichen US-GAAP-Ergebnis.[73] Sie kommen zu folgenden Erkenntnissen: (1) Hätten Investoren die Höhe und das Vorzeichen des US-GAAP-Ergebnisses vor Steuern bzw. des Steuerbilanzgewinns korrekt vorhersehen können, wäre die erzielbare Rendite 27,4% bzw. 21,1% gewesen[74]. (2) Wird der Zusammenhang zwischen Aktienrenditen und der Veränderung des US-GAAP-Ergebnisses vor Steuern bzw. des Steuerbilanzgewinns getrennt voneinander geschätzt, können beide aktuelle Aktienrenditen erklären. Das korrigierte Bestimmtheitsmaß $\bar{R}^2$ der Regression, in der die periodische Veränderung des US-GAAP-Ergebnisses als erklärende Variable verwendet wird, ist allerdings durchschnittlich höher[75]. (3) Werden sowohl die Veränderung des US-GAAP-Ergebnisses vor Steuern als auch die des Steuerbilanzgewinns gleichzeitig in einer Regression als erklärende Variablen verwendet, um den Zusammenhang zu Aktienrenditen zu schätzen, sind beide Größen signifikant. Folglich besitzen sie einen wechselseitigen Informationsgehalt[76]. Aus diesen Ergebnissen schließen Hanlon/Laplante/Shevlin (2005), dass Investoren offensichtlich dem US-GAAP-Ergebnis vor Steuern eine größere Beachtung schenken, um die Performance eines Unternehmens zu beurteilen. Jedoch ist die Kenntnis beider Gewinne nützlich, da beide von Investoren verwendet werden und sie jeweils zusätzliche Informationen füreinander besitzen.[77] Der von Hanlon/Laplante/Shevlin (2005) approximativ rekonstruierte Steuerbilanzgewinn umfasst Informationen, die sich in Aktienrenditen widerspiegeln, jedoch nicht im US-GAAP-Ergebnis vor Steuern enthalten sind.

Ayers/Jiang/Laplante (2009) entwickeln die empirische Untersuchung von Hanlon/Laplante/Shevlin (2005) fort und analysieren den Informationsgehalt eines approximativ rekonstruierten Steuerbilanzgewinns differenzierter. Sie stellen die Hypothesen auf, dass der Informationsgehalt des Steuerbilanzgewinns (1) geringer ist für Unternehmen, die eine aggressive Steuerplanung betreiben und (2) höher ist für Unternehmen, die qualitativ schlechte US-GAAP-Ergebnisse ausweisen.[78] Dabei wenden sie zur Approximation des Steuerbilanzgewinns das

[73] Vgl. im Detail Hanlon/Laplante/Shevlin (2005), S. 421 f.
[74] Vgl. Hanlon/Laplante/Shevlin (2005), S. 423.
[75] Vgl. Hanlon/Laplante/Shevlin (2005), S. 426 f.
[76] Vgl. Hanlon/Laplante/Shevlin (2005), S. 429.
[77] Vgl. Hanlon/Laplante/Shevlin (2005), S. 429 sowie S. 436 f.
[78] Vgl. Ayers/Jiang/Laplante (2009), S. 19 f.

gleiche Vorgehen an wie HANLON/LAPLANTE/SHEVLIN (2005).[79] Um den relativen sowie zusätzlichen Informationsgehalt des Steuerbilanzgewinns im Vergleich zum US-GAAP-Ergebnis vor Steuern zu bestimmen, verwenden sie als erklärende Variablen ebenfalls die periodische Veränderung des Steuerbilanzgewinns sowie die des US-GAAP-Ergebnisses vor Steuern und schätzen den Zusammenhang zu aktuellen Aktienrenditen.[80] AYERS/JIANG/LAPLANTE (2009) identifizieren Unternehmen, die eine aggressive Steuerplanung betreiben, durch Berechnung eines über fünf Perioden kumulierten effektiven Steuersatzes.[81] Unternehmen mit einer schlechten Ergebnisqualität werden auf Basis der Höhe der diskretionären Periodenabgrenzungen bestimmt.[82] Die relevanten Regressionen werden jeweils für Unternehmen mit einer aggressiven Steuerplanung bzw. einer schlechten Ergebnisqualität und für die übrigen Unternehmen durchgeführt. Basierend auf den resultierenden, korrigierten Bestimmtheitsmaßen $\bar{R}^2$ wird eine Kennzahl gebildet.[83] Durch Vergleich dieser Kennzahlen kommen AYERS/JIANG/LAPLANTE (2009) zum Ergebnis, dass der Informationsgehalt des Steuerbilanzgewinns im Vergleich zu dem des US-GAAP-Ergebnisses vor Steuern geringer ist, wenn Unternehmen eine aggressive Steuerplanung durchführen. Betrachtet man hingegen Unternehmen mit einer schlechten Ergebnisqualität, ist der Informationsgehalt des Steuerbilanzgewinns im Vergleich höher.[84] Darüber hinaus stellen die Autoren übereinstimmend zu HANLON/LAPLANTE/SHEVLIN (2005) fest, dass der Steuerbilanzgewinn Investoren als ergänzendes Kriterium zur Beurteilung der Performance eines Unternehmens dient. Dies gilt insbesondere dann, wenn die Ergebnisqualität des kapitalmarktorientierten Ergebnisses als schlecht zu beurteilen ist.[85]

[79] Vgl. Ayers/Jiang/Laplante (2009), S. 21 f.

[80] Die Regressionen sind identisch zu denen von HANLON/LAPLANTE/SHEVLIN (2005). Vgl. zu diesen Ayers/Jiang/Laplante (2009), S. 22 f.

[81] Unternehmen mit kumulierten effektiven Steuersätzen im untersten Quintil werden als Unternehmen, die eine aggressive Steuerplanung betreiben, klassifiziert. Vgl. detailliert Ayers/Jiang/Laplante (2009), S. 23 f.

[82] Normale Periodenabgrenzungen werden mittels eines modifizierten „Jones-Modells" berechnet. Diskretionäre Periodenabgrenzungen stellen die Differenz zwischen den gesamten und den normalen Periodenabgrenzungen dar. AYERS/JIANG/LAPLANTE (2009) klassifizieren Unternehmen, deren US-GAAP-Ergebnisse vor Steuern diskretionäre Periodenabgrenzungen im obersten Quintil enthalten, als Unternehmen mit einer schlechten Ergebnisqualität. Vgl. Ayers/Jiang/Laplante (2009), S. 24 f.

[83] Vgl. im Detail Ayers/Jiang/Laplante (2009), S. 22 f.

[84] Vgl. Ayers/Jiang/Laplante (2009), S. 29 ff.

[85] Vgl. Ayers/Jiang/Laplante (2009), S. 45.

Die Ergebnisse dieser Untersuchungen zeigen, dass ein approximativ rekonstruierter Steuerbilanzgewinn zusätzliche Informationen umfasst, die der Kapitalmarkt in der Preisbildung berücksichtigt. Offensichtlich benutzt der Kapitalmarkt steuerliche Informationen aus dem kapitalmarktorientierten Jahresabschluss, um die nachhaltige Ertragslage besser beurteilen zu können.

Aus diesen Untersuchungen geht jedoch nicht hervor, ob und inwieweit die Höhe des Unterschiedes zwischen dem steuerlichen und dem kapitalmarktorientierten Gewinn Informationen enthält, die für die Beurteilung der nachhaltigen Ertragslage eines Unternehmens verwendet werden können. Nachfolgend werden zwei wesentliche empirische Studien vorgestellt, die sich speziell mit der Frage auseinandersetzen, ob die Höhe von Book-Tax-Abweichungen über die Qualität des kapitalmarktorientierten Ergebnisses informieren kann. Im Rahmen der empirischen Untersuchung von LEV/NISSIM (2004) werden Book-Tax-Abweichungen durch Vergleich eines approximativ rekonstruierten Steuerbilanzgewinns mit dem kapitalmarktorientierten Ergebnis bestimmt. HANLON (2005) verwendet hingegen direkt die Informationen aus der latenten Steuerverrechnung, um diese Abweichungen zu approximieren.

LEV/NISSIM (2004) führen eine relativ umfassende Studie durch und untersuchen den Zusammenhang zwischen der Höhe von Book-Tax-Abweichungen und dem künftigen Wachstum des US-GAAP-Ergebnisses. Die Intention ihrer empirischen Studie besteht darin, zu analysieren, ob die Höhe von Unterschieden zwischen dem Steuerbilanzgewinn und dem US-GAAP-Ergebnis Informationen hinsichtlich der nachhaltigen Entwicklung des US-GAAP-Ergebnisses kommunizieren können. LEV/NISSIM (2004) definieren[86] Ergebnisqualität mittels des Ergebniswachstums und interpretieren nachhaltig wachsende Ergebnisse als qualitätvoll. Sie approximieren den Steuerbilanzgewinn auf Basis der tatsächlichen in- sowie ausländischen Steueraufwendungen und dem anzuwendenden US-Körperschaftsteuersatz. Sie berechnen den Steuerbilanzgewinn nach Steuern und setzen diesen ins Verhältnis zum US-GAAP-Ergebnis nach Steuern[87]. Die resultie-

[86] Vgl. Lev/Nissim (2004), S. 1039 f.

[87] Sie verwenden das US-GAAP-Ergebnis nach Steuern – und aus Gründen der Konsistenz den Steuerbilanzgewinn nach Steuern –, da vergangene Studien gezeigt haben, dass Bilanzpolitik auch mit steuerlichen US-GAAP-Jahresabschlussgrößen betrieben wird. Sie folgern daraus, dass der Steuerbilanzgewinn informativer hinsichtlich des nachhaltigen Ergebniswachstums im US-GAAP-Jahresabschluss ist, wenn dieser ins Verhältnis zum US-GAAP-Ergebnis nach Steuern gesetzt wird, da sich diese Manipulationen in einer vorsteuerlichen Betrachtung nicht widerspiegeln. Vgl. Lev/Nissim (2004), S. 1044.

rende Kennzahl, welche die Höhe der Book-Tax-Abweichungen approximiert[88], soll über künftiges Ergebniswachstum informieren[89]. Um den Informationsgehalt von Book-Tax-Abweichungen hinsichtlich des Ergebniswachstums zu überprüfen, schätzen LEV/NISSIM (2004) den Zusammenhang zwischen der relativen[90] Höhe der Kennzahl und dem Ergebniswachstum über unterschiedlich lange Zeiträume[91] und kontrollieren gleichzeitig für weitere Einflussfaktoren. Darüber hinaus schätzen sie jeweils den Zusammenhang zwischen dieser Kennzahl und der aktuellen earnings-price ratio bzw. der künftigen Aktienrendite.[92] Die Ergebnisse von LEV/NISSIM (2004) zeigen, dass künftiges Ergebniswachstum und die berechnete Kennzahl über alle untersuchten Zeiträume signifikant positiv zusammenhängen. D.h. je höher der Steuerbilanzgewinn relativ zum US-GAAP-Ergebnis ausfällt, desto höher ist das künftige Ergebniswachstum.[93] Ferner stellen die Autoren einen signifikant negativen Zusammenhang zwischen der errechneten Kennzahl und der earnings-price ratio für den Zeitraum nach Einführung des SFAS No. 109[94] fest. Dies impliziert, dass Investoren dem aktuellen US-GAAP-Ergebnis einen höheren

[88] Vgl. Lev/Nissim (2004), S. 1046 f.

[89] LEV/NISSIM (2004) führen hierzu drei Gründe an. (1) Infolge von größeren Ermessensspielräumen und der Möglichkeit, mit diesen bilanzpolitische Maßnahmen zu ergreifen, umfasst das US-GAAP-Ergebnis mehr „diskretionäre" Periodenabgrenzungen als der Steuerbilanzgewinn. Da sich diese transitorischen Ergebniskomponenten künftig umkehren werden, können sie über künftiges Ergebniswachstum informieren. Wird das aktuelle US-GAAP-Ergebnis mittels bilanzpolitischer Maßnahmen künstlich erhöht (vermindert), ist das nachhaltige Ergebniswachstum niedriger (höher). (2) Falls Unternehmen Steuerbilanzpolitik betreiben, muss dies in einem mehrperiodigen Kontext gesehen werden, da es optimal sein kann, Gewinne über mehrere Perioden geglättet auszuweisen. In diesem Fall umfasst der aktuelle Steuerbilanzgewinn Informationen bezüglich der künftigen Entwicklung des steuerlichen Gewinns und es lassen sich somit Rückschlüsse auf künftige Cashflows ziehen. Ein hoher aktueller Steuerbilanzgewinn kann auf hohe Steuerbilanzgewinne in der Zukunft hindeuten und damit hohe künftige US-GAAP-Ergebnisse implizieren, wenn diese aktuell relativ gering sind. (3) Sie führen zudem an, dass ihre Kennzahl Informationen über künftige US-GAAP-Ergebnisse enthält auch wenn Book-Tax-Abweichungen nicht durch Bilanzpolitik im steuerlichen und/oder US-GAAP-Jahresabschluss entstanden sind. Werden Erträge zeitlich vorverlagert bzw. Aufwendungen zeitlich nachgelagert in der Steuerbilanz im Vergleich zu den US-GAAP realisiert, kann ein (in Relation zum US-GAAP-Ergebnis) hoher Steuerbilanzgewinn künftig höhere Erträge oder geringere Aufwendungen im US-GAAP-Jahresabschluss kommunizieren und somit Ergebniswachstum. Vgl. ausführlich Lev/Nissim (2004), S. 1043 f.

[90] Sie teilen branchenspezifisch die Unternehmen ihres Samples auf Basis der Höhe der Kennzahl in Quintile ein und kodieren diese von eins (Kennzahl im untersten Quintil) bis fünf (Kennzahl im obersten Quintil). Vgl. detailliert zu dieser und weiteren Kodierungen Lev/Nissim (2004), S. 1047 f.

[91] Diese Zeiträume sind ein, drei und fünf Jahre. Vgl. Lev/Nissim (2004), S. 1048.

[92] Vgl. im Detail zu den Regressionsmodellen Lev/Nissim (2004), S. 1048 ff.

[93] Umgekehrt impliziert dies, dass je höher das US-GAAP-Ergebnis relativ zum Steuerbilanzgewinn ist, desto geringer ist das künftige Ergebniswachstum. Vgl. Lev/Nissim (2004), S. 1055 ff.

[94] Für den Zeitraum vor Einführung des SFAS No. 109 (1982-1992) ist ihre Kennzahl ebenfalls negativ, jedoch statistisch insignifikant.

Wert beimessen, wenn das Verhältnis von Steuerbilanzgewinn zum US-GAAP-Ergebnis höher ist. Sie bepreisen damit die Implikationen, die dieses Verhältnis für das künftige Ergebniswachstum hat.[95] Schließlich finden LEV/NISSIM (2004) empirische Unterstützung dafür, dass künftige Aktienrenditen und die Höhe des Verhältnisses von Steuerbilanzgewinn zum US-GAAP-Ergebnis signifikant positiv zusammenhängen. Sie folgern daraus, dass der Kapitalmarkt nicht sofort sämtliche, sondern auch nachträglich einen Teil der steuerlichen Informationen aus dem US-GAAP-Jahresabschluss bepreist.[96] Die empirische Untersuchung von LEV/NISSIM (2004) zeigt zum einen, dass die Höhe von Book-Tax-Abweichungen einen Informationsgehalt hinsichtlich des nachhaltigen Ergebniswachstums im kapitalmarktorientierten Jahresabschluss besitzt und zum anderen, dass der Kapitalmarkt offensichtlich diese Informationen versteht.

HANLON (2005) untersucht ebenfalls die Ergebnisqualität des ausgewiesenen US-GAAP-Ergebnisses vor dem Hintergrund unterschiedlich hoher Book-Tax-Abweichungen. Allerdings definiert[97] sie Ergebnisqualität mittels der Beständigkeit[98] (persistence) des aktuellen Ergebnisses bzw. der aktuellen Periodenabgrenzungen und Cashflows. Ergebnisse, die überwiegend permanente Komponenten umfassen, sind sehr beständig und somit qualitätvoll, da die aktuellen Ergebniseffekte in den Ergebnissen von künftigen Perioden fortbestehen. Ein weiterer wesentlicher Unterschied zu LEV/NISSIM (2004) ist, dass HANLON (2005) Book-Tax-Abweichungen mit Hilfe der latenten Steuerverrechnung approximiert. Sie untersucht somit explizit den Informationsgehalt von latenten Steuern zur Beurteilung der

[95] Vgl. Lev/Nissim (2004), S. 1060 f.

[96] Vgl. Lev/Nissim (2004), S. 1062 f. Dieses Ergebnis ist kontrovers zu sehen, da aktuell bestehende Book-Tax-Abweichungen einerseits Informationen hinsichtlich künftiger Ergebnisentwicklungen beinhalten und andererseits künftige Aktienrenditen erklären. Dieses Ergebnis lässt Spekulationen zu, dass Investoren nicht in der Lage sind, die Implikationen von Book-Tax-Abweichungen effizient zu verarbeiten. WEBER (2009) greift dieses Ergebnis auf und untersucht vor dem Hintergrund von Ergebnisprognosen von Analysten, wie es zu dieser ineffizienten Informationsverarbeitung kommen kann. Vgl. Weber (2009) S. 1178 ff. Er stellt u.a. fest, dass Ergebnisprognosen von Analysten zu optimistisch sind für Geschäftsjahre, in denen der Steuerbilanzgewinn im Verhältnis zum US-GAAP-Ergebnis relativ niedrig ausfällt. Dies impliziert, dass Analysten die Implikationen der Book-Tax-Abweichungen für künftige Ergebnisentwicklungen nicht gänzlich verstehen. Vgl. Weber (2009) S. 1185 ff. Zudem stellt WEBER (2009) fest, dass diese Fehlprognosen ursächlich sein können für den Zusammenhang zwischen aktuellen Book-Tax-Abweichungen und künftigen Aktienrenditen, da Investoren sich u.a. auf diese Prognosen verlassen und deshalb nicht die Implikationen von Book-Tax-Abweichungen korrekt im aktuellen Aktienpreis, sondern erst verzögert verarbeiten. Vgl. Weber (2009) S. 1191 ff.

[97] Vgl. Hanlon (2005), S. 142.

[98] Vgl. ausführlich Abschnitt 3.2.2.1 zu dieser empirischen Maßgröße zur Beurteilung von Ergebnisqualität.

nachhaltigen Ertragslage eines Unternehmens. Intention dieser Studie ist, zu analysieren, ob die Höhe von Book-Tax-Abweichungen Informationen hinsichtlich der Beständigkeit von vorsteuerlichen US-GAAP-Ergebnissen bzw. Periodenabgrenzungen und Cashflows beinhaltet.[99] Zudem untersucht HANLON (2005), ob aktuelle Aktienpreise die Implikationen von hohen Book-Tax-Abweichungen bezüglich der Beständigkeit der aktuellen Periodenabgrenzungen widerspiegeln.[100] Sie schließt Geschäftsjahre, in denen von einem steuerlichen Verlust auszugehen ist, aus ihrer Untersuchung aus, da die Aktivierung einer Steuerlatenz auf steuerliche Verlustvorträge nicht zwingend eine tatsächliche Book-Tax-Abweichung abbildet und das Ausmaß „echter" Unterschiede zwischen den Gewinnermittlungen verzerren kann.[101] Sie bestimmt Book-Tax-Abweichungen mit dem periodischen latenten Steueraufwand gemäß SFAS No. 109 und dem anzuwendenden US-Körperschaftsteuersatz.[102] Basierend auf der Höhe dieser Abweichungen teilt sie die Geschäftsjahre ihres Samples in drei Subsamples ein[103] und misst für jedes Subsample die Beständigkeit des vorsteuerlichen aktuellen US-GAAP-Ergebnisses bzw. die der vorsteuerlichen Periodenabgrenzungen und Cashflows. Ferner schätzt sie den Zusammenhang zwischen Aktienrenditen und den Erwartungen der Investoren hinsichtlich künftiger US-GAAP-Ergebnisse bzw. Ergebniskomponenten je Subsample.[104] HANLON (2005) kommt zum Ergebnis, dass Geschäftsjahre mit hohen Book-Tax-Abweichungen weniger beständige US-GAAP-Ergebnisse, Pe-

---

[99] Ähnlich wie PHILLIPS/PINCUS/REGO (2003), PHILLIPS/PINCUS/REGO/WAN (2004) oder LEV/NISSIM (2004) argumentiert sie, dass Unterschiede zwischen dem Steuerbilanzgewinn und dem US-GAAP-Ergebnis Informationen hinsichtlich bilanzpolitischer Maßnahmen enthalten können. Diese transitorischen Komponenten wirken sich negativ auf die Beständigkeit des US-GAAP-Ergebnisses aus. Darüber hinaus führt sie an, dass Unterschiede in der Gewinnermittlung auch durch korrekte Anwendung der steuerlichen resp. US-GAAP-Regelungen entstehen können und es nicht eindeutig ist, ob diese Unterschiede tatsächlich Hinweise bezüglich der Beständigkeit des US-GAAP-Ergebnisses geben können. In Bezug auf Book-Tax-Abweichungen, die durch eine aggressive Steuerbilanzpolitik enstehen, nimmt sie an, dass diese sich im Normalfall nicht negativ auf die Beständigkeit des aktuellen US-GAAP-Ergebnisses auswirken, da sich steuerliche Periodenabgrenzungen per Definition von den Periodenabgrenzungen nach US-GAAP unterscheiden. Vgl. detailliert Hanlon (2005), S. 142 f.

[100] Vgl. ausführlich Hanlon (2005), S. 143 f.

[101] Vgl. Hanlon (2005), S. 144. Auf diese Problematik wird im Rahmen der empirischen Untersuchung in dieser Arbeit ausführlich eingegangen. Vgl. hierzu Abschnitt 4.1.3.1.

[102] Vgl. Hanlon (2005), S. 145.

[103] Die Geschäftsjahre der Unternehmen werden eingeteilt in solche mit hohen negativen Abweichungen (US-GAAP-Ergebnis vor Steuern ist kleiner als der Steuerbilanzgewinn), normalen Abweichungen und hohen positiven Abweichungen (US-GAAP-Ergebnis vor Steuern ist größer als der Steuerbilanzgewinn). Book-Tax-Abweichungen im untersten (obersten) Quintil sind Geschäftsjahre mit hohen negativen (positiven) Abweichungen. Vgl. Hanlon (2005), S. 143.

[104] Vgl. im Detail zu den Regressionen Hanlon (2005), S. 145 ff.

riodenabgrenzungen sowie Cashflows haben. Dies gilt in gleicherweise für Geschäftsjahre, in welchen das US-GAAP-Ergebnis deutlich größer ist als der Steuerbilanzgewinn bzw. umgekehrt.[105] Die Ergebnisse ihrer Schätzungen im Hinblick auf die Wahrnehmung dieser Unterschiede durch den Kapitalmarkt sind jedoch nicht eindeutig. Sie zeigen, dass der Kapitalmarkt die Beständigkeit der aktuellen US-GAAP-Ergebnisse sowie die der Cashflows korrekt beurteilt, jedoch die der Periodenabgrenzungen überschätzt, wenn der Steuerbilanzgewinn deutlich größer ist als das US-GAAP-Ergebnis. Im umgekehrten Fall – d.h. der Steuerbilanzgewinn ist deutlich niedriger als das US-GAAP-Ergebnis – unterschätzt der Kapitalmarkt die Beständigkeit der aktuellen US-GAAP-Ergebnisse und die der Cashflows, beurteilt jedoch die der Periodenabgrenzungen richtig.[106]

3.1.4.3 Forschungsfragen und Motivation der Arbeit

Die Untersuchungen von LEV/NISSIM (2004) sowie HANLON (2005) lassen vermuten, dass die Höhe des Unterschieds zwischen dem US-GAAP-Ergebnis und dem steuerlichen Gewinn Informationen bezüglich der nachhaltigen Ertragslage beinhaltet und damit zur Beurteilung der Ergebnisqualität des Gewinns nach US-GAAP herangezogen werden kann. Allerdings kommen beide Studien in Abhängigkeit der Definition von Ergebnisqualität sowie in Abhängigkeit der angewandten Methodik zur Ermittlung von Book-Tax-Abweichungen zu unterschiedlichen Implikationen. Übereinstimmend wird festgestellt, dass die Ergebnisentwicklung im kapitalmarktorientierten Abschluss besonders kritisch analysiert werden sollte, wenn das US-GAAP-Ergebnis im Verhältnis zum Steuerbilanzgewinn (sehr) hoch ausfällt. LEV/NISSIM (2004) stellen fest, dass das künftige Ergebniswachstum gering ist. HANLON (2005) kommt zum Ergebnis, dass die aktuellen US-GAAP-Ergebnisse auf weniger beständige Komponenten beruhen. Im umgekehrten Fall, also wenn der Steuerbilanzgewinn im Verhältnis zum US-GAAP-Ergebnis (sehr) hoch ausfällt, divergieren die Implikationen in Bezug auf die Ergebnisqualität. LEV/NISSIM (2004) finden heraus, dass in diesem Fall das künftige Ergebniswachstum hoch ist und damit negative Book-Tax-Abweichungen eine hohe Ergebnisqualität implizieren. HANLON (2005) stellt hingegen fest, dass in diesem Fall aktuelle US-GAAP-Ergebnisse sowie Ergebniskomponenten weniger beständig sind und folglich die Ergebnisqualität als niedrig einzustufen ist.

[105] Vgl. Hanlon (2005), S. 148 ff.
[106] Vgl. Hanlon (2005), S. 155 ff.

Obwohl die Vergleichbarkeit der Ergebnisse dieser beiden Studien eingeschränkt ist[107], machen die widersprüchlichen Implikationen hinsichtlich der Ergebnisqualität im Fall eines im Verhältnis zum US-GAAP-Ergebnis hohen Steuerbilanzgewinns deutlich, dass eine umfassendere Betrachtung notwendig ist. Es ist nicht ausreichend, lediglich eine einzige empirische Maßgröße zur Beurteilung der Ergebnisqualität heranzuziehen. Stattdessen müssen weitere kontextabhängige Maßgrößen verwendet werden.

In der empirischen Untersuchung der vorliegenden Arbeit wird diesen Überlegungen nachgegangen. Es wird der Informationsgehalt latenter Steuern nach IAS 12 bzw. der der zugrunde liegenden Book-Tax-Abweichungen hinsichtlich der „Qualität" des IFRS-Ergebnisses und dessen Komponenten empirisch untersucht. Im Fokus stehen die Fragen: Enthalten die der latenten Steuerverrechnung gemäß IAS 12 zugrunde liegenden Book-Tax-Abweichungen relevante Informationen, die zusätzlich im Rahmen der Jahresabschlussanalyse verwendet werden können, um die Extrapolierbarkeit des IFRS-Ergebnisses zu beurteilen? Können möglicherweise latente Steuern nach IAS 12 von Investoren und Analysten verwendet werden, um die Höhe der Abweichung des steuerlichen Gewinns vom IFRS-Ergebnis zu approximieren und um damit eine Benchmark zu kreieren, die zusätzliche Erkenntnisse hinsichtlich der nachhaltigen Ertragslage bzw. der „Qualität" des publizierten IFRS-Ergebnisses liefert? Eine derartige Benchmark wäre auch für die empirische Rechnungslegungsforschung interessant.

Um dies zu beurteilen, werden in dieser Arbeit verschiedene – für (potenzielle) Investoren bzw. Analysten relevante – rechnungslegungsbasierte, empirische Maßgrößen zur Beurteilung der „Ergebnisqualität" vor dem Hintergrund bestehender

[107] LEV/NISSIM (2004) verwenden ein Maß, das „vollständig" die Unterschiede zwischen dem steuerlichen und kapitalmarktorientierten Gewinn approximieren soll. Vgl. Lev/Nissim (2004), S. 1042 sowie S. 1047. Durch diese ganzheitliche Betrachtung berücksichtigen sie allerdings auch Sachverhalte, die keine „echten" Book-Tax-Abweichungen darstellen, wie z.B. Steuergutschriften, da diese keine der beiden Gewinnermittlungen tangieren. Zudem umfasst ihr Maß Periodenabgrenzungen, die sich erst auf das US-GAAP-Ergebnis nach Steuern auswirken, wie beispielsweise Rückstellungen für Betriebsprüfungsrisiken. Darüber hinaus bezieht ihr Maß steuerliche Periodenabgrenzungen aus dem US-GAAP-Abschluss ein, die unter Umständen für bilanzpolitische Maßnahmen eingesetzt werden, wie beispielsweise Wertberichtigungen auf aktive latente Steuern sowie die eben erwähnten Rückstellungen für Betriebsprüfungsrisiken. HANLON (2005) untersucht hingegen die Beständigkeit von vorsteuerlichen Ergebnissen bzw. Ergebniskomponenten. Vgl. Hanlon (2005), S. 145 f. Vgl. Hanlon/Heitzman (2009), S. 71 ff. sowie Graham/Raedy/Shackelford (2010), S. 41 ff. zu einem Überblick über empirische Studien, die bilanzpolitische Maßnahmen durch die sog. tax contingency reserve untersuchen. Vgl. Meyer/Loitz/Quella/Zerwas (2009), S. 109 ff. zur Bilanzierung von steuerlichen Risiken nach IAS 12.

Book-Tax-Abweichungen in deutschen IFRS-Konzernabschlüssen berechnet und zusammen dazu verwendet, die Extrapolierbarkeit des IFRS-Ergebnisses zu beurteilen. Die Approximation von Book-Tax-Abweichungen basiert auf latenten Steuern nach IAS 12.

Die Darstellung der bisherigen Untersuchungen zeigt, dass empirische Unterstützung für den Informationsgehalt von Book-Tax-Abweichungen hinsichtlich der nachhaltigen Ertragslage auf Basis der US-GAAP und den besonderen Gegebenheiten des US-amerikanischen Rechtsraums gefunden werden konnte. Trotz ähnlichen Regelungen zur Bilanzierung und Bewertung latenter Steuern nach IAS 12 und SFAS No. 109 ist keinesfalls eindeutig, ob sich die Erkenntnisse auf deutsche Konzernunternehmen, die nach den IFRS bilanzieren, übertragen lassen. Unterschiede in rechtlichen, steuerlichen und institutionellen Rahmenbedingungen sowie in traditionellen Denkweisen, z.B. in Bezug auf die Ausübung von Bewertungswahlrechten in den IFRS in Deutschland[108], geben darüber hinaus zusätzlichen Anlass den Informationsgehalt von Book-Tax-Abweichungen hinsichtlich der Analyse der Ergebnisqualität für deutsche Konzerne zu untersuchen.

Die empirische Untersuchung in dieser Arbeit ergänzt und erweitert somit bisherige Studien zum Informationsgehalt latenter Steuern zur Analyse der nachhaltigen Ertragslage, indem eine differenziertere Untersuchung der Ergebnisqualität unter Verwendung mehrerer empirischer Maßgrößen durchgeführt wird, die zusammen zur Beurteilung der Extrapolierbarkeit des kapitalmarktorientierten Ergebnisses verwendet werden können. Dieses stellt meines Wissens die erste empirische Studie dar, die insbesondere den Informationsgehalt von latenten Steuern nach IAS 12 hinsichtlich der Extrapolierbarkeit des IFRS-Ergebnisses in deutschen Konzernabschlüssen untersucht.

3.2 Qualitative Anforderungen an das buchhalterische Ergebnis

Der Begriff „Ergebnisqualität“ (earnings quality) ist relativ unbestimmt und kann – wie die Darstellung der empirischen Studien bereits gezeigt hat – unterschiedlich interpretiert werden. Die Definition hängt von der jeweiligen Zielsetzung der Entscheidungsträger sowie von der Rolle, die die Ergebnisgrößen in deren Entschei-

[108]Vgl. hierzu ausführlich Nobes (2006), S. 234 ff.

dungskalkül einnehmen, ab. In dieser Arbeit wird die „Ergebnisqualität" des aktuellen IFRS-Ergebnisses u.a. basierend auf verschiedenen empirischen Maßgrößen aus der Perspektive eines Analysten oder (potenziellen) Investors beurteilt. Daher bedarf es zunächst einer Erläuterung, was unter „Ergebnisqualität" in dieser Arbeit konkret zu verstehen ist. In diesem Zusammenhang muss erläutert werden, weshalb das buchhalterische Ergebnis sowie dessen Qualität überhaupt von Relevanz für Analysten und (potenzielle) Investoren ist. Denn die diese Adressaten eigentlich interessierende Zielgröße sind die Cashflows einer Unternehmung. Hierzu werden konzeptionelle Überlegungen gemacht. Ferner wird anhand theoretisch fundierter Bewertungsmodelle, die in Forschung und Praxis verwendet werden, aufgezeigt, dass buchhalterische Ergebnisse und deren Qualität eine bedeutende Rolle spielen. Zudem wird auf Basis der Erkenntnisse aus empirischen Untersuchungen gezeigt, dass Analysten und Investoren das buchhalterische Ergebnis als gewichtige Kennzahl in ihren Analysen verwenden, und dass dies auch entsprechend substanziiert ist. Schließlich wird erläutert, inwiefern das buchhalterische Ergebnis relevante Informationen in Bezug auf die Wertschöpfung und die nachhaltige Ertragslage einer Unternehmung beinhaltet. Insbesondere wird dargelegt, dass die Orientierung am Ergebnis sinnvoller ist, als lediglich die Cashflows der Unternehmung zu Rate zu ziehen. Diesen Themen widmet sich Abschnitt 3.2.1. Eine Darstellung der in dieser Arbeit verwendeten Maßgrößen zur Beurteilung der Extrapolierbarkeit des aktuellen IFRS-Ergebnisses ist Gegenstand des Abschnitts 3.2.2.

3.2.1 Ergebnisqualität aus einer analysten- und investorenorientierten Sichtweise

3.2.1.1 Präzisierung des Begriffs „Ergebnisqualität"

Grundsätzlich gilt, dass Qualität ein substanzielles Charakteristikum von Rechnungslegungsinformationen ist.[109] Rechnungslegungsinformationen werden in der Regel als qualitätvoll bezeichnet, wenn sie mit einer hohen Zweckerfüllung der Rechnungslegungsstandards einhergehen.[110] So soll der IASB gemäß der Verfassung des International Accounting Standards Committee Foundation (IASC Foundation Constitution) Rechnungslegungsstandards von hoher Qualität entwickeln: *„The objectives (...) are: (a) to develop (...) a single set of high quali-*

[109] Vgl. Wagenhofer/Dücker (2007), S.264.
[110] Vgl. Ball (2006), S. 9.

ty, understandable and enforceable global accounting standards that require high quality, transparent and comparable information (...) to help participants in the world's capital markets and other users make economic decisions“[111]. Von der EU wird in der IAS-Verordnung aus dem Jahre 2002 argumentiert, dass den IFRS eine hohe Qualität beizumessen ist.[112] Während sich diese allgemeinen Formulierungen im Wesentlichen auf die Qualität des Gesamtkonzepts der IFRS beziehen (sog. „accounting quality“), konzentriert sich die empirische Untersuchung dieser Arbeit auf den Informationsgehalt latenter Steuern für die Qualität des IFRS-Ergebnisses.

Adressaten verwenden Jahresabschlussinformationen als Basis für ihre Investitionsentscheidungen oder Vertragsgestaltungen. Sie sind demnach an einer hohen Qualität dieser Informationen interessiert. Im Fokus ihrer Analysen und Evaluierungen stehen häufig das buchhalterische Ergebnis des Geschäftsjahres und Kennzahlen, die aus dieser Größe gebildet bzw. abgeleitet werden. Eine Beurteilung und Interpretation des Ergebnisses und seiner Qualität ist jedoch nicht immer einheitlich und muss kontext- und adressatenabhängig erfolgen.[113] Die nachfolgende Darstellung macht dies deutlich.

Analysten müssen Bewertungen vornehmen und Ergebnisentwicklungen von Unternehmen prognostizieren, um z.B. Kauf- oder Verkaufsempfehlungen zu formulieren. Sie benötigen hierzu transparente, extrapolationsfähige und somit vorhersagbare Ergebnisgrößen. Die Finanzpresse urteilt regelmäßig über die Ergebnisqualität von Unternehmen im Rahmen ihrer Berichterstattungen. In Zusammenhang mit Bilanzmanipulationen und -skandalen ist oft von einer schlechten Qualität der ausgewiesenen Ergebnisgrößen die Rede. Falls Ergebnisse durch Einmaleffekte getrieben sind und diese nicht transparent gemacht werden, attribuiert die Presse ihnen ebenfalls eine schlechte Qualität, wenngleich sie übereinstimmend mit den relevanten Regelungen erstellt wurden. Hingegen erachten Standardsetter, Aufsichts- sowie Regulierungsbehörden, die mit Fragen der Rechnungslegung betraut sind, Ergebnisgrößen, die im Einklang mit den einschlägigen Standards generiert werden, als qualitätvoll. Ferner verwenden Standardsetter die Qualität des Jahresabschlusses als Indikator für die Qualität der Standards selbst, wobei sie sich häufig auf das Ergebnis der Bilanzierungs- und Bewertungsvorgänge fokussieren, um eine Evaluierung vorzunehmen. Fremdkapitalgeber haben

[111]Zitat nach IASC Foundation (2009), S. 5, Abs. 2.
[112]Vgl. hierzu IAS-Verordnung (2002), Abs. 2.
[113]Vgl. Dechow/Schrand (2004), S. 2.

wiederum Interesse an Ergebnisgrößen, welche die Zahlungsfähigkeit eines Unternehmens hinreichend kommunizieren können. Entsprechend ist die Qualität einer Ergebnisgröße höher, wenn sie die Liquidität des Kreditnehmers angemessen widerspiegelt. Das Compensation Committee eines Unternehmens interpretiert eine Ergebnisgröße als qualitätvoll, wenn sie in der Lage ist, die Leistung des Managements korrekt abzubilden.[114] Diese Beispiele demonstrieren die vielseitigen Interpretationsmöglichkeiten des Begriffs „Ergebnisqualität" und belegen zugleich die Relevanz dieses Attributs. Aus diesem Grund überrascht es nicht, dass es eine Vielzahl an wissenschaftlichen Untersuchungen gibt, die sich mit dem Themenkomplex „Ergebnisqualität" beschäftigen.[115]

Eine grundsätzliche Definition von „Ergebnisqualität" kann aus den Zielen gefolgert werden, die sich Standardsetter für die Entwicklung ihrer Standards vorschreiben.[116] Gemäß der zentralen Zielsetzung der IFRS sollen entscheidungsrelevante Informationen an die Adressaten der Rechnungslegung vermittelt werden. Nach dem Rahmenkonzept der IFRS sollen Jahresabschlüsse über die Vermögens-, Finanz- und Ertragslage sowie deren Veränderungen informieren (F.12). Die Adressaten sollen damit die Fähigkeit des Unternehmens beurteilen, künftige Cashflows zu generieren, und den Zeitpunkt sowie die Eintrittswahrscheinlichkeit dieser einschätzen (F.15).[117] Die aus diesen Zielsetzungen abgeleiteten qualitativen Charakteristika[118] sind zum Teil empirisch greifbar. In dieser Definition sind Ergebnisgrößen von hoher Qualität, wenn sie eine hohe Entscheidungsrelevanz besitzen und die Adressaten in ihrer Entscheidungsfindung unterstützen.

Eine sich hieran anlehnende Definition kann aus dem Blickwinkel eines Investors oder Finanzanalysten abgeleitet werden. Ein Investor strebt die Maximierung der finanziellen Rückflüsse einer Investition an, um diese für konsumtive oder weitere investive Zwecke zu verwenden. Aktuelle Anteilseigner wollen wissen, was sie im abgelaufenen Geschäftsjahr durch ihre Aktien verdient haben und benutzen das Jahresergebnis als Anhaltspunkt hierfür. Ebenso sind sie, wie potenzielle

[114] Vgl. Schipper/Vincent (2003), S. 98 f.; Dechow/Schrand (2004), S. 2; Bellovary/Giacomino/Akers (2005), S. 34 f. Vgl. zum Einfluss unterschiedlicher Rechnungslegungsstandards auf die Ergebnisqualität z.B. Gassen/Sellhorn (2006); Van der Meulen/Gaeremynck/Willekens (2007).

[115] Vgl. zu einem Überblick Schipper/Vincent (2003), S. 99 ff.; Francis/LaFond/Olsson/Schipper (2004), S. 970 ff.; Wagenhofer/Dücker (2007), S. 270 ff.

[116] Vgl. Wagenhofer/Dücker (2007), S. 266. Zu den US-GAAP vgl. z.B. Entwistle/Phillips (2003), S. 85.

[117] Vgl. in diesem Zusammenhang auch die gemeinsame Definition des IASB und des FASB zum Zweck der Rechnungslegung in IASB (2006), Abs. S2-S4. Vgl. auch Abschnitt 2.1.2.1.

[118] Vgl. hierzu ebenfalls Abschnitt 2.1.2.1.

Investoren, daran interessiert, den aktuellen Wert ihrer Anteile zu überprüfen. Im Rahmen ihrer Analysen müssen sie das künftige Ergebnispotenzial beurteilen und anschließend abschätzen, was von diesem an sie ausgeschüttet werden kann. In gleicher Weise prognostizieren Finanzanalysten die künftige Entwicklung des Ergebnisses und schließen hieraus auf den Wert der Aktien. Der Kapitalmarkt betrachtet das Jahresergebnis als einen wichtigen Performancemaßstab – in diesem werden die Informationen aus dem Jahresabschluss gebündelt wiedergegeben; falls eine Ergebnisprognose nicht realisiert wird, reagiert der Kapitalmarkt dementsprechend. Hiernach besitzen Ergebnisse eine hohe Qualität, wenn sie sich in die Zukunft extrapolieren lassen und damit einen adäquaten Indikator für künftige Ergebnisse darstellen.[119]

Diese investorenorientierte Perspektive des Ergebnisses liegt der empirischen Analyse und der Beurteilung der Ergebnisqualität zugrunde. Sie basiert auf der Zielsetzung eines Aktionärs, (potenziellen) Investors bzw. Finanzanalysten, dessen Absicht die Bestimmung des Wertes eines Unternehmens oder eines Kapitalanteils auf Basis des gegenwärtigen Ergebnisses ist. Ausgehend von dieser Perspektive wird in dieser Arbeit die Qualität des aktuellen IFRS-Konzernergebnisses unter Berücksichtigung der Informationen der latenten Steuerverrechnung untersucht. Hierzu wird im Folgenden die Rolle des buchhalterischen Ergebnisses in der Bewertung von Aktien bzw. ganzer Unternehmen aufgezeigt, um zu illustrieren, warum die Extrapolationsfähigkeit des gegenwärtigen Ergebnisses in die Zukunft eine für diese Adressaten relevante Information in ihren Beurteilungen darstellen kann. Hierauf basierend werden relevante empirische Maßgrößen vorgestellt.

Den bisherigen Ausführungen kann entnommen werden, dass der Begriff Ergebnisqualität ebenfalls in Zusammenhang mit den zusätzlichen Zwecken der Rechnungslegung beurteilt wird. Hierbei handelt es sich um Sachverhalte, welche die Vertragsgestaltung, Verhaltenslenkung und Rechenschaftslegung betreffen.[120] Dabei kann es insbesondere bei Fragen der Entlohnung des Managements zu divergierenden Anforderungen an die Ergebnisqualität zwischen Management und den restlichen Adressaten kommen, falls die Leistung des Managements u.a. anhand von Ergebnisgrößen aus dem Jahresabschluss beurteilt wird.[121] In dieser Arbeit

[119]Vgl. z.B. Penman (2003), S. 80 f.; Dechow/Schrand (2004), S. 5.

[120]Vgl. hierzu z.B. ausführlich die Anmerkungen des IASB und des FASB in ihrem Diskussionspapier. Vgl. IASB (2006), S. 38 ff., BC1.32-BC1.43. Sie betonen, dass sich die Rechnungslegung für diese beiden Zwecke nicht exakt unterscheiden lässt. Die analytische Forschung zeigt, dass dies durchaus möglich ist. Vgl. z.B. Christensen/Feltham/Sabac (2005).

[121]Vgl. Christensen/Feltham/Sabac (2005), S. 266.

wird die empirische Messung der Ergebnisqualität nicht differenziert vor dem Hintergrund unterschiedlicher Zwecke der Rechnungslegung durchgeführt.[122] Dies soll jedoch nicht implizieren, dass diese Zwecke unbedeutend sind.

3.2.1.2 Beurteilung der Ergebnisqualität auf Basis des ökonomischen Gewinns

Die Motivation, die Qualität des gegenwärtigen Ergebnisses basierend auf seiner Extrapolationsfähigkeit für künftige Perioden zu beurteilen, gründet auf der Absicht, den Wert eines Unternehmens oder eines Kapitalanteils mit der Formel der unendlichen Rente zu determinieren. Die Anlehnung an das theoretische Konzept des ökonomischen Gewinns ist bei dieser investorenorientierten Definition evident.[123] Bei der qualitativen Beurteilung des Ergebnisses könnte daher auch der ökonomische Gewinn als Referenzpunkt dienen.[124]

Der ökonomische Gewinn, verstanden als Verzinsung des zu Beginn der Periode bestehenden Ertragswerts der zukünftig erwarteten Zahlungsüberschüsse, die durch die Investition in ein Unternehmen generiert werden und die an die Kapitalgeber fließen, ist der Gewinn, der maximal entnommen werden kann, ohne den Ertragswert zu mindern.[125] Die Verknüpfung des Ertragswerts einer Unternehmung mit dem Gewinn definiert präzise eine ökonomisch korrekte Ergebnisgröße, die als Eichstrich zur Beurteilung der Extrapolierbarkeit des aktuellen buchhalterischen Ergebnisses herangezogen werden könnte. Dieses Konzept hat damit eine Leitfunktion für sonstige Gewinnbegriffe. Allerdings ist der ökonomische Gewinn in der Realität nicht beobachtbar.[126] Durch die Unsicherheit über die zukünftige Unternehmensentwicklung und die Unvollkommenheit der Informationen sind die

[122] Vgl. hierzu z.B. Bushman/Engel/Smith (2006) und die dort aufgeführte Literatur.

[123] Vgl. Wagner (1994), S. 1194.

[124] Vgl. Beaver (1998), S. 3.

[125] Vgl. z.B. Schneider (1963), S. 461; Münstermann (1966), S. 581; Drukarczyk (1973), S. 184.

[126] Der ökonomische Gewinn leitet sich aus dem Ertragswert ab und liefert daher keine zusätzlichen Informationen für die eigentliche Zielgröße der Investoren: dem Ertragswert der Unternehmung. Bei der Bestimmung des ökonomischen Gewinns befindet man sich also in einem Zirkelschluss-Dilemma, da die korrekte Ermittlung des Gewinns erst möglich wird, wenn die eigentliche Problemlösung abgeschlossen ist. Zusätzlich ist die zugrunde liegende Transformation eines endlichen, ungleichmäßigen Zahlungsstroms in einen unendlichen, gleichmäßigen Gewinn an die restriktiven Annahmen eines vollkommenen Kapitalmarkts gebunden. Unter dieser Annahme ist jedoch die Höhe der Ausschüttung für das Kalkül von Investoren irrelevant. Vgl. Wagner (1993), S. 5. „*(...) in this setting, economic earnings fall out of the analysis as a byproduct of the valuation process. Earnings and valuation are two sides of the same coin.*“ Zitat nach Beaver (1998), S. 57.

notwendigen Prognosen der künftigen Zahlungsströme zwangsläufig mit Ermessensspielräumen behaftet und insofern unzuverlässig. Folglich ist eine empirische Beurteilung des Ergebnisses anhand dieses Konzepts nicht praktikabel.

Der ökonomische Gewinn scheidet als Referenzgröße in empirischen Untersuchungen somit aus.[127] Dieses Konzept kann lediglich konzeptionelle Begründungen für die in dieser Arbeit verwendeteten Maßgrößen liefern.[128] Die zugrunde liegenden theoretischen Überlegungen dienen dennoch als Ausgangsbasis, um die Relevanz des Ergebnisses für Analysten und Investoren zu fundieren.

3.2.1.3 Wertrelevanz von buchhalterischen Ergebnissen

Der Unternehmens- bzw. Aktienwert wird durch die an die Anteilseigner fließenden Nettoausschüttungen bestimmt.[129] Doch gerade die buchhalterische Erfassung der Ausschüttung der Dividenden an die Anteilseigner erfolgt erfolgsneutral und findet keinen Eingang in die Ermittlung des Ergebnisses. Genau genommen sagt der Gewinn als solcher nichts darüber aus, was den Wert der Unternehmung eigentlich ausmacht.[130]

Um von dem buchhalterischen Erfolg zur eigentlich interessierenden Zielgröße des Investors bzw. Analysten, dem Anteilspreis, zu gelangen, muss also eine logische Verknüpfung hergestellt werden: (1) zwischen dem gesuchten Anteilspreis und den künftigen Dividenden, (2) zwischen den künftigen Dividenden und den künftigen Ergebnissen sowie (3) den künftigen Ergebnissen und den gegenwärtigen Ergebnissen. D.h. das gegenwärtige Ergebnis und der Wert der Unternehmung müssen miteinander in Verbindung gebracht werden.[131] Diese Verknüpfung stellt auch einen der wesentlichen Bestandteile der Fundamentalanalyse im Rahmen der Aktienanalyse dar.[132]

Wie den Ausführungen zur Wertrelevanz von Jahresabschlussgrößen in Abschnitt 3.1.2 entnommen werden kann, lassen sich Informationen aus der Rechnungslegung mit dem Marktpreis einer Aktie verknüpfen. Aktien besitzen einen bestimmten Wert, da ihnen Investoren, als Ergebnis ihrer Informationsverarbeitung,

[127] Dieses Konzept wird vornehmlich als Bezugssystem in normativen Untersuchungen verwendet. Vgl. z.B. Wagner (1994), S. 1180 ff.
[128] Vgl. zu einer solchen Untersuchung Schipper/Vincent (2003).
[129] Bewertungsrelevant sind alle zu erwartenden Zahlungen des Unternehmens. Vgl. hierzu ausführlich Maul (1992), S. 1255 f. Vgl. zum sog. Zuflussprinzip auch Moxter (1983), S. 79.
[130] Vgl. Wagner (1982), S. 758.
[131] Vgl. Beaver (1998), S. 69.
[132] Vgl. Franke/Hax (2004), S. 402; ausführlich Penman (2004), S. 74 ff.

wertrelevante Eigenschaften zuschreiben, wie z.B. die Fähigkeit, in Zukunft Dividenden auszuschütten. Marktpreise sind abhängig von den Erwartungen, die die Investoren hinsichtlich dieser Eigenschaften haben. Rechnungslegungsinformationen können die Erwartungen der Investoren in Bezug auf diese wertrelevanten Eigenschaften verändern, was im Ergebnis den Marktpreis einer Aktie beeinflussen kann. In diesem Zusammenhang spielen buchhalterische Ergebnisse eine wichtige Rolle. Sie stellen ein Surrogatmaß für den Cashflow dar, der eigentlich die relevante Zielgröße der Investoren ist. Sie sind damit ein Indikator für die Fähigkeit des Unternehmens, in Zukunft Dividenden zu generieren.[133]

Einen formalen Zusammenhang zwischen buchhalterischen Ergebnissen und Kapitalmarktrenditen findet sich bei LEV (1989). In dieser Arbeit wird angeführt, dass die Höhe der Korrelation zwischen Kapitalmarktrenditen und buchhalterischen Ergebnissen ein entscheidendes Beurteilungskriterium für die Qualität von Rechnungslegungsinformationen ist.[134] Die Literatur zur Wertrelevanz von Jahresabschlussgrößen bedient sich dieser Sichtweise.[135] Es wird explizit eine Verbindung zwischen aktuellen sowie künftigen Ergebnissen und Marktpreisen hergestellt. Dieser Zusammenhang wird im Folgenden analytisch begründet[136], da sich hierdurch die Relevanz von Ergebnisqualität bei der Verarbeitung von Informationen in einem kapitalmarktorientierten Kontext aufzeigen lässt.[137]

Der Marktpreis P eines Unternehmens im Zeitpunkt t=0 ergibt sich durch Diskontierung der künftigen Dividenden D an die Anteilseigner. Zur Vereinfachung wird von einer risikoneutralen Bewertung ausgegangen. Der Barwert X der erwarteten Dividenden sei normalverteilt mit:

$$\tilde{X} = \mu + \tilde{\theta} \qquad \tilde{\theta} \sim N(0, \sigma^2). \tag{3.1}$$

Der Marktpreis P_0 bestimmt sich demnach durch:

$$P_0 = E(\tilde{X}) = \mu. \tag{3.2}$$

Den Investoren wird eine Information Y^G, die als buchhalterisches Ergebnis interpretiert werden kann, vermittelt. Es gilt:

$$\tilde{Y^G} = \tilde{X} + \tilde{\varepsilon} \qquad \tilde{\varepsilon} \sim N(0, \sigma_\varepsilon^2), Cov(\tilde{\theta}, \tilde{\varepsilon}) = 0. \tag{3.3}$$

[133]Vgl. Wagner (2005a), S. 537.
[134]Vgl. Lev (1989), S. 156 ff.
[135]Vgl. Wagenhofer/Ewert (2007), S. 106.
[136]Vgl. Lev (1989), S. 186 ff.
[137]Die folgende Darstellung orientiert sich an Wagenhofer/Ewert (2007), S. 106 ff.

Diese Ergebnisgröße ist mit der relevanten Zielgröße der Investoren, dem Barwert der Dividenden, positiv korreliert, da:

$$Cov(\tilde{X}, \tilde{Y^G}) = Cov(\tilde{\theta}, \tilde{\theta}) = \sigma^2 > 0 \quad (3.4)$$

gilt.[138] Nach dem Satz von BAYES erhält man die A-posteriori-Erwartungen und damit den Marktwert in Abhängigkeit der Information, also in Abhängigkeit des buchhalterischen Ergebnisses $P(Y^G)$:

$$P(Y^G) \;=\; E(\tilde{X} \mid Y^G) = \mu + \frac{Cov(\tilde{X}, \tilde{Y^G})}{\sigma^2_{Y^G}} \cdot (Y^G - E(\tilde{Y^G})) \quad (3.5)$$

$$= \; \mu + \frac{\sigma^2}{\sigma^2 + \sigma^2_\varepsilon} \cdot (Y^G - \mu). \quad (3.6)$$

Aus (3.1)-(3.3) folgt $E(\tilde{Y^G})=\tilde{X}$ und $E(\tilde{X})=\mu$. Die Preisänderung, bedingt durch das buchhalterische Ergebnis, beträgt:

$$P(Y^G) - P_0 \;=\; \frac{\sigma^2}{\sigma^2 + \sigma^2_\varepsilon} \cdot (Y^G - E(\tilde{Y^G})). \quad (3.7)$$

Die Preisänderung ist gemäß (3.7) abhängig von der Differenz zwischen dem tatsächlichen Ergebnis Y^G und dem Erwartungswert des Ergebnisses $E(\tilde{Y^G})$. Dieser unerwartete Gewinn wird mit $\frac{\sigma^2}{\sigma^2+\sigma^2_\varepsilon}$ gewichtet und bestimmt den Grad dieses Zusammenhangs. Dieser Term stellt einen sog. earnings response-Koeffizienten[139] dar. Der Einfluss ist umso geringer, je größer die Varianz von ε ist – d.h. wie genau das Ergebnis Y^G den tatsächlichen Barwert X approximiert. Der Korrelationskoeffizient ρ zwischen der Änderung des Marktpreises $(P(Y^G) - P_0)$ und dem unerwarteten Gewinn $(Y^G - E(\tilde{Y^G}))$ bestimmt sich ex ante durch[140]:

$$\rho = \frac{Cov(\tilde{P}, \tilde{Y^G})}{\sigma(\tilde{P}) \cdot \sigma(\tilde{Y^G})}. \quad (3.8)$$

[138]Dieser Zusammenhang kann wie folgt begründet werden: Es liegen noch keine Informationen bezüglich künftiger Dividenden in t=0 vor. Dann wird das buchhalterische Ergebnis an die Investoren kommuniziert und diese korrigieren auf Basis der hierin enthaltenen Informationen ihre Erwartungen hinsichtlich des Barwertes der künftigen Dividenden. Vgl. Lev (1989), S. 186.

[139]Dieser Koeffizient findet sich in unterschiedlicher Form in der Literatur wieder. Generell misst ein earnings response-Koeffizient den Grad der Reaktion von Aktienwerten oder (unerwarteten) Renditen auf (unerwartete) buchhalterische Ergebnisse. Vgl. ausführlich z.B. Collins/Kothari (1989), S. 145 ff.

[140]P_0 und $E(\tilde{Y^G})$ sind daher Konstante. Für die Kovarianz gilt dann: $Cov(P(Y^G) - P_0, Y^G - E(\tilde{Y^G})) = E[(P(Y^G)-P_0-E(P(Y^G)-P_0))\cdot(Y^G-E(\tilde{Y^G})-E(Y^G-E(\tilde{Y^G})))] = E[(P(Y^G)-E(P(Y^G)))\cdot(Y^G - E(Y^G))] = Cov(\tilde{P}, \tilde{Y^G})$.

In diesem Szenario ist $\rho = 1$, da eine Preisänderung nur durch das buchhalterische Ergebnis verursacht werden kann.[141] Dies impliziert, dass in empirischen Untersuchungen die erklärte Varianz der Gesamtvarianz entsprechen müsste (R^2=1).[142] Es zeigt sich jedoch, dass dies lediglich einen Faktor im Rahmen der Informationsverarbeitung der Adressaten darstellt; die Ungenauigkeit des prognostizierten Gewinns hätte hiernach keinen Einfluss auf die gemessene Korrelation, sondern nur auf den earnings response-Koeffizienten. Das Modell muss um Unsicherheiten bei der Ergebnismessung erweitert werden.

Der bisherige Ansatz basiert auf der Vorstellung, dass die Investoren das buchhalterische Ergebnis Y^G ohne Modifikationen in ihr Kalkül übernehmen. Die Qualität des ausgewiesenen Ergebnisses wird in der Korrelation nicht berücksichtigt. Tatsächlich nutzen jedoch die Investoren Informationen aus der Rechnungslegung, um zu beurteilen, inwieweit das aktuelle Ergebnis und seine Komponenten repräsentativ für künftige Perioden sind und sich somit zur Prognose künftiger Cashflows eignen. Irrelevante Bestandteile, z.B. transitorische Gewinnelemente, die die Ergebnisqualität für Analysten und Investoren einschränken, lassen sich in die Modellierung durch eine Erweiterung von (3.3) einbeziehen[143]:

$$\tilde{Y_p^G} = \tilde{X} + \tilde{\varepsilon} + \tilde{\delta} \qquad \tilde{\delta} \sim N(0, \sigma_\delta^2), Cov(\tilde{\theta}, \tilde{\varepsilon}) = Cov(\tilde{\theta}, \tilde{\delta}) = Cov(\tilde{\varepsilon}, \tilde{\delta}) = 0. \quad (3.9)$$

Das publizierte buchhalterische Ergebnis Y_p^G wird von der Zufallsvariable δ zwar beeinflusst, allerdings von den Investoren nicht weiter berücksichtigt. Sie messen diesen Komponenten mangelnde Relevanz und/oder Verlässlichkeit bei. Folglich ist die Preisänderung, bedingt durch die Verarbeitung der im Ergebnis enthaltenen relevanten Informationen, unverändert gegenüber den Zusammenhängen in (3.6) und (3.7). Nun muss jedoch beachtet werden, dass sich das relevante Ergebnis Y^G vom publizierten Ergebnis Y_p^G unterscheidet. Der Korrelationskoeffizient ρ_p zwischen der Änderung des Marktpreises und dem publizierten Ergebnis ist daher[144]:

$$\rho_p = \frac{Cov(\tilde{P}, \tilde{Y_p^G})}{\sigma(\tilde{P}) \cdot \sigma(\tilde{Y_p^G})} = \left[\frac{\sigma^2(\tilde{Y^G})}{\sigma^2(\tilde{Y^G}) + \sigma_\delta^2} \right]^{\frac{1}{2}} \quad (3.10)$$

[141] Formal gilt: $Cov(\tilde{P}, \tilde{Y^G}) = \frac{\sigma^2}{\sigma^2 + \sigma_\varepsilon^2} \cdot \sigma^2(\tilde{Y^G})$ und $\sigma(\tilde{P}) = \frac{\sigma^2}{\sigma^2 + \sigma_\varepsilon^2} \cdot \sigma(\tilde{Y^G})$. Einsetzen in (3.8) ergibt ρ=1.

[142] Um dies in einem empirischen Kontext korrekt zu messen, müssen gewisse Annahmen getroffen werden. Zudem müssen die erhobenen Kapitalmarktdaten, buchhalterische Ergebnisse sowie der Zusammenhang dieser Größen bestimmte Bedingungen erfüllen. Vgl. hierzu Lev (1989), S. 159 ff.; Wagenhofer/Ewert (2007), S. 108.

[143] Vgl. Lev (1989), S. 187.

[144] Es gilt: $\tilde{Y_p^G} = \tilde{Y^G} + \tilde{\delta}$ sowie $\sigma^2(\tilde{Y_p^G}) = \sigma^2(\tilde{Y^G}) + \sigma_\delta^2$.

und somit kleiner als eins. Die Korrelation ist abhängig von σ_δ^2, also von den Modifikationen am publizierten Ergebnis, welche die Investoren vornehmen, bevor sie diese Größe in ihrem Kalkül berücksichtigen. Eine höhere Korrelation bzw. ein höheres R^2 signalisiert, dass weniger Modifikationen von den Investoren vorgenommen werden.[145]

Dieses Basismodell verknüpft zum einen das buchhalterische Ergebnis und die darin enthaltenen Informationen der Rechnungslegung mit dem Aktienpreis, zum anderen demonstriert es, dass die Qualität des publizierten Ergebnisses von Investoren und Analysten ex ante beurteilt werden muss. Sie werden in ihren Bewertungen nur relevante und zuverlässige Komponenten des Ergebnisses berücksichtigen. Falls sie dem publizierten Ergebnis eine schlechte Qualität attribuieren, müssen sie entsprechend mehr modifizieren. Diese Zusammenhänge belegen theoretisch die Relevanz der Qualität von publizierten buchhalterischen Ergebnissen vor dem Hintergrund der Informationswirkungen von Jahresabschlussgrößen auf dem Kapitalmarkt.

3.2.1.4 Ergebnisqualität und Bewertungen

Die Bedeutung der Ergebnisqualität kann darüber hinaus mit investitionstheoretisch fundierten Bewertungsmodellen veranschaulicht werden, die in empirischen Untersuchungen[146] sowie in der Praxis subsidiär im Rahmen der Aktienanalyse[147] eingesetzt werden. Die folgende Darstellung soll lediglich aufzeigen, dass buchhalterische Ergebnisse tatsächlich in Bewertungsmodellen verwendet werden können. Eine kritische Würdigung dieser Modelle sowie eine eingehende Analyse und ein Vergleich dieser findet nicht statt, da dies über das eigentliche Untersuchungsziel hinausgehen würde.[148] Ebenfalls werden keine potenziellen Modifikationen des Ergebnisses zu Bewertungszwecken erläutert. Eine entsprechende Modifikation findet in der Praxis erst nach Analyse der Ergebnisqualität statt, wenn festgestellt wurde, dass dem buchhalterischen Ergebnis eine geringe Qualität beizumessen ist. Die Intention der weiteren Erläuterungen ist es, die Relevanz

[145] Vgl. Lev (1989), S. 177. In diesem Grundmodell sind auch im Fall von ρ=1 noch Ungenauigkeiten vorhanden, die nur im earnings response-Koeffizienten abgebildet werden. Vgl. Wagenhofer/Ewert (2007), S. 110 f.

[146] Vgl. z.B. Francis/Olsson/Oswald (2000).

[147] Vgl. z.B. Staudinger (2007), S. 64 ff.

[148] Vgl. zu einer solchen Analyse und kritischen Würdigung auch mit weiteren Nachweisen aus der Literatur z.B. Coenenberg/Schultze (2002), S. 606 ff.; Crasselt/Nölte (2007), S. 525 ff.

von buchhalterischen Gewinnen in Bewertungsmodellen aufzuzeigen, um somit die empirische Untersuchung der Ergebnisqualität in dieser Arbeit zu motivieren.

Ein grundlegendes Bewertungsmodell, welches den Unternehmenswert mit künftigen Dividenden verknüpft, stellt das Dividenden-Diskontierungs-Modell (dividend discount model) dar.[149] Hiernach bestimmt sich der Aktienwert in t=0 nach Zahlung der Dividende D_0 durch Diskontierung der künftigen Dividenden je Aktie D_t mit dem risikoadäquaten Zinssatz r:

$$P_0 = \sum_{t=1}^{\infty} \frac{D_t}{(1+r)^t}. \tag{3.11}$$

Unter der Annahme unendlich uniformer Ausschüttungen folgt:

$$P_0 = \frac{D}{r}. \tag{3.12}$$

Dieses Modell, das als gedankliches Grundmodell anderer Bewertungsmethoden (Ertragswert- und Discounted-Cashflow-Methoden) gesehen werden kann[150], wird regelmäßig in der Praxis im Rahmen der Aktienanalyse eingesetzt. Aufgrund fehlender detaillierter Informationen werden die Dividenden nur für zwei oder drei Perioden geschätzt; oft wird ein konstantes ewiges Wachstum unterstellt und die „Gordon-Formel"[151] verwendet.[152]

Die künftige Dividende kann dabei auch auf Basis des künftigen, zu erwartenden Ergebnisses berechnet werden. Wird angenommen, dass die künftige Ausschüttung abhängig vom künftigen buchhalterischen Jahresergebnis ist[153], lässt sich eine Verbindung zwischen dem Aktienwert und den künftigen Ergebnissen herstellen. Die Dividende je Aktie D_t ist dann abhängig vom Gewinn je Aktie G_t und der konstanten Thesaurierungsquote b[154]. Es gilt:

$$D_t = G_t \cdot (1-b). \tag{3.13}$$

---

[149] Vgl. grundlegend hierzu Williams (1938), insbesondere S. 55 f. Vgl. auch Miller/Modigliani (1961), S. 412.

[150] Falls eine detaillierte Unternehmens- und Ausschüttungsplanung zur Bestimmung der an den Aktionär fließenden Zahlungen zugrunde gelegt wird, gleicht dieser Ansatz der Ertragswertmethode. Vgl. Coenenberg/Schultze (2002), S. 603 f.

[151] Vgl. grundlegend hierzu Gordon/Shapiro (1956) sowie Gordon (1959).

[152] Da es in der Praxis nicht möglich ist, künftige Dividenden exakt zu prognostizieren, wurden unterschiedliche Varianten des Modells entwickelt – jeweils basierend auf verschiedenen Wachstumsannahmen der künftigen Dividenden. Vgl. zu einem Überblick Staudinger (2007), S. 69 ff.

[153] Auf die Plausibilität dieser Annahme wird in Abschnitt 3.2.1.5 noch eingegangen.

[154] Die Ausschüttungsquote ist damit 1-b.

Wird eine konstante künftige Ergebnissituation unterstellt, lässt sich der Aktienwert, unter Verwendung des künftigen Gewinns je Aktie G_1 und bei Annahme der Ausschüttung D als unendliche Rente, mit der Gordon-Formel berechnen[155]:

$$P_0 = \sum_{t=1}^{\infty} \frac{G_1 \cdot (1-b)}{r - b \cdot k}. \tag{3.14}$$

Der zu bestimmende Aktienwert ist abhängig von der Höhe des künftigen Gewinns je Aktie in t=1, der Thesaurierungsquote b, der Wiederanlageverzinsung k der thesaurierten Gewinne und der risikoadäquaten Verzinsung r.[156] Der Faktor $\frac{1-b}{r-b\cdot k}$ resp. $\frac{1}{r-g}$ stellt im praktischen Gebrauch das sog. Kurs-Gewinn-Verhältnis (KGV) dar, wobei g die Wachstumsrate der Gewinne abbildet. Das KGV ist, bedingt durch die einfache Anwendbarkeit, eine unter Finanzanalysten weit verbreitete Multiplikator-Methode zur Bestimmung des Wertes einer Aktie. Es setzt den Wert der künftig zu erwartenden Ergebnisse ins Verhältnis zum aktuellen Ergebnis und bepreist das Ergebnispotenzial der Unternehmung.[157]

Eine weitere Möglichkeit zur theoretischen Bestimmung des Marktwerts einer Aktie ist die Diskontierung von Residualgewinnen.[158] Durch das Modell von OHLSON (1995) sowie die Weiterentwicklungen von FELTHAM/OHLSON (1995, 1996) ist die Diskussion um dieses bekannte[159] Konzept neu angeregt worden.[160] Um den Zusammenhang zwischen Barwerten und buchhalterischen Ergebnissen inhaltlich zu fundieren, muss das clean surplus accounting unterstellt werden. Die bisherigen Ausführungen haben ebenfalls diesen grundlegenden Zusammenhang unterstellt.[161] OHLSON (1995) zeigt analytisch, dass sich das Dividenden-

[155]Vgl. Gordon/Shapiro (1956), S. 105.; Gordon (1959), S. 103.

[156]Der thesaurierte Gewinnanteil verzinst sich mit der internen Rendite k. Demnach bildet $b \cdot k$ die Wachstumsrate der Gewinne (k, b und r werden als konstant über alle Perioden angenommen). Vgl. Gordon/Shapiro (1956), S. 105; Lehmann (2003), S. 100. Bei einer endlichen Nutzungsdauer der Unternehmung von n Perioden lässt sich der Aktienwert durch $P_0 = \sum_{t=1}^{n} \frac{G_1 \cdot (1+b\cdot k)^{t-1} \cdot (1-b)}{(1+r)^t} = \frac{G_1 \cdot (1-b) \cdot (1-(\frac{1+b\cdot k}{1+r})^n)}{r-b\cdot k}$ bestimmen.

[157]Der Wert der Aktie bestimmt sich durch Multiplikation des KGV mit dem Ergebnis je Aktie. Vgl. zum KGV Seppelfricke (1999), S. 301 f.; Coenenberg/Schultze (2002a), S. 700. Vgl. auch grundlegend zum KGV sowie zu gewissen Modifikationen dieser Kennzahl im Rahmen der Aktienanalyse Penman (2004), S. 69 sowie S. 185 ff.

[158]Vgl. grundlegend zu den folgenden Ausführungen Ohlson (1995); Feltham/Ohlson (1995); Feltham/Ohlson (1996).

[159]Im deutschsprachigen Raum ist dieses Konzept von LÜCKE als Alternative zu einer auf Zahlungsströmen basierten Investitionsrechnung vorgestellt worden. Vgl. Lücke (1955); Lücke (1965). Im anglo-amerikanischen Raum geht das sog. residual-income-model oder abnormal-earnings-model auf Preinreich (1937); Preinreich (1938) sowie Edwards/Bell (1961) zurück.

[160]Vgl. zu einem kurzen Überblick über die wesentlichen Annahmen Stober (1999), S. 4 f. und S. 9 f.

[161]Vgl. die Annahmen in Gleichung (3.3) und (3.9).

Diskontierungs-Modell unter Berücksichtigung der clean surplus relation mit buchhalterischen Ergebnissen und Buchwerten formulieren lässt. Unter clean surplus wird der Umstand verstanden, dass alle Änderungen des (anteiligen[162]) buchmäßigen Eigenkapitals EK^B – mit Ausnahme solcher Änderungen, die das Ergebnis unmittelbarer Transaktionen zwischen Eignern und Unternehmen darstellen – in der GuV erfasst werden müssen.[163] Formal lässt sich diese Beziehung wie folgt formulieren[164]:

$$EK_t^B = EK_{t-1}^B + G_t - D_t. \tag{3.15}$$

Ist diese Beziehung erfüllt, kann der Unternehmenswert bzw. Aktienwert basierend auf dem Barwert der Residualgewinne bestimmt werden[165]:

$$P_0 = EK_0^B + \sum_{t=1}^{\infty} \frac{G_t - r \cdot EK_{t-1}^B}{(1+r)^t}. \tag{3.16}$$

Der Residualgewinn je Aktie errechnet sich aus dem buchhalterischen Gewinn G_t je Aktie abzüglich der Zinsen auf dem der Aktie zuzurechnenden Anteil am buchmäßigen Eigenkapital am Ende der Vorperiode EK_{t-1}^B. Werden keine Residualgewinne erzielt, entspricht der Marktwert der Aktie gemäß (3.16) dem anteiligen buchmäßigen Wert des Eigenkapitals. Falls Residualgewinne erwirtschaftet werden, ist der Aktienwert größer.

In der jüngeren Vergangenheit wird in der Literatur eine weitere Alternative zu den angeführten Bewertungsmodellen vorgeschlagen. Hierbei handelt es sich um das sog. Abnormal Earnings Growth Modell[166]. Dieses Modell beruht auf dem kapitalisierten Gewinn des ersten Prognosejahres und leitet somit den Unternehmenswert ebenfalls aus rechnungslegungsbasierten Größen ab.[167]

[162]Bei einer Betrachtung „je Aktie“ muss ausgeschlossen werden, dass sich der Buchwert je Aktie durch eine Veränderung der Anzahl der Aktien verändert. Vgl. Ohlson (2005), S. 326 ff.

[163]Vgl. Ohlson (1995), S. 661.

[164]Vgl. Ohlson (1995), S. 666; Feltham/Ohlson (1995), S. 694.

[165]Vgl. Ohlson (1995), S. 666 f.; Feltham/Ohlson (1995), S. 696.

[166]Vgl. grundlegend zum abnormal earnings growth model Ohlson/Juettner-Nauroth (2005) sowie Ohlson (2005). Das Dividenden-Diskontierungs-Modell, das Residualgewinnmodell und das Abnormal Earnings Growth Modell lassen sich formal ineinander überleiten und generieren bei einer konsistenten Datenbasis identische Bewertungsergebnisse. Vgl. zu den formalen Zusammenhängen sowie zu einer kritischen Würdigung dieser alternativen Bewertungsmethoden Crasselt/Nölte (2007), S. 525 ff.

[167]Da der Buchwert des Eigenkapitals – im Gegensatz zum Residualgewinnmodell – nicht berücksichtigt wird und sich das Vermögen aus dem kapitalisierten Gewinn der Folgeperioden errechnet, ist dieses Modell resistent gegen Verstöße der clean surplus relation. Vgl. Crasselt/Nölte (2007), S. 529 f.

Der Aktienwert P_0 wird beim Abnormal Earnings Growth Modell ebenfalls in zwei Teile aufgeteilt. Die erste Komponente ist der kapitalisierte künftige Gewinn je Aktie G_1. Die zweite Komponente errechnet sich durch Diskontierung der abnormalen Gewinnzuwächse AGZ_t bezogen auf t=1 und anschließender Kapitalisierung. Es gilt[168]:

$$P_0 = \frac{G_1}{r} + \frac{1}{r} \cdot \sum_{t=1}^{\infty} \frac{AGZ_{t+1}}{(1+r)^t}. \tag{3.17}$$

Um den abnormalen Gewinnzuwachs AGZ zu bestimmen, wird angenommen, dass der Vorjahresgewinn G_{t-1} als nachhaltiger Gewinn wiederholt realisiert werden kann. Dieser Gewinn kann jedoch um $r \cdot G_{t-1}$ erhöht werden, wenn der Vorjahresgewinn thesauriert wird und sich mit dem risikoadäquaten Zinssatz r verzinst, also die Eigenkapitalkosten verdient werden. Bei vollständiger Thesaurierung ist daher der normale Gewinn NG_t:

$$NG_t = (1+r) \cdot G_{t-1}. \tag{3.18}$$

Der so definierte normale Gewinn je Aktie NG_t wird dann mit dem tatsächlichen Gewinn je Aktie G_t verglichen. Wurde der Vorjahresgewinn komplett oder nur zu einem Teil als Dividende D_{t-1} ausgeschüttet, muss dies durch eine kalkulatorische Verzinsung berücksichtigt werden. Der abnormale Gewinnzuwachs wird demnach wie folgt berechnet[169]:

$$AGZ_t = G_t + r \cdot D_{t-1} - (1+r) \cdot G_{t-1}. \tag{3.19}$$

Ein abnormaler Zuwachs des Gewinns ist existent, wenn der aktuelle Gewinn je Aktie G_t den Gewinn je Aktie im Vorjahr G_{t-1} zuzüglich einer risikoadäquaten Verzinsung auf den thesaurierten Anteil des Vorjahresgewinns $(r \cdot (G_{t-1} - D_{t-1}))$ übersteigt.[170]

Diese Modelle illustrieren die Relevanz von Ergebnisqualität in Zusammenhang mit theoretisch fundierten Bewertungsmodellen. Sie werden sowohl in vielen empirischen Untersuchungen eingesetzt als auch im Rahmen der Aktienanalyse. Eine hohe Ergebnisqualität ist wünschenswert, da sich die buchhalterischen Ergebnisse dann entsprechend verwenden lassen und akkurate Bewertungen ermöglicht werden.[171]

[168] Vgl. Ohlson/Juettner-Nauroth (2005), S. 352.

[169] Vgl. ebenfalls Ohlson/Juettner-Nauroth (2005), S. 352.

[170] Vgl. auch Crasselt/Nölte (2007), S. 524.

[171] Vgl. AAA Financial Accounting Standards Committee (2001), S. 166 f. zu einer Übersicht über einige empirische Studien, die das Dividenden-Diskontierungs-Modell und/oder das Residualgewinnmodell verwenden.

An dieser Stelle muss jedoch angemerkt werden, dass buchhalterische Ergebnisse in keinem unmittelbaren Zusammenhang zum Bewertungskalkül stehen, wie dies auf einem vollkommenen Kapitalmarkt im Falle des ökonomischen Gewinns ist. Durch die beschriebene Verknüpfung des Marktpreises mit Ergebnisgrößen wurde eine informationsorientierte Sichtweise dargelegt, die den Einsatz von buchhalterischen Ergebnissen in Bewertungsmodellen erklärt. Gerade bei unvollkommenen Märkten ist diese Relation keineswegs verbindlich. Einwände gegen eine Prognose künftiger Cashflows auf Basis von buchhalterischen Ergebnissen gibt es viele.[172] Die obigen Zusammenhänge liefern eine konzeptionelle Begründung für die Beziehung zwischen aktuellen bzw. künftigen buchhalterischen Ergebnissen und Marktpreisen und bilden damit das theoretische Fundament für viele empirische Untersuchungen.

U.a. beurteilen (potenzielle) Investoren und Analysten im Rahmen der Aktienanalyse, in welchem Maße das aktuelle Ergebnis eines Unternehmens repräsentativ für künftige Perioden ist. Anhand dieser Analyse soll überprüft werden, inwieweit sich der hieraus abgeleitete Unternehmenswert gegenwärtig am Aktienmarkt wiederfinden lässt, oder ob eine Fehlbewertung der Eigenkapitaltitel vorliegt. Aus dieser Perspektive betrachtet besitzen Ergebnisgrößen eine hohe Qualität, wenn sie die gegenwärtige operative Performance des Unternehmens hinreichend korrekt aufzeigen, einen guten Indikator für die künftige operative Performance darstellen und ein geeignetes Surrogatmaß für den aktuellen Unternehmenswert sind.[173] Einen theoretischen Zusammenhang dieser einzelnen Elemente liefern die dargestellten Modelle.

In diesem Zusammenhang ist das Konzept der „permanent earnings“ in der Aktienanalyse anzuführen.[174] Bei diesem Konzept gilt es, den buchhalterischen Gewinn in permanente und transitorische Komponenten zu zerlegen – nur permanente Komponenten können einen nachhaltigen Wert generieren.[175] Dies ist ebenfalls die Intention der Ergebnisquellenanalyse von Jahresabschlüssen.

[172]Zentraler Kritikpunkt ist, dass Daten aus der Rechnungslegung hauptsächlich vergangenheitsorientiert und damit nicht unproblematisch für Schätzungen sind. Vgl. ausführlich mit weiteren Nachweisen aus der Literatur Kahle (2002), S. 34 ff.

[173]Vgl. zu dieser Perspektive auch Dechow/Schrand (2004), S. 5.

[174]Auf einem vollkommenen Kapitalmarkt gleichen „permanent earnings“ dem ökonomischen Gewinn und stellen einen unendlich uniformen Dividendenstrom dar, der den Wert der Aktie reflektiert. Vgl. Beaver (1998), S. 48 f.

[175]Vgl. hierzu Beaver (1998), S. 72 ff.

Für Bewertungszwecke müssen in den jeweiligen Modellen unterschiedliche Größen prognostiziert werden (Dividenden, Residualgewinn bzw. abnormale Gewinnzuwächse), die in corpore aus dem buchhalterischen Jahresergebnis abgeleitet werden. Oftmals werden allgemeine Fortführungsannahmen hinsichtlich der Ergebnisentwicklung getroffen, wie z.B. Konstanz oder Wachstum mit einer fest vorgegebenen Rate. Daher sind bestimmte Qualitätsanforderungen an diese Ergebnisse ex ante zu überprüfen. Prinzipiell kann konstatiert werden, dass aktuelle buchhalterische Ergebnisse extrapolationsfähig sein müssen, um sie ohne weitere Modifikationen in das jeweilige Bewertungskalkül zu übernehmen.

Auf Basis dieser Anforderung lassen sich Maßgrößen zur Beurteilung der Ergebnisqualität ableiten. Bevor dies im abschließenden Teil dieses Kapitels geschieht, wird im nächsten Abschnitt erläutert, weshalb buchhalterische Ergebnisse für die eigentliche Prognose künftiger Cashflows besser geeignet sind als die Cashflows selbst.

3.2.1.5 Buchhalterische Ergebnisse versus Cashflows

Die den Analysten und Investoren eigentlich interessierende Zielgröße sind die künftig zu erwartenden, ausschüttbaren Dividenden. Es muss also erörtert werden, weshalb sich buchhalterische Ergebnisse für die Prognose dieser besser eignen als die im Jahresabschluss ausgewiesenen Cashflows.

Bei der Prognose des künftig „Ausschüttbaren“ orientieren sich externe Bilanzanalytiker an Ergebnisgrößen aus dem Jahresabschluss. Diese sind zwar keinesfalls darauf angewiesenen, ihre Untersuchungen und Evaluierungen lediglich auf Basis von Informationen aus dem Jahresabschluss, insbesondere dem buchhalterischen Jahresergebnis, durchzuführen. Doch zeigt die Empirie, dass buchhalterische Ergebnisse eine bedeutende Rolle in den analytischen Kalkülen spielen. Insbesondere wenn es um die Wertschöpfung der Unternehmung geht, beinhalten buchhalterische Ergebnisse relevante Informationen. Dies spiegelt sich auch im Rahmen der Aktienanalyse und bei Analystenprognosen wider, denn der Gewinn je Aktie (earnings per share) – und nicht etwa der Cashflow je Aktie – ist hier die zentrale Kennzahl.[176]

Die Bedeutung des buchhalterischen Ergebnisses für Analysten wird durch eine Umfrage von BLOCK (1999) belegt. U.a. gaben hier die befragten Analysten an,

[176]Vgl. Wagenhofer/Dücker (2007), S. 267.

dass sie dem Gewinn die wichtigste Bedeutung im Rahmen ihrer Analysen beimessen, gefolgt von Cashflows, Buchwerten und zuletzt Dividenden.[177] Ferner spielen das künftige Wachstumspotenzial des Ergebnisses sowie die Ergebnisqualität eine substanzielle Rolle bei der Bewertung einer Aktie mittels des von Analysten häufig verwendeten KGV. Die Dividendenpolitik der Unternehmung nimmt in ihren Analysen eine untergeordnete Stellung ein.[178] Gängige Praxis ist die Bestimmung eines Multiplikators auf Basis des künftigen Ergebnisses. Hierbei wird ein KGV berechnet, indem der Aktienpreis durch das künftig zu erwartende Ergebnis geteilt wird.[179]

Eine weitere Umfrage von GRAHAM/HARVEY/RAJGOPAL (2005) belegt die Relevanz des buchhalterischen Ergebnisses im Vergleich zu anderen Kennzahlen, die an Adressaten kommuniziert werden, aus der Perspektive des Chief Financial Officers (CFO). 51% der 401 befragten CFOs gaben an, dass sie das buchhalterische Ergebnis als wichtigste Kennzahl für die Adressaten sehen.[180]

Zu einem ähnlichen Ergebnis aus Investorensicht kommt eine aktuelle Studie des Deutschen Aktieninstituts (DAI) von ERNST/GASSEN/PELLENS (2009). In dieser Studie wurden private und institutionelle Anleger u.a. im Hinblick auf die Nutzungsintensität der verschiedenen Bestandteile des Geschäftsberichts befragt. Beide Gruppen bewerten die Kernrechenwerke GuV und Bilanz als wichtigste Informationsquelle des Jahresabschlusses, wobei die GuV am intensivsten verwendet wird.[181] Bei der Frage, ob eine Änderung des Gewinns, der Dividende oder des Cashflows für die privaten Anleger gleichbedeutend sind, wurde einer Gewinnänderung die größte Relevanz zugeschrieben, gefolgt von einer Änderung der Dividende und des Cashflows. Allerdings hat die Bedeutung des Gewinns gegenüber einer Untersuchung aus dem Jahre 2004 abgenommen und die der Dividende zugenommen. Eine mögliche Erklärung hierfür sehen die Autoren in den aktuellen Entwicklungen der Rechnungslegung. Bedingt durch das fair value accounting sind buchhalterische Ergebnisse volatiler geworden und haben damit an Aussagefähigkeit eingebüßt.[182] Dies erklärt auch, warum der Stellenwert

[177] Von den 297 Analysten gaben 156 an, dass das buchhalterische Ergebnis die wichtigste Inputvariable in ihren Analysen darstellt. 133 gaben den Cashflow an, fünf den Buchwert und lediglich drei die Dividenden der Unternehmung. Vgl. Block (1999), S. 88 f.

[178] Vgl. Block (1999), S. 89.

[179] Vgl. Block (1999), S. 92.

[180] Vgl. Graham/Harvey/Rajgopal (2005), S. 13 ff. Vgl. S. 20 zu der prozentualen Aufteilung der wichtigsten Kennzahlen aus Sicht der befragten CFOs.

[181] Vgl. Ernst/Gassen/Pellens (2009), S. 30 und S. 48 f.

[182] Auf diese Tendenz wird in Abschnitt 4.1.1 eingegangen.

von Dividenden zugenommen hat, da diese vom Management längerfristig an der Ergebnisentwicklung orientiert sind.[183] Die institutionellen Investoren erachten ebenfalls das buchhalterische Ergebnis als wichtigste Kennzahl. Die Ertragslage ist von zentraler Bedeutung für diese Anlegergruppe[184] und die Bedeutung einer Gewinnänderung hat für die Investitionsentscheidung gegenüber der vorangegangen Studie zugenommen. Jedoch schätzen sie die Änderungen bei Cashflows wichtiger ein als bei Dividenden.[185] Die Untersuchung des DAI untermauert empirisch die Relevanz des buchhalterischen Ergebnisses für Investoren im Rahmen der Jahresabschlussanalyse und demonstriert zudem die Wichtigkeit einer hohen Ergebnisqualität.

Die Bedeutung des buchhalterischen Ergebnisses für den relevanten Dividendenstrom kann in Deutschland durch gesetzliche Bestimmungen begründet werden. Die §§ 58, 150, 254 Aktiengesetz (AktG) legen für Vorstände und Aufsichtsräte sowohl eine Höchst- als auch eine Mindestgrenze für jährliche Ausschüttungen fest. Diese Grenzen orientieren sich jeweils an dem handelsrechtlichen Ergebnis des Einzelabschlusses. Insbesondere schreibt § 58 Abs. 2 AktG dem Vorstand und Aufsichtsrat vor, den Aktionären in der Hauptversammlung einen Dividendenvorschlag in Höhe von mindestens 50% des erzielten handelsrechtlichen Einzelabschlussgewinns zu unterbreiten.[186] Diese Regelungen sind ebenfalls für deutsche Konzerngesellschaften anzuwenden, so dass sich die Ausschüttung rechtlich nicht an dem Ergebnis des Konzernabschlusses orientiert. Folglich könnte über diese rechtliche Verknüpfung von Dividenden und handelsrechtlichem Ergebnis im Einzelabschluss argumentiert werden, dass die Relevanz des buchhalterischen Gewinns durchaus plausibel ist.

Jedoch kommt eine Studie von PELLENS/GASSEN/RICHARD (2003) zu einem Ergebnis, welches die Bedeutung des Konzernergebnisses nach IFRS für die Ausschüttungspolitik deutscher Konzerngesellschaften untermauert. In dieser Untersuchung wurden Vorstände deutscher Konzerne nach den Einflussfaktoren bei der Bestimmung der Dividendenhöhe befragt.[187] Als wesentlichen Einflussfaktor gaben diese das Konzernergebnis an. Dem Jahresüberschuss im Einzelabschluss wird, trotz der rechtlichen Regelungen, ein signifikant geringerer Einfluss zuge-

[183]Vgl. Ernst/Gassen/Pellens (2009), S. 33 f.
[184]Vgl. Ernst/Gassen/Pellens (2009), S. 47.
[185]Vgl. Ernst/Gassen/Pellens (2009), S. 49.
[186]Vgl. zu einer detaillierten Erläuterung der gesetzlichen Regelungen Pellens/Gassen/Richard (2003), S. 311.
[187]Vgl. zum Sample Pellens/Gassen/Richard (2003), S. 316 f.

schrieben.[188] Falls ein Rechnungslegungssystem die Ausschüttungshöhe bestimmt, erachten die Manager die Orientierung am Konzern – als rechnungslegende Einheit – für besonders sinnvoll. Sie schätzen eine Verknüpfung der Ausschüttungsbemessung an den IFRS-Konzernabschluss als positiv ein.[189] Das Ergebnis dieser Studie ist für die empirische Untersuchung in dieser Arbeit besonders relevant und hervorzuheben, da das IFRS-Konzernergebnis unter Berücksichtigung der latenten Steuerverrechnung auf seine Qualität überprüft wird.

Die Resultate dieser empirischen Untersuchungen zeigen, dass Analysten und Investoren das buchhalterische Ergebnis als gewichtige Kennzahl in ihren Analysen verwenden, und dass dies auch entsprechend substanziiert ist, da sich Manager an dem buchhalterischen Konzernergebnis bei der Festlegung der Dividendenhöhe orientieren. Im Folgenden muss erläutert werden, inwiefern das buchhalterische Ergebnis relevante Informationen in Bezug auf die Wertschöpfung und die nachhaltige Ertragslage einer Unternehmung beinhaltet. Insbesondere wird dargelegt, dass die Orientierung am Ergebnis sinnvoller ist, als lediglich die Cashflows der Unternehmung zu Rate zu ziehen.

Der buchhalterische Gewinn setzt sich grundlegend aus einer zahlungsgleichen und nichtzahlungsgleichen Komponente zusammen:

$$G_t = CF_t + PA_t. \tag{3.20}$$

Der Unterschied zwischen dem Gewinn G_t und den Cashflows CF_t einer Periode bilden die Periodenabgrenzungen PA_t. Möchte man Aussagen über den Informationsgehalt des Gewinns hinsichtlich künftiger Cashflows treffen und die Ergebnisqualität beurteilen, so müssen diese Komponenten und ihr Zusammenspiel betrachtet werden.

Das buchhalterische Ergebnis ist ein Konstrukt aus retrospektiven und prospektiven Elementen. Würde die Rechnungslegung nur retrospektive Elemente kommunizieren, also lediglich über realisierte Cashflows informieren, würde der Informationsgehalt verringert werden. Die Informationsreduktion bei einer rein zahlungsbasierten Gewinnermittlung liegt darin begründet, dass durch die Akkumulation von Auszahlungen für Anlagen, immaterielle Vermögensgegenstände, Vorräte etc. Realvermögen entsteht, welches erst in Zukunft Einzahlungen generiert. Ebenso kann eine absehbare Akkumulation von Auszahlungen in künftigen Geschäftsjahren erkennbar sein, welche die Bilanzierung einer Last zur Folge hat, die sich

[188] Vgl. Pellens/Gassen/Richard (2003), S. 318 ff.
[189] Vgl. Pellens/Gassen/Richard (2003), S. 326 f.

im aktuellen Cashflow noch nicht widerspiegelt.[190] Somit sind Cashflows volatiler als die eigentlich zugrunde liegende Leistungserstellung des Unternehmens. Der einzelne periodische Cashflow besitzt eine eingeschränkte Aussagekraft und der Vergleich über mehrere Perioden ist ökonomisch nicht immer sinnvoll. Diese Sichtweise findet sich ebenfalls im gemeinsamen Discussion Paper des IASB und des FASB aktuell wieder: „*The accrual accounting information in financial reports about an entity's resources and claims and changes in resources and claims generally provides a better basis for assessing cash flow prospects than information solely about the entity's current cash receipts and payments. Without accrual accounting, important economic resources and claims on resources would be excluded from financial statements.*“[191] Weiter führen sie an: „*(...) information about financial performance measured by accrual accounting (...) indicates the extent to which the entity has increased its available economic resources, and thus its capacity for generating net cash inflows (...).*“[192]

Forscher und Praktiker sind sich einig darüber, dass Cashflows verlässlicher sind als Ergebnisse. Im Gegensatz zu Gewinnen, die Periodenabgrenzungen beinhalten, basieren Cashflows nicht auf plausiblen Erwartungen bzw. Schätzungen, wie z.B. hinsichtlich der Nutzungsdauer von Anlagen oder erwarteter Reklamationsansprüche. Zwar hängen Cashflows von Entscheidungen des Managements ab, die auch von Zufallsgrößen beeinflusst werden können und sich meist ebenfalls in künftigen Perioden auswirken, doch ist die gezielte Manipulation von Cashflows häufig mit direkten Kosten verbunden.[193] Die bewusste periodische Verschiebung von Cashflows stellt reale Bilanzpolitik[194] dar.[195] Cashflows stellen beobachtbare Vorfälle dar und können daher relativ einfach überprüft werden. Berücksichtigt man darüber hinaus die potenziellen Einflussmöglichkeiten des Managements bei der Bestimmung der Periodenabgrenzungen, können Cashflows als verhältnismäßig zuverlässig angesehen werden. In empirischen Studien wird deshalb typischerweise angenommen, dass Cashflows nicht vom Management beeinflusst und

[190] Vgl. Wagner (2005a), S. 538. Vgl. anschaulich Penman (2004), S. 122 ff.

[191] Zitat nach IASB (2006), Abs. OB19.

[192] Zitat nach IASB (2006), Abs. OB23.

[193] Vgl. Dechow/Schrand (2004), S. 11. Vgl. zu einer Übersicht über die wesentlichen Einflussfaktoren auf die Ergebniskomponenten Wagenhofer/Dücker (2007), S. 269.

[194] Vgl. ausführlich zu realer versus buchmäßiger Bilanzpolitik Wagenhofer/Ewert (2007), S. 240 ff.

[195] Die Effekte kehren sich meist in späteren Perioden um. Denkbar sind z.B. Sonderrabatte bei Verkaufsaktionen, die die realisierten Cashflows im aktuellen Geschäftsjahr erhöhen, obwohl diese im Folgejahr zu einem höheren Preis verkauft werden können. Vgl. zu weiteren Beispielen Wagenhofer/Dücker (2007), S. 268.

manipuliert werden. Die eigentliche Frage, die sich damit stellt, ist, inwiefern Periodenabgrenzungen tatsächlich über die Wertschöpfung und künftige Generierung von Cashflows informieren können.

Die Intention der Rechnungslegung mittels Periodenabgrenzungen kann zunächst ganz allgemein von der GuV- bzw. bilanzorientierten Sichtweise betrachtet werden.[196] Bei der GuV-orientierten Sichtweise steht die Abbildung der ökonomischen Performance mittels des Realisationsprinzips und des Prinzips der sachlichen Abgrenzung (matching principle) im Vordergrund. Die Erträge und die korrespondierenden Aufwendungen werden zeitlich auf Basis ihrer ökonomischen Entstehung in der GuV ausgewiesen. Dies geschieht unabhängig vom Zeitpunkt der tatsächlichen Mittelabflüsse bzw. -zuflüsse. In der bilanzorientierten Sichtweise werden die Rechte (Vermögensgegenstände) und Verpflichtungen (Schulden) zu ihrem jeweiligen Entstehungszeitpunkt erfasst. Die Zielsetzung der Gewinnermittlung mittels Periodenabgrenzungen ist, unabhängig von diesen beiden Perspektiven, in der Messung und der Abbildung der Wertgenerierung des Unternehmens zu sehen. Dies ist lediglich auf Basis bereits realisierter Cashflows nicht umsetzbar.[197]

Periodenabgrenzungen verteilen die Cashflows auf die Perioden in Abhängigkeit der zugrunde liegenden Aktivitäten. Hierdurch werden zusätzliche Informationen über künftige Cashflows einbezogen. Insbesondere werden Hinweise über den zeitlichen Anfall, deren Verteilung und bestehende Risiken kommuniziert. Diese Periodisierungselemente können somit als Prognoseinstrument gedeutet werden.[198] Typischerweise ist das ausgewiesene Ergebnis durch die Periodenabgrenzung weniger volatil als die Cashflows der Periode.[199] Es gibt jedoch auch Rechnungslegungsvorschriften, die Volatilität in unterschiedlichen Perioden hervorrufen und sie deshalb, bei einer ganzheitlichen Betrachtung, nicht unbedingt reduzieren.[200]

Die Bestimmung von Periodenabgrenzungen beruht häufig auf plausiblen Erwartungen und Schätzungen des Managements und birgt somit das Risiko von Bilanzierungs- und Bewertungsfehlern. Entsprechend können Periodenabgrenzungen eingeschränkt zuverlässig sein. Ferner kann das Management durch buchmäßige Bilanzpolitik – der gezielten Verschiebung von Ergebniskomponenten – Einfluss auf die Höhe und den zeitlichen Anfall der Periodenabgrenzungen nehmen,

[196]Vgl. ausführlich zur GuV- vs. bilanzorientierten Sichtweise Antonakopoulos (2007), S. 18 ff.
[197]Vgl. Dechow/Skinner (2000), S. 237; Penman (2004), S. 44.
[198]Vgl. Beaver (1998), S. 81 f.
[199]Vgl. Dechow/Skinner (2000), S. 237 f.
[200]Vgl. Wagenhofer/Dücker (2007), S. 268 f.

was für gewöhnlich den Informationsgehalt des Ergebnisses vermindert. Jedoch kann Bilanzpolitik auch Zusatzinformationen liefern. Eine Abgrenzung zwischen Manipulation und zusätzlichen Nutzen gestaltet sich oft als schwierig und die empirische Fassung ist nicht unproblematisch.[201]

Im Ergebnis lässt sich festhalten, dass die Bestimmung des buchhalterischen Ergebnisses von diversen Einflüssen abhängt. Dies wird vor allem deutlich, wenn ein konkretes Rechnungslegungssystem wie die IFRS betrachtet wird. Bei der Ermittlung des Ergebnisses spielen die anzuwendenden Standards, die Umsetzung der Vorschriften durch das Management sowie etwaige Verhaltensmuster des Managements eine Rolle. Darüber hinaus kommen weitere exogene Faktoren hinzu. Diese Komponenten hängen überdies voneinander ab und beeinflussen sich gegenseitig. Welche Auswirkungen dies auf die Qualität des ausgewiesenen Ergebnisses hat, ist abhängig von der Ausprägung der einzelnen Faktoren und kann schlussendlich nur empirisch beantwortet werden.

3.2.1.6 Zusammenfassung der qualitativen Anforderungen aus Analysten- und Investorensicht

Buchhalterische Ergebnisse werden, wie die Darstellung gezeigt hat, von Analysten und Investoren im Rahmen ihrer Beurteilungen und Analysen herangezogen. Ebenfalls spielen sie in der empirischen Forschung eine wichtige Rolle.

Analysten und Investoren haben vor allem Interesse an **extrapolationsfähigen Ergebnisgrößen**, um diese für die Beurteilung der gegenwärtigen und künftigen Performance von Unternehmen heranzuziehen. So kann versucht werden, den aktuellen und voraussichtlich künftigen Wert der Kapitalanteile zu überprüfen bzw. zu bestimmen. Dies impliziert, dass die ausgewiesenen buchhalterischen Ergebnisse nachhaltig, prognostizierbar und wenig volatil sein sollten. Die aus der Periodisierung gewonnen Zusatzinformationen sollen Analysten und Investoren einen besseren Einblick in die Wertgenerierung des Unternehmens geben. Ferner sind sie daran interessiert, bilanzpolitische Maßnahmen des Managements zu erkennen, um sich von eventuellen Manipulationen nicht beirren zu lassen. Falls gewisse Kriterien nicht erfüllt werden bzw. Bilanzpolitik identifiziert werden kann, müssen sie Modifikationen an den ausgewiesenen Ergebnissen vornehmen, bevor sie diese in ihren weiteren Analysen einsetzen können.

[201] Vgl. Wagenhofer/Ewert (2007), S. 249 ff. Vgl. auch Dechow/Skinner (2000), S. 238.

Auf Basis dieser qualitativen Anforderungen werden zum Zwecke der empirischen Messung und Beurteilung der Extrapolierbarkeit des aktuellen IFRS-Ergebnisses Maßgrößen verwendet, die in der empirischen Forschung typischerweise eingesetzt werden. Sie werden in der Literatur neutral als Charakteristika von Ergebnissen (earnings attributes) bezeichnet. Diese Maßgrößen werden in rechnungslegungs- und marktbasierten Größen untergliedert.[202] Die empirische Untersuchung in dieser Arbeit findet ausschließlich unter Verwendung rechnungslegungsbasierter Maßgrößen statt. Im Folgenden werden die für die Untersuchung relevanten Maßgrößen kurz vorgestellt.[203]

3.2.2 Empirische Maßgrößen zur Beurteilung der Extrapolierbarkeit des IFRS-Ergebnisses

3.2.2.1 Beständigkeit

Die erste Maßgröße zur Beurteilung der Extrapolierbarkeit des buchhalterischen Ergebnisses ist die **Beständigkeit** (persistence). Diese Maßgröße drückt aus, inwieweit gegenwärtige Ergebnisse bzw. Ergebniskomponenten in künftigen Ergebnissen weiterbestehen. Mit anderen Worten misst die Beständigkeit, in welchem Maße bestimmte Ereignisse, die eine Zu- oder Abnahme des gegenwärtigen buchhalterischen Ergebnisses zur Folge haben, sich nachhaltig in der Zeitreihe der künftigen Ergebnisse widerspiegeln und damit einen fortwährenden Einfluss auf künftige Ergebnisse haben.[204] Eine besonders hohe Beständigkeit drückt aus, dass das gegenwärtige Ergebnis stabil, dauerhaft realisierbar und weniger risikobehaftet ist. Ziel ist es, wiederkehrende, permanente Ergebniseffekte von einmaligen, transitorischen zu unterscheiden.[205] Eine höhere Beständigkeit ruft dadurch auch einen höheren Ergebnismultiplikator im Rahmen von Unternehmensbewertungen hervor. Darüber hinaus stellt dieses Kriterium eine wertrelevante Eigenschaft des buchhalterischen Ergebnisses im Residualgewinnmodell dar.[206]

[202] Vgl. Francis/LaFond/Olsson/Schipper (2004), S. 972.

[203] Vgl. zu diesen Maßgrößen inklusive Kritik Schipper/Vincent (2003), S. 99 ff.; Francis/LaFond/Olsson/Schipper (2004), S. 972; Wagenhofer/Dücker (2007), S. 271 ff.

[204] Vgl. illustrativ Beaver (1998), S. 72 ff.

[205] Vgl. zu Beispielen zur Identifizierung beständiger Ergebniskomponenten (core/sustainable/persistent earnings) Penman (2004), S. 391 ff.

[206] Vgl. Ohlson (1995), S. 669. Vgl. hierzu auch Barth/Hutton (2004), S. 62.

Zur Bestimmung der Beständigkeit des buchhalterischen Ergebnisses G_t wird meist folgende Zeitreihe verwendet[207]:

$$G_{t+1} = \beta_0 + \beta_1 \cdot G_t + \varepsilon_{t+1}. \tag{3.21}$$

Der Grad der Beständigkeit wird auf Basis der Gleichung (3.21) durch den Regressionskoeffizienten β_1 beurteilt. Je höher dieser Koeffizient ist, desto beständiger ist das aktuelle buchhalterische Ergebnis.[208] Der Koeffizient β_1 wird wie folgt interpretiert: Für jeden Euro, den ein Unternehmen im aktuellen buchhalterischen Ergebnis ausweist, werden im Durchschnitt β_1 Euro im buchhalterischen Ergebnis des folgenden Geschäftsjahres fortbestehen.

Basierend auf dem grundlegenden Zusammenhang in Gleichung (3.20) ist es möglich, eine weitere Regressionsgleichung aufzustellen, welche die Beständigkeit der Ergebniskomponenten PA_t und CF_t misst. Es gilt[209]:

$$G_{t+1} = \beta_0 + \beta_1 \cdot PA_t + \beta_2 \cdot CF_t + \varepsilon_{t+1}. \tag{3.22}$$

In Gleichung (3.22) misst β_1 die Beständigkeit der PA_t und β_2 entsprechend die der CF_t. Auch hier gilt, dass je höher der Wert von β_1 bzw. β_2 ist, desto beständiger ist die entsprechende Ergebniskomponente. Die Interpretation der Koeffizienten lautet: Für jeden Euro des aktuellen buchhalterischen Ergebnisses, der auf Periodenabgrenzungen (Cashflows) basiert, bestehen im Durchschnitt β_1 (β_2) Euro im buchhalterischen Ergebnis des folgenden Geschäftsjahres fort.

3.2.2.2 Prognosefähigkeit

Ferner wird zur Beurteilung der Extrapolierbarkeit des buchhalterischen Ergebnisses die **Prognosefähigkeit** (predictability) des aktuellen buchhalterischen Ergebnisses bestimmt. Diese Maßgröße misst die Fähigkeit von gegenwärtigen Ergebnissen, sich selbst in Zukunft zu prognostizieren.[210] Eine ausgeprägte Progno-

[207] Vgl. grundlegend z.B. Freeman/Ohlson/Penman (1982), S. 640 f.

[208] Ein Random-Walk-Prozess (β_1=1) ist höchst beständig, während ein uneingeschränkter (pure) Mean-Reversion-Prozess (β_1=0) überhaupt nicht beständig ist. Es ist bekannt, dass Renditen, die sich aus buchhalterischen Größen ableiten und in empirischen Untersuchungen eingesetzt werden, sich langfristig ihrem Mittelwert annähern (Mean-Reversion-Prozess). Dies impliziert, dass β_1 kleiner als eins ist. Vgl. hierzu z.B. Beaver (1970) sowie Freeman/Ohlson/Penman (1982).

[209] Vgl. Sloan (1996), S. 297.

[210] Vgl. zu dieser Definition z.B. Lipe (1990), S. 50.

sefähigkeit wird von Analysten und Investoren positiv bewertet, da hierdurch das Risiko ihrer Vorhersagen reduziert wird.[211]

Diese Maßgröße ist eng mit der Beständigkeit verknüpft. D.h. Ergebnisse, die eine hohe Beständigkeit aufweisen, eignen sich normalerweise gut für Prognosezwecke. Jedoch ist dieser Zusammenhang nicht zwingend. Es gibt Sachverhalte, die einen beständigen Einfluss haben und zu einem permanenten Bestandteil der künftigen Ergebnisserie werden. Gleichzeitig kann die anteilige Ergebnisserie dieser Sachverhalte mit Unsicherheit behaftet sein und dadurch die Volatilität der künftigen Ergebnisserie insgesamt erhöhen. Diese beständigen Komponenten finden sich somit nachhaltig im künftigen Ergebnisstrom wieder und verschlechtern zugleich die Prognosefähigkeit des aktuellen Ergebnisses. In diesen Fällen wäre die Beständigkeit (der Veränderung) des Ergebnisses hoch, allerdings die Prognosefähigkeit des aktuellen Ergebnisses gering.[212]

Die Prognosefähigkeit des buchhalterischen Ergebnisses wird ebenfalls mit Gleichung (3.21) bestimmt. Als Maßgröße dient zum einen die Standardabweichung der Residuen[213] $\sigma(\varepsilon_{t+1})$ und zum anderen der Quotient[214] aus $\sigma(\varepsilon_{t+1})$ und dem Mittelwert der absolut geschätzten Werte $\widehat{|G_{t+1}|}$.[215] Zur Beurteilung der Prognosefähigkeit gilt: Je geringer $\sigma(\varepsilon_{t+1})$ bzw. $\frac{\sigma(\varepsilon_{t+1})}{\widehat{|G_{t+1}|}}$ ist, desto höher ist die Prognosefähigkeit des aktuellen buchhalterischen Ergebnisses.

3.2.2.3 Volatilität und Glättung

Schließlich wird die **Volatilität** (variability) bzw. **Glättung** (smoothness) des buchhalterischen Ergebnisses gemessen und zur Beurteilung der Extrapolierbarkeit verwendet.

Volatile Ergebnisse eignen sich schlechter zur Extrapolation als solche mit einer geringeren Volatilität, da letztere tendenziell eher repräsentativ für künftige

---

[211] Vgl. Wagenhofer/Dücker (2007), S. 272. Folglich ist die Prognosefähigkeit eine relevante Komponente im Bewertungskalkül. Vgl. hierzu die Diskussion bei Lee (1999).

[212] Vgl. Schipper/Vincent (2003), S. 101.

[213] Vgl. z.B. Lipe (1990), S. 59; Francis/LaFond/Olsson/Schipper (2004), S. 980.

[214] Vgl. zu einer ähnlichen Vorgehensweise Gassen/Sellhorn (2006), S. 379.

[215] Gängig ist auch das Bestimmtheitsmaß R^2 der Regression von Gleichung (3.21) als Maßgröße zu verwenden. Jedoch eignet sich diese Größe nicht, um verschiedene Samples miteinander zu vergleichen, da das R^2 von anderen Charakteristika der Samples zusätzlich beeinflusst wird. Entsprechend wurde in der jüngeren Vergangenheit diese Vorgehensweise stark kritisiert. Vgl. ausführlich zu dieser Kritik sowie zu den in dieser Arbeit alternativ verwendeteten Maßgrößen Gu (2007).

Perioden sind und in Bewertungskalkülen von Analysten und Investoren eingesetzt werden können. Volatilität kann ein hohes Risiko indizieren und zu einem Abschlag bei der Bewertung führen.[216] Bei dieser Sichtweise wird davon ausgegangen, dass das Management seinen Informationsvorsprung hinsichtlich künftiger Ergebnisentwicklungen gegenüber den Adressaten verwendet, um transitorische Schwankungen des Ergebnisses auszugleichen und somit ein repräsentatives, nachhaltig erzielbares Ergebnis zu kommunizieren.[217] Doch können buchhalterische Ergebnisse auch manipulativ durch das Management geglättet sein und eine Form von Bilanzpolitik darstellen. In diesem Fall wäre das aktuelle Ergebnis wenig informativ.[218] Hierzu könnten transitorische Ergebniskomponenten verwendet werden, welche die Beständigkeit reduzieren und die Prognosefähigkeit erhöhen.[219]

Gemessen wird die Volatilität durch zwei Maßgrößen. Die erste setzt die Volatilität des Ergebnisses ins Verhältnis zur Volatilität der Cashflows[220]:

$$\frac{\sigma(G_t)}{\sigma(CF_t)}. \tag{3.23}$$

Die zweite misst die Korrelation zwischen Änderungen der Periodenabgrenzungen und Änderungen der Cashflows[221]:

$$\rho(\Delta PA_{t-1\to t}, \Delta CF_{t-1\to t}). \tag{3.24}$$

In den Gleichungen (3.23) und (3.24) stellen die Cashflows eine Referenzgröße dar, die von Rechnungslegungsvorschriften sowie deren konkreten Umsetzung durch das Management abstrahiert. Durch Periodisierung werden diese sachlich den Perioden zugeordnet und das buchhalterische Ergebnis wird generiert, um die ökonomische Leistungserstellung angemessener abzubilden.[222] Insbesondere werden hierdurch Informationen über die künftige Ergebnisentwicklung kommuniziert und zufällige Schwankungen der Cashflows ausgeglichen. In der Regel ist die Volatilität des Ergebnisses gegenüber den zugrunde liegenden Cashflows durch die Periodisierung vermindert bzw. sind die Ergebnisse geglättet und entsprechend sollte die Maßgröße in Gleichung (3.23) regelmäßig kleiner als eins und

[216] Vgl. Wagenhofer (2009), S. 587.
[217] Vgl. Francis/LaFond/Olsson/Schipper (2004), S. 972.
[218] Vgl. Leuz/Nanda/Wysocki (2003), S. 509 f.
[219] Vgl. Schipper/Vincent (2003), S. 101.
[220] Vgl. Leuz/Nanda/Wysocki (2003), S. 509 und S. 514.
[221] Vgl. hierzu ebenfalls Leuz/Nanda/Wysocki (2003), S. 510 und S. 514; Bhattacharya/Daouk/Welker (2003), S. 648 f.
[222] Vgl. Schipper/Vincent (2003), S. 101; Francis/LaFond/Olsson/Schipper (2004), S. 972.

die Korrelation in Gleichung (3.24) negativ sein. Wird von bilanzpolitischen Eingriffen des Managements abgesehen, gilt: Je geringer $\frac{\sigma(G_t)}{\sigma(CF_t)}$ bzw. je negativer $\rho(\Delta PABT_{t-1\to t}, \Delta CFOBT_{t-1\to t})$ ist, desto geringer ist die Volatilität des aktuellen buchhalterischen Ergebnisses, so dass dies tendenziell zur Extrapolation verwendet werden kann.

Die Bestimmung dieser Maßgrößen sowie weiterer deskriptiver Kriterien zur Beurteilung der Extrapolierbarkeit des IFRS-Ergebnisses in deutschen Konzernabschlüssen vor dem Hintergrund der latenten Steuerverrechnung nach IAS 12 ist Gegenstand der empirischen Untersuchung dieser Arbeit.

Kapitel 4

Die Extrapolierbarkeit des IFRS-Ergebnisses in deutschen Konzernabschlüssen – Eine Beurteilung auf Basis latenter Steuern nach IAS 12

4.1 Hypothesenbildung

Bei der Darstellung des Informationsgehalts von Periodenabgrenzungen in Abschnitt 3.2.1.5 wurde bereits angedeutet, dass deren inhaltliche Interpretation vor dem Hintergrund der GuV- resp. bilanzorientierten Sichtweise von zentraler Bedeutung ist. In beiden Fällen werden formal Cashflows in Ergebnisse übergeleitet und das Resultat ist der buchhalterische Gewinn. Materiell können diese divergierenden Sichtweisen jedoch Unterschiede in Bilanzansatz und Bewertung zur Folge haben, die sich auf die zugrunde gelegte Gewinndefinition und somit auf den Informationsgehalt des buchhalterischen Gewinns für künftige Cashflows auswirken kann. Da die aktuellen IFRS eine Kombination beider Sichtweisen widerspiegeln, wobei die bilanzorientierte Sichtweise vom IASB derzeit bevorzugt wird, werden die Konsequenzen beider Extreme für den Informationsgehalt der Gewinnermittlung nach den IFRS in Abschnitt 4.1.1 eruiert.

Das grundsätzliche Untersuchungsziel dieser Arbeit besteht darin, zu zeigen, dass die der latenten Steuerverrechnung zugrunde liegenden Book-Tax-Abweichungen relevante Informationen beinhalten, die zusätzlich im Rahmen der Jahresabschlussanalyse verwendet werden können, um die Extrapolierbarkeit des IFRS-Ergebnisses zu beurteilen. Investoren und Analysten können möglicherweise latente Steuern nach IAS 12 verwenden, um die Höhe der Abweichung des steuerlichen Gewinns vom IFRS-Ergebnis zu approximieren und um damit eine Benchmark zu kreieren, die zusätzliche Erkenntnisse hinsichtlich der nachhaltigen Ertragslage bzw. der Qualität des publizierten IFRS-Ergebnisses liefert. Das Auseinanderfallen des IFRS-Ergebnisses und des Steuerbilanzgewinns kann auf drei grundlegende Ursachen zurückgeführt werden. Diese müssen erläutert werden, da das Verständnis dieser essenziell ist, um urteilen zu können, ob und warum Book-Tax-Abweichungen Informationen hinsichtlich der Extrapolierbarkeit des IFRS-Ergebnisses beinhalten. Dies ist Gegenstand des Abschnitts 4.1.2. Es werden beispielhaft Sachverhalte und Situationen diskutiert, in denen diese Differenzen – in Abhängigkeit ihrer Entstehungsursachen – als Benchmark verwendet werden könnten.

Schließlich wird in Abschnitt 4.1.3 zunächst die Vorgehensweise in dieser Arbeit erläutert, um „echte“ Book-Tax-Abweichungen zu approximieren. Anschließend werden Hypothesen in Zusammenhang mit den in Abschnitt 3.2.2 vorgestellten Maßgrößen aufgestellt. Diese Maßgrößen werden zur Beurteilung der Extrapolierbarkeit – also der Beständigkeit, Prognosefähigkeit und Volatilität – des IFRS-Ergebnisses vor dem Hintergrund bestehender Book-Tax-Abweichungen verwendet.

4.1.1 Exkurs: Gewinnrealisation und Gewinndefinition nach den IFRS und resultierende Konsequenzen für den Informationsgehalt der IFRS-Gewinnermittlung

Nach der GuV-orientierten Sichtweise verteilen Periodenabgrenzungen die geballt anfallenden Cashflows auf die zugrunde liegenden Perioden. Die Unterschiede zwischen Cashflows und Gewinnen werden in der Bilanz gespeichert und die in der Bilanz erfassten Sachverhalte werden durch die Gewinnermittlung bestimmt. Die Ermittlung des „korrekten“ Periodenergebnisses ist das Ziel der Gewinnermittlung. Diese soll die Performance des Unternehmens messen und ausdrücken, ob das Unternehmen durch wiederkehrende Verluste in seinem Bestand gefährdet ist. Als zentrale Anforderung an die Rechnungslegung resultiert das Prinzip der Periodenabgrenzung. Vor diesem Hintergrund sind das Realisationsprinzip – zur Bestimmung der Periodenerträge – und das matching principle – zur Zuordnung der korrespondierenden Aufwendungen – zu sehen. Basiert die Bestimmung der Periodenabgrenzungen ausschließlich auf diesen beiden Prinzipien, dann ist das buchhalterische Ergebnis ein zweckmäßiges Surrogatmaß für die periodische Performance des Unternehmens und besser geeignet zur Prognose künftiger Cashflows, als die aktuellen Cashflows selbst.[1]

Wird die bilanzorientierte Sichtweise zugrunde gelegt, steht die korrekte wertmäßige Bestimmung des ausgewiesenen Nettovermögens im Vordergrund. Alle weiteren Elemente leiten sich aus den Bestandsgrößen Vermögenswerte und Schulden ab. Die Periodenabgrenzungen stellen folglich die Wertänderungen dieser dar. Die Vermögens- bzw. Schuldenausweise bilden künftige Ein- bzw. Auszahlungserwartungen ab, die über die Leistungserstellung und Wertgenerierung der Periode informieren. Falls die Bestimmung der Periodenabgrenzungen im Wesentlichen auf transitorische (nicht vorhersagbare) Neubewertungen der Aktiva und Passiva gründet, kann davon ausgegangen werden, dass sich das buchhalterische Ergebnis weniger zu Prognosezwecken eignet.[2]

Bei der Erstellung des IFRS-Abschlusses ist das Prinzip der Periodenabgrenzung zwingend zu beachten (F.22). Diesbezüglich gilt ein weit gefasstes Realisationsprinzip, welches in Zusammenhang mit der Informationsfunktion zu sehen ist. Nach den IFRS werden sowohl realisierte als auch realisierbare (unrealisierte) Erträge erfasst. Die grundsätzlichen Regelungen hierzu enthält IAS 18 „Revenue".[3] Die weite Auslegung des Realisationsprinzips wird in den einzelnen Standards deutlich. So werden im Rahmen der Langfristfertigung hinreichend sichere, aber noch nicht realisierte, künftige Auftragserlöse (contract revenues) schon vereinnahmt (IAS 11.11).[4] Ebenso können Erträge aus der Neubewertung bereits vor ihrer eigentlichen Realisierung erfolgswirksam oder erfolgsneutral in der Gewinnermittlung angesetzt werden.[5]

Die Erfassung der Aufwendungen vollzieht sich nach dem matching principle (Prinzip der sachlichen Abgrenzung). Im Vergleich zur deutschen Gewinnermittlung nach dem HGB hat dieses Prinzip bislang eine große Bedeutung im System

[1] Vgl. Dechow/Schrand (2004), S. 11.
[2] Vgl. erneut Dechow/Schrand (2004), S. 11.
[3] Vgl. zu einer detaillierten Darstellung der Regelungen z.B. Pellens/Fülbier/Gassen/Sellhorn (2008), S. 240 ff.
[4] Vgl zu weiteren Beispielen Pellens/Fülbier/Gassen/Sellhorn (2008), S. 239 f.; Wagenhofer (2009), S. 151 sowie die Aufzählung in IAS 18.6.
[5] Ein Beispiel hierzu ist die erfolgswirksame Erfassung der Wertänderungen von als Finanzinvestition gehaltenen Immobilien (IAS 40.35).

der IFRS, jedoch nimmt diese mit dem zunehmenden Fokus der Bilanzorientierung ab. Bei konsequenter Anwendung dieses Prinzips würde es buchungstechnisch zum Ansatz eines Abgrenzungspostens kommen. Im System der IFRS gibt es allerdings nicht das matching principle in seiner uneingeschränkten Form.[6] Allein die Absicht, Aufwendungen zu den korrespondierenden Erträgen erfassen zu wollen, um damit einer periodengerechten Erfolgsermittlung gerecht zu werden, rechtfertigt nicht den Ansatz und die Bewertung eines Vermögensgegenstands resp. einer Schuld. Das Rahmenkonzept erläutert, dass das „matching" die simultane oder kombinierte Erfassung von Erträgen und Aufwendungen umfasst, die direkt und gemeinsam aus denselben Geschäftsvorfällen oder anderen Ereignissen resultieren. Das „matching" kann das Ergebnis aus der Anwendung einzelner Standards sein und in der Regel führen ökonomisch zusammenhängende Sachverhalte zu einer korrespondierenden Erfassung der Erträge und Aufwendungen in der Gewinnermittlung. Jedoch darf die Anwendung des matching principles nicht zum Ansatz von Posten in der Bilanz führen, die nicht die Definition von Vermögenswerten und Schulden erfüllen (F.95 und IAS 1.25 f.). Das „matching" muss in Zusammenhang mit den entsprechenden Vermögenswerten und Schulden gesehen werden, die zunehmend auf Basis der bilanzorientierten Sichtweise abzubilden sind.

Übereinstimmend mit der bilanzorientierten Sichtweise werden Vermögensgegenstände (assets) und Schulden (liabilities) definiert. Sie stellen Ressourcen resp. gegenwärtige Verpflichtungen dar, die das Ergebnis eines vergangenen Ereignisses sind, von denen künftig ein ökonomischer Nutzenzufluss resp. -abfluss erwartet wird (F.49). Die Definition von Erträgen und Aufwendungen – als Nutzenzufluss oder -abfluss in Zusammenhang mit einer gleichzeitigen Zu- oder Abnahme eines Vermögensgegenstands oder Schuld – lehnt sich an dieser Definition an (F.70). Erträge und Aufwendungen treten demnach nur in Kombination mit der Wertänderung eines Vermögensgegenstands oder einer Schuld auf (F.92, 94, 97, 98).

Erträge und Aufwendungen können ergebniswirksam oder ergebnisneutral erfasst werden. Werden sie ergebniswirksam verbucht, fließen sie in das Periodenergebnis ein. Bei einer ergebnisneutralen Erfassung werden die Vorgänge im sonstigen Gesamterfolg (other comprehensive income) ausgewiesen. Die Summe aus dem Periodenergebnis und dem sonstigen Gesamterfolg ist der Gesamterfolg (comprehensive income) des Geschäftsjahres. Gemäß IAS 1.78 sind alle Erträge und

[6] Dies wird in Forschung und Praxis gelegentlich falsch ausgelegt und kann zu Fehlinterpretationen führen. Vgl. zu diesem und weiteren Missverständnissen auch Barth (2008), S. 1166 ff.

Aufwendungen erfolgswirksam zu erfassen, sofern nicht in den anzuwendenden Standards eine erfolgsneutrale Behandlung vorgesehen ist.[7] D.h. die Erfassungstechnik ergibt sich explizit aus den jeweiligen Standards. Die Folgebilanzierung von ergebnisneutralen Geschäftsvorfällen ist uneinheitlich geregelt und kann dazu führen, dass es im Rahmen des Periodenergebnisses zu Verstößen gegen das Kongruenzprinzip kommt, wenn zunächst ergebnisneutrale Wertänderungen bei der Veräußerung nicht ergebniswirksam im Periodenergebnis erfasst werden.[8] Diese Ungleichbehandlung von Wertänderungen tangiert deshalb auch die von Analysten häufig verwendete Kennzahl „Gewinn je Aktie", denn die Berechnung dieser Kennzahl basiert auf dem Periodenergebnis (IAS 33.12 und 33.33).[9]

Trotz der dargestellten Orientierung der Definition von Erträgen und Aufwendungen an der Wertänderung von Vermögensgegenständen und Schulden, ist die GuV und insbesondere das IFRS-Ergebnis keinesfalls weniger wichtig. Der Grund für diese Verknüpfung ist darin zu sehen, dass der IASB bislang noch keine konsistente und umsetzbare Methode zur Bestimmung von Erträgen und Aufwendungen entwickelt[10] hat, ohne sich dabei an den entsprechenden Positionen in der Bilanz anzulehnen.[11]

In diesem Kontext ist die zunehmende fair value-Bilanzierung zu sehen. Der IASB hat die in den letzten Jahren erlassenen Standards an der sog. „full fair value-Bilanzierung" ausgerichtet.[12] Bei stark schwankenden Marktpreisen führt diese Behandlung, insbesondere im Vergleich zur Rechnungslegung nach dem HGB, zu

[7] Vgl. hierzu auch IAS 1.80.

[8] Werden diese hingegen in den Folgeperioden erfolgswirksam im Periodenergebnis erfasst, spricht man vom sog. „Recycling". Vgl. hierzu Coenenberg (2005), S. 359 f.; Pellens/Fülbier/Gassen/Sellhorn (2008), S. 487.

[9] Die Angabe des Gewinns je Aktie soll als Performancemaßstab dienen. Es bemisst die Höhe der Ertragskraft je Stammaktie. Vgl. IAS 33.11 und 33.32.

[10] Die Ertragsrealisation ist in den IFRS bislang zum Teil noch unterschiedlich und inkonsistent geregelt. Es liegt kein einheitliches Konzept zugrunde. In Zukunft will der IASB die bilanzorientierte Behandlung der Ertragsrealisation konsequent umsetzen und hat dazu zusammen mit dem FASB das „Revenue Recognition Project" im Jahre 2002 geschaffen. Vgl. zu einem kurzen Überblick über dieses Projekt sowie zu weiteren Literaturempfehlungen Pellens/Fülbier/Gassen/Sellhorn (2008), S. 251 f.

[11] Vgl. Barth (2008), S. 1167 f.

[12] Beispielhaft können die Behandlung von Sachanlagen (IAS 16), Wertminderungen von Vermögenswerten (IAS 36), immateriellen Vermögensgegenständen (IAS 38), Finanzinstrumenten (IAS 39) oder von Unternehmenszusammenschlüssen (IFRS 3) angeführt werden. Streng genommen sind beinahe alle Vermögensgegenstände und Schulden in der Bilanz zum fair value ausgewiesen, denn wertberichtigte, amortisierte, neubewertete oder anderweitig erneut bestimmte Werte sind nicht mehr zu ihren historischen Anschaffungskosten bilanziert und die zugrunde liegenden Wertermittlungen basieren auf Überlegungen hinsichtlich des Marktpreises. Vgl. Barth (2008), S. 1166.

erheblich stärker schwankenden Ergebnis- und Eigenkapitalausweisen der Unternehmen. Folglich nimmt die Volatilität des Ergebnisses zu und dessen Informationsgehalt gegebenenfalls ab. Dies könnte dazu führen, dass sich Investoren und Analysten stärker am operativen Cashflow als am Gewinn je Aktie orientieren. Jedoch kann konstatiert werden, dass die meisten Bestandteile, die im sonstigen Gesamterfolg ausgewiesen werden, aus Neubewertungen stammen oder solche Ereignisse abbilden, die die Ergebnisvolatilität erhöhen. Durch diese Erfassung sind sie nicht Bestandteil des Periodenergebnisses und tangieren nicht den Gewinn je Aktie. Allerdings haben die Neubewertung und das Ausmaß der Volatilität als solche keinen Einfluss darauf, ob der Ausweis im sonstigen Gesamterfolg oder im Periodenergebnis erfolgt.[13]

Zusammenfassend lässt sich festhalten, dass dem System der IFRS keine einheitliche Gewinnkonzeption zugrunde liegt, obwohl die aktuellen Bestrebungen des IASB eindeutig in Richtung einer Bilanzorientierung zu sehen sind.[14] Für den Informationsgehalt der Periodenabgrenzungen sowie des resultierenden Gewinns hinsichtlich künftiger Cashflows hat dies, in Abhängigkeit der zugrunde liegenden Geschäftsvorfälle, unterschiedliche Implikationen.

Die IFRS verfolgen ein ausgeprägtes Realisationsprinzip mit einem bislang relativ bedeutendem matching principle, welches jedoch durch die Anlehnung der Definition von Erträgen und Aufwendungen an die Bilanzierungsfähigkeit von Vermögensgegenständen und Schulden eingeschränkt wird. Die Intention der IFRS-Rechnungslegung ist – vor dem Hintergrund der Vermittlung entscheidungsrelevanter Informationen – in der Abbildung der Wertgenerierung der ursächlichen Leistungserstellung des Unternehmens zu sehen.

Basieren die ausgewiesenen buchhalterischen Ergebnisse vornehmlich auf dem Realisationsprinzip und dem Prinzip der sachlichen Abgrenzung, so ist von einem hohen Informationsgehalt hinsichtlich künftiger Cashflows auszugehen. Die Erträge und Aufwendungen von ökonomisch zusammenhängenden Sachverhalten werden dadurch zeitlich und sachlich einander zugeordnet und korrespondierend in der GuV ausgewiesen. Die Volatilität des Ergebnisses wird entsprechend reduziert. Gründen die Periodenabgrenzungen auf erfolgswirksamen oder -neutralen Bewertungsvorgängen, ist deren Informationsgehalt nicht eindeutig bestimmbar. Ist der Bewertungsvorgang relevant für die Wertgenerierung der Unternehmung,

[13] Vgl. Barth (2008), S. 1168 f.
[14] Vgl. hierzu auch ausführlich mit weiteren Nachweisen Antonakopoulos (2007), S. 26 ff.

wie z.B. die außerplanmäßige Abschreibung einer uneinbringlichen Forderung oder die Erhöhung einer Rückstellung für künftig zu erwartende Reklamationen, werden wichtige Informationen hinsichtlich der künftigen Ergebnisentwicklung kommuniziert. Basieren die Wertänderungen auf transitorischen Vorfällen, wie z.B. die kurzfristige Wertminderung bei Wertpapieren oder anderen vorübergehenden Wertschwankungen, so wird die Volatilität des Ergebnisses tendenziell erhöht und der Informationsgehalt reduziert.

Das IFRS-Periodenergebnis könnte diesbezüglich mehr Informationsgehalt besitzen, da erfolgsneutral erfasste Wertschwankungen hierin nicht enthalten sind.[15] Allerdings wurde dargestellt, dass dies nicht als Klassifizierungskriterium dient. Es ist somit keinesfalls evident, ob sich die ausgewiesenen Periodenabgrenzungen im IFRS-Periodenergebnis in Summe zur Prognose künftiger Cashflows eignen. Diesbezüglich könnten Book-Tax-Abweichungen möglicherweise nützliche Informationen enthalten.

4.1.2 Book-Tax-Abweichungen als Benchmark zur Beurteilung der Extrapolierbarkeit des IFRS-Ergebnisses

Wie ausführlich in Abschnitt 2.1 dargestellt wurde, müssen kapitalmarktorientierte Unternehmen mit Sitz in Deutschland einen Jahresabschluss nach steuerrechtlichen Grundsätzen und nach den IFRS erstellen. Obwohl die Gewinnermittlung dieser beiden Rechnungslegungssysteme jeweils auf Basis von Periodenabgrenzungen erstellt wird, weicht diese typischerweise voneinander ab und die resultierenden Abweichungen werden im IFRS-Abschluss, soweit sie nicht permanente Differenzen sind bzw. kein explizites Ansatzverbot besteht, mittels der latenten Steuerverrechnung abgebildet. Das grundsätzliche Untersuchungsziel dieser Arbeit ist, zu zeigen, dass die der latenten Steuerverrechnung zugrunde liegenden Book-Tax-Abweichungen relevante Informationen beinhalten, die zusätzlich im Rahmen der Jahresabschlussanalyse verwendet werden können, um die Extrapolierbarkeit des IFRS-Ergebnisses zu beurteilen. Investoren und Analysten könnten möglicherweise latente Steuern nach IAS 12 verwenden, um die Höhe der Abweichung des steuerlichen Gewinns vom IFRS-Ergebnis zu approximieren und um damit eine Benchmark zu kreieren, die zusätzliche Erkenntnisse hinsichtlich der

[15] Es ist natürlich notwendig, den sonstigen Gesamterfolg zu analysieren, da in dieser Position ebenso Wirkungen ausgewiesenen werden, welche den Wert des Unternehmens beeinflussen. Vgl. zu einer empirischen Analyse des sonstigen Erfolgs in deutschen Jahresabschlüssen Müller/Reinke (2008), S. 261 ff.

nachhaltigen Ertragslage bzw. der Qualität des publizierten IFRS-Ergebnisses liefert. Book-Tax-Abweichungen könnten dann insbesondere zur Beurteilung der Extrapolierbarkeit des IFRS-Ergebnisses eingesetzt werden. Dies ist die elementare Voraussetzung, damit das buchhalterische Ergebnis in entsprechenden Bewertungskalkülen zum Treffen bzw. zur Überprüfung von Kapitalanlageentscheidungen[16] uneingeschränkt einsetzbar ist.

Im Rahmen der empirischen Untersuchung werden nur temporary differences betrachtet, die nach IAS 12 zu erfassen und im Jahresabschluss abzubilden sind. Permanente Differenzen werden aus verschiedenen Gründen nicht miteinbezogen. Allen voran sind diese Differenzen schwer zu bestimmen. Sie lassen sich zwar zum Teil aus der steuerlichen Überleitungsrechnung (IAS 12.81 (c) und IAS 12.84-86) ableiten, doch erfordert dies eine detaillierte Analyse der enthaltenen Angaben. Problematisch in diesem Zusammenhang ist auch, dass die Angaben aus der Überleitungsrechnung nicht in Datenbanken mit Jahresabschlussinformationen vorhanden sind. Für empirische Zwecke wäre es dennoch denkbar, permanente Differenzen unter Verwendung des effektiven Steuersatzes aus der steuerlichen Überleitungsrechnung und dem fiktiven Steueraufwand (Konzernergebnis vor Steuern multipliziert mit dem tarifmäßigen Steuersatz) abzuleiten. Ziel dieser Überleitungsrechnung ist es, die Auswirkungen u.a. von permanenten Differenzen auf den effektiven Steuersatz aufzuzeigen.[17] Jedoch werden bei der Berechnung des effektiven Steuersatzes z.B. abweichende ausländische Steuersätze zusammen mit permanenten Differenzen einbezogen, so dass eine Ableitung permanenter Differenzen nicht ohne Detailanalyse möglich ist. Ferner bereitet der Überleitungsposten „Sonstiges", der als Residualgröße unwesentliche Steuereffekte abbilden soll, und die Aggregation oder Aufrechnung einzelner Posten Schwierigkeiten.[18] In Anbetracht dieser Probleme werden permanente Differenzen nicht weiter in der Untersuchung betrachtet.

---

[16] Vgl. hierzu Abschnitt 3.2.1.4.

[17] Denkbar wäre, den fiktiven Steueraufwand von dem Produkt, welcher sich aus der Multiplikation des effektiven Steuersatzes mit dem Konzernergebnis vor Steuern ergibt, abzuziehen. Hieraus ließen sich permanente Differenzen ableiten. Vgl. auch Frank/Lynch/Rego (2009), S. 472 ff. zu einer alternativen Vorgehensweise zur Bestimmung von permanenten Differenzen auf Basis von Informationen aus dem Jahresabschluss.

[18] Vgl. zu diesen und weiteren Problemen Hanlon (2003), S. 837 f. sowie Aktay/Ries (2008), S. 763 ff. Darüber hinaus wird die Konzernsteuerquote durch eine Vielzahl weiterer Gestaltungsparameter beeinflusst. Vgl. hierzu ausführlich Dempfle (2006), S. 117 sowie S. 275 ff. Vgl. auch Kröner/Beckenhaub (2008), S. 633 ff.

Die Darstellung der Grundlagen der latenten Steuerverrechnung nach IAS 12 in Abschnitt 2.3.1 haben gezeigt, dass der Standard zwischen taxable temporary differences, die bei ihrer Auflösung höhere Steuerbelastungen hervorrufen, und deductible temporary differences, die bei ihrer Auflösung zu Steuerentlastungen führen, differenziert. Taxable temporary differences erfordern den Ansatz einer passiven latenten Steuer, deductible temporary differences den Ansatz einer aktiven Steuerlatenz. Die Zunahme einer passiven latenten Steuer impliziert, dass ein Unternehmen im aktuellen Geschäftsjahr im Rahmen der IFRS-Gewinnermittlung ceteris paribus Umsätze realisiert und/oder Aufwendungen zu Lasten künftiger Perioden verschiebt, und dies in der steuerlichen Gewinnermittlung unterlässt bzw. zu einem anderen Wert vornimmt – das IFRS-Ergebnis ist folglich größer als der steuerliche Gewinn. Umgekehrt ist die Zunahme einer aktiven latenten Steuer zu verstehen. Während in der IFRS-Gewinnermittlung ceteris paribus Aufwendungen aktuell erfasst und/oder Umsätze später realisiert werden, ist dies für die steuerliche Erfassung nicht in gleicher Höhe gegeben – das IFRS-Ergebnis ist somit kleiner als der steuerliche Gewinn. Das Auseinanderfallen der Gewinne hat drei grundlegende Ursachen.[19] Diese müssen erläutert werden, da das Verständnis dieser essenziell ist, um urteilen zu können, ob und warum Book-Tax-Abweichungen Informationen hinsichtlich der Extrapolierbarkeit des IFRS-Ergebnisses beinhalten.[20]

Unterschiede in der Gewinnermittlung nach den IFRS und dem Steuerrecht können zunächst einmal das Resultat einer angemessenen und korrekten Umsetzung der entsprechenden Regelungen sein. Da sich die Zielsetzungen und die Adressaten der Rechnungslegungssysteme grundlegend unterscheiden, werden identische Sachverhalte unterschiedlich geregelt. Während die IFRS entscheidungsrelevante Informationen an Investoren vermitteln sollen, erfüllt die Steuerbilanz die Funktion der Zahlungsbemessung, wobei alleiniger Adressat der Fiskus ist. Zudem gründen manche steuerliche Gewinnelemente auf dem Lenkungszweck der Steu-

[19] Vgl. zu diesen grundlegenden Ursachen z.B. auch Mills/Newberry (2001), S. 3 ff.; Phillips/Pincus/Rego (2003), S. 493 ff.; Lev/Nissim (2004) S. 1043 ff.; Phillips/Pincus/Rego/Wan (2004), S. 45 ff.; Hanlon (2005), S. 140 f.; Hanlon/Laplante/Shevlin (2005), S. 411 ff.; Crabtree/Maher (2009), S. 77 f.; Hanlon/Maydew (2009), S. 130 f.

[20] Die nachfolgende Darstellung des potenziellen Informationsgehalts von Book-Tax-Abweichungen in Zusammenhang mit bestimmten Situationen und Sachverhalten ist nicht abschließend. Es werden beispielhaft Sachverhalte und Situationen diskutiert, in denen diese Differenzen – in Abhängigkeit ihrer Entstehungsursache – als Benchmark verwendet werden könnten.

erbilanz, wie es z.B. der Fall bei Sonderabschreibungen ist. Das Resultat sind unterschiedliche Anforderungen an die jeweiligen Gewinnermittlungsregeln.

Vor allem wird der Zeitpunkt der Ertragsrealisation unterschiedlich ausgelegt. In Abschnitt 4.1.1 wurde erläutert, dass die IFRS auf einem relativ weit ausgeprägtem Realisationsprinzip basieren. Dies wird z.B. bei den Erträgen aus Fertigungsaufträgen sowie bei Neubewertungen zum fair value im Bereich der Finanzinstrumente deutlich. Die steuerliche Erfassung von Erträgen folgt ebenfalls dem Realisationsprinzip (§ 252 Abs. 1 Nr. 4, 2. Halbsatz HGB iVm. § 5 Abs. 1 EStG). Jedoch liegt dem ein abweichendes, vom Vorsichtsprinzip geprägtes Verständnis zugrunde[21], was den Ausweis unsicherer Gewinne verbietet.

Während in den IFRS die Realisation von Erträgen im Vergleich zu den steuerrechtlichen Regelungen eindeutig vorverlagert stattfindet, sind die Unterschiede in der Aufwandsrealisation zwischen den Rechnungslegungssystemen differenzierter. Prinzipiell müssen steuerrechtlich alle bereits vorhersehbaren Verluste und Risiken über z.B. die Bildung von Rückstellungen oder Teilwertabschreibungen antizipiert werden (§ 252 Abs. 1 Nr. 4, 1. Halbsatz HGB iVm. § 5 Abs. 1 EStG). Diese imparitätische Behandlung von Gewinnen und Verlusten kann eine vorverlagerte Aufwandsrealisierung in der steuerlichen Gewinnermittlung bewirken.[22] Dadurch kann es steuerrechtlich bei manchen Sachverhalten tendenziell eher zu einer Rückstellungsbildung kommen, als dies nach den IFRS der Fall wäre.[23] Gleichzeitig gibt es aber auch Geschäftsvorfälle, welche die Bildung einer Rückstellung in den IFRS hervorrufen, wie z.B. die Antizipation von drohenden Verlusten, die steuerrechtlich (noch) nicht angesetzt werden dürfen. Allgemeingültige Aussagen zu den Unterschieden der zeitlichen Berücksichtigung von Aufwendungen zwischen den IFRS und den steuerlichen Grundsätzen sind nicht möglich.

[21] Dies gilt gleichfalls für das auch im Steuerrecht anzutreffende matching principle (Grundsatz der sachlichen Abgrenzung bei leistungsbezogener Wertminderung). Vgl. Herzig (2004), S. 46 ff.

[22] Vgl. Herzig (2004), S. 51 f. In den IFRS lassen sich einige Regelungen identifizieren, welche unterschiedlich strenge Anforderungen an die Aktivierung und Passivierung und damit an die Gewinn- und Verlustrealisation stellen. Im Rahmen der Langfristfertigung nach IAS 11 wird ein Verlust sofort in voller Höhe berücksichtigt; der Gewinn wird demgegenüber nur nach dem Fertigstellungsgrad vereinnahmt. Vgl. zu weiteren Beispielen Wagenhofer (2009), S. 161 f.

[23] Es wird angenommen, dass eine steuerrechtliche Passivierungspflicht für diese Rückstellung aufgrund der materiellen Maßgeblichkeit besteht. Während nach den IFRS eine Wahrscheinlichkeit größer als 50% vorliegen muss, ist nach dem HGB eine geringere Wahrscheinlichkeit ausreichend. Vgl. Pellens/Fülbier/Gassen/Sellhorn (2008), S. 438 f.

Außerdem kann es grundsätzlich zu vielen weiteren Divergenzen kommen, so z.B. durch Folgebewertungen zum fair value, durch die Aktivierung von Entwicklungskosten im IFRS-Abschluss, durch die Anwendung abweichender Abschreibungsmethoden sowie unterschiedlichen Nutzungsdauern, durch die unterschiedliche Bestimmung der Herstellungskosten, durch unterschiedliche Verfahren zur Bewertung der Höhe von Pensionsrückstellungen, durch steuerrechtliche Sonderabschreibungen etc.

Dies sind nur einige Beispiele, die aufzeigen sollen, dass per se, d.h. durch die korrekte und angemessene Anwendung der jeweiligen Vorschriften, Book-Tax-Abweichungen entstehen.[24] Book-Tax-Abweichungen können in Zusammenhang mit beinahe allen Bilanzpositionen stehen. Inwieweit diese insgesamt als Benchmark dienen können und einen Informationsgehalt bezüglich der Extrapolierbarkeit des IFRS-Ergebnisses besitzen, ist daher nicht eindeutig und lässt sich auf Basis dieser Differenzen nicht allgemeingültig bestimmen. Einige konkrete Situationen lassen sich dennoch beispielhaft anführen, in denen diese automatisch enstehenden Differenzen aufschlussreiche Informationen kommunizieren könnten.

Es ist offensichtlich, dass die zunehmende fair value-Bilanzierung in den IFRS zu volatileren Ergebnissen führt, während die steuerliche Gewinnermittlung die wirtschaftliche „Leistungsfähigkeit“ der Periode über vergangenheitsorientierte Daten erfassen möchte und weniger marktwertbasierten Schwankungen ausgesetzt ist. Auch vor dem Hintergrund der zunehmenden Bilanzorientierung des IASB kann konstatiert werden, dass ein „stabiler“ steuerlicher Gewinn als Benchmark fungieren könnte, falls das IFRS-Ergebnis stark durch transitorische Neubewertungen der Vermögensgegenstände und Schulden determiniert wird und damit die Informationen über die tatsächliche Wertgenerierung der Periode verzerrt werden. Diese transitorischen Elemente, die wenig beständig sind und volatile Ergebnisentwicklungen verursachen, werden zum Teil nicht in der steuerlichen Gewinnermittlung berücksichtigt und durch die latente Steuerverrechnung abgebildet. Demnach könnte diese wertvolle Hinweise über die Extrapolierbarkeit des IFRS-Ergebnisses beinhalten.

Doch kann genauso der steuerliche Gewinn verzerrt ausfallen und die ökonomische Realität verschleiern. In diesem Kontext lassen sich als konkretes Beispiel die Höhe und die Bewertung der Pensionsrückstellungen anführen. Diese sind

[24] Vgl. zu einer umfassenden Analyse der IFRS vs. den steuerrechtlichen Regelungen Herzig (2004), S. 42 ff.

in der Regel im IFRS-Jahresabschluss höher bewertet als in der Steuerbilanz.[25] Als Folge können negative Book-Tax-Abweichungen (steuerbilanzieller Gewinn ist höher als das IFRS-Ergebnis) entstehen. Wird angenommen, dass die Pensionsrückstellungen nach den IFRS den aktuellen Wert der Pensionen adäquater widerspiegeln, wird sich die Differenz zugunsten des IFRS-Ergebnisses umkehren, da hohe Wertanpassungen beim Eintritt der Pensionen im IFRS-Abschluss nicht vorgenommen werden müssen und sich die künftigen Ergebniseffekte vermutlich gut aus den aktuellen ableiten lassen. Die aktuellen IFRS-Ergebniseffekte können die ökonomische Wirklichkeit besser erfassen und dabei kann die Book-Tax-Abweichung erheblich sein. Ähnliches ist bei Drohverlust- und Restrukturierungsrückstellungen, die steuerrechtlich (noch) nicht bzw. weniger umfassend zugelassen werden, zu vermuten. Geht man davon aus, dass die IFRS die ökonomische Realität besser abbilden und diese Sachverhalte tatsächlich in Zukunft eintreten werden, sind diese im aktuellen IFRS-Ergebnis bereits berücksichtigt. Im steuerbilanziellen Gewinn wurden diese Sachverhalte (noch) nicht abgebildet und erneut liegt eine erheblich negative Book-Tax-Abweichung vor. Auch in diesen Fällen würde sich diese negative Book-Tax-Abweichung zum Vorteil des IFRS-Ergebnisses umkehren. Die aktuellen IFRS-Ergebniseffekte würden wiederum in den künftigen Ergebnissen fortbestehen. In diesen Situationen könnten negative Book-Tax-Abweichungen wichtige Informationen an die Adressaten vermitteln.

Als zweite grundlegende Ursache von Book-Tax-Abweichungen lassen sich Steuerplanungs- und Steuervermeidungsaktivitäten des Managements anführen. Beinahe jede unternehmerische Tätigkeit ist mit steuerlichen Konsequenzen verknüpft. Steuern mindern den Zielerreichungsgrad eines Investors, da sie die Möglichkeiten der investiven und konsumtiven Einkommensverwendung reduzieren. Folglich sind sie als „negative Zielvariable“ zu verstehen.[26] Entsprechend könnte das Management im Rahmen der steuerlichen Gewinnermittlung Taktiken verfolgen, die auf eine Minimierung des Steuerbarwertes abzielen.[27] Dabei kann das Management vorhandene Ansatz- und Bewertungswahlrechte im Sinne einer optimalen Steuer-

[25] Vgl. z.B. Oestreicher/Spengel (1999), S. 232, die eine Zunahme der Pensionsverpflichtungen um 9,1% bis 36,4% im Konzernabschluss einiger deutscher Unternehmen durch eine Neubewertung nach den IFRS feststellen. Vgl. hierzu ebenfalls Burger/Fröhlich/Ulbrich (2004), S. 360 sowie S. 363, die feststellen, dass Pensionsrückstellungen nach dem HGB durchschnittlich um 21% durch die Anwendung der IFRS angestiegen sind. Die Bemessung der Pensionsrückstellungen nach dem HGB orientiert sich häufig an dem für das Steuerrecht vorgeschriebene Teilwertverfahren gemäß § 6a EStG. Vgl. zu einem Überblick über die Regelungen im deutschen Steuerrecht und in den IFRS Herzig (2004), S. 294 ff.

[26] Vgl. Wagner (2005), S. 409.

[27] Vgl. zu Modellen der steuerlichen Suboptimierung Wagner (2005), S. 452 f.

bilanzpolitik nutzen, um einen steuerlich optimalen Gewinnausweis über mehrere Perioden zu realisieren.[28] Die vorhandenen Gestaltungsparameter, insbesondere bei international agierenden Konzernen, können vielfältig sein und sind empirisch kaum zu fassen.

Eine aggressive Steuerbilanzpolitik kann dazu führen, dass der steuerliche Gewinn geringer ausfällt als das IFRS-Ergebnis. Vorausgesetzt, dies wird durch Maßnahmen verursacht, die temporary differences entstehen lassen, geht dies ceteris paribus mit einem Anstieg des latenten Steueraufwands (Erhöhung passiver latenter Steuern) der Periode einher. Inwieweit der steuerliche Gewinn in dieser Situation Informationen im Hinblick auf die IFRS-Ergebnisentwicklung beinhalten kann, erscheint fragwürdig. Schwierigkeiten bereitet die empirische Abbildung dieser aggressiven Steuerplanungsaktivitäten, da nicht beurteilt werden kann, ob die zugrunde liegenden Book-Tax-Abweichungen auf steuerlichen Überlegungen gründen oder mit anderen Umständen, wie z. B. einer aggressiven Ertragsrealisation[29] im IFRS-Abschluss, zusammenhangen.

Jedoch kann ein Argument für den potenziellen Informationsgehalt des steuerlichen Gewinns in Zusammenhang mit steuerlichen Optimierungskalkülen angeführt werden. Wenn Unternehmen Steuerbilanzpolitik betreiben, muss dies in einem mehrperiodigen Kontext gesehen werden, denn nur dadurch kann ein optimaler Gewinnausweis erreicht werden. Gerade wenn künftig hohe steuerliche Gewinne zu erwarten sind, könnte es unter Berücksichtigung aller steuerlichen Einflussgrößen und im Sinne der Steuerbarwertminimierung optimal sein, diesen Gewinn geglättet – Periode für Periode – auszuweisen. Dies erfordert eine mehrperiodige Planung, um die steuerliche Manövriermasse korrekt auf die Perioden zu verteilen.[30] Die Glättung des steuerlichen Gewinns impliziert, dass der aktuelle steuerliche Gewinn Informationen des Managements in Bezug auf den künftigen steuerlichen Gewinn beinhaltet und es lassen sich somit Rückschlüsse auf künftige Cashflows ziehen. Gleichzeitig werden dadurch Informationen hinsichtlich des künftigen IFRS-Ergebnisses kommuniziert. Ein aktuell hoher steuerlicher Gewinn könnte auf künftig hohe steuerliche Gewinne hinweisen. Ist in dieser Situation das IFRS-Ergebnis relativ gering und liegen dadurch verhältnismäßig hohe negative

[28] Vgl. Wagner (2005), S. 469 ff.

[29] Vgl. zu einer empirischen Untersuchung des Zusammenhangs zwischen aggressiven Steuerplanungsaktivitäten und einer aggressiven Ertragsrealisation im US-GAAP-Abschluss Frank/Lynch/Rego (2009). Vgl. auch Mills/Newberry (2001).

[30] Vgl. zu dieser Argumentation Lev/Nissim (2004), S. 1044 sowie S. 1069 f. Vgl. ebenfalls Wagner (2005), S. 471 ff.

Book-Tax-Abweichungen vor, könnten diese Hinweise über die nachhaltige IFRS-Ergebnisentwicklung geben. In Zukunft werden sich diese Differenzen auflösen resp. umkehren und folglich könnte das IFRS-Ergebnis in Zukunft zunehmen. Die steuerliche Gewinnermittlung könnte dann als Benchmark fungieren.

Werden Book-Tax-Abweichungen verwendet, um die Qualität des buchhalterischen Ergebnisses zu beurteilen, muss implizit angenommen werden, dass das jeweilige Management eines Unternehmens in gleicher Art und Weise in der Lage ist, Steuerbilanzpolitik zu betrieben; es gibt daher keinen Unterschied zwischen den Unternehmen. Auch wenn diese Annahme nicht unproblematisch ist, muss sie getroffen werden, damit die empirische Analyse dieser Arbeit durchgeführt werden kann.

Schließlich können Unterschiede in der Gewinnermittlung in Zusammenhang mit den Ermessensspielräumen des Managements im Rahmen der IFRS-Jahresabschlusserstellung beleuchtet werden. Im Vergleich zum HGB wird im System der IFRS der Relevanz eine größere Bedeutung beigemessen als der Verlässlichkeit der Daten.[31] Gegenüber dem Steuerrecht ist der Unterschied erheblich größer. Durch die Maßgeblichkeit findet sich die relativ starke Ausprägung des Vorsichtsprinzips in der Steuerbilanz wieder. Ferner müssen die Regelungen zur steuerlichen Gewinnermittlung in Hinblick auf Inhalt, Gegenstand, Zweck und Ausmaß eindeutig bestimmt sein, um zu gewährleisten, dass die Steuerlast vom Steuerpflichtigen vorhersehbar und berechenbar ist (Tatbestandsbestimmtheit).[32] Dieses Prinzip führt zu hohen Anforderungen an die Objektivierung der verwendeten Gewinnermittlungsregeln und lässt wenig Raum für eine Investorenorientierung – im Sinne der Vermittlung entscheidungsrelevanter Informationen.[33] Dies wird z.B. deutlich, wenn man die AfA-Tabellen zur Bestimmung der Nutzungsdauern[34], die gesetzliche Normierung von Nutzungsdauern für Gebäude (§ 7 Abs. 4 und 5 EStG) und die des Geschäfts- bzw. Firmenwertes auf 15 Jahre (§ 7 Abs. 1 S. 3 EStG) oder die Normierung des Zinssatzes zum Diskontieren von Rückstellungen auf

[31] Die größere Bedeutung der Relevanz relativ zur Verlässlichkeit demonstrieren z.B. die stärkere Verwendung von beizulegenden Werten, das erfolgswirksame Vereinnahmen von bereits realisierbaren und nicht lediglich realisierten Gewinnen sowie die geringere Bedeutung des Vorsichtsprinzips. Letzteres wird u.a. deutlich bei der riskanteren Bewertung unter Unsicherheit und im Rahmen der weniger asymmetrischen erfolgswirksamen Erfassung ähnlicher Sachverhalte. Vgl. Wagenhofer (2009), S. 559 f.

[32] Vgl. Lang (2008), S. 78 f., Rn. 50 ff.

[33] Vgl. Kahle (2002a), S. 180.

[34] Vgl. zur AfA-Tabelle für allgemein verwendbare Güter Bundessteuerblatt (BStBl.) 2000 I, S. 1532 ff. sowie BStBl. 2001 I, S. 860 ff. Darüber hinaus gibt es rund 100 branchenbezogene AfA-Tabellen.

5,5% (§ 6 Abs. 1 Nr. 3a e) EStG) in Betracht zieht. Dennoch muss konstatiert werden, dass auch das Steuerrecht diverse Ermessensspielräume sowie Ansatz- und Bewertungswahlrechte einräumt[35], die im Rahmen der Steuerbilanzpolitik eingesetzt werden können.

Bedingt durch die enorme Bedeutung der Informationsfunktion des Jahresabschlusses, kommt es gleichwohl im Rahmen der IFRS zu stärkeren und notwendigen Entobjektivierungen.[36] Die relativ stärkere Gewichtung der Relevanz gegenüber der Verlässlichkeit im System der IFRS erfordert das Einräumen gewisser Ermessensspielräume für das bilanzierende Unternehmen und dessen Management. Folgende Auflistung soll einige dieser Spielräume aufzeigen[37]:

- „Verlässliche" Bewertung bzw. Schätzung (z.B. IAS 16.7, IAS 38.21, IAS 39.46, IAS 37.14);
- Ansatzkriterien für immaterielle Vermögensgegenstände, speziell Entwicklungskosten (IAS 38.57);
- Bestimmung der Abschreibung (Methode, Nutzungsdauer und Restwert) von Vermögenswerten mit endlicher Nutzungsdauer (IAS 16.50 ff., IAS 38.97 ff.);
- Bestimmung des erzielbaren Betrags im Rahmen eines Impairment-Tests (IAS 36.18 ff.);
- Existenz der Indikatoren, die eine Wertminderung signalisieren (IAS 36.12, IAS 39.58 ff.);
- Bildung von zahlungsmittelgenerierenden Einheiten beim Impairment-Test (IAS 36.65 ff.);
- Schätzung der Auftragserlöse und -kosten (IAS 11.11 ff.) sowie Erfassung dieser nach dem Fertigstellungsgrad (IAS 11.22 ff.);
- Schätzung des Wertes einer Dienstleistung sowie Erfassung des Gewinns nach dem Fertigstellungsgrad (IAS 18.20 ff.);

[35] Vgl. hierzu z.B. Scheffler (2007a), S. 106 f.
[36] Vgl. auch Kahle (2002a), S. 181.
[37] Vgl. zu diesen sowie weiteren Ermessensspielräumen Wagenhofer (2009), S. 569 f.

- Versicherungsmathematische Annahmen bei der Bewertung von Pensionsrückstellungen (IAS 19.72 ff.);

- Wahrscheinlichkeit des Bestehens einer Verpflichtung und des Abflusses von wirtschaftlichen Ressourcen im Rahmen der Rückstellungsbildung (IAS 37.15 ff. und 37.23 f.).

Werden diese Spielräume angemessen verwendet, kann mit ihrer Hilfe die Lage des Unternehmens entsprechend den tatsächlichen Verhältnissen korrekt abgebildet werden. Das Management erhält durch Ermessensspielräume die Möglichkeit, Informationen basierend auf dem Informationsbedarf der Adressaten zweckmäßig zu kommunizieren. Hierdurch werden zusätzliche Informationen über künftige Cashflows einbezogen, wie z.B. ihr zeitlicher Anfall, ihre Verteilung und bestehende Risiken. Eine ausgeprägte Bestimmtheit einzelner Regelungen würde den Informationsgehalt limitieren. Gleiches gilt auch für vorhandene Bewertungswahlrechte, wie z.B. die Verbrauchsfolge bei der Vorratsbewertung[38] oder die Bewertung von als Finanzinvestition gehaltenen Immobilien, Sachanlagen oder immateriellen Vermögenswerten.[39]

Ermessensspielräume erfordern eine fachgerechte Einschätzung der Sachverhalte durch das Management. Das Management muss plausible Erwartungen und Schätzungen verwenden, um die zur Periodisierung notwendigen Periodenabgrenzungen zu bestimmen. Diese können daher mit Fehlern behaftet sein, auch wenn die Schätzungen bzw. Prognosen objektiv und akribisch durch das Management durchgeführt werden. Darüber hinaus eröffnen Ermessensspielräume dem Management verschiedene Möglichkeiten, Bilanzpolitik zu betreiben.

Die Über- oder Unterschätzung des aktuellen IFRS-Ergebnisses ruft, unabhängig von der Ursache dieser defektiven Schätzung, eine entsprechende Adjustierung der künftigen IFRS-Ergebnisse hervor. Da in der steuerlichen Gewinnermittlung insgesamt weniger dieser Ermessensspielräume und somit weniger potenzielle Fehlerquellen und/oder Manipulationsspielräume eingeräumt werden, sind diese Über- bzw. Unterschätzungen nicht im gleichen Umfang im aktuellen Steuerbilanzgewinn enthalten, so dass zugehörige künftige Anpassungen nicht notwendig sind.

[38] Nach IAS 2.25 kann unter bestimmten Voraussetzungen wahlweise die FIFO- oder die Durchschnittsmethode angewendet werden.

[39] Wahlweise kann das Anschaffungskosten- oder das Neubewertungsmodell angewendet werden. Vgl. zu diesen und weiteren Bewertungswahlrechten Wagenhofer (2009), S. 566 f.

Die auf diesen fehlerhaften bzw. manipulierten Ergebniskomponenten beruhenden Book-Tax-Abweichungen können daher wichtige Informationen beinhalten. Diese Book-Tax-Abweichungen werden sich in Zukunft zum Nachteil des IFRS-Ergebnisses umkehren, wenn entsprechende Korrekturen an diesem vorgenommen werden müssen. Es lassen sich auf Basis dieser Book-Tax-Abweichungen wiederum transitorische Ergebniskomponenten identifizieren und sie können als Benchmark zur Beurteilung der Extrapolierbarkeit des IFRS-Ergebnisses gesehen werden.

Wird z.B. die Nutzungsdauer gemäß IFRS einer technischen Anlage verlängert, geht dies ceteris paribus mit einem Rückgang der künftigen Abschreibungen und folglich einem Anstieg des IFRS-Ergebnisses einher. Gleichzeitig nimmt – bei bereits in der Vergangenheit getätigten, geringeren Abschreibungsbeträgen im IFRS-Abschluss gegenüber der steuerlichen Gewinnermittlung – die korrespondierende passive latente Steuer zu. Die Anpassung der Nutzungsdauer ist somit auch Bestandteil der latenten Steuerverrechnung. Dementsprechend kann eine Analyse der entstehenden Book-Tax-Abweichung wertrelevante Informationen offenbaren. Ist die Verlängerung der Nutzungsdauer ökonomisch korrekt, wird sich dies in dem permanenten Ergebnisstrom niederschlagen und die latente Steuer kehrt sich zugunsten des IFRS-Ergebnisses um. Bei einer durch Bilanzpolitik motivierten oder einer anderen transitorischen Ursache der Anpassung ist die Extrapolierbarkeit dieser Ergebniskomponente nicht gegeben, so dass die Umkehr der latenten Steuer zum Nachteil des IFRS-Ergebnisses stattfindet.

Der Fall Enron stellt ein prominentes Beispiel[40] bezüglich dem durch Bilanzpolitik motivierten Auseinanderdriften des vorsteuerlichen Ergebnisses nach US-GAAP und dem Ergebnis nach Steuerrecht dar. Berechnungen[41] zufolge betrug der steuerliche Gewinn von Enron in den Jahren 1996 bis 1999 insgesamt USD 5,8 Milliarden weniger als das Ergebnis vor Steuern nach den US-GAAP. Im Jahre 2000 wurde eine Umkehr dieses Verhältnisses festgestellt und das US-GAAP-Ergebnis vor Steuern war um USD 1,4 Millionen geringer als der steuerliche Gewinn. Dies wirft die Frage auf, ob die Insolvenz von Enron im Jahre 2001 durch eine detaillierte Analyse der Steuerlatenzen ex ante zu erkennen gewesen wäre. Eventuell hätten die zugrunde liegenden Book-Tax-Abweichungen substanzielle Hinweise hinsichtlich der Beständigkeit der in den Jahren zuvor publizierten US-GAAP-Ergebniskomponenten kommunizieren können und Investoren und Analysten hätten sich nicht beirren lassen.

[40] Vgl. auch Lev/Nissim (2004), S. 1039 f.; Hanlon (2005), S. 138; Crabtree/Maher (2009), S. 75.
[41] Vgl. zu diesen Berechnungen Seida (2003), S. 112 und S. 114.

Wie die Ausführungen erkennen lassen, sind die Ursachen von Book-Tax-Abweichungen umfangreich und vielfältig. Sie können automatisch in nahezu jeder Bilanzposition auftreten. Zudem können sie auf steuerlichen Optimierungskalkülen und/oder auf bilanzpolitischen Maßnahmen im IFRS-Abschluss basieren. Darüber hinaus können sie das Resultat von Ermessensspielräumen in beiden Periodisierungskonzeptionen sein. Im Ergebnis ist damit der Informationsgehalt für die Extrapolierbarkeit des IFRS-Ergebnisses nicht eindeutig. Insbesondere bei Differenzen, die automatisch entstehen, ist fraglich, inwieweit diese Investoren und Analysten bei ihren Analysen zur Nachhaltigkeit der IFRS-Ergebniskomponenten unterstützen können.

Dennoch lassen sich verschiedene Situationen und Sachverhalte aufzeigen, die definitiv dafür sprechen, dass sich Book-Tax-Abweichungen als Benchmark zur Beurteilung der Extrapolierbarkeit des IFRS-Ergebnisses verwenden lassen. Jedoch liegen diese Sachverhalte in der Realität nebeneinander mit anderen Ursachen und nicht separat vor. Zudem ist eine isolierte Messung bzw. eine empirische Abgrenzung dieser Sachverhalte ohne Detailanalyse der Steuerlatenzen so gut wie nicht durchführbar. Folglich könnte es sein, dass der potenzielle Informationsgehalt von Book-Tax-Abweichungen, wie dieser beispielhaft in den Situationen in der obigen Argumentation dargestellt wurde, durch andere Book-Tax-Abweichungen konterkariert wird. Ob Book-Tax-Abweichungen tatsächlich genutzt werden können, um die Extrapolierbarkeit des IFRS-Ergebnisses zu beurteilen, ist daher eine empirische Fragestellung. Im Folgenden werden Hypothesen in Zusammenhang mit den in Abschnitt 3.2.2 vorgestellten Maßgrößen zur Beurteilung der Extrapolierbarkeit des IFRS-Ergebnisses aufgestellt.

4.1.3 Entwicklung der Hypothesen

4.1.3.1 Approximation und empirische Beurteilung des Informationsgehalts von „echten“ Book-Tax-Abweichungen

Der Informationsgehalt von Unterschieden zwischen der IFRS- und der steuerlichen Gewinnermittlung – Book-Tax-Abweichungen – für die Extrapolierbarkeit des IFRS-Ergebnisses ist Untersuchungsgegenstand dieser Arbeit. Die Unterschiede werden, soweit sie temporary differences sind und nicht einem Ansatzverbot gemäß IAS 12 unterliegen, in der latenten Steuerverrechnung abgebildet.

Um den potenziellen Informationsgehalt von Book-Tax-Abweichungen überprüfen zu können, müssen diese approximiert werden. Werden latente Steuern zur approximativen Bestimmung dieser Unterschiede verwendet, kommen prinzipiell zwei Alternativen in Betracht. Zum einen kann der latente Steueraufwand bzw. -ertrag der Periode verwendet werden. Zum anderen kann die periodische Veränderung der bilanzierten aktiven und passiven latenten Steuern genutzt werden. Verwendet man den latenten Steueraufwand bzw. -ertrag, werden nur die Effekte betrachtet, die Unterschiede zwischen der steuerlichen Gewinnermittlung und dem IFRS-Periodenergebnis vor Steuern hervorrufen. Ergebnisneutrale Änderungen der Bilanzpositionen werden nicht berücksichtigt. Basiert die Approximation der Book-Tax-Abweichungen hingegen auf der Veränderung der bilanzierten Steuerlatenzen, werden auch diese Unterschiede miteinbezogen. Die ergebnisneutral erfassten Geschäftsvorfälle werden allerdings erst in den periodischen Gesamterfolg einkalkuliert und tangieren nicht das Periodenergebnis vor Steuern.

Die Bestimmung des Gesamterfolgs auf Basis von Datenbanken mit Jahresabschlussgrößen gestaltet sich problematisch aufgrund der eingeschränkten Datenverfügbarkeit. Der sonstige Gesamterfolg (other comprehensive income) steht häufig nicht zur Verfügung, weshalb in dieser Untersuchung auf das Periodenergebnis abgestellt wird. Analysten und Investoren benutzen vornehmlich den Gewinn je Aktie in ihren Analysen, welcher sich aus dem Periodenergebnis ableitet. Folglich erscheint es auch vor diesem Hintergrund sinnvoll, lediglich ergebniswirksame Unterschiede zwischen den beiden Gewinnermittlungen zu verwenden. Angesichts dieser Aspekte sowie um die Konsistenz der Regressionsgleichungen zu gewährleisten, basiert die Analyse auf dem latenten Steueraufwand bzw. -ertrag der Periode.

Damit der Informationsgehalt der latenten Steuerverrechnung beurteilt werden kann, wird das gesamte Sample bestehend aus IFRS-Geschäftsjahren von Unternehmen aus dem CDAX in fünf Subsamples aufgeteilt.[42] Die Klassifizierung gründet auf der Höhe der jährlichen Book-Tax-Abweichungen, die durch den latenten Steueraufwand bzw. -ertrag der Periode approximiert werden. Das erste Quintil enthält Geschäftsjahre mit den höchsten negativen Book-Tax-Abweichungen (BTA1) des Samples; das letzte Quintil setzt sich aus Geschäftsjahren mit den höchsten positiven Book-Tax-Abweichungen (BTA5) zusammen. Das Subsample BTA3 umfasst Geschäftsjahre mit sowohl negativen als auch positiven Book-Tax-

[42] Vgl. zu den Erläuterungen zur Datenbasis, zum Untersuchungszeitraum und zu der Entwicklung des Samples Abschnitt 4.2.1 und Abschnitt 4.2.2.

Abweichungen. Die Höhe dieser Abweichungen werden als „normal“ eingestuft und die Geschäftsjahre im Subsample BTA3 bilden die Benchmark für die empirischen Auswertungen. Das Subsample BTA2 (BTA4) beinhaltet alle Geschäftsjahre mit negativen (positiven) Book-Tax-Abweichungen, die in ihrer Höhe zwischen dem ersten und dritten (dritten und fünften) Quintil liegen.[43]

In der empirischen Untersuchung werden nur Geschäftsjahre mit positiven IFRS-Periodenergebnissen vor Steuern (im Folgenden: IFRS-Ergebnis[44]) untersucht. Dem Eliminieren von Geschäftsjahren mit negativen IFRS-Ergebnissen kommt eine bedeutende Rolle im Rahmen der Generierung des Samples zu. Dies hängt mit der möglichen Aktivierung von latenten Steuern auf steuerliche Verlustvorträge zusammen.

Gemäß IAS 12.34 muss – bei entsprechender Erfüllung der Objektivierungskriterien – eine aktive Steuerlatenz gebildet werden, wenn im relevanten Geschäftsjahr ein vortragsfähiger steuerlicher Verlust generiert wird.[45] Latente Steuern auf steuerliche Verlustvorträge bilden jedoch nicht zwingend einen Unterschied zwischen dem IFRS-Ergebnis und dem steuerlichen Ergebnis ab und stellen somit keine Book-Tax-Abweichung im eigentlichen Sinne dar. Diese „unechten“ Book-Tax-Abweichungen können das eigentliche Ausmaß tatsächlicher Book-Tax-Abweichungen verzerren.[46] Diese Ausführungen werden exemplarisch skizziert:

Ein Unternehmen generiert einen steuerlichen Verlust in Höhe von EUR 1.000 und kann diesen komplett vortragen. Im selben Geschäftsjahr wird ebenfalls ein Verlust vor Steuern von EUR 1.000 in der IFRS-Gewinnermittlung ausgewiesenen. Das Ergebnis beider Gewinnermittlungen ist also gleich – eine Book-Tax-Abweichung besteht nicht. In der IFRS-Gewinnermittlung wird nun eine aktive latente Steuer auf den steuerlichen Verlustvortrag gebildet. Bei einem Steuersatz von 30% wird dadurch ein latenter Steuerertrag in Höhe von EUR 300 generiert (das IFRS-Ergebnis nach Steuern erhöht sich dadurch auf EUR -700). Als Resultat bleibt festzuhalten, dass durch die Bildung dieser aktiven latenten Steuer eine

[43] Vgl. Abschnitt 4.2.3.

[44] Das IFRS-Periodenergebnis vor Steuern ist Gegenstand der Untersuchung, da die Approximation der Book-Tax-Abweichungen auf den latenten Steueraufwendungen und -erträgen gründet. Diese resultieren aus Unterschieden zwischen dem IFRS-Periodenergebnis vor Steuern und dem Steuerbilanzgewinn. Im Folgenden wird daher nicht mehr explizit erwähnt, dass es sich um das IFRS-Periodenergebnis vor Steuern handelt und synonym lediglich vom IFRS-Ergebnis gesprochen.

[45] Vgl. hierzu die Ausführungen in Abschnitt 2.3.2.3.

[46] Vgl. ähnlich Hanlon (2005), S. 144.

Book-Tax-Abweichung signalisiert wird, obwohl das IFRS-Ergebnis vor Steuern und der Steuerbilanzgewinn nicht divergieren.

Die Intention der empirischen Untersuchung besteht darin, die Extrapolierbarkeit des IFRS-Ergebnisses auf Basis der Unterschiede zwischen diesem und dem steuerlichen Gewinn zu beurteilen. Würden latente Steuern auf steuerliche Verlustvorträge in die Untersuchung miteinbezogen, würde ein Divergieren der Gewinne unterstellt, obwohl dies nicht zwingend gegeben ist, wie das Beispiel veranschaulicht hat. Entsprechend müssen Geschäftsjahre, in denen vermutlich eine aktive latente Steuer auf einen steuerlichen Verlustvortrag angesetzt wurde, eliminiert werden.

Eine weitere Folge der Aktivierung einer latenten Steuer in Zusammenhang mit dieser „unechten“ Book-Tax-Abweichung ist, dass tatsächlich vorhandene Book-Tax-Abweichungen verzerrt werden. Wird z.B. ein Vermögensgegenstand nach den IFRS zunächst in einer geringeren Höhe abgeschrieben als in der steuerlichen Gewinnermittlung, erfordert dies den aufwandswirksamen Ansatz einer passiven latenten Steuer. Durch die unterschiedliche Abschreibungshöhe divergieren die Gewinne – eine tatsächliche Book-Tax-Abweichung liegt vor. Die simultane Aktivierung einer latenten Steuer auf einen steuerlichen Verlustvortrag bewirkt jedoch, dass der ausgewiesene Saldo der latenten Steuerverrechnung geringer ist. Die „unechte“ Book-Tax-Abweichung verschleiert damit die wahre Höhe einer tatsächlichen Book-Tax-Abweichung. Es entsteht dadurch der Eindruck, dass sich die Gewinne weniger unterscheiden als dies tatsächlich der Fall ist. Im Extremfall könnte es sogar sein, dass die betragsmäßige Aktivierung der latenten Steuer kongruent zu der Passivierung der latenten Steuerschuld oder sogar höher ist. Dies würde signalisieren, dass die Gewinne überhaupt nicht divergieren bzw. die steuerliche Gewinnermittlung ein höheres Ergebnis liefert.

Um diesen Problemen bestmöglich entgegen zu wirken, muss ein Verlustfilter implementiert werden, da Angaben zu den Ursachen der latenten Steuern in der Worldscope Datenbank nicht enthalten sind. Geschäftsjahre mit einem negativen IFRS-Ergebnis vor Steuern[47] sowie Geschäftsjahre, die direkt an diese angrenzen, werden nicht in die Untersuchung miteinbezogen.

Diese Vorgehensweise stellt annähernd sicher, dass aktivierte Steuerlatenzen auf steuerliche Verlustvorträge nicht im Sample enthalten sind. Es verhindert jedoch

[47] Vgl. Abschnitt 4.2.3 zu den Untersuchungsvariablen und zu den Kodierungen in der Worldscope Datenbank.

nicht, dass das Sample Geschäftsjahre umfasst, in denen derartige aktive latente Steuern aufgelöst werden. Ebenfalls kann nicht garantiert werden, dass die Effekte aus der Bildung von aktiven latenten Steuern auf steuerliche Verlustvorträge überhaupt nicht im Sample enthalten sind, da ein vortragsfähiger steuerlicher Verlust durchaus auch in Geschäftsjahren mit einem positiven IFRS-Ergebnis vorliegen kann. Für die empirische Untersuchung wird dennoch unterstellt, dass die Effekte aus der Aktivierung von latenten Steuern auf Verlustvorträge vernachlässigbar gering und im Sample überwiegend „echte“ Book-Tax-Abweichungen enthalten sind.

4.1.3.2 Hypothesen der Arbeit

Aufgrund der vielfältigen Entstehungsursachen und dem simultanen Vorliegen der resultierenden Book-Tax-Abweichungen ist keinesfalls eindeutig, ob sich diese zur Beurteilung der Extrapolierbarkeit – also der Beständigkeit, Prognosefähigkeit und Volatilität[48] – des IFRS-Ergebnisses verwenden lassen. Die Einteilung in fünf Subsamples auf Basis der Höhe der Book-Tax-Abweichungen könnte zur Folge haben, dass sich insbesondere für die Subsamples mit sehr hohen negativen (BTA1) und sehr hohen positiven (BTA5) Book-Tax-Abweichungen interessante Implikationen für die Extrapolierbarkeit des IFRS-Ergebnisses ableiten lassen. Aussagen zu den Subsamples BTA2 bzw. BTA4, die geringfügig höhere negative bzw. positive Book-Tax-Abweichungen im Vergleich zur Benchmark des Subsamples BTA3 besitzen, werden ex ante nicht getroffen. Mit Hilfe dieser Subsamples kann analysiert werden, ob und inwieweit marginal höhere negative bzw. positive Book-Tax-Abweichungen ebenfalls einen Informationsgehalt hinsichtlich der Extrapolierbarkeit des IFRS-Ergebnisses besitzen. Von diesen Subsamples wird nicht unbedingt erwartet, dass sie eindeutige Ergebnisse liefern. Im Folgenden werden Hypothesen zur Extrapolierbarkeit des IFRS-Ergebnisses in Zusammenhang mit den Subsamples BTA1 und BTA5 aufgestellt.

Das Subsample BTA1 ist durch sehr hohe negative Book-Tax-Abweichungen gekennzeichnet. In diesem Subsample ist der steuerliche Gewinn deutlich höher als das IFRS-Ergebnis. Da durch den Verlustfilter davon ausgegangen werden kann, dass diese Abweichungen hauptsächlich nicht auf die Aktivierung von latenten Steuern auf steuerliche Verlustvorträge[49] gründen, resultieren sie höchstwahr-

[48] Vgl. zu diesen Maßgrößen Abschnitt 3.2.2.

[49] Vgl. zur Wesentlichkeit aktiver latenter Steuern auf steuerliche Verlustvorträge in deutschen Konzernabschlüssen Zwirner (2007), S. 384 ff.

scheinlich aus höheren Wertansätzen in Zusammenhang mit Pensions-, Drohverlust- und Restrukturierungsrückstellungen. Der höhere Pensionsaufwand im IFRS-Abschluss kann vor allem auf einen niedrigeren Diskontierungszins[50] und die Berücksichtigung künftiger Gehaltssteigerungen[51] zurückgeführt werden. Tendenziell wird der steuerliche Pensionsaufwand insgesamt auf spätere Dienstjahre verlagert.[52] Während Rückstellungen für drohende Verluste nach den IFRS zwingend zu erfassen sind[53] (IAS 37.66), dürfen sie in der Steuerbilanz nicht berücksichtigt werden (§ 5 Abs. 4a EStG). Restrukturierungsrückstellungen dürfen steuerlich nur in Zusammenhang mit Verpflichtungen aus einem Sozialplan bilanziert werden (R 5.7 Abs. 9 EStR). Nach den IFRS ist es hingegen möglich – unter gewissen Voraussetzungen[54] – künftig anfallende Verpflichtungen in Zusammenhang mit Restrukturierungen[55] vollständig durch die Bildung einer Rückstellung zu erfassen (IAS 37.70 ff.).[56] Damit werden Restrukturierungsrückstellungen in den IFRS umfassender zugelassen und fallen in der Tendenz höher aus als in der Steuerbilanz. Im Ergebnis sind diese drei Rückstellungsursachen vermutlich für die sehr hohen negativen Book-Tax-Abweichungen maßgeblich verantwortlich.

[50] Nach den IFRS wird ein Marktzinssatz auf Basis erstrangiger, festverzinslicher Industrieanleihen (IAS 19.78) zugrunde gelegt, der im Zeitablauf Schwankungen unterliegen kann. Nach § 6a Abs. 3 S. 3 EStG ist ein fixer Zinssatz von sechs Prozent anzuwenden.

[51] Diese dürfen nach § 6a Abs. 3 S. 2 Nr. 1 S. 4 EStG erst bei Realisation in die steuerliche Bewertung einbezogen werden, während diese nach den IFRS zwingend zu berücksichtigen sind (IAS 19.73 und 19.83-87).

[52] Vgl. Pellens/Fülbier/Gassen/Sellhorn (2008), S. 467. Ein ausführlicher Vergleich der Bewertungsparameter nach IAS 19 und nach den steuerrechtlichen Regelungen findet sich bei Herzig (2004), S. 297 ff.

[53] IAS 37.63 verbietet die Bildung einer Rückstellung für künftige betriebliche Verluste (future operating losses). Gemäß IAS 37.66 gilt für drohende Verluste durch sog. „belastende Verträge“ (onerous contracts) explizit ein Passivierungsgebot.

[54] Vgl. zu diesen Voraussetzungen IAS 37.72. Vgl. auch grundlegend zu Restrukturierungsrückstellungen nach den IFRS z.B. Coenenberg (2005), S. 419 f.; Pellens/Fülbier/Gassen/Sellhorn (2008), S. 427; Binger (2009), S. 229 ff.

[55] Vgl. IAS 37.10 zur Definition von Restrukturierungsmaßnahmen und IAS 37.70 zu beispielhaften Ereignissen, die den Ansatz einer Restrukturierungsrückstellung erfordern können.

[56] Vgl. Herzig (2004), S. 324 f.; Binger (2009), S. 241 f.

Diese Vermutungen werden durch die empirische Untersuchung von ZWIRNER (2007) untermauert.[57]

Somit kann unterstellt werden, dass die diskutierten Rückstellungen die Hauptursache[58] für sehr hohe negative Book-Tax-Abweichungen sind und sich im Durchschnitt die Differenzen des Subsamples BTA1 hierauf zurückführen lassen. Wird angenommen, dass die IFRS die ökonomische Realität in Zusammenhang mit bestehenden Risiken korrekter sowie umfassender abbilden, als es die steuerrechtlichen Regelungen zulassen, und die durch die Rückstellungen erfassten künftigen Risiken tatsächlich und mindestens in der prognostizierten Höhe eintreten, sind diese Ergebniskomponenten, die überwiegend für die sehr hohen negativen Book-Tax-Abweichungen ursächlich sind, beständig. Die Book-Tax-Abweichungen des Subsamples BTA1 würden sich in diesem Fall zugunsten des IFRS-Ergebnisses umkehren. Doch sind diese Komponenten in der Realität tendenziell mit Unsicherheit behaftet. Diese Komponenten erfordern Schätzungen sowie Prognosen und eröffnen Ermessensspielräume für das Management. Die Risiken, die durch die Bildung dieser Rückstellungen abgebildet werden, könnten künftig in einer geringeren Höhe oder überhaupt nicht eintreten. Ferner könnte der Ansatz dieser Rückstellungen durch bilanzpolitische Gründe motiviert sein. Entsprechend können diese fehlerhaften, transitorischen Komponenten zur Folge haben, dass die IFRS-Ergebnisse dieser Geschäftsjahre weniger beständig sind und sich die Book-Tax-Abweichungen zum Nachteil der IFRS-Ergebnisse umkehren.

[57] Vgl. hierzu die Zusammenfassung der empirischen Ergebnisse bei Zwirner (2007), S. 425 f. In der Mehrzahl der untersuchten IFRS-Konzernabschlüsse weist ZWIRNER (2007) auf Basis der bilanzierten latenten Steuern einen wesentlich höheren Wertansatz nach IFRS im Vergleich zu einer fiktiven Steuerbilanz im Bereich der Pensionsrückstellungen und sonstigen Rückstellungen nach. Während der höhere Wertansatz der Pensionsrückstellungen aufgrund der ökonomisch genaueren Bewertung nach IFRS nicht überrascht, ist der höhere Wertansatz im Bereich der sonstigen Rückstellungen interessant. Da bei bestimmten Rückstellungen nur eine eingeschränkte Möglichkeit der Passivierung nach den IFRS im Vergleich zur Steuerbilanz besteht, ist tendenziell davon auszugehen, dass durch diese Sachverhalte eine positive Book-Tax-Abweichung generiert wird. Bei Drohverlust- und Restrukturierungsrückstellungen ist jedoch anzunehmen, dass diese eine negative Book-Tax-Abweichung generieren, da diese steuerlich nicht oder nur in einer geringeren Höhe zulässig sind. Die Ergebnisse bei ZWIRNER (2007) zeigen, dass der gegenläufige Effekt der Drohverlust- und Restrukturierungsrückstellungen in der Mehrzahl der untersuchten Fälle überwiegt und dadurch eine erhebliche, negative Book-Tax-Abweichung entstehen kann.

[58] In 84% der 97 untersuchten Konzernabschlüsse konnte ZWIRNER (2007) einen wesentlich höheren Wertansatz nach IFRS für diese Rückstellungen nachweisen. Die restlichen Bilanzpositionen tendierten entweder dazu, positive Book-Tax-Abweichungen zu generieren oder es war keine eindeutige Tendenz erkennbar bzw. waren die Wertansatzdifferenzen in ihrer Höhe unwesentlich. Vgl. Zwirner (2007), S. 425 sowie S. 451 f.

Zum einen könnten somit sehr hohe negative Book-Tax-Abweichungen in deutschen Konzernabschlüssen aufgrund der restriktiven steuerlichen Ansatz- und Bewertungsregeln und der umfassenderen und genaueren Abbildung nach den IFRS auf beständige IFRS-Ergebniskomponenten hindeuten. Zum anderen erfordern sie gleichzeitig Schätzungen und Prognosen und können fehlerhaft sein, was hingegen unbeständige IFRS-Ergebniskomponenten signalisieren könnte.

Transitorische Ergebniskomponenten rufen, unabhängig von der zugrunde liegenden Ursache, Adjustierungen am künftigen IFRS-Ergebnis hervor. Da diese in einem größeren Umfang bei der Bestimmung dieser Rückstellungskomponenten in den IFRS im Vergleich zur steuerbilanziellen Gewinnermittlung zu vermuten sind, würden sich die sehr hohen negativen Book-Tax-Abweichungen zum Nachteil des IFRS-Ergebnisses umkehren. Zudem ist davon auszugehen, dass sehr hohe negative Book-Tax-Abweichungen ebenfalls durch andere Ursachen, wie z.B. temporäre Abschreibungen auf Finanzanlagen, die zuvor erfolgswirksam auf einen über den Anschaffungskosten liegenden Wert zugeschrieben wurden, generiert werden. Hypothese 1a (H1a) lautet dementsprechend:

H1a: Die IFRS-Ergebnisse in Geschäftsjahren, in denen sehr hohe negative Book-Tax-Abweichungen vorliegen, sind weniger beständig als die IFRS-Ergebnisse in Geschäftsjahren, die durch „normale" Book-Tax-Abweichungen charakterisiert sind.

Das Subsample BTA5 ist durch sehr hohe positive Book-Tax-Abweichungen charakterisiert. In diesem Subsample ist das IFRS-Ergebnis deutlich höher als der steuerbilanzielle Gewinn. Diese Abweichungen sind die Folge einer vorverlagerten Ertragsrealisation resp. späteren Aufwandsrealisation in der IFRS-Gewinnermittlung im Vergleich zur Steuerbilanz. Das Divergieren der Ergebnisse kann, wie bei sehr hohen negativen Book-Tax-Abweichungen, verschiedentlich motiviert sein und ebenfalls den in Abschnitt 4.1.2 diskutierten Entstehungsursachen empirisch nicht im Einzelnen ohne Detailanalyse zugeordnet werden.

Werden aktive latente Steuern auf steuerliche Verlustvorträge vernachlässigt, sind in deutschen Konzernabschlüssen tendenziell passive latente Steuern zu erwarten.[59] Eine wichtige Rolle spielen dabei die erweiterten Ermessensspielräume in den IFRS im Vergleich zu den steuerrechtlichen Regelungen. Wie bereits erläutert wurde, können durch diese Spielräume Informationen zweckmäßiger –

[59] Vgl. auch Zwirner (2007), S. 390 f. sowie S. 425 f.

im Sinne der Entscheidungsnützlichkeit – an die Adressaten kommuniziert werden. Sie erfordern jedoch Schätzungen und Prognosen des Managements, die mit Fehlern behaftet sein können. Ferner eröffnen sie Manipulationsspielräume und damit die Möglichkeit, buchmäßige Bilanzpolitik zu praktizieren. Gleichzeitig sind die gleichen Ermessensspielräume nicht in vollem Umfang oder überhaupt nicht in der steuerlichen Gewinnermittlung anzutreffen. Zudem ist es denkbar, dass vermehrt Geschäftsjahre in diesem Subsample enthalten sind, deren Book-Tax-Abweichungen durch ertragswirksame, transitorische Wertanpassungen von Vermögensgegenständen und Schulden generiert wurden. Vor allem bei Vermögensgegenständen, wie z.B. Wertpapieren, ist in den IFRS eine vorübergehende, ergebniswirksame Werterhöhung über die Anschaffungskosten hinaus möglich, die steuerlich keine Berücksichtigung findet und dadurch eine positive Book-Tax-Abweichung verursacht. Transitorische Ergebniskomponenten verursachen, unabhängig von der zugrunde liegenden Motivation, Adjustierungen am künftigen IFRS-Ergebnis. Ermessensspielräume, transitorische Wertanpassungen und ähnliche Sachverhalte, welche steuerlich nicht eingeräumt werden bzw. unzulässig sind, können vielfach zu sehr hohen positiven Book-Tax-Abweichungen führen. Die Revision dieser IFRS-Ergebniskomponenten impliziert, dass die sehr hohen positiven Book-Tax-Abweichungen sich zum Nachteil des IFRS-Ergebnisses umkehren werden.

Im Kontext dieser Erläuterungen ist auch das ausgeprägte Realisationsprinzip in den IFRS, welches sehr hohe positive Book-Tax-Abweichungen bewirken kann, zu sehen. Beispielsweise erfordert die zeitliche Verteilung der Erträge aus der Langfristfertigung eine fachgerechte Einschätzung des Managements; Neubewertungen zum fair value im Bereich der Finanzinstrumente können transitorisch sein. Dies würde ebenfalls auf weniger beständige aktuelle IFRS-Ergebnisse hindeuten. Hypothese 1b (H1b) lautet deshalb:

H1b: Die IFRS-Ergebnisse in Geschäftsjahren, in denen sehr hohe positive Book-Tax-Abweichungen vorliegen, sind weniger beständig als die IFRS-Ergebnisse in Geschäftsjahren, die durch „normale“ Book-Tax-Abweichungen charakterisiert sind.

Auf Basis dieser Ausführungen lassen sich Hypothesen zu der Beständigkeit der Periodenabgrenzungen der Subsamples BTA1 und BTA5 unmittelbar ableiten.

Im Subsample BTA1 ist ein im Verhältnis zum IFRS-Ergebnis hohes steuerbilanzielles Ergebnis vorhanden. Diese Abweichung ist vermutlich insbesondere auf die bereits diskutierten Rückstellungskomponenten und die unterschiedliche Behandlung dieser in den beiden Periodisierungskonzeptionen zurückzuführen. Diese Komponenten erfordern Schätzungen und Prognosen des Managements und könnten folglich fehlerhaft und damit transitorisch sein. Ferner könnten temporäre, aufwandswirksame Neubewertungen von Vermögensgegenständen und Schulden, die steuerlich nicht oder in einer geringeren Höhe zulässig sind, in diesem Subsample enthalten sein. Die korrespondierenden Aufwendungen wären nicht permanent. Die sehr hohen negativen Book-Tax-Abweichungen werden sich in diesem Fall aus den bereits erläuterten Gründen zum Nachteil dieser Periodenabgrenzungen umkehren und somit wären diese unbeständig. Hypothese 2a (H2a) lautet:

H2a: Die Periodenabgrenzungen in Geschäftsjahren, in denen sehr hohe negative Book-Tax-Abweichungen vorliegen, sind weniger beständig als die Periodenabgrenzungen in Geschäftsjahren, die durch „normale“ Book-Tax-Abweichungen charakterisiert sind.

Anknüpfend an den Ausführungen zum Subsample BTA5 und der Beständigkeit des IFRS-Ergebnisses ist davon auszugehen, dass die Periodenabgrenzungen weniger beständig sind. Die Argumentation hierzu ist analog zu der Obigen bezüglich der Beständigkeit des IFRS-Ergebnisses bei Vorliegen sehr hoher positiver Book-Tax-Abweichungen. Hypothese 2b (H2b) lautet:

H2b: Die Periodenabgrenzungen in Geschäftsjahren, in denen sehr hohe positive Book-Tax-Abweichungen vorliegen, sind weniger beständig als die Periodenabgrenzungen in Geschäftsjahren, die durch „normale“ Book-Tax-Abweichungen charakterisiert sind.

Obwohl Book-Tax-Abweichungen sich ausschließlich auf Periodenabgrenzungen zurückführen lassen, könnte es sein, dass sie weniger beständige operative Cashflows signalisieren. Ein Indiz hierfür lässt sich aus der Studie von HANLON (2005) ableiten, die für den US-amerikanischen Rechtsraum zum Ergebnis kommt, dass operative Cashflows im Fall hoher positiver und hoher negativer Book-Tax-Abweichungen weniger beständig sind. Als mögliche Interpretation zu diesem Ergebnis führt HANLON (2005) an, dass Unternehmen, die durch Geschäftsjahre mit vergleichsweise hohen Book-Tax-Abweichungen gekennzeichnet sind, u.a. buchmäßige Bilanzpolitik durchführen und dass diese Unternehmen ebenfalls dazu tendieren, Sachverhaltsgestaltung zu betreiben.[60]

Eine Befragung von CFOs zeigt, dass reale Bilanzpolitik in der Praxis tatsächlich anzutreffen ist. GRAHAM/HARVEY/RAJGOPAL (2005) finden in ihrer Untersuchung substanzielle Hinweise, dass Sachverhaltsgestaltungen anscheinend populäre Maßnahmen für CFOs darstellen, um ein angestrebtes Ergebnisziel zu erreichen. 81% der 401 befragten CFOs würden zur Zielerreichung kurzfristig die Ausgaben für Forschung und Entwicklung, Werbung oder Instandhaltung senken. 55% würden eine Investition zeitlich hinauszögern, auch wenn dies negative Auswirkungen auf den Unternehmenswert hat.[61]

Book-Tax-Abweichungen basieren jedoch auf Unterschiede in der Kalkulation und der zeitlichen Verteilung der Periodenabgrenzungen zwischen den Gewinnermittlungen. Damit besteht eine unmittelbare Verbindung zwischen dieser Ergebniskomponente und den resultierenden Book-Tax-Abweichungen. Im Fall der operativen Cashflows ist diese Verknüpfung nicht gegeben und folglich kann die Beständigkeit dieser Komponente ex ante nicht beurteilt werden. Falls sich empirisch zeigen sollte, dass sie weniger beständig ist, könnte dies womöglich ein Hinweis auf reale Bilanzpolitik sein.

Damit die Extrapolierbarkeit differenzierter beurteilt werden kann, wird als weiteres Kriterium die Prognosefähigkeit des aktuellen IFRS-Ergebnisses für künftige IFRS-Ergebnisse empirisch gemessen. Diese Maßgröße ist eng mit der Beständigkeit verknüpft. D.h. Ergebnisse, die eine hohe Beständigkeit aufweisen, eignen sich normalerweise gut für Prognosezwecke.

Für die Subsamples BTA1 und BTA5 ist zu vermuten, dass die Prognosefähigkeit der aktuellen IFRS-Ergebnisse eingeschränkt ist gegenüber den IFRS-Ergebnissen des Benchmark-Subsamples BTA3. Dies ergibt sich direkt aus den Ausführungen zur Beständigkeit. Im Falle sehr hoher negativer sowie sehr hoher positiver Book-Tax-Abweichungen wird erwartet, dass die IFRS-Ergebnisse und Periodenabgrenzungen weniger beständig sind (H1a, H1b, H2a, H2b) und sich daher nicht für Prognosezwecke eignen. Hypothese 3 (H3) lautet:

[60] Vgl. Hanlon (2005), S. 154 f. Die empirische Abbildung und Untersuchung von Sachverhaltsgestaltungen ist schwierig. Empirische Untersuchungen zu realen bilanzpolitischen Maßnahmen gibt es z.B. von Bartov (1993); Bushee (1998); Thomas/Zhang (2002); Roychowdhury (2006).

[61] Vgl. Graham/Harvey/Rajgopal (2005), S. 33 ff.

H3: Die IFRS-Ergebnisse in Geschäftsjahren, in denen sehr hohe positive oder sehr hohe negative Book-Tax-Abweichungen vorliegen, eignen sich schlechter für Prognosezwecke als die IFRS-Ergebnisse in Geschäftsjahren, die durch „normale" Book-Tax-Abweichungen charakterisiert sind.

Schließlich wird noch die Volatilität der IFRS-Ergebnisausweise als Beurteilungskriterium für die Extrapolierbarkeit hinzugezogen. Volatile IFRS-Ergebnisse eignen sich schlechter zur Extrapolation als solche mit einer geringeren Volatilität.

Vor allem durch die Bilanzorientierung und der zunehmenden fair value-Bilanzierung in den IFRS steigt die Volatilität des Ergebnisausweises. Die Steuerbilanz ist hingegen vergangenheitsorientiert und unterliegt weniger marktwertbasierten Schwankungen. Falls das IFRS-Ergebnis stark durch Neubewertungen der Vermögensgegenstände und Schulden determiniert ist und die Volatilität hier durch erhöht wird, konnte ein weniger volatiler Steuerbilanzgewinn als Benchmark fungieren. Viele dieser Neubewertungen haben zum Teil massive Book-Tax-Abweichungen zur Folge, so dass sehr hohe Book-Tax-Abweichungen volatile IFRS-Ergebnisausweise signalisieren könnten. Basierend auf diesen Ausführungen lässt sich eine Hypothese 4 (H4) zur Volatilität aufstellen:

H4: Die IFRS-Ergebnisausweise in Geschäftsjahren, in denen sehr hohe positive oder sehr hohe negative Book-Tax-Abweichungen vorliegen, sind volatiler als die IFRS-Ergebnisausweise in Geschäftsjahren, die durch „normale" Book-Tax-Abweichungen charakterisiert sind.

Die empirische Überprüfung der Hypothesen H1a-H4 ist Gegenstand der nächsten Abschnitte.

4.2 Empirische Untersuchung

Im Folgenden wird der Informationsgehalt von Book-Tax-Abweichungen, die auf Basis latenter Steueraufwendungen und -erträge gemäß IAS 12 bestimmt werden, hinsichtlich der Extrapolierbarkeit des IFRS-Ergebnisses empirisch überprüft. In Abschnitt 4.2.1 werden zunächst die Auswahl des Untersuchungszeitraums und die Datenbasis der empirischen Untersuchung erläutert. Während Abschnitt 4.2.2 die Herleitung des Samples beschreibt, stellt Abschnitt 4.2.3 die wesentlichen Variablen der empirischen Untersuchung vor. Die deskriptiven Statistiken der Variablen der Untersuchung sowie weitere Eigenschaften der Subsamples werden in Abschnitt 4.2.4 dargestellt. Zudem wird in diesem Abschnitt der potenzielle Informationsgehalt von Book-Tax-Abweichungen für die Extrapolierbarkeit des IFRS-Ergebnisses deskriptiv untersucht. Auf Basis der deskriptiven Analysen werden erste konkretere Schlussfolgerungen im Hinblick auf die Extrapolierbarkeit des IFRS-Ergebnisses vor dem Hintergrund bestehender Book-Tax-Abweichungen abgeleitet. Abschnitt 4.2.5 stellt den Hauptteil der empirischen Untersuchung dar. In diesem Abschnitt wird die Extrapolierbarkeit der IFRS-Ergebnisse mittels der in Abschnitt 3.2.2 vorgestellten Maßgrößen beurteilt. Hierdurch können die in Abschnitt 4.1.3.2 aufgestellten Hypothesen überprüft werden. Abschließend werden in Abschnitt 4.2.6 die Resultate aller Maßgrößen sowie die Erkenntnisse aus der deskriptiven Untersuchung gemeinsam verwendet, um Aussagen hinsichtlich der Extrapolierbarkeit des aktuellen IFRS-Ergebnisses vor dem Hintergrund unterschiedlich hoher Book-Tax-Abweichungen zu treffen. Zudem wird überprüft, ob sich auf Basis des IFRS-Ergebnisses vor Steuern und den dazugehörigen latenten Steueraufwendungen ein Benchmark-Intervall konstruieren lässt, in dem sich „normale“ Book-Tax-Abweichungen einordnen lassen. In Abschnitt 4.2.7 werden schließlich Limitationen der empirischen Untersuchung angeführt und die Ergebnisse auf ihre Robustheit hin überprüft. Die Darstellung in diesem Abschnitt gibt gleichzeitig Hinweise für künftiges Forschungspotenzial.

4.2.1 Untersuchungszeitraum und Datenbasis

Der Untersuchungszeitraum umfasst die Geschäftsjahre 2001 bis 2007. Die Auswahl dieses Zeitraums hat verschiedene Gründe.

- Die Approximation der Book-Tax-Abweichungen basiert auf dem latenten Steueraufwand nach IAS 12. Dieser Standard ist zwar seit 1997 verbindlich anzuwenden, doch wurde dieser im Jahre 2000 weiter ergänzt. Die Erfassung der ertragsteuerlichen Konsequenzen von Dividenden wurde neu geregelt.[62] Damit ist der Standard in seiner aktuell gültigen Fassung seit 2001

[62] Dies hatte Konsequenzen für die Bewertung der Steuerlatenzen in Zusammenhang mit Körperschaftsteuerguthaben gemäß § 37 KStG. Vgl. in diesem Zusammenhang die Erläuterungen und Literaturnachweise zu IAS 12.52 A und B in Abschnitt 2.3.4.

anzuwenden und etwaige Sondereffekte aus der Neubewertung betroffener Steuerlatenzen sind im Sample nicht vorhanden.[63]

- Ein weiterer Grund stellt die Anzahl der Unternehmen dar, die nach den IFRS bilanzieren. In den vier Auswahlindizes des Prime Standard (DAX, MDAX, SDAX und TecDAX) bilanzierten bis zum Berichtsjahr 2000 lediglich ca. 25% nach den IFRS, ab dem Berichtsjahr 2001 betrug die Anzahl bereits ca. 36% und seitdem ist ein deutlicher Anstieg zu verzeichnen.[64] Damit die deutsche kapitalmarktorientierte Unternehmenslandschaft repräsentativ abgebildet wird, ist es sinnvoll die Untersuchung erst ab diesem Zeitpunkt durchzuführen.

- Schließlich muss die Entwicklung der Unternehmensbesteuerung in Deutschland berücksichtigt werden. Sicher unterliegt diese ständigen Änderungen hinsichtlich einzelner Regelungen, doch wurde mit dem Steuersenkungsgesetz (StSenkG[65]) im Jahre 2000 eine erhebliche Neustrukturierung des KStG sowie eine Absenkung des Körperschaftsteuersatzes durchgeführt. Mit dem Unternehmensteuerreformgesetz (UntStRefG[66]) 2008 wurde eine erneute Reduktion des Tarifs vollzogen und einzelne Neuregelungen wurden implementiert, die zum Teil gravierende Änderungen in der steuerlichen Gewinnermittlung zur Folge hatten. Beide Reformen haben zu wesentlichen Neubewertungen und Anpassungen der bilanzierten latenten Steuern im IFRS-Konzernabschluss geführt. Im Zuge des StSenkG haben insbesondere die Reduktion des Körperschaftsteuersatzes auf einheitliche 25% für ausgeschüttete und thesaurierte Gewinne, die Abschaffung des körperschaftsteuerlichen Anrechnungsverfahrens und die Einführung des Halbeinkünfteverfahrens sowie die Steuerfreistellung von Beteiligungen erhebliche Anpassungen der latenten Steuern vor allem im Berichtsjahr 2000 zur Folge gehabt.[67] In Zusammenhang mit dem UntStRefG führten u.a. die Regelungen zur Zinsschranke inklusive der Regelung zum Zinsvortrag, die veränderten Abschreibungsregeln sowie der erweiterte Anwendungsbereich der gewerbesteuerlichen Hinzurechnungen zu nicht unbeträchtlichen Änderungen in der

[63] Vgl. auch Ernsting (2001), S. 17.
[64] Vgl. zu dieser Erhebung auch vor dem Hintergrund der regulatorischen Entwicklungen Zwirner (2007a). Vgl. S. 606 zu den hier angeführten prozentualen Anteilen.
[65] Vgl. zum StSenkG BGBl. 2000 I, S. 1433-1466.
[66] Vgl. zum UntStRefG BGBl. 2007 I, S. 1912-1938.
[67] Vgl. zu den entsprechenden Auswirkungen Ernsting (2001).

steuerlichen Gewinnermittlung.[68] Diese Regelungen haben sich erst im Geschäftsjahr 2008 in der IFRS-Konzernbilanz niedergeschlagen, da sie hier erstmalig steuerlich anzuwenden waren.[69] Ferner wurde der Körperschaftsteuersatz auf 15% gesenkt und die Bestimmung des Gewerbesteuersatzes verändert. Dies hatte zur Folge, dass der zur Bewertung der inländischen latenten Steuern anzuwendende Steuersatz – abhängig vom Hebesatz – seitdem ca. 30% und nicht mehr ca. 38% beträgt.[70] Die Änderung des Steuersatzes war nach IAS 12.47[71] zwar für das Geschäftsjahr 2007 bereits zu berücksichtigen, doch werden die Steuerlatenzen dieses Geschäftsjahres in der empirischen Untersuchung nicht benötigt. Lediglich das IFRS-Ergebnis vor Steuern des Geschäftsjahres 2007 wird in der Untersuchung verwendet. Dementsprechend haben Anpassungen der Steuerlatenzen keinen Einfluss auf die Ergebnisse der Untersuchung.

Um eine möglichst breite Datenbasis zu verwenden, werden Unternehmen des All-Share Indizes CDAX in der empirischen Untersuchung betrachtet. Der CDAX umfasst segmentübergreifend alle deutschen Unternehmen des Prime Standard und General Standard sowohl aus den klassischen als auch den Technologiebranchen.[72] Der CDAX bildet den gesamten deutschen Aktienmarkt ab und eignet sich daher für umfassende empirische Untersuchungen.

Da es aufgrund der umfangreichen Anzahl von Unternehmen und Geschäftsjahren kaum möglich ist, die für die Untersuchung erforderlichen Daten manuell aus den Konzernabschlüssen zusammenzutragen, wird auf die Worldscope Datenbank von Thomson Financial zurückgegriffen. Als Datenbasis werden alle im CDAX gelisteten Unternehmen in der Worldscope Datenbank zum Stichtag 15.07.2008 ausgewählt.

---

[68] Vgl. hierzu Kirsch (2007), S. 1268 ff. Vgl. zu den Auswirkungen der Zinsschranke und des Zinsvortrags auf die Bilanzierung latenter Steuern Brähler/Brune/Heerdt (2008), S. 289 ff. sowie Loitz/Neukamm (2008), S. 197 ff. Vgl. zu einem ausführlichen Überblick über die Unternehmensteuerreform 2008 Rödder (2007), S. 351 ff.

[69] Beispielsweise waren die Regelungen zur Zinsschranke erstmals für Wirtschaftsjahre anzuwenden, die nach dem 25.05.2007 begonnen haben und nicht vor dem 01.01.2008 endeten (§ 34 Abs. 6a S.3 KStG); die Erweiterung der Hinzurechnungen gemäß § 8 GewStG war erstmals für den Erhebungszeitraum 2008 anzuwenden (§ 36 Abs. 5a GewStG).

[70] Vgl. Kirsch (2007), S. 1272.

[71] Vgl. hierzu die Ausführungen zur Berücksichtigung von Steuersatzänderungen im Rahmen der Bewertung von latenten Steuern in Abschnitt 2.3.4.

[72] Vgl. Deutsche Börse (2009), S. 7 und S. 10.

4.2.2 Entwicklung des Samples

Das Sample wird, ausgehend von diesen 657 Unternehmen[73], über den Zeitraum 2001-2007 generiert. Es ist notwendig, einige Unternehmen und Geschäftsjahre (firm-years) aus dem Sample zu löschen, da diese gewisse Kriterien, die für die Untersuchung notwendig sind, nicht erfüllen. Diese Datenbereinigung wird im Folgenden illustriert.

- Bei 61 Unternehmen sind keine für die Untersuchung relevanten Daten vorhanden. Somit werden diese entfernt.
- Um Unternehmen ihrer Branchenzugehörigkeit entsprechend auszuwählen, wird auf die in der Worldscope Datenbank vorzufindende Einteilung nach sog. industry groups (WC06011) abgestellt. In der Worldscope Datenbank werden 27 Hauptbranchen geführt, die wiederum in Subbranchen eingeteilt sind. Die Einordnung von Worldscope basiert auf dem jeweiligen Geschäftsfeld, in dem das Unternehmen hauptsächlich tätig ist und in dem der Hauptanteil der Unternehmensumsätze generiert wird. Falls ein Unternehmen sich nach diesem Kriterium nicht einteilen lässt, da es z.B. in verschiedenen Geschäftsfeldern tätig ist, so dass kein Schwerpunkt anhand des Umsatzes ausgemacht werden kann, oder es eine reine Holding darstellt, wird dieses Unternehmen als „Diversified" eingestuft. Kann ein Unternehmen in keine der 27 Hauptgruppen eingeteilt werden, wird es als „Miscellaneous" klassifiziert.[74] Da Banken (industry group 4310 und 4320) und Versicherungen (industry group 4370) eine völlig unterschiedliche Bilanzstruktur aufweisen, werden diese aus dem Sample eliminiert. Ebenfalls werden Beteiligungsgesellschaften (industry group 4350[75]) und Real Estate Investment Trusts (REIT) (industry group 4391) aus dem Sample entfernt, da sich die Geschäftsmodelle dieser Gesellschaften völlig von denen der übrigen Unternehmen unterscheiden. Zudem werden eine weitere Beteiligungsgesellschaft sowie drei Finanzdienstleister als „Service Organizations" (industry group 8580) in Worldscope geführt. Diese werden ebenfalls gelöscht. Damit reduziert sich das Sample insgesamt um 35 Unternehmen.

[73] Eigentlich waren zu diesem Stichtag insgesamt 684 verschiedene Aktien gemäß Worldscope im CDAX gelistet. Allerdings hatten 27 Unternehmen Vorzugsaktien ausgegeben. Diese Vorzugsaktien werden aus dem Sample entfernt.

[74] Vgl. Thomson Financial (2007), S. 23. Vgl. zu den industry groups im Detail S. 329 ff.

[75] In Worldscope werden diese als „Investment Companies" klassifiziert.

Da sich die Bewertung von Immobilien, Leasingverhältnissen und Wertpapieren nach Steuerrecht und nach den IFRS stark unterscheiden kann, ist es interessant, den Informationsgehalt der resultierenden Book-Tax-Abweichungen zu untersuchen. Daher werden die industry groups „Land & Real Estate“ (4380), „Rental & Leasing“ (4392) sowie „Securities Brokerage Firms“ (4394) explizit im Sample gelassen.[76]

- In einem nächsten Schritt werden alle Unternehmen aussortiert, die im relevanten Zeitraum nicht nach den IFRS bilanziert haben. Hierzu wird die angewendete Rechnungslegungsmethodik (WC07536) bei Worldscope abgefragt. 45 Unternehmen müssen aus dem Sample entfernt werden.[77]

Nach Eliminierung dieser Unternehmen verbleiben 516 Unternehmen im vorläufigen Sample. Im Fokus der Untersuchung steht die Analyse einzelner Geschäftsjahre (firm-years). Daher wird nachfolgend die Entwicklung des Samples auf Basis von Geschäftsjahren weiter erläutert.

- Von den restlichen Unternehmen werden zunächst 1.116 Geschäftsjahre aus dem Sample entfernt, in denen nicht nach den IFRS bilanziert wird.[78] Ferner sind in 336 Geschäftsjahren überhaupt keine Variablen vorhanden bzw. ist in Worldscope nicht ersichtlich, welche Rechnungslegungsmethodik angewendet wird, was ebenfalls zum Ausschluss dieser Jahre führt.
- Geschäftsjahre mit einem negativen IFRS-Ergebnis sowie unmittelbar an diese Geschäftsjahre angrenzende Jahre, die für die Schätzungen gemäß der Methode der kleinsten Quadrate (OLS) erforderlich sind, werden eliminiert. Dies betrifft 711 Geschäftsjahre sowie 108 Unternehmen. Dieser Filter dient der wichtigen Eliminierung von „unechten“ Book-Tax-Abweichungen und gründet auf den entsprechenden Ausführungen in Abschnitt 4.1.3.1.
- Schließlich werden die Regressionsgleichungen erstellt. Um die OLS-Schätzungen durchführen zu können, ist es erforderlich, dass sämtliche für die

[76] Die Analyse der Branchenverteilung der Geschäftsjahre in den Subsamples zeigt jedoch, dass kein signifikanter Einfluss von den Geschäftsjahren der Unternehmen aus diesen Branchen ausgeht. Die Anzahl der Geschäftsjahre ist sehr gering. Vgl. hierzu Abschnitt 4.2.4.10. Die deskriptiven Untersuchungen der relevanten Untersuchungsvariablen zeigen ebenfalls, dass kein wesentlicher Einfluss von diesen Branchen ausgeht.

[77] Von diesen 45 Unternehmen haben im Untersuchungszeitraum 34 nach dem HGB und elf nach den US-GAAP bilanziert.

[78] Gemäß Worldscope Datenbank (WC07536) wird in 757 Geschäftsjahren nach dem HGB und in 359 Geschäftsjahren nach den US-GAAP bilanziert.

Regressionen notwendigen Variablen[79] vorliegen. Darüber hinaus müssen entsprechende Daten für zwei aufeinanderfolgende Geschäftsjahre vorhanden sein, so dass insbesondere die Beständigkeit und Prognosefähigkeit der IFRS-Ergebnisse beurteilt werden können. Folglich werden Unternehmen aus dem Sample gelöscht, die nur mit einem Geschäftsjahr vertreten sind. Durch diese Anforderungen werden insgesamt 912 Geschäftsjahre und weitere 205 Unternehmen eliminiert.

Das endgültige Sample besteht aus 537 Geschäftsjahren von 203 Unternehmen und umfasst 22 Branchen. Tabelle 4.1 skizziert nochmal die Herleitung des Samples. Eine detaillierte Aufgliederung der absoluten und relativen Verteilung der Geschäftsjahre und Unternehmen des Samples auf die einzelnen Branchen inklusive Subbranchen findet sich in Tabelle A.1 im Anhang wieder.[80]

4.2.3 Erläuterung der wesentlichen Variablen der empirischen Untersuchung

Um den Informationsgehalt von Book-Tax-Abweichungen hinsichtlich der Extrapolierbarkeit des IFRS-Ergebnisses beurteilen zu können, wird das Sample von 537 Geschäftsjahren[81] in fünf Subsamples eingeteilt. Die Klassifizierung basiert auf der Höhe der jährlichen Book-Tax-Abweichungen, die durch den latenten Steueraufwand der Periode approximiert werden.[82] Hierzu wird der gemäß Worldscope ausgewiesene latente Steueraufwand (WC18188 und WC18189) der Periode herangezogen.[83] Die Höhe der periodischen Book-Tax-Abweichung BTA_t wird unter Verwendung des latenten Steueraufwands in t und des Steuersatzes s approximiert:

$$BTA_t = \frac{\text{latenter Steueraufwand}_t}{s}. \tag{4.1}$$

[79] Diese werden in Abschnitt 4.2.3 vorgestellt.

[80] Vgl. auch die Aufteilung der Branchen je Subsample in Tabelle 4.14 in Abschnitt 4.2.4.10.

[81] Vgl. ausführlich zur Herleitung des Samples Abschnitt 4.2.2.

[82] Vgl. auch Abschnitt 4.1.3.1. Vgl. zu einer ähnlichen Vorgehensweise Hanlon (2005), S. 143. Sie unterteilt ihr Sample in drei Subsamples.

[83] Der latente Steueraufwand wird in der Worldscope Datenbank grundsätzlich nach dem inländischen (WC18188) und ausländischen (WC18189) Anteil untergliedert. Allerdings wird diese Untergliederung in über 80% der hier untersuchten Geschäftsjahre nicht konsistent eingehalten; der gesamte latente Steueraufwand der Periode wird dann als „inländisch" ausgewiesen. Dies wurde mittels einer Stichprobe von ca. 50 Geschäftsjahren anhand des Konzernabschlusses überprüft. Dadurch wird sichergestellt, dass in diesen Fällen der inländische Anteil tatsächlich den gesamten latenten Steueraufwand – inklusive ausländischem Anteil – enthält.

	Unternehmen	
	CDAX Unternehmen lt. Worldscope (Stichtag 15.07.2008)	**684**
-	doppelt aufgrund von Vorzugsaktien	-27
-	Banken	-15
-	Versicherungen	-9
-	Beteiligungsgesellschaften	-6
-	REIT	-1
-	Finanzdienstleister (in Worldscope als „Service Organizations“ (industry group 8580) geführt)	-4
-	HGB-Bilanzierer	-34
-	US-GAAP-Bilanzierer	-11
-	überhaupt keine Variablen vorhanden	-61
	verbleibende Unternehmen	**516**
	Geschäftsjahre	
	Geschäftsjahre vor Eliminierung (maximal möglich: 516 Unternehmen × 7 Geschäftsjahre)	**3.612**
-	HGB-Geschäftsjahre	-757
-	US-GAAP-Geschäftsjahre	-359
-	überhaupt keine Variable vorhanden bzw. verwendete Rechnungslegungsmethodik nicht ersichtlich in Worldscope	-336
	verbleibende Geschäftsjahre	**2.160**
	verbleibende Unternehmen	**516**
	Eliminierung von Geschäftsjahren mit negativen IFRS-Ergebnissen	
	verbleibende Geschäftsjahre vor Verlustfilter	**2.160**
-	Geschäftsjahre mit negativen IFRS-Ergebnissen	-594
-	Geschäftsjahre mit negativen IFRS-Ergebnissen nach Abzug des Minderheitenanteils	-3
-	angrenzende Geschäftsjahre	-114
	verbleibende Geschäftsjahre	**1.449**
	verbleibende Unternehmen	**408**
	Relevante Variable für OLS-Schätzung nicht vorhanden	
	verbleibende Geschäftsjahre vor Eliminierung von Geschäftsjahren mit fehlenden Variablen	**1.449**
-	Geschäftsjahre mit fehlenden Variablen	-874
-	Eliminierung angrenzender und einzelner IFRS-Geschäftsjahre	-38
	Geschäftsjahre im endgültigen Sample	**537**
	Unternehmen im endgültigen Sample	**203**

Tabelle 4.1: Herleitung des Samples.

Die BTA_t werden mit der Bilanzsumme (WC02999) des jeweiligen Geschäftsjahres skaliert, um Größeneffekte in den Analysen zu vermeiden.[84] Der Steuersatz s beträgt über alle Geschäftsjahre hinweg 38,65%, was einem Körperschaftsteuersatz inklusive Solidaritätszuschlag von $s_{KSt} = 26,5\%$ und einem effektiven Gewerbesteuersatz von $s^{eff}_{GewSt} = 16,67\%$ entspricht.[85] Die Höhe des Steuersatzes hat daher keinen Einfluss auf die relativen Unterschiede zwischen den Geschäftsjahren und dementsprechend auch nicht auf die Einteilung der Subsamples. Es ist ebenso möglich den periodischen latenten Steueraufwand ohne Modifikation zu verwenden. Der hier verwendete Ansatz wird bewusst gewählt, um zu verdeutlichen, dass die Untersuchung auf den Informationsgehalt der Unterschiede zwischen dem IFRS-Ergebnis und dem steuerbilanziellen Gewinn abzielt.

Die Einteilung der Geschäftsjahre in fünf Subsamples basiert auf der Höhe der in Gleichung 4.1 ermittelten BTA_t. Das erste Quintil enthält Geschäftsjahre mit den höchsten negativen BTA_t (BTA1) des Samples; das letzte Quintil setzt sich aus Geschäftsjahren mit den höchsten positiven BTA_t (BTA5) zusammen. Das Subsample BTA3 umfasst Geschäftsjahre mit sowohl negativen als auch positiven Ausprägungen von BTA_t. Die Höhe dieser Abweichungen werden als „normal" eingestuft und die Geschäftsjahre im Subsample BTA3 bilden die Benchmark für die empirischen Auswertungen. Das Subsample BTA2 (BTA4) beinhaltet alle Geschäftsjahre mit negativen (positiven) BTA_t, die in ihrer Höhe zwischen dem ersten und dritten (dritten und fünften) Quintil liegen.

Die zu untersuchenden Größen sind das künftige IFRS-Ergebnis vor Steuern EBT_IFRS_{t+1}, das aktuelle IFRS-Ergebnis vor Steuern EBT_IFRS_t, die aktuellen operativen Cashflows vor Steuern $CFOBT_t$ sowie die aktuellen Periodenabgrenzungen vor Steuern $PABT_t$. Die vorsteuerliche Betrachtung ist aus Gründen der Konsistenz der Analysen wichtig, da Book-Tax-Abweichungen, die mittels latenter Steueraufwendungen und -erträgen approximiert werden, auf Differenzen zwischen dem IFRS-Periodenergebnis vor Steuern und dem steuerlichen Gewinn beruhen. Wie bei der Bestimmung der BTA_t werden alle in der Untersuchung ver-

---

84 Zu Vergleichszwecken ermittelt Worldscope die „Total Assets" u.a. ohne latente Steuern einzubeziehen. Vgl. hierzu Thomson Financial (2007), S. 466.

85 Der bis einschließlich 2007 gültige Körperschaftsteuersatz betrug 25%, der Solidaritätszuschlag s_{SolZ} beträgt 5,5%. Bei der Berechnung des effektiven Gewerbesteuersatzes wird ein Hebesatz von 400% unterstellt; die Messzahl beträgt 5%. Die ebenfalls bis 2007 geltende „In-sich-Abzugsfähigkeit" der Gewerbesteuer von ihrer eigenen Bemessungsgrundlage wird berücksichtigt. Es gilt daher: $s = s_{KSt} \cdot (1 - s^{eff}_{GewSt}) \cdot (1 + s_{SolZ}) + s^{eff}_{GewSt}$.

wendeten Variablen mit der Bilanzsumme (WC02999) des jeweiligen Geschäftsjahres skaliert, um Größeneffekte auszuschließen.

Die EBT_IFRS_t[86] stellen die Differenz zwischen dem IFRS-Periodenergebnis vor Steuern (Pretax Income (WC01401)) und dem Minderheitenanteil (Minority Interest (WC01501)) dar, denn der Minderheitenanteil besitzt keine direkte Relevanz für die latente Steuerverrechnung.[87] Überdies liegt das IFRS-Periodenergebnis nach Berücksichtigung von Minderheiten der Berechnung der von Analysten häufig verwendeten Kennzahl „Gewinn je Aktie“ zugrunde (IAS 33.9 und 33.30)[88], so dass der Abzug des Minderheitenanteils vom IFRS-Periodenergebnis hierdurch zusätzlich gerechtfertigt wird.

Die $CFOBT_t$ bestimmen sich durch Summation der operativen Cashflows (Net Cash Flow Operating Activities (WC04860)) und den gezahlten Steuern gemäß Kapitalflussrechnung (Taxation (Cash Flow) (WC04150)).

Die $PABT_t$ stellen alle nichtzahlungsgleiche Komponenten der EBT_IFRS_t dar. Sie werden berechnet als Differenz zwischen den EBT_IFRS_t und den $CFOBT_t$.

4.2.4 Deskriptive Analyse

4.2.4.1 Deskriptive Statistiken der Regressionsvariablen für das gesamte Sample

Der potenzielle Informationsgehalt von Book-Tax-Abweichungen für die Extrapolierbarkeit des IFRS-Ergebnisses wird zuerst deskriptiv untersucht. Die deskriptive Analyse, die OLS-Schätzungen zur Beurteilung der Beständigkeit und Prognosefähigkeit sowie die Bestimmung der Volatilität des IFRS-Ergebnisses in den einzelnen Subsamples basieren auf dem hergeleiteten Sample von 537 Geschäftsjahren. Doch könnten extreme Ausprägungen einzelner Variablen einen verzerrenden Einfluss[89] auf die Ergebnisse der Untersuchung haben. Deshalb wird zunächst eine Datenbereinigung durchgeführt.

86 Die Berechnung der EBT_IFRS_{t+1} vollzieht sich analog.

87 Vgl. Lüdenbach (2008), S. 2008, Rn. 187.

88 Vgl. auch Pellens/Fülbier/Gassen/Sellhorn (2008), S. 859 f.

89 Im Rahmen der Minimierung gewichtet OLS die Abweichungen quadratisch. Vgl. formal hierzu Wooldridge (2003), S. 73 f. und S. 787 ff. Somit können einzelne Beobachtungen einen erheblichen Einfluss auf die Regressionsgerade ausüben. Insbesondere wenn diese Beobachtungen weit entfernt vom Mittelwert liegen, kann der Steigungskoeffizient stark von einzelnen Beobachtungen beeinflusst sein, die die Ergebnisse wesentlich verzerren.

Hierzu werden die Subsamples BTA1-BTA5 basierend auf der Höhe des latenten Steueraufwands bzw. -ertrags[90] gebildet. Die Subsamples BTA1 (sehr hohe negative BTA_t) und BTA3 („normale" BTA_t) umfassen jeweils 108 Geschäftsjahre; die Subsamples BTA2 (hohe negative BTA_t), BTA4 (hohe positive BTA_t) und BTA5 (sehr hohe positive BTA_t) jeweils 107 Geschäftsjahre. Zur Identifikation von extremen, einflussreichen Beobachtungen kommen verschiedene Verfahren in Betracht.[91] Für die empirische Untersuchung wird eine Datenbereinigung mittels studentisierter Residuen (studentized residuals) durchgeführt. Studentisierte Residuen werden auf Basis der grundlegenden OLS-Regression zur Messung der Beständigkeit der EBT_IFRS_t in Abhängigkeit der Ausprägung von BTA_t (Gleichung (4.10)[92]) bestimmt. Ein studentisiertes Residuum ε_i^{stud} wird für jeden Datenpunkt i einzeln berechnet. Es misst die Differenz zwischen der i^*-ten Beobachtung EBT_IFRS_{t+1,i^*} und dem entsprechenden Wert des Regressionsmodells $\widehat{EBT\_IFRS}_{t+1,i}$, der sich ohne Berücksichtigung des Datenpunkts i^* ergibt.[93] Die berechnete Differenz wird durch den Standardfehler der Schätzung (ohne Berücksichtigung der i^*-ten Beobachtung) dividiert und dadurch standardisiert. Die studentisierten Residuen sind asymptotisch t-verteilt.[94]

Studentisierte Residuen $|\varepsilon_i^{stud}| \geq 1,96$ werden als Ausreißer angesehen und aus dem Sample eliminiert. Dieser t-Wert entspricht dem fünfprozentigen Grenzwert für einen zweiseitigen t-Test. Durch dieses Verfahren können Ausreißer identifiziert werden, die einen erheblichen Einfluss auf den geschätzten Wert des Regressionsmodells $\widehat{EBT\_IFRS}_{t+1}$ haben. Die deskriptiven Statistiken der primären Untersuchungsvariablen des Samples inklusive der Ausreißer sowie diejenigen der Ausreißer separat können den Tabellen A.2 und A.3 im Anhang entnommen werden.[95]

Die Anzahl der gesamten Beobachtungen verkleinert sich durch die Datenbereinigung um 28 Geschäftsjahre bzw. 5,21% auf 509 Beobachtungen. Hierdurch werden ebenfalls fünf Unternehmen eliminiert, so dass 198 Unternehmen im Sample verbleiben. Die endgültigen Subsamples umfassen jeweils 103 Geschäftsjahre in den Subsamples BTA1-BTA3, 101 Geschäftsjahre im Subsample BTA4 und

[90] Vgl. hierzu ausführlich Abschnitt 4.2.3.
[91] Vgl. z.B. Belsley/Kuh/Welsch (2004), S. 6 ff.
[92] Vgl. Abschnitt 4.2.5.2.
[93] Vgl. hierzu Greene (2003), S. 60 f.
[94] Vgl. hierzu Belsley/Kuh/Welsch (2004), S. 20 f.
[95] Im Rahmen der Überprüfung der Robustheit der Ergebnisse in Abschnitt 4.2.7 wird der Einfluss dieser extremen Werte auf die Berechnung der empirischen Maßgrößen aufgezeigt.

99 Geschäftsjahre im Subsample BTA5. Die empirische Untersuchung basiert auf diesen Beobachtungen.

Durch die Einteilung der Geschäftsjahre in die Subsamples übersteigt die Gesamtsumme der Unternehmen je Subsample in Höhe von 371[96] die gesamte Anzahl von Unternehmen, da 141 Unternehmen mit mehreren Geschäftsjahren im gesamten Sample vertreten sind und deshalb – in Abhängigkeit ihrer BTA_t – Bestandteil verschiedener Subsamples sein können. Dadurch werden unternehmensspezifische Zeitreihen auseinander gerissen, weshalb sämtliche Analysen nicht auf Unternehmensebene durchgeführt werden. Darüber hinaus sind die Anzahl der Beobachtungen je Unternehmen in den Subsamples zu gering, um unternehmensspezifische Untersuchungen durchzuführen.[97] Die Einteilung in Subsamples reduziert zudem Verzerrungen aufgrund von ausgelassenen, unternehmensspezifischen Variablen, was insbesondere eine wichtige Erkenntnis für die OLS-Schätzungen zur Bestimmung der Beständigkeit und Prognosefähigkeit der IFRS-Ergebnisse und der Ergebniskomponenten der Subsamples ist. Tabelle 4.2 veranschaulicht diese Ausführungen.

Im Rahmen der deskriptiven Analyse wird zusätzlich der Wachstumsfaktor ω des IFRS-Ergebnisses von t nach t+1 für jede Beobachtung untersucht. Es gilt:

$$\omega = \frac{EBT\_IFRS_{t+1}}{EBT\_IFRS_t} - 1. \tag{4.2}$$

Tabelle 4.3 zeigt den Mittelwert, den Median, die Standardabweichung (s.d.) sowie das Minimum (Min) und das Maximum (Max) der in den Regressionen verwendeten Variablen des Samples von n=509 Beobachtungen auf.

[96] Das Subsample BTA1 umfasst 71 Unternehmen, BTA2 75 Unternehmen, BTA3 77 Unternehmen, BTA4 83 Unternehmen und BTA5 65 Unternehmen.

[97] Eine branchenspezifische Analyse wird ebenfalls nicht durchgeführt, da auch die Anzahl der Geschäftsjahre je Branche in den Subsamples relativ gering ist. Vgl. hierzu die Analyse in Abschnitt 4.2.4.10.

Unternehmen mit	Anzahl der Geschäftsjahre n_{GJ} bzw. Anzahl der Unternehmen n_U											
	BTA1		BTA2		BTA3		BTA4		BTA5		$\sum$	
n Beobachtung(en)	n_{GJ}	n_U	n_{GJ}	n_U	n_{GJ}	n_U	n_{GJ}	n_U	n_{GJ}	n_U	n_{GJ}	n_U
n=1 (57 Unternehmen)	9	9	10	10	10	10	16	16	12	12	57	57
n=2 (56 Unternehmen)	18	15	28	22	19	18	25	22	22	16	112	93
n=3 (37 Unternehmen)	21	13	15	11	23	18	25	19	27	17	111	78
n=4 (25 Unternehmen)	30	20	22	18	18	13	17	12	13	8	100	71
n=5 (9 Unternehmen)	7	5	9	4	12	8	6	5	11	4	45	26
n=6 (14 Unternehmen)	18	9	19	10	21	10	12	9	14	8	84	46
$\sum$ (198 Unternehmen)	**103**	**71**	**103**	**75**	**103**	**77**	**101**	**83**	**99**	**65**	**509**	**371**

Anmerkung: Die Tabelle zeigt die Anzahl der Geschäftsjahre n_{GJ} bzw. die Anzahl der Unternehmen n_U je Subsample. Hierbei wurden die Unternehmen nach der Anzahl ihrer Beobachtungen im gesamten Sample gruppiert. Z.B. gibt es 37 Unternehmen, die mit drei Beobachtungen im Untersuchungszeitraum 2001-2007 im Sample enthalten sind. Das Subsample BTA1 umfasst 21 Geschäftsjahre dieser Unternehmen, wobei diese auf 13 verschiedene Unternehmen basieren. Insgesamt können 71 der 103 Geschäftsjahre des Subsamples BTA1 auf verschiedene Unternehmen zurückgeführt werden. Bildet man für diese Gruppe von 37 Unternehmen die Summe über die Anzahl der Unternehmen n_U je Subsample, erhält man den Wert 78 (>37). Die Gesamtsumme der Unternehmen je Subsample beträgt 371 und übersteigt die gesamte Anzahl von Unternehmen im Sample von 198, da 141 Unternehmen mit n≥2 Beobachtungen im gesamten Sample vertreten sind und – abhängig von der Höhe ihrer BTA_t – Bestandteil verschiedener Samples sein können. Diese Betrachtungsweise demonstriert, dass unternehmensspezifische Zeitreihen durch die Einteilung in die Subsamples auseinander gerissen werden. Folglich werden Verzerrungen aufgrund von ausgelassenen, unternehmensspezifischen Variablen reduziert.

Tabelle 4.2: Anzahl der Geschäftsjahre bzw. Anzahl der Unternehmen je Subsample.

Variable	n	Mittelwert	s.d.	Min	Median	Max
BTA_t	509	0,0029	0,0245	-0,0975	0,0019	0,1407
EBT_IFRS_{t+1}	509	0,0775	0,0542	0,0004	0,0638	0,3167
EBT_IFRS_t	509	0,0748	0,0591	0,0004	0,0596	0,4203
$PABT_t$	509	-0,0308	0,0646	-0,2689	-0,0341	0,3634
$CFOBT_t$	509	0,1056	0,0783	-0,2349	0,0965	0,4462
ω	509	0,4724	2,5908	-0,9685	0,0773	47,5345

Tabelle 4.3: Deskriptive Statistiken des gesamten Samples.

220 der 509 Geschäftsjahre haben eine negative BTA_t, was 43,22% der Beobachtungen darstellt. Folglich bilden Geschäftsjahre mit positiven BTA_t die Mehrheit im Subsample BTA3, welches die Benchmark definiert.[98] Die maximale und minimale Ausprägungen der BTA_t betragen 0,1407 resp. -0,0975. Geschäftsjahre mit positiven BTA_t überwiegen daher nicht nur in Anzahl, sondern sind auch in ihrer maximalen Ausprägung höher. Mittelwert (0,0029) und Median (0,0019) lassen erkennen, dass es dennoch zu keiner großen Verzerrung in Richtung positiver BTA_t kommt. Somit finden sich im Sample durchschnittlich mehr positive BTA_t, was auf ein höheres Ergebnis nach IFRS als nach steuerrechtlichen Methoden hindeutet.

Sowohl EBT_IFRS_{t+1} als auch EBT_IFRS_t sind allesamt positiv, was auf den Verlustfilter zur Eliminierung „unechter“ Book-Tax-Abweichungen zurückgeführt werden kann. Mit einem Mittelwert von 0,0775 (Median 0,0638) fallen die EBT_IFRS_{t+1} höher aus als die EBT_IFRS_t (0,0748 resp. 0,0596). Gleichwohl zeigt die Wachstumsrate ω mit ihrem minimalen und maximalen Wert sowie der erhebliche Unterschied zwischen Mittelwert (0,4724) und Median (0,0773), dass die Ergebnisentwicklung von t nach t+1 im Sample stark divergiert.

Mittelwert (-0,0308) und Median (-0,0341) der $PABT_t$ sind – wie in ähnlichen Studien[99] – negativ. Dies resultiert vor allem aus der Abschreibungskomponente der Periodenabgrenzungen. In den operativen Cashflows sind keine Investitionsauszahlungen enthalten, dafür ist jedoch die entsprechende Abschreibung eine Komponente des Ergebnisses.[100]

[98] Dies stimmt mit der Vermutung im Rahmen der Hypothesenbildung in Abschnitt 4.1.3.2 überein, dass in deutschen Konzernabschlüssen tendenziell passive latente Steuern zu erwarten sind, wenn aktive latente Steuern auf steuerliche Verlustvorträge vernachlässigt werden.

[99] Vgl. u.a. Dechow (1994), S. 20; Sloan (1996), S. 296; Xie (2001), S. 362; Hanlon (2005), S. 149.

[100] Vgl. hierzu auch Xie (2001), S. 361; Wagenhofer/Dücker (2007), S. 268.

Die Schwankungsbreiten der $PABT_t$ und der $CFOBT_t$ sind mit einer Standardabweichung von 0,0646 bzw. 0,0783 die höchsten aller Variablen. Insbesondere die hohe Standardabweichung der $CFOBT_t$ demonstriert die Volatilität dieser. Entsprechend schwanken die $PABT_t$ auch relativ stark. Bezieht man zusätzlich die Standardabweichungen von EBT_IFRS_{t+1} und EBT_IFRS_t in die Analyse ein, ist zu erkennen, dass sie beide geringer sind und sich lediglich minimal voneinander unterscheiden (0,0542 bzw. 0,0591). Diese Werte lassen vermuten, dass volatile Cashflows in weniger volatile buchhalterische Ergebnisse mittels Periodisierung übergeleitet werden. Insbesondere wenn die Wertgenerierung längerfristig betrachtet wird, kann es sein, dass die Cashflows in keinem zeitlichen Zusammenhang zu den ökonomischen Aktivitäten stehen. Gewinne können diese Wertgenerierung besser abbilden, da sie weniger volatil sind.[101]

Tabelle 4.4 bildet die Korrelationen der Variablen ab. Unterhalb der Diagonalen wird der Korrelationskoeffizient nach Pearson wiedergegeben. Oberhalb der Diagonalen wird der Rangkorrelationskoeffizient nach Spearman gezeigt, der ein nichtparametrisches Maß für Korrelation ist. Die zugehörigen p-Werte finden sich jeweils in Klammern unterhalb der Koeffizienten wieder.

Variable	BTA_t	EBT_IFRS_{t+1}	EBT_IFRS_t	$PABT_t$	$CFOBT_t$	ω
BTA_t		0,1123 (0,01)	0,1804 (0,00)	0,1548 (0,00)	-0,0299 (0,50)	-0,1393 (0,00)
EBT_IFRS_{t+1}	0,0381 (0,39)		0,8073 (0,00)	-0,0876 (0,00)	0,5571 (0,00)	0,1400 (0,00)
EBT_IFRS_t	0,1361 (0,00)	0,8313 (0,00)		0,1633 (0,00)	0,5764 (0,00)	-0.4072 (0,00)
$PABT_t$	0,2039 (0,00)	-0,0618 (0,00)	0,1998 (0,00)		-0,6363 (0,00)	-0,1839 (0,00)
$CFOBT_t$	-0,0654 (0,14)	0,5761 (0,00)	0,5896 (0,00)	-0,6736 (0,00)		-0,1412 (0,00)
ω	-0,0867 (0,05)	-0,0493 (0,27)	-0,2133 (0,00)	-0,0367 (0,41)	-0,1307 (0,00)	

Anmerkung: Die Tabelle zeigt den Pearson Korrelationskoeffizienten (Spearman Rangkorrelationskoeffizienten) unterhalb (oberhalb) der Diagonalen. Der p-Wert ist in Klammern wiedergegeben.

Tabelle 4.4: Korrelationsmatrix.

EBT_IFRS_t und EBT_IFRS_{t+1} sind mit einem Wert von 0,8313 (0,8073) am stärksten positiv miteinander korreliert. Das aktuelle IFRS-Ergebnis besitzt dem-

[101] Vgl. hierzu die Untersuchung von Dechow (1994). Vgl. auch Abschnitt 3.2.1.5.

nach vermutlich einen sehr hohen Erklärungsgehalt für das künftige IFRS-Ergebnis. Gleichfalls existiert eine relativ starke positive Korrelation zwischen $CFOBT_t$ und EBT_IFRS_{t+1} sowie EBT_IFRS_t mit 0,5761 (0,5571) bzw. 0,5896 (0,5764). Es lassen sich zwar keine Kausalitäten auf Basis von Korrelationen bestimmen, doch erscheint es einleuchtend, dass höhere aktuelle Cashflows zu höheren aktuellen und künftigen IFRS-Ergebnissen führen. Der Zusammenhang zwischen $PABT_t$ und EBT_IFRS_t ist positiv und beträgt 0,1998 (0,1633). Diese Korrelation ist ebenso erwartungsgemäß. Hingegen existiert eine schwach negative, signifikante Korrelation zwischen den aktuellen Periodenabgrenzungen und den künftigen IFRS-Ergebnissen in Höhe von -0,0618 (-0,0876). Dies könnte ein Indiz dafür sein, dass aktuelle Über- oder Unterschätzungen der $PABT_t$ zu Adjustierungen am künftigen IFRS-Ergebnis führen.[102] Die angesprochenen Zusammenhänge werden allesamt vertiefend, insbesondere vor dem Hintergrund bestehender Book-Tax-Abweichungen, im Rahmen der Regressionsanalysen zur Beständigkeit des IFRS-Ergebnisses sowie der Ergebniskomponenten untersucht. $PABT_t$ und $CFOBT_t$ sind, in Übereinstimmung mit anderen empirischen Studien[103], mit einem Wert von -0,6736 (-0,6363) stark negativ korreliert.

Die Korrelationskoeffizienten der BTA_t zeigen, dass diese schwach positiv mit EBT_IFRS_t und $PABT_t$ korreliert sind. Sie betragen 0,1361 (0,1804) und 0,2039 (0,1548). Ein Zusammenhang zwischen dem aktuellen IFRS-Ergebnis bzw. den Periodenabgrenzungen und den Book-Tax-Abweichungen ist offensichtlich gegeben. Der Rangkorrelationskoeffizient von 0,1123 deutet an, dass ebenfalls ein schwach positiver Zusammenhang zwischen EBT_IFRS_{t+1} und BTA_t wohl vorhanden ist. Demgegenüber sind $CFOBT_t$ und BTA_t nicht korreliert. Der Koeffizient ist gering und dazu insignifikant. Zwischen Book-Tax-Abweichungen und operativen Cashflows besteht keine unmittelbare Verbindung. Folglich ist es auch plausibel, dass sich die Hypothesen H2a und H2b nur auf die Periodenabgrenzungskomponente beziehen und die operative Cashflowkomponente unberücksichtigt lassen. Zudem ist es interessant, dass mit einem Korrelationskoeffizienten von -0,0867 (-0,1393) ein negativer Zusammenhang zwischen dem Ergebniswachstum ω[104] und den BTA_t besteht. Eventuell lassen abnehmende oder negative Book-

[102]Diese Korrelationen sind vergleichbar mit ähnlichen Studien. Vgl. Dechow (1994), S. 19 f.; Hanlon (2005), S. 149.

[103]Vgl. z.B. Sloan (1996), S. 295.

[104]Die restlichen signifikanten Korrelationen von ω sind ökonomisch und rechnerisch nicht weiter überraschend.

Tax-Abweichungen Rückschlüsse auf ein künftiges Ergebniswachstum zu. Zur Beurteilung sind zusätzliche Analysen notwendig.

4.2.4.2 Analyse der Book-Tax-Abweichungen

Die weiteren Analysen finden auf Basis der Subsamples statt. Tabelle 4.5 gibt die Anzahl der Beobachtungen, den Mittelwert, die Standardabweichung (s.d.), die Werte des 0,25-, 0,5- (=Median) und 0,75-Quantils sowie das Minimum (Min) und Maximum (Max) der untersuchten Variablen je Subsample wieder.[105]

Die Standardabweichung der BTA_t verringert sich konsequenterweise durch die Einordnung der Geschäftsjahre in die Subsamples. Für das gesamte Sample beträgt diese 0,0245. In BTA2 (0,0031), BTA3 (0,0020) und BTA4 (0,0028) ist die Veränderung beträchtlich. Die höchste Standardabweichung besitzt das Subsample BTA5 (0,0212). Ohne die maximale Ausprägung der BTA_t in Höhe von 0,1407 resultiert eine Standardabweichung von 0,0185, was ungefähr der Standardabweichung in BTA1 (0,0170) entspricht. Auf den Mittelwert (0,0374) und Median (0,0301) der BTA_t des Subsamples BTA5 hat die maximale Ausprägung nur eine geringe Auswirkung (0,0364 bzw. 0,0300).[106] Die Schwankungsbreite der BTA_t ist somit für beide Subsamples mit sehr hohen Book-Tax-Abweichungen ähnlich und eine einseitige Verzerrung liegt nicht vor.

Die größten Unterschiede zwischen dem Mittelwert (Median) von BTA_t eines Subsamples und dem des Benchmark-Subsamples BTA3 resultieren aus dem Vergleich mit den Subsamples, die sehr hohe negative (BTA1) bzw. sehr hohe positive (BTA5) Ausprägungen von BTA_t enthalten. Sie betragen 0,0303 (0,0237) zwischen BTA1 und BTA3 bzw. 0,0351 (0,0281) zwischen BTA3 und BTA5. Werden die Differenzen zwischen zwei aufeinanderfolgende Subsamples betrachtet, fällt auf, dass diese mit 0,0221 (0,0163) bzw. 0,0273 (0,0204) zwischen BTA1 und BTA2 bzw. BTA4 und BTA5 ebenfalls relativ groß sind. Allerdings sind die Differenzen zwischen BTA3 und BTA2 bzw. BTA4 relativ gering. Sie betragen 0,0082 (0,0074) bzw. 0,0078 (0,0077). Jedoch sind die Unterschiede durch die Einteilung der Subsamples auf Basis der Quintile von BTA_t statistisch signifikant. Dies wird in Tabelle 4.6 gezeigt.

[105]Die deskriptiven Statistiken der primären Untersuchungsvariablen je Subsample inklusive Ausreißern bzw. bei alleiniger Betrachtung der Ausreißer können den Tabellen A.4 bzw. A.5 im Anhang entnommen werden.

[106]Die Ausprägungen dieser Beobachtung in den anderen Variablen zeigen ebenfalls keine weiteren Auffälligkeiten.

Subsample	Variable	Mittelwert	s.d.	Min	25%	Median	75%	Max
	BTA_t	-0,0280	0,0170	-0,0975	-0,0345	-0,0217	-0,0159	-0,0118
	EBT_IFRS_{t+1}	0,0812	0,0633	0,0085	0,0340	0,0669	0,1065	0,2551
BTA1	EBT_IFRS_t	0,0707	0,0658	0,0024	0,0230	0,0480	0,0951	0,3167
(n=103)	$PABT_t$	-0,0498	0,0632	-0,2689	-0,0894	-0,0474	-0,0131	0,1203
	$CFOBT_t$	0,1204	0,0827	-0,1005	0,0636	0,1105	0,1737	0,4341
	ω	0,7094	2,1613	-0,7600	-0,0593	0,2326	0,6689	18,3758
	BTA_t	-0,0059	0,0031	-0,0117	-0,0091	-0,0054	-0,0034	-0,0010
	EBT_IFRS_{t+1}	0,0683	0,0552	0,0004	0,0339	0,0541	0,0908	0,3167
BTA2	EBT_IFRS_t	0,0657	0,0612	0,0004	0,0270	0,0491	0,0833	0,4203
(n=103)	$PABT_t$	-0,0325	0,0558	-0,1439	-0,0611	-0,0349	-0,0074	0,2269
	$CFOBT_t$	0,0982	0,0699	-0,1055	0,0620	0,0940	0,1387	0,4462
	ω	0,9836	5,0697	-0,9685	-0,1746	0,0623	0,3673	47,5345
	BTA_t	0,0023	0,0020	-0,0010	0,0008	0,0020	0,0042	0,0056
	EBT_IFRS_{t+1}	0,0787	0,0590	0,0013	0,0331	0,0638	0,1086	0,2647
BTA3	EBT_IFRS_t	0,0747	0,0566	0,0013	0,0333	0,0647	0,1030	0,2626
(n=103)	$PABT_t$	-0,0321	0,0585	-0,2425	-0,0659	-0,0272	-0,0011	0,1236
	$CFOBT_t$	0,1068	0,0839	-0,0802	0,0542	0,0927	0,1456	0,3980
	ω	0,2673	1,0352	-0,7192	-0,1838	0,0379	0,2671	6,5361
	BTA_t	0,0101	0,0028	0,0058	0,0078	0,0097	0,0125	0,0156
	EBT_IFRS_{t+1}	0,0708	0,0466	0,0038	0,0377	0,0635	0,0902	0,2362
BTA4	EBT_IFRS_t	0,0693	0,0517	0,0051	0,0303	0,0577	0,0923	0,2362
(n=101)	$PABT_t$	-0,0255	0,0558	-0,1893	-0,0543	-0,0262	0,0023	0,2361
	$CFOBT_t$	0,0948	0,0707	-0,0691	0,0524	0,0893	0,1242	0,3846
	ω	0,2087	0,5962	-0,9363	-0,1493	0,0948	0,4274	3,0605
	BTA_t	0,0374	0,0212	0,0166	0,0223	0,0301	0,0441	0,1407
	EBT_IFRS_{t+1}	0,0889	0,0423	0,0024	0,0530	0,0880	0,1227	0,1994
BTA5	EBT_IFRS_t	0,0942	0,0557	0,0090	0,0525	0,0831	0,1245	0,2625
(n=99)	$PABT_t$	-0,0134	0,0822	-0,1811	-0,0566	-0,0317	0,0151	0,3634
	$CFOBT_t$	0,1076	0,0821	-0,2349	0,0592	0,1099	0,1466	0,3277
	ω	0,1763	1,0788	-0,8206	-0,2439	0,0128	0,3283	9,1791

Tabelle 4.5: Deskriptive Statistiken der Subsamples BTA1-BTA5.

$\lvert\Delta BTA_t\rvert^{a)}$	**BTA1**	**BTA2**	**BTA3**	**BTA4**	**BTA5**
BTA1		0,0163*** (12,40)	**0,0237***** (12,40)	0,0314*** (12,34)	0,0518*** (12,28)
BTA2	0,0221*** (12,96)		**0,0074***** (12,40)	0,0151*** (12,34)	0,0355*** (12,28)
BTA3	**0,0303***** (17,98)	**0,0082***** (22,66)		**0,0077***** (12,34)	**0,0281***** (12,28)
BTA4	0,0381*** (22,40)	0,0160*** (38,49)	**0,0078***** (22,83)		0,0204*** (12,22)
BTA5	0,0654*** (24,11)	0,0433*** (20,10)	**0,0351***** (16,37)	0,0273*** (12,71)	

Anmerkung: [a]Bei $\lvert\Delta BTA_t\rvert$ handelt es sich um die absolute Differenz zwischen zwei Subsamples. Für die Werte von BTA_t in den Subsamples gilt: BTA5 > BTA4 > BTA3 > BTA2 > BTA1.

Die Differenz des Mittelwertes (Medians) $\lvert\Delta BTA_t\rvert$ zwischen zwei Subsamples inklusive dem entsprechenden t-Wert (z-Wert) der Teststatistik sind unterhalb (oberhalb) der Diagonalen abgebildet. Die t-Werte (z-Werte) sind in Klammern gesetzt. t-Werte sind – entsprechend dem niedrigeren Wert – signifikant auf einem 10%-(*), 5%-(**) oder 1%-(***) Signifikanzniveau bei einem einseitigen Test. Die z-Werte des Wilcoxon-Rangsummentest sind – entsprechend dem niedrigeren Wert – signifikant auf einem 10%-(*), 5%-(**) oder 1%-(***) Signifikanzniveau bei einem zweiseitigen Test.

Tabelle 4.6: Unterschiede in BTA_t zwischen den Subsamples.

In Tabelle 4.6 werden unterhalb der Diagonalen die absoluten Differenzen $|\Delta BTA_t|$ zwischen den Mittelwerten der Subsamples sowie die entsprechenden t-Werte der Teststatistik veranschaulicht. Die Mittelwerte der BTA_t der Subsamples unterscheiden sich alle signifikant voneinander. Da der t-Test auf der Annahme der Normalverteilung beruht und diese verletzt sein könnte, wird im Folgenden jeweils zusätzlich ein nichtparametrischer Test durchgeführt. Die Signifikanz der Unterschiede zwischen den Medianen wird mit dem Wilcoxon-Rangsummentest[107] überprüft. Die entsprechenden z-Werte sowie die absoluten Differenzen $|\Delta BTA_t|$ der Mediane finden sich oberhalb der Diagonalen in Tabelle 4.6. Auch hier ist erkennbar, dass die Unterschiede signifikant sind. Die hervorgehobenen Werte stellen die Unterschiede des Subsamples BTA3 (Benchmark) zu den anderen Subsamples dar.

Die Einteilung der Subsamples wird trotz der geringen Unterschiede zwischen den Subsamples BTA3 und BTA2 bzw. BTA4 beibehalten und nicht auf z.B. drei reduziert. Eine differenziertere Untersuchung des Informationsgehalts der Book-Tax-Abweichungen ist hierdurch möglich. Hypothesen in Zusammenhang mit den Subsamples BTA2 bzw. BTA4 wurden ex ante nicht getroffen. Mit Hilfe dieser Subsamples kann analysiert werden, ob und inwieweit marginal höhere negative bzw. positive Book-Tax-Abweichungen relativ zur Benchmark einen Informationsgehalt hinsichtlich der Extrapolierbarkeit des IFRS-Ergebnisses besitzen. Von diesen Subsamples wird somit nicht erwartet, dass sie eindeutige Ergebnisse liefern. Gleichzeitig implizieren diese sehr geringen Unterschiede zwischen den Subsamples BTA3 und BTA2 resp. BTA4, dass eine noch detailliertere Unterteilung in weitere Subsamples problematisch ist.

Als Resultat bleibt festzuhalten, dass eine detailliertere Unterteilung – bedingt durch die resultierenden geringen Unterschiede – fraglich ist. Allerdings geht eine weniger detaillierte Aufgliederung vermutlich mit einem Verlust an Informationsgehalt einher.

4.2.4.3 Analyse der künftigen und aktuellen IFRS-Ergebnisse

Mittelwert und Median der EBT_IFRS_{t+1} lassen erkennen, dass die künftigen IFRS-Ergebnisse in den Subsamples BTA1 und BTA5 tendenziell am höchsten

[107] Der Wilcoxon-Rangsummentest ist ein nichtparametrischer Test, der auf keine speziellen Verteilungsannahmen basiert und sich daher für kleinere Samples eignet. Dieser Test ist äquivalent zum Mann-Whitney-U-Test und wird daher auch Mann-Whitney-Wilcoxon Rangsummen-Test genannt. Vgl. ausfürlich Büning/Trenkler (1994), S. 130 ff.

und in den Subsamples BTA2 und BTA4 am geringsten sind. Der Mittelwert (Median) in BTA1 beträgt 0,0812 (0,0669) und in BTA5 0,0889 (0,0880); in BTA2 beträgt dieser 0,0683 (0,0541) und in BTA4 0,0708 (0,0635). Mittelwert und Median in BTA3 liegen mit 0,0787 und 0,0638 folglich dazwischen. Tabelle 4.7 gibt einen Überblick über die absoluten Differenzen in Mittelwert und Median von EBT_IFRS_{t+1} zwischen zwei Subsamples.

$\|\Delta EBT\_IFRS_{t+1}\|^{a)}$	**BTA1**	**BTA2**	**BTA3**	**BTA4**	**BTA5**
BTA1		0,0128 (1,36)	**0,0031** (0,13)	0,0034 (0,48)	0,0211*** (2,52)
BTA2	0,0129* (1,56)		**0,0097** (1,19)	0,0094 (1,07)	0,0339*** (4,18)
BTA3	**0,0025** (0,29)	**0,0104*** (1,31)		**0,0003** (0,40)	**0,0242***** (2,45)
BTA4	0,0104* (1,33)	0,0025 (0,36)	**0,0079** (1,06)		0,0245*** (3,30)
BTA5	0,0077 (1,03)	0,0206*** (3,00)	**0,0102*** (1,42)	0,0181*** (2,87)	

Anmerkung: $^{a)}$Bei $|\Delta EBT\_IFRS_{t+1}|$ handelt es sich um die absolute Differenz zwischen zwei Subsamples. Für die relative Höhe der Mittelwerte bzw. Mediane der Variable EBT_IFRS_{t+1} der Subsamples gilt: BTA5 > BTA1 > BTA3 > BTA4 > BTA2.
Die Differenz des Mittelwertes (Medians) $|\Delta EBT\_IFRS_{t+1}|$ zwischen zwei Subsamples inklusive dem entsprechenden t-Wert (z-Wert) der Teststatistik sind unterhalb (oberhalb) der Diagonalen abgebildet. Die t-Werte (z-Werte) sind in Klammern gesetzt. t-Werte sind – entsprechend dem niedrigeren Wert – signifikant auf einem 10%-(*), 5%-(**) oder 1%-(***) Signifikanzniveau bei einem einseitigen Test. Die z-Werte des Wilcoxon-Rangsummentest sind – entsprechend dem niedrigeren Wert – signifikant auf einem 10%-(*), 5%-(**) oder 1%-(***) Signifikanzniveau bei einem zweiseitigen Test.

Tabelle 4.7: Unterschiede in EBT_IFRS_{t+1} zwischen den Subsamples.

Werden zunächst nur die Differenzen gegenüber dem Subsample BTA3 betrachtet, ist ersichtlich, dass diese, mit Ausnahme der Subsamples BTA2 und BTA5, minimal sind. Mittelwert und Median des Subsamples BTA2 sind um 0,0104 und 0,0097 geringer als gegenüber den entsprechenden Werten in BTA3. In BTA5 sind Mittelwert und Median größer als in BTA3. Die Differenzen betragen 0,0102 resp. 0,0242; lediglich diese sind statistisch signifikant. In den Subsamples BTA1 und

BTA4 sind die Differenzen gegenüber BTA3 marginal. Die Werte in BTA1 sind um 0,0025 (0,0031) höher, in BTA4 um 0,0079 (0,0003) geringer.

Gleiches gilt für die übrigen Differenzen zwischen den Subsamples. Sie sind – mit Ausnahme der Unterschiede zum Subsample BTA5 – allesamt ökonomisch unbeträchtlich und statistisch insignifikant.

Diese ökonomisch unerheblichen Unterschiede implizieren, dass durch die Einteilung der Geschäftsjahre auf Basis der Höhe der Book-Tax-Abweichungen keine eindeutigen Unterschiede in den künftigen Ergebnissen identifiziert werden können. Die statistische Insignifikanz dieser Differenzen untermauert dies.

Zusammenfassend kann konstatiert werden, dass die EBT_IFRS_{t+1} im Fall sehr hoher positiver BTA_t (BTA5) signifikant höher sind im Vergleich zu den anderen Subsamples. Für sehr hohe negative BTA_t (BTA1) bleibt festzuhalten, dass die EBT_IFRS_{t+1} im Mittel und Median lediglich marginal höher als die Werte des Benchmark-Subsamples BTA3 sind. Allerdings ist die Standardabweichung der EBT_IFRS_{t+1} im Subsample BTA1 am höchsten, so dass Aussagen in Zusammenhang mit dieser Variable schwer zu treffen sind.

Eine Untersuchung der EBT_IFRS_t liefert ein etwas anderes – allerdings hinsichtlich der Signifikanz ähnliches – Bild. Zunächst kann hier festgestellt werden, dass der Mittelwert (Median) mit 0,0942 (0,0831) in BTA5 den höchsten Wert in allen Subsamples annimmt. Das Benchmark-Sample BTA3 hat den zweithöchsten Wert mit 0,0747 (0,0647). Bedingt durch die in Relation höhere Schwankungsbreite der EBT_IFRS_t in BTA1, fallen Mittelwert und Median auseinander. Während der Median von 0,0480 den geringsten Wert darstellt, ist der Mittelwert von 0,0707 größer als die Werte in BTA2 und BTA4. Für diese Subsamples gilt analog zu der Variable EBT_IFRS_{t+1}, dass sowohl Mittelwerte (0,0657 und 0,0693) als auch Mediane (0,0491 und 0,0577) kleiner als in BTA3 sind und sie im Mittel die niedrigsten Werte annehmen. Tabelle 4.8 illustriert die Differenzen zwischen den Mittelwerten und Medianen.

$\|\Delta EBT\_IFRS_t\|^{a)}$	BTA1	BTA2	BTA3	BTA4	BTA5
BTA1		0,0011 (0,16)	**0,0167** (1,24)	0,0097 (0,67)	0,0351*** (3,99)
BTA2	0,0050 (0,56)		**0,0156** (1,52)	0,0086 (1,07)	0,0340*** (4,57)
BTA3	**0,0040** (0,48)	**0,0090** (1,11)		**0,0070** (0,54)	**0,0184***** (2,91)
BTA4	0,0014 (0,17)	0,0036 (0,45)	**0,0054** (0,72)		0,0254*** (3,68)
BTA5	0,0235*** (2,75)	0,0285*** (3,47)	**0,0195***** (2,47)	0,0249*** (3,28)	

Anmerkung: [a)]Bei $|\Delta EBT\_IFRS_t|$ handelt es sich um die absolute Differenz zwischen zwei Subsamples. Für die relative Höhe der Mittelwerte (Mediane) der Variable EBT_IFRS_t der Subsamples gilt: BTA5 > BTA3 > BTA1 > BTA4 > BTA2 (BTA5 > BTA3 > BTA4 > BTA2 > BTA1).

Die Differenz des Mittelwertes (Medians) $|\Delta EBT\_IFRS_t|$ zwischen zwei Subsamples inklusive dem entsprechenden t-Wert (z-Wert) der Teststatistik sind unterhalb (oberhalb) der Diagonalen abgebildet. Die t-Werte (z-Werte) sind in Klammern gesetzt. t-Werte sind – entsprechend dem niedrigeren Wert – signifikant auf einem 10%-(*), 5%-(**) oder 1%-(***) Signifikanzniveau bei einem einseitigen Test. Die z-Werte des Wilcoxon-Rangsummentest sind – entsprechend dem niedrigeren Wert – signifikant auf einem 10%-(*), 5%-(**) oder 1%-(***) Signifikanzniveau bei einem zweiseitigen Test.

Tabelle 4.8: Unterschiede in EBT_IFRS_t zwischen den Subsamples.

Wenn das Subsample BTA1 vernachlässigt wird, resultieren die deutlichsten Unterschiede im Mittel und im Median gegenüber Subsample BTA3 aus dem Vergleich mit BTA2 und BTA5. Der Mittelwert (Median) ist in BTA2 um 0,0090 (0,0156) geringer; in BTA5 um 0,0195 (0,0184) höher. Für den Mittelwert und den Median in BTA4 gilt, dass sie geringer sind als in BTA3, doch ist die Differenz mit 0,0054 (0,0070) wiederholt sehr niedrig. Das Subsample BTA1 liefert unterschiedliche Ergebnisse. Mittelwert und Median sind in Relation zu BTA3 geringer; die Unterschiede fallen dabei erheblich auseinander. Im Mittel beträgt die Differenz lediglich 0,0040; bezogen auf die Mediane ergibt sich hingegen eine Abweichung von 0,0167. Wird die maximale[108] Ausprägung von EBT_IFRS_t in BTA1 in Höhe von 0,3167 ausgeblendet, sinkt der Mittelwert auf 0,0682 und der Median auf 0,0478 und die Differenzen (0,0065 bzw. 0,0169) werden größer. Die Werte in BTA1 scheinen somit tendenziell geringer zu sein als in BTA3. Dies wird ebenfalls deutlich, wenn die Werte des 0,25- und 0,75-Quantils miteinander verglichen werden. Doch gilt auch für die EBT_IFRS_t, dass nur die Unterschiede zwischen BTA3 und BTA5 statistisch signifikant sind.

Die restlichen Unterschiede zwischen den EBT_IFRS_t der übrigen Subsamples sind ebenfalls unwesentlich und statistisch insignifikant. Lediglich die Differenzen zum Subsample BTA5 sind erneut eindeutig und statistisch signifikant. Genauso wie bei den EBT_IFRS_{t+1} kann gefolgert werden, dass die Einordnung der Beobachtungen in die Subsamples – ausgenommen die des Subsamples mit sehr hohen positiven Book-Tax-Abweichungen – keine Unterschiede erkennen lässt.

Auch wenn die Unterschiede insgesamt gering ausfallen, zeigt sich bei einer gemeinsamen Betrachtung der IFRS-Ergebnisse in t und t+1, dass diese innerhalb der Subsamples BTA2, BTA3, BTA4 und BTA5 in den Perioden t und t+1 ein ähnliches Niveau haben. Die relative Höhe der IFRS-Ergebnisse zwischen diesen Subsamples ändert sich nur geringfügig. Für das Subsample BTA1 kann diesbezüglich keine eindeutige Aussage getroffen werden. Diese Gruppe besitzt in beiden Variablen die höchste Standardabweichung. Doch dem Anschein nach sind die IFRS-Ergebnisse in t für das Subsample BTA1 im Mittel und Median geringer als die Werte in BTA3. In t+1 sind Mittel und Median höher als in BTA3. Dies stellt einen verhältnismäßig hohen Gewinnanstieg im Vergleich zu den übrigen Subsamples dar. Abbildung 4.1 veranschaulicht diese Tendenzen für die Subsamples.

[108]Die minimalen Ausprägungen in den Subsamples BTA1 (0,0024) und BTA3 (0,0013) unterscheiden sich nur geringfügig.

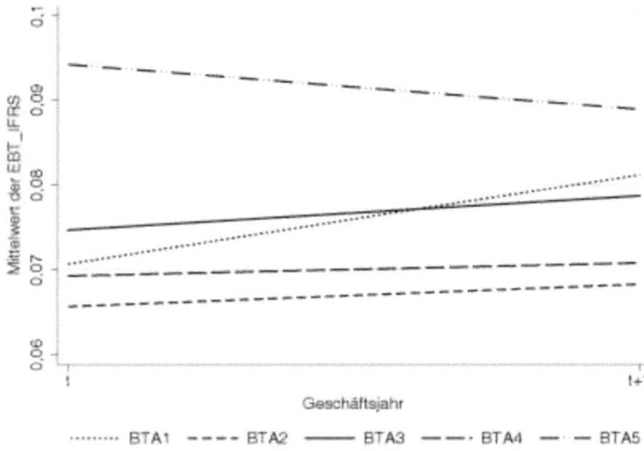

Abbildung 4.1: Entwicklung der EBT_IFRS_t von t nach t+1 je Subsample.

Werden die Höhe des Mittelwertes und Medians in t und t+1 innerhalb der Subsamples miteinander verglichen, erkennt man, dass eine geringe Zunahme der Gewinne in t+1 gegenüber t in BTA2 (0,0026 und 0,0050) sowie BTA4 (0,0015 und 0,0058) zu verzeichnen ist. Der Gewinnanstieg in BTA1 (0,0105 und 0,0189) ist hingegen relativ hoch. BTA3 und BTA5 liefern unterschiedliche Ergebnisse für Mittelwert und Median. In BTA3 (BTA5) nimmt der Gewinn mit 0,0040 (0,0053) im Mittel zu (ab) und mit 0,0009 (0,0049) im Median ab (zu). Mit Ausnahme der Veränderungen im Subsample BTA1 sind die Unterschiede zwischen t und t+1 unerheblich. Das Ergebniswachstum von t nach t+1, abgebildet durch ω, liefert diesbezüglich detailliertere Informationen.

ω bestätigt zunächst einmal zum Teil die getroffenen Tendenzaussagen hinsichtlich der relativen Gewinnentwicklung zwischen den Subsamples. In BTA3 (0,2673), BTA4 (0,2087) und BTA5 (0,1763) ist das geringste Ergebniswachstum von t nach t+1 festzustellen – die Ergebnisse bewegen sich somit auf einem ähnlichen Niveau in t+1 wie in t; die Relationen verändern sich anscheinend kaum. Insbesondere wenn für dieses Subsamples die Mediane von ω (0,0379; 0,0948; 0,0128) betrachtet werden, bei denen die extremen Ausprägungen von ω weniger ins Gewicht fallen, wird dies evident.

Offensichtlich nehmen die hohen Ergebnisse in t in BTA5 am wenigsten zu. Ein Vergleich der 0,25-Quantile und 0,75-Quantile von ω zwischen den Subsamples deutet an, dass sie in BTA5 wohl insgesamt eher sogar eine abnehmende Tendenz haben. Dies kann einerseits damit zusammenhängen, dass die Gewinne in BTA5 bereits in t auf einem relativ hohen Niveau sind und daher künftig weniger zunehmen. Andererseits könnte dies auf eine künftige Abnahme der Gewinne hindeuten.

Das Ergebniswachstum in BTA3 und BTA4 verhält sich ähnlich, so dass eindeutige Aussagen über die relative Entwicklung dieser Subsamples schwer getroffen werden können. Beide nehmen auf den ersten Blick auf einem stabilen Niveau zu, wobei das Wachstum in BTA3 durchschnittlich höher ausfällt. Doch ist der Median in BTA4 höher als in BTA3. Ursächlich für diese Divergenz ist, dass einige IFRS-Ergebnisse in BTA4 stärker abnehmen als in BTA3. Überwiegt der Einfluss dieser Geschäftsjahre in BTA4, kann von abnehmenden Gewinnen in t+1 ausgegangen werden.

Das Subsample BTA2 hat zwar zunächst den höchsten Mittelwert (0,9836; Median 0,0623), aber auch die höchste Standardabweichung (5,0697). Wird die maximale Ausprägung von 47,5345 eliminiert, sinkt der Mittelwert auf 0,5272, die Standardabweichung auf 2,0715 und der Median beträgt 0,0616.[109] In diesem Subsample ist somit eindeutig von einem Anstieg des IFRS-Ergebnisses auszugehen. Doch ist der Vergleich mit den anderen Subsamples durch die hohe Standardabweichung eingeschränkt.

Ohne diese extreme Ausprägung in ω in dem Subsample BTA2 weist das Subsample BTA1 die höchste Wachstumsrate mit 0,7094 (0,2326) sowie die höchste Standardabweichung mit 2,1613 auf. Das Subsample BTA1, gekennzeichnet durch sehr hohe negative Book-Tax-Abweichungen, ist durch ein heterogenes Ergebniswachstum charakterisiert. Die deskriptiven Statistiken von ω signalisieren, dass die Gewinne in diesem Subsample deutlich ansteigen. Insbesondere der höhere Median in ω im Vergleich zu BTA2 deutet darauf hin.

Die Unterschiede in den Mittelwerten von ω zwischen den Subsamples mit negativen Book-Tax-Abweichungen und den übrigen Subsamples sind statistisch signifikant. Im Median sind lediglich die Unterschiede von BTA1 gegenüber den restlichen Subsamples statistisch signifikant. Die Signifikanz dieser Unterschiede

[109] Auf die anderen Variablen hat die Eliminierung dieses Extremwertes beinahe keinen Einfluss. Daher verbleibt die Beobachtung im Sample.

untermauert, dass das Ergebniswachstum für Geschäftsjahre mit negativen Book-Tax-Abweichungen offensichtlich signifikant höher ist. Tabelle 4.9 illustriert die Unterschiede sowie deren Signifikanz.

$\|\Delta\omega\|^{a)}$	**BTA1**	**BTA2**	**BTA3**	**BTA4**	**BTA5**
BTA1		0,1703** (2,30)	**0,1947***** (2,90)	0,1378** (2,13)	0,2198*** (3,41)
BTA2	0,2742 (0,51)		**0,0244** (0,51)	0,0325 (0,30)	0,0495 (1,09)
BTA3	**0,4421**** (1,87)	**0,7163*** (1,41)		**0,0569** (0,89)	**0,0251** (0,57)
BTA4	0,5007*** (2,27)	0,7749* (1,54)	**0,0586** (0,50)		0,0820 (1,46)
BTA5	0,5331*** (2,23)	0,8073* (1,58)	**0,0910** (0,61)	0,0324 (0,26)	

Anmerkung: $^{a)}$Bei $|\Delta\omega|$ handelt es sich um die absolute Differenz zwischen zwei Subsamples. Für die relative Höhe der Mittelwerte (Mediane) der Variable ω der Subsamples gilt: BTA2 > BTA1 > BTA3 > BTA4 > BTA5 (BTA1 > BTA4 > BTA2 > BTA3 > BTA5).

Die Differenz des Mittelwertes (Medians) $|\omega|$ zwischen zwei Subsamples inklusive dem entsprechenden t-Wert (z-Wert) der Teststatistik sind unterhalb (oberhalb) der Diagonalen abgebildet. Die t-Werte (z-Werte) sind in Klammern gesetzt. t-Werte sind – entsprechend dem niedrigeren Wert – signifikant auf einem 10%-(*), 5%-(**) oder 1%-(***) Signifikanzniveau bei einem einseitigen Test. Die z-Werte des Wilcoxon-Rangsummentest sind – entsprechend dem niedrigeren Wert – signifikant auf einem 10%-(*), 5%-(**) oder 1%-(***) Signifikanzniveau bei einem zweiseitigen Test.

Tabelle 4.9: Unterschiede in ω zwischen den Subsamples.

Im Ergebnis zeigen die Analysen von EBT_IFRS_{t+1}, EBT_IFRS_t und ω, dass es diverse Auffälligkeiten in den Subsamples gibt, die näher untersucht werden müssen. Vor allem sind die Werte des Subsamples BTA5 interessant – hier ist die Veränderung der Gewinne im Mittel und im Median am geringsten und das IFRS-Ergebnis verbleibt auf einem signifikant höheren Niveau bzw. scheint geringfügig abzunehmen. Fraglich ist daher, ob dieses höhere Niveau nachhaltig ist oder partiell mit transitorischen Komponenten aufrechterhalten wird. Ferner ist die Entwicklung der Ergebnisse in den Subsamples BTA1 und BTA2 mit negativen BTA_t auffällig. Die Ergebnisse nehmen in t+1 vergleichsweise erheblich zu. Unklar ist, ob dies auf permanenten oder transitorischen Komponenten im aktuellen IFRS-Ergebnis basiert. Ebenso muss geklärt werden, ob Unterschiede zwischen den Subsamples BTA3 und BTA2 bzw. BTA4 bestehen. Die empirischen Untersuchungen zur Beständigkeit, Prognosefähigkeit und Volatilität des IFRS-Ergebnisses bzw. des IFRS-Ergebnisausweises könnten wertvolle Implikationen hierzu geben.

4.2.4.4 Entwicklung der IFRS-Ergebnisse über drei Perioden

Die bisherige Analyse hat sich ausschließlich auf die Entwicklung des IFRS-Ergebnisses von t nach t+1 konzentriert. Im Folgenden wird die Entwicklung der EBT_IFRS_t über drei[110] Perioden betrachtet. Die Betrachtung liefert einen interessanten Einblick in die Daten, da hierdurch sichtbar wird, ob und wie sich die Gewinnentwicklung sowohl vor als auch nach der Entstehung der Book-Tax-Abweichungen verhält.

Abbildung 4.2 bildet die Entwicklung der Mittelwerte der IFRS-Ergebnisse von t-1 nach t+1 graphisch für die fünf Subsamples ab. Die Periode t stellt die Periode dar, in der die Geschäftsjahre der betrachteten Unternehmen – abhängig von der Höhe der BTA_t – in die Subsamples BTA1-BTA5 eingeteilt werden. Die Periode t-1 resp. t+1 ist die vorangegangene resp. folgende Periode für das jeweilige Unternehmen. Diese Betrachtungsweise stellt eine zusätzliche Anforderung an die Daten: Es müssen mindestens drei aufeinander folgende Geschäftsjahre eines Unternehmens im gesamten Sample von 509 Geschäftsjahren vorhanden sein. Dies ist in 298 Geschäftsjahren[111] (58,55%) der Fall. Das Subsample BTA1 umfasst 64 (103), BTA2 59 (103), BTA3 61 (103), BTA4 57 (101) und BTA5 57 (99) Geschäftsjahre.

[110] Bedingt durch die mehrperiodige Betrachtung, nehmen die Anforderungen an die Daten zu, so dass sich die Anzahl der Beobachtungen in den Subsamples verkleinert. Ein Vergleich von mehr als drei Perioden scheidet aus, da hierdurch über 50% der Beobachtungen vom Sample ausgeschlossen werden müssten.

[111] Dies geht nicht aus Tabelle 4.2 in Abschnitt 4.2.4.1 hervor: Im Sample sind einige Unternehmen enthalten, die zwar mit mehreren Geschäftsjahren vertreten sind, bei denen jedoch vollständige Zeitreihen fehlen. Dies kann dazu führen, dass die vorhandenen Geschäftsjahre dieser Unternehmen nicht immer zeitlich zusammenhängen.

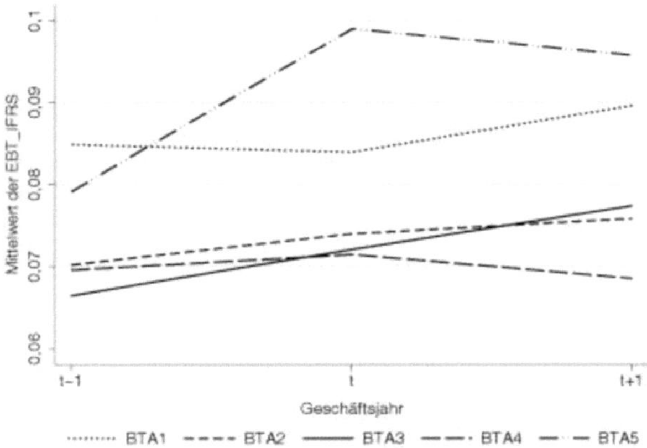

Abbildung 4.2: Entwicklung der EBT_IFRS_t von t 1 nach t+1 je Subsample.

Da die zusätzliche Anforderung an die Daten zum Ausschluss einiger Beobachtungen führt, sind die Ergebnisse nur eingeschränkt[112] mit den bisherigen Darstellungen vergleichbar. Abbildung 4.2 zeigt, dass sich die identifizierten Entwicklungen im Grunde genommen bestätigen. Hierbei dürfen zunächst nur die Mittelwerte in t und t+1 betrachtet werden.

Im Gegensatz zu den Subsamples mit insgesamt 509 Geschäftsjahren ist das Niveau der EBT_IFRS_t in den verkleinerten Subsamples, mit Ausnahme von BTA3, höher. Die Unterschiede sind, ausgenommen von BTA1 und BTA2, marginal.[113] Das Niveau der Mittelwerte in t+1 ist in BTA1, BTA2 und BTA5 ebenfalls höher; in BTA3 und BTA4 niedriger. Die Unterschiede in t+1 gegenüber den ursprünglichen Subsamples sind für die Mittelwerte, die zugenommen haben, etwas

[112] Das Subsample BTA4 verkleinert sich relativ am stärksten. Dennoch umfasst es 56,44% der ursprünglichen Beobachtungen. Die geringste Veränderung ist in BTA1 mit 62,14% der ursprünglichen Beobachtungen zu verzeichnen. Alle Subsamples bilden damit die Mehrheit ihrer ursprünglichen Beobachtungen ab.

[113] Die Mittelwerte der EBT_IFRS_t der verkleinerten Subsamples betragen 0,0839 (BTA1), 0,0740 (BTA2), 0,0721 (BTA3), 0,0715 (BTA4) und 0,0990 (BTA5). Damit sind die Mittelwerte in BTA1 (0,0132), BTA2 (0,0083), BTA4 (0,0022) und BTA5 (0,0048) größer als in den eigentlichen Subsamples. Der Mittelwert in BTA3 ist kleiner (0,0026).

deutlicher als in t; die niedrigeren Mittelwerte in BTA3 und BTA4 unterscheiden sich lediglich minimal von den ursprünglichen Werten.[114]

Diese Änderungen verursachen letztlich geringe Abweichungen von den bisherigen Ausführungen. Die Tendenzaussagen hinsichtlich des relativen Niveaus der Gewinne werden für BTA3, BTA4 und BTA5 bestätigt. Das Niveau der Gewinne ist in BTA1 und BTA2 erkennbar angestiegen, so dass sich hierdurch Abweichungen ergeben. Ebenfalls weisen die Gewinnentwicklungen, ausgenommen von BTA4, die gleiche Tendenz auf wie in den bisherigen Ausführungen. Die Ergebnisentwicklung von t nach t+1 ist für die hier betrachteten Geschäftsjahre in BTA4 negativ. Die Mehrheit der IFRS-Ergebnisse der Geschäftsjahre dieses Subsamples tendieren offensichtlich dazu, sich negativ zu entwickeln, was in den vorangegangenen Analysen bereits festgestellt wurde. Prinzipiell kann angenommen werden, dass die verkleinerten Subsamples die Verhältnisse in den ursprünglichen Subsamples hinreichend widerspiegeln.

Die ganzheitliche Betrachtung der Entwicklung der IFRS-Ergebnisse von t-1 nach t+1 liefert zusätzliche Erkenntnisse. Das Benchmark-Subsample BTA3 hat eine konstante, positive Gewinnentwicklung. Im Anschluss an die Periode t, in der die Book-Tax-Abweichungen generiert werden, entspricht der prozentuale Gewinnzuwachs nach t+1 ca. dem in der Vorperiode.[115] Die Gewinne in BTA2 nehmen über beide Zeitabschnitte zu, jedoch ist das Wachstum nach der Periode t geringer. Die übrigen Gewinnentwicklungen weisen in den beiden Zeitabschnitten verschiedene Vorzeichen auf. In den Subsamples mit hohen positiven Book-Tax-Abweichungen (BTA4 und BTA5) ist nach einem Gewinnzuwachs, eine Abnahme des Gewinns zu beobachten. Das Subsample BTA5 ist durch einen erheblichen Gewinnanstieg von t-1 nach t charakterisiert. In BTA4 ist der Zuwachs sehr viel geringer. Der Rückgang des Gewinns ist in diesen beiden Subsamples ungefähr gleich hoch. Die Gewinnentwicklung in BTA1 ist zunächst durch eine marginale Abnahme des Ergebnisses gekennzeichnet, dem ein Gewinnanstieg, der ca. dem des Subsamples BTA3 entspricht, folgt. Im Gegensatz zu den Subsamples BTA4 und BTA5 differieren die Gewinnentwicklungen der Subsamples mit hohen negativen Book-Tax-Abweichungen (BTA1 und BTA2).

[114]Die Mittelwerte der EBT_IFRS_{t+1} sind 0,0896 (BTA1), 0,0758 (BTA2), 0,0774 (BTA3), 0,0685 (BTA4) und 0,0957 (BTA5). Die Mittelwerte in BTA1 (0,0084), BTA2 (0,0075), BTA5 (0,0068) sind höher; in BTA3 (0,0013) und BTA4 (0,0023) geringer.

[115]Die Gewinnzuwächse von t-1 nach t/t nach t+1 betragen: -1,11%/6,72% (BTA1), 5,36%/2,48% (BTA2), 8,46%/7,34% (BTA3), 2,72%/-4,11% (BTA4) sowie 25,07%/-3,30% (BTA5). Die Werte ermitteln sich gemäß Gleichung (4.2).

Auf Basis dieser und den bisherigen Ausführungen lassen sich erste, konkretere Schlussfolgerungen im Hinblick auf die Extrapolierbarkeit des IFRS-Ergebnisses für die Subsamples ableiten.

4.2.4.5 Implikationen der deskriptiven Analysen der IFRS-Ergebnisse hinsichtlich der Extrapolierbarkeit

Die IFRS-Ergebnisse des Subsamples BTA3 weisen eine konstant positive Entwicklung von t-1 nach t+1 auf. Damit stellt dieses Subsample eine geeignete Benchmark dar. Die Entwicklung der IFRS-Ergebnisse kann auf die Folgeperiode übertragen werden, so dass sie sich zum Zwecke der Extrapolation eignen. Die Erkenntnisse aus der deskriptiven Untersuchung lassen vermuten, dass die in dieser Arbeit definierten „normalen" Abweichungen des IFRS-Ergebnisses vom steuerlichen Gewinn beständige, prognostizierbare und wenig volatile IFRS-Ergebnisse implizieren.

Die Analyse der IFRS-Ergebnisse des Subsamples BTA5 hat gezeigt, dass sie aktuell und künftig das signifikant höchste Niveau in Relation zu den anderen Subsamples aufweisen, jedoch eine abnehmende Tendenz von t nach t+1 zeigen. Fraglich ist daher, ob dieses höhere Niveau nachhaltig ist. Der erhebliche Gewinnanstieg von t-1 nach t und der anschließende Rückgang könnte implizieren, dass die Extrapolierbarkeit des aktuellen Ergebnisses eingeschränkt ist. Das aktuelle IFRS-Ergebnis gründet eventuell auf Komponenten, die nicht beständig sind, was sich nachteilig auf die Prognosefähigkeit auswirken könnte. Zudem scheint die Volatilität der IFRS-Ergebnisentwicklung von t-1 nach t+1 hoch zu sein. Offensichtlich können sehr hohe positive Book-Tax-Abweichungen als Warnsignal in Bezug auf die künftige Ergebnisentwicklung interpretiert werden. Ein Teil der Unterschiede zwischen der IFRS- und steuerlichen Gewinnermittlung beruhen möglicherweise auf transitorischen IFRS-Ergebniskomponenten, wie z.B. temporären Wertanpassungen von Vermögensgegenständen und Schulden oder Schätz- und Messfehlern im Rahmen der Periodisierung künftig zu erwartender Cashflows, die in Folgeperioden revidiert werden. Doch ist eine endgültige Beurteilung auf Basis deskriptiver Analysen nicht möglich.

Die IFRS-Ergebnisse des Subsamples BTA1 sind durch das signifikant höchste Wachstum von t nach t+1 charakterisiert. Wird die Entwicklung der Vorperiode hinzugezogen, scheinen die Gewinne von einem gleichbleibenden Niveau sprunghaft anzusteigen. Offensichtlich sind in diesem Subsample Ergebniseffekte vorhanden, die sehr hohe negative Book-Tax-Abweichungen entstehen lassen und das IFRS-Ergebnis in t-1 und vor allem in t belasten. Es könnte sein, dass diese Effekte in t+1 weniger ausgeprägt bzw. nicht mehr vorhanden sind oder revidiert werden und das IFRS-Ergebnis daher wieder zunimmt. Die Entwicklung lässt sich möglicherweise auf die diskutierten Rückstellungskomponenten oder auf temporäre Wertminderungen von Vermögensgegenständen, wie z.B. Finanzanlagen, zurückführen. Diese Entwicklung könnte aber auch ein Indiz dafür sein, dass hohe negative Unterschiede zwischen dem IFRS-Ergebnis und der steuerlichen Gewinnermittlung eine nachhaltig positive Gewinnentwicklung signalisieren. Eventuell handelt es sich hierbei lediglich um Geschäftsjahre von Unternehmen, die sich in einer stärkeren Wachstumsphase befinden. Solche Unternehmen sind häufig durch eine Zunahme von Bilanzposten gekennzeichnet, die das Working Capital vermindern, wie z.B. kurzfristige Garantierückstellungen oder Wertberichtigungen auf Forderungen, was ebenfalls eine Erklärung für die sehr hohen negativen Book-Tax-Abweichungen und der Minderung des IFRS-Ergebnisses in t sein könnte. Deshalb werden die Subsamples anschließend in Abschnitt 4.2.4.8 auf Wachstum überprüft, um für diesen Umstand zu kontrollieren. Inwieweit diese Entwicklung auf beständigen Ergebniskomponenten beruht, bleibt unklar. Es muss, unabhängig von der Ursache dieser Entwicklung, untersucht werden, ob diese auf transitorischen Komponenten im aktuellen IFRS-Ergebnis basiert. Infolge des relativ ausgeprägten Ergebniswachstums könnte es sein, dass die Prognosefähigkeit des aktuellen IFRS-Ergebnisses eingeschränkt ist. Im Gegensatz zu der anscheinend volatilen Entwicklung des IFRS-Ergebnisses von t-1 nach t+1 des Subsamples BTA5 scheint die Volatilität deutlich geringer zu sein. Für dieses Subsample sind ebenfalls weitere Analysen notwendig.

Die Subsamples BTA2 und BTA4 unterscheiden sich in ihrer Ergebnisentwicklung nur geringfügig von der des Benchmark-Subsamples BTA3. Doch ist das Wachstum von t nach t+1 in Relation zur Vorperiode weniger konstant bzw. im Subsample BTA4 eventuell negativ. Die Ergebnisse in BTA2 scheinen tendenziell anzusteigen, wie bereits für Geschäftsjahre mit sehr hohen negativen Book-Tax-Abweichungen festgestellt wurde. Hinsichtlich der Extrapolierbarkeit der IFRS-Ergebnisse dieser Subsamples kann keine eindeutige Aussage getroffen werden. Es könnte sein, dass sich überhaupt keine Unterschiede zur Benchmark feststellen lassen. Augenscheinliche Auffälligkeiten in der Ergebnisentwicklung und Unterschiede gegenüber dem Subsample BTA3, wie sich diese für die IFRS-Ergebnisse der Subsamples BTA1 und BTA5 identifizieren lassen, können für die Subsamples BTA2 und BTA4 nicht ausgemacht werden.

Abschließend werden die Ergebniskomponenten $PABT_t$ sowie $CFOBT_t$ der Subsamples deskriptiv analysiert.

4.2.4.6 Analyse der Ergebniskomponenten

Die Mittelwerte und Mediane von $PABT_t$ sind in allen Subsamples negativ, was auch für das gesamte Sample festgestellt werden konnte und sich vor allem auf die Abschreibungskomponente zurückführen lässt. Die Standardabweichung der $CFOBT_t$ ist in den Subsamples durchweg höher als die der korrespondierenden EBT_IFRS_t. Dies demonstriert, dass Gewinne durch die Periodisierung von Cashflows weniger volatil ausgewiesen werden.

Eine Gegenüberstellung der Mittelwerte und Mediane der Variable $PABT_t$ zeigt, dass sie mit einem Wert von -0,0498 und -0,0474 im Subsample BTA1 signifikant geringer sind als in den anderen Subsamples. Die Werte in BTA5 sind teilweise signifikant höher im Vergleich zu den Subsamples mit hohen negativen Book-Tax-Abweichungen. Dieses Subsample ist jedoch von der höchsten Schwankungsbreite gekennzeichnet, so dass Mittelwert (-0,0134) und Median (-0,0317) auseinanderfallen und nicht eindeutig bestimmt werden kann, ob die Werte gegenüber den Subsamples BTA3 und BTA4 tendenziell höher ausfallen. Der Unterschied gegenüber BTA3 ist im Mittel ökonomisch und statistisch signifikant. Ebenso sind die Werte im Mittel anscheinend höher als in BTA4, was durch den Unterschied von 0,0121 angedeutet wird. Im Median sind die Werte lediglich minimal geringer als in BTA3 bzw. BTA4 und weder statistisch noch ökonomisch beträchtlich. Die übrigen Unterschiede sind insgesamt vernachlässigbar und Schlussfolgerungen sind auf Basis rein deskriptiver Analysen nicht möglich. Insbesondere liefert die einperiodige Betrachtung keine Erkenntnisse hinsichtlich der Extrapolierbarkeit dieser Ergebniskomponente. Tabelle 4.10 veranschaulicht die Differenzen, die sich für die Mittelwerte bzw. Mediane der $PABT_t$ zwischen den fünf Subsamples ergeben.

$\lvert\Delta PABT_t\rvert^{a)}$	**BTA1**	**BTA2**	**BTA3**	**BTA4**	**BTA5**
BTA1		0,0125* (1,72)	**0,0202**** (2,34)	0,0212*** (2,86)	0,0157*** (3,19)
BTA2	0,0173** (2,08)		**0,0077** (0,78)	0,0087 (1,41)	0,0032* (1,71)
BTA3	**0,0177**** (2,09)	**0,0004** (0,06)		**0,0010** (0,54)	**0,0045** (1,01)
BTA4	0,0243*** (2,91)	0,0070 (0,90)	**0,0066** (0,82)		0,0055 (0,58)
BTA5	0,0364*** (3,52)	0,0191** (1,93)	**0,0187**** (1,85)	0,0121 (1,22)	

Anmerkung: [a)]Bei $\lvert\Delta PABT_t\rvert$ handelt es sich um die absolute Differenz zwischen zwei Subsamples. Für die relative Höhe der Mittelwerte (Mediane) der Variable $PABT_t$ der Subsamples gilt: BTA5 > BTA4 > BTA3 > BTA2 > BTA1 (BTA4 > BTA3 > BTA5 > BTA2 > BTA1).

Die Differenz des Mittelwertes (Medians) $\lvert PABT_t\rvert$ zwischen zwei Subsamples inklusive dem entsprechenden t-Wert (z-Wert) der Teststatistik sind unterhalb (oberhalb) der Diagonalen abgebildet. Die t-Werte (z-Werte) sind in Klammern gesetzt. t-Werte sind – entsprechend dem niedrigeren Wert – signifikant auf einem 10%-(*), 5%-(**) oder 1%-(***) Signifikanzniveau bei einem einseitigen Test. Die z-Werte des Wilcoxon-Rangsummentest sind – entsprechend dem niedrigeren Wert – signifikant auf einem 10%-(*), 5%-(**) oder 1%-(***) Signifikanzniveau bei einem zweiseitigen Test.

Tabelle 4.10: Unterschiede in $PABT_t$ zwischen den Subsamples.

Gleichwohl liefern die signifikanten Differenzen des Subsamples BTA1 bedeutende Implikationen für die weitere Analyse. Diese signalisieren, dass die IFRS-Ergebnisse erheblich negativere nichtzahlungsgleiche Elemente enthalten. Die Vermutungen und Überlegungen, die im Rahmen der Herleitung der Hypothesen H1a und H2a angestellt wurden, erhalten hierdurch empirische Unterstützung. Die signifikant geringeren Periodenabgrenzungen dieses Subsamples könnten auf Rückstellungskomponenten in Zusammenhang mit Pensionen, Drohverlusten und Restrukturierungen gründen. Steuerrechtlich dürfen diese Sachverhalte nur beschränkt – meist nur bei tatsächlichem Eintritt der zugrunde liegenden Sachverhalte – oder, im Falle von Pensionen, zu einem geringeren Wert berücksichtigt werden. Ferner könnten sie aus temporären Wertminderungen von Vermögensgegenständen, wie beispielsweise erfolgswirksamen Abschreibungen auf Finanzanlagen, resultieren. Derartige Periodenabgrenzungen vermindern zwar das IFRS-Ergebnis, können jedoch gleichzeitig steuerlich (noch) keine bzw. geringere Auswirkungen haben. Falls diese Wertminderungen temporär sind bzw. die den Rückstellungen zugrunde liegenden Sachverhalte nicht eintreten, die Höhe der korrespondierenden Rückstellungen unpräzise bestimmt wurde oder sie auf Bilanzpolitik beruhen, wäre die Beständigkeit dieser Periodenabgrenzungen eingeschränkt. Dies muss noch untersucht werden.

Die abschließende Gegenüberstellung der Differenzen in den Mittelwerten und Medianen von $CFOBT_t$ zwischen den Subsamples in Tabelle 4.11 lässt erkennen, dass diese in den Subsamples BTA1 und BTA5 deutlich höher sind als in den Subsamples BTA2 und BTA4. Die Unterschiede zwischen BTA1 und BTA2 bzw. BTA4 sind im Mittel und Median statistisch signifikant; der Unterschied zwischen BTA4 und BTA5 im Median. Die Unterschiede gegenüber BTA3 lassen sich, bedingt durch die relativ höchste Standardabweichung, schwer interpretieren.

Die einperiodige und isolierte Betrachtung der $CFOBT_t$ ist – wie im Fall der $PABT_t$ – wenig sinnvoll zur Beurteilung der Extrapolierbarkeit dieser Komponente, so dass zusätzliche Untersuchungen durchgeführt werden müssen. Es kann festgehalten werden, dass lediglich die IFRS-Ergebnisse des Subsamples BTA1 eine teilweise signifikant höhere Cashflowkomponente beinhalten.

$\vert\Delta CFOBT_t\vert^{a)}$	**BTA1**	**BTA2**	**BTA3**	**BTA4**	**BTA5**
BTA1		0,0165* (1,62)	**0,0178** (1,32)	0,0212** (2,32)	0,0006 (0,51)
BTA2	0,0222** (2,08)		**0,0013** (0,09)	0,0047 (0,81)	0,0159 (1,34)
BTA3	**0,0136** (1,17)	**0,0086** (0,80)		**0,0034** (0,79)	**0,0172** (1,06)
BTA4	0,0256*** (2,38)	0,0034 (0,35)	**0,0120** (1,11)		0,0206** (2,03)
BTA5	0,0128 (1,11)	0,0094 (0,88)	**0,0008** (0,07)	0,0128 (1,18)	

Anmerkung: $^{a)}$Bei $|\Delta CFOBT_t|$ handelt es sich um die absolute Differenz zwischen zwei Subsamples. Für die relative Höhe der Mittelwerte (Mediane) der Variable $CFOBT_t$ der Subsamples gilt: BTA1 > BTA5 > BTA3 > BTA2 > BTA4 (BTA1 > BTA5 > BTA2 > BTA3 > BTA4).
Die Differenz des Mittelwertes (Medians) $|CFOBT_t|$ zwischen zwei Subsamples inklusive dem entsprechenden t-Wert (z-Wert) der Teststatistik sind unterhalb (oberhalb) der Diagonalen abgebildet. Die t-Werte (z-Werte) sind in Klammern gesetzt. t-Werte sind – entsprechend dem niedrigeren Wert – signifikant auf einem 10%-(*), 5%-(**) oder 1%-(***) Signifikanzniveau bei einem einseitigen Test. Die z-Werte des Wilcoxon-Rangsummentest sind – entsprechend dem niedrigeren Wert – signifikant auf einem 10%-(*), 5%-(**) oder 1%-(***) Signifikanzniveau bei einem zweiseitigen Test.

Tabelle 4.11: Unterschiede in $CFOBT_t$ zwischen den Subsamples.

4.2.4.7 Entwicklung der Ergebniskomponenten über drei Perioden

Analog zu der Vorgehensweise in Abschnitt 4.2.4.4 wird im Folgenden die Entwicklung der $PABT_t$ und $CFOBT_t$ über drei Perioden betrachtet, um zu veranschaulichen, wie sich die Ergebniskomponenten sowohl vor als auch nach der Entstehung der Book-Tax-Abweichungen verhalten.

Bei den hier analysierten Geschäftsjahren handelt es sich um exakt die selben, die bereits in Abbildung 4.2 untersucht wurden. Die $PABT_t$ und $CFOBT_t$ stellen somit die nichtzahlungsgleichen und zahlungsgleichen Komponenten der korrespondierenden EBT_IFRS_t in Abbildung 4.2 dar. Die Änderungen, die sich durch die Reduktion der Beobachtungen infolge der zusätzlichen Anforderung an die Daten ergeben, sind daher ebenfalls minimal.[116] Abbildung 4.3 spiegelt somit gleichermaßen die Verhältnisse in den vollständigen Subsamples jeweils hinreichend wider.

Abbildung 4.3 illustriert, dass nur das Benchmark-Subsample BTA3 durch konstant ansteigende operative Cashflows charakterisiert ist.[117] Nach der Entstehung der Book-Tax-Abweichungen in t ist das Wachstum nach t+1 höher als von t-1 nach t. Die Periodenabgrenzungen bewegen sich hingegen von t-1 nach t+1 auf einem relativ stabilen Niveau, wobei ein marginaler Rückgang von t nach t+1 zu verzeichnen ist.[118] Die $PABT_t$ werden offensichtlich von sehr stabilen und nachhaltig zunehmenden operativen Cashflows flankiert. Die Ergebniskomponenten stellen demnach eine adäquate Benchmark dar.

[116] Die Mittelwerte der $PABT_t$ der verkleinerten Subsamples betragen -0,0469 (BTA1), -0,0286 (BTA2), -0,0367 (BTA3), -0,0197 (BTA4) und -0,0030 (BTA5). Damit sind die Mittelwerte der $PABT_t$ in BTA1 (0,0029), BTA2 (0,0039), BTA4 (0,0058) und BTA5 (0,0104) größer als in den eigentlichen Subsamples. Der Mittelwert in BTA3 ist kleiner (0,0046). Die Mittelwerte der $CFOBT_t$ beziffern sich auf 0,1309 (BTA1), 0,1026 (BTA2), 0,1088 (BTA3), 0,0911 (BTA4) und 0,1020 (BTA5). Die Mittelwerte der $CFOBT_t$ sind in BTA1 (0,0105), BTA2 (0,0044) und BTA3 (0,0020) größer; in BTA4 (0,0037) und BTA5 (0,0056) geringer als in den ursprünglichen Subsamples.

[117] Die Wachstumsfaktoren der operativen Cashflows $(\frac{CFOBT_t}{CFOBT_{t-1}} - 1)$ von t-1 nach t/t nach t+1 betragen: -0,21%/-2,56% (BTA1), -13,79%/-4,99% (BTA2), 5,79%/8,42% (BTA3), -11,46%/-7,19% (BTA4) sowie -8,47%/1,96% (BTA5). Es gilt: $CFOBT_t = CFOBT_{t-1} \cdot (1 + (\frac{CFOBT_t}{CFOBT_{t-1}} - 1))$.

[118] Die Wachstumsfaktoren der Periodenabgrenzungen $(\frac{PABT_t}{PABT_{t-1}} - 1)$ von t-1 nach t/t nach t+1 betragen: 1,43%/-19,17% (BTA1), -41,34%/-24,31% (BTA2), 0,91%/10,53% (BTA3), -41,04%/-18,39% (BTA4) sowie -90,65%/174,56% (BTA5). Es gilt: $PABT_t = PABT_{t-1} \cdot (1 + (\frac{PABT_t}{PABT_{t-1}} - 1))$.

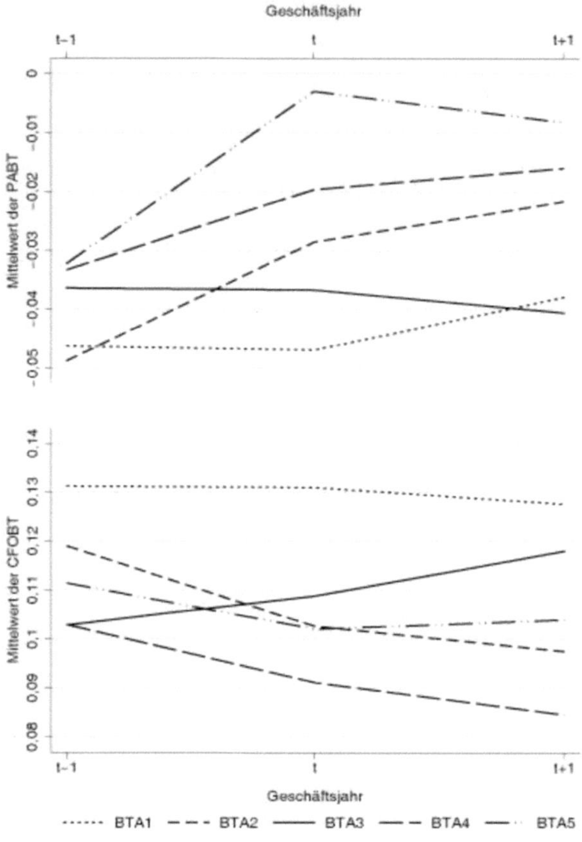

Abbildung 4.3: Entwicklung der $PABT_t$ sowie $CFOBT_t$ von t-1 nach t+1 je Subsample.

Die operativen Cashflows des Subsamples BTA1 weisen einen stabilen Verlauf über die drei Perioden auf. Insgesamt scheinen sie minimal abzunehmen. Die $CFOBT_t$ dieses Subsamples haben in beiden Zeitabschnitten das höchste Niveau. Die Periodenabgrenzungen werden anscheinend auch von stabilen operativen Cashflows begleitet. Eine stark diametrale Entwicklung der Ergebniskomponenten, wie im Subsample BTA5, ist nicht gegeben. Nach der Periode t nehmen die Periodenabgrenzungen zu, was auf die diskutierten Rückstellungskomponenten oder auf temporäre Wertminderungen von Vermögensgegenständen, wie z.B. Finanzanlagen, zurückgeführt werden könnte. Diese lassen die Periodenabgrenzungen des Subsamples BTA1 in t-1 und t erheblich negativer werden und belasten das IFRS-Ergebnis in t+1 nicht mehr bzw. werden sie in t+1 revidiert.

Das Subsample BTA5 ist durch interessante Entwicklungen in beiden Komponenten gekennzeichnet. Während die $CFOBT$ von t-1 nach t verhältnismäßig stark abnehmen, ist ein ausgeprägter Anstieg der $PABT$ festzustellen. Von t nach t+1 nehmen die $CFOBT_t$ hingegen schwach zu und die $PABT_t$ nehmen relativ stark ab. Es könnte sein, dass in der Periode t teilweise Periodenabgrenzungen generiert werden, denen künftig keine operativen Cashflows zugrunde liegen. Entsprechend könnte der beträchtliche Rückgang der $PABT_t$ von t nach t+1 hiermit zusammenhängen, so dass die Periodenabgrenzungen weniger beständig sein könnten. Sehr hohe positive Book-Tax-Abweichungen signalisieren auch hier, dass sich die aktuellen IFRS-Ergebnisse eventuell schlechter zur Extrapolation eignen.

Die übrigen Subsamples BTA2 und BTA4 weisen weder in der Entwicklung der $PABT_t$ noch in der der $CFOBT_t$ besondere Auffälligkeiten auf. In beiden Subsamples entwickeln sich die Komponenten ähnlich. Die operativen Cashflows nehmen in beiden Zeitabschnitten ab und die Periodenabgrenzungen zu. Auch für diese Subsamples sind weitere Untersuchungen notwendig.

Nachdem die primären Variablen der Untersuchung analysiert wurden und erste Schlussfolgerungen hinsichtlich der Extrapolierbarkeit der IFRS-Ergebnisse und der Ergebniskomponenten getroffen werden konnten, werden nun die Geschäftsjahre der Subsamples hinsichtlich Wachstum, der Höhe des steuerpflichtigen Gewinns und der Branchenzugehörigkeit analysiert. Deskriptive Statistiken zur Unternehmensgröße, Profitabilität und Verschuldungsgrad finden sich in Tabelle A.6 im Anhang. Anschließend erfolgt die empirische Beurteilung der Extrapolierbarkeit der IFRS-Ergebnisse mittels der in Abschnitt 3.2.2 vorgestellten Maßgrößen, um die in Abschnitt 4.1.3.2 aufgestellten Hypothesen zu überprüfen.

4.2.4.8 Analyse des Unternehmenswachstums in den Geschäftsjahren der Subsamples

Unternehmen, die sich in einer ausgeprägten Wachstumsphase befinden, sind häufig durch eine Zunahme von Bilanzposten gekennzeichnet, die das Working Capital vermindern, wie z.B. kurzfristige Garantierückstellungen oder Wertberichtigungen auf Forderungen. Dies könnte auch eine Erklärung für die sehr hohen negativen Book-Tax-Abweichungen und die signifikant negativeren Periodenabgrenzungen in BTA1 sein.

Um zu überprüfen, ob Geschäftsjahre mit sehr hohen negativen Book-Tax-Abweichungen ein Indikator für ausgeprägte Wachstumsphasen darstellen und die bisher gemachten Schlussfolgerungen lediglich eine Folge solcher Phasen sind, werden die Geschäftsjahre in den Subsamples auf etwaiges Wachstum untersucht. Hierdurch kann auch überprüft werden, ob die Berechnungen der Maßgrößen in den nächsten Abschnitten durch Unterschiede im Wachstum verzerrt werden. Zur approximativen Beurteilung werden das Wachstum der Net Operating Assets sowie das der Umsatzerlöse verwendet. Die Bilanzpositionen zur Bestimmung der Net Operating Assets der Periode t NOA_t sowie die Umsatzerlöse in t UE_t werden der Worldscope Datenbank entnommen.

Bei den NOA_t handelt es sich um das betriebsnotwendige Vermögen nach Abzug von Wertberichtigungen und Abschreibungen. Sie werden approximativ bestimmt durch[119]:

$$\begin{aligned} NOA_t &= PPE_t + IVG_t + Vorr_t + FordLL_t + OA_t + OCA_t \\ &- VerbLL_t - OL_t - OCL_t. \end{aligned} \tag{4.3}$$

Das Wachstum der Net Operating Assets in der Periode t NOA_growth_t wird wie folgt berechnet:

$$NOA\_growth_t = \frac{NOA_t}{NOA_{t-1}}. \tag{4.4}$$

Werte von NOA_growth_t größer als eins implizieren Wachstum.

Zusätzlich wird die Entwicklung der Umsatzerlöse UE_t (WC01001) von t-1 nach t als Indikator für Wachstum verwendet. Hierzu wird der Wachstumsfaktor der Umsatzerlöse in der Periode t UE_growth_t analog zu Gleichung (4.2) berechnet. Es gilt:

$$UE\_growth_t = \frac{UE_t}{UE_{t-1}} - 1. \tag{4.5}$$

[119] Es gilt: PPE_t = Property, Plant and Equipment - Net (WC02501); IVG_t = Total Intangible Other Assets - Net (WC02649); $Vorr_t$ = Inventories - Total (WC02101); $FordLL_t$ = Receivables (Net) (WC02051); OA_t = Other Assets (WC02652); OCA_t = Other Current Assets (WC02149); $VerbLL_t$ = Accounts Payable (WC03040); OL_t = Other Liabilities (WC03273); OCL_t = Other Current Liabilities (WC03066). Die Kennzahlen der Worldscope Datenbank sind jeweils in Klammern angegeben. Für die genaue Zusammensetzung dieser Positionen wird auf den „Datatype Definitions Guide“ der Worldscope Datenbank verwiesen. Vgl. hierzu Thomson Financial (2007), S. 199 ff.

Tabelle 4.12 illustriert die Anzahl der Beobachtungen, den Mittelwert, die Standardabweichung, das Minimum, den Median und das Maximum der Variablen NOA_growth_t und UE_growth_t je Subsample. Aufgrund fehlender Daten sowie unterschiedlichen Rechnungslegungsstandards in t-1 kann die Berechnung nicht für alle Geschäftsjahre durchgeführt werden. Folglich unterscheidet sich die Anzahl der Beobachtungen in den Subsamples geringfügig von denen der bisherigen Analysen.

Subsample	Variable	n	Mittelwert	s.d.	Min	Median	Max
BTA1	NOA_growth_t	98	1,1897	0,5775	0,5427	1,0192	5,3429
	UE_growth_t	101	0,1369	0,3053	-0,1792	0,0753	1,9039
BTA2	NOA_growth_t	95	1,1915	0,7175	0,3253	1,0422	6,2044
	UE_growth_t	101	0,1180	0,1852	-0,3545	0,0864	0,7252
BTA3	NOA_growth_t	90	1,1337	0,4062	0,0964	1,0444	3,2597
	UE_growth_t	101	0,1468	0,3165	-0,2273	0,0834	2,4314
BTA4	NOA_growth_t	92	1,2080	0,8011	0,6951	1,0336	6,9247
	UE_growth_t	98	0,1453	0,3676	-0,1624	0,0688	3,2354
BTA5	NOA_growth_t	82	1,1389	0,5616	0,2020	1,0509	5,2579
	UE_growth_t	93	0,1428	0,3301	-0,6183	0,0866	2,2764

Tabelle 4.12: Deskriptive Statistiken zu NOA_growth_t und UE_growth_t je Subsample.

Tabelle 4.12 zeigt, dass Wachstum in allen Subsamples vorliegt. Die Mittelwerte und Mediane der beiden Variablen fallen dabei stark auseinander. Für beide lassen sich keine eindeutigen Unterschiede zwischen den Subsamples ausmachen. Auch die Unterschiede in den Mittelwerten sowie in den Medianen zwischen allen Subsamples sind statistisch insignifikant. Die separate Untersuchung der Minima und Maxima sowie die Untersuchung unter Ausschluss dieser Ausprägungen führen zu keinem abweichenden Ergebnis. Somit lassen sich auf Basis der Höhe von Book-Tax-Abweichungen, die mittels des latenten Steueraufwands approximiert werden, keine Schlussfolgerungen bezüglich (ausgeprägten) Wachstumsphasen ableiten. Die bisher festgestellten Ergebnisentwicklungen sowie die Entwicklung der Ergebniskomponenten in den Subsamples gründen demzufolge nicht auf unterschiedliches Wachstum in den Geschäftsjahren. Dies bedeutet auch, dass die Messung der Beständigkeit, Prognosefähigkeit und Volatilität der IFRS-Ergebnisse bzw. des IFRS-Ergebnisausweises in den folgenden Abschnitten nicht durch Unterschiede im Wachstum getrieben sind.

Sehr hohe negative Book-Tax-Abweichungen sind somit kein Indikator für ein ausgeprägtes Wachstum in den hier analysierten Geschäftsjahren. Dies ist eine wichtige Erkenntnis, denn dies signalisiert, dass die identifizierten, erheblichen Zuwächse der IFRS-Ergebnisse in BTA1 nicht eine Folge von Wachstumsphasen in den entsprechenden Geschäftsjahren sind. Zudem spricht dieses Ergebnis dafür, dass die sehr hohen negativen Book-Tax-Abweichungen dieses Subsamples durchaus auf die diskutierten Rückstellungskomponenten und Wertminderungen zurückgeführt werden können und nicht lediglich auf Unternehmen, die enorm durch Wachstum gekennzeichnet sind.

Auch für Geschäftsjahre mit sehr hohen positiven Book-Tax-Abweichungen ist dieses Ergebnis relevant. Im Rahmen von Unternehmensakquisitionen und der dazugehörigen Kaufpreisallokation gemäß IFRS 3 werden eine Vielzahl von zum Teil gravierend hohen passiven latenten Steuern generiert. Dementsprechend könnten die sehr hohen Book-Tax-Abweichungen des Subsamples BTA5 teilweise eine Folge von Unternehmensakquisitionen sein. Jedoch steigen in der Regel die Net Operating Assets sowie die Umsatzerlöse durch Unternehmensakquisitionen deutlich an. Da keine Unterschiede in diesen Größen zwischen dem Subsample BTA5 und den restlichen Subsamples zu erkennen sind, kann ausgeschlossen werden, dass die sehr hohen Book-Tax-Abweichungen der Geschäftsjahre des Subsamples BTA5 ausschließlich auf diesen Sachverhalt zurückzuführen sind.

4.2.4.9 Analyse der tatsächlichen Steueraufwendungen

Im Folgenden wird auf Basis der tatsächlichen Steueraufwendungen überprüft, ob Book-Tax-Abweichungen, die auf Basis des latenten Steueraufwands abgeleitet werden, auch Unterschiede hinsichtlich der Höhe tatsächlicher Steuerbelastungen kommunizieren können.

Um dies approximativ zu überprüfen, werden die tatsächlichen Steueraufwendungen in t S_t^{tats} jeweils mit der Bilanzsumme (WC02999) des entsprechenden Geschäftsjahres skaliert und miteinander verglichen. S_t^{tats} stellt die Summe aus den skalierten tatsächlichen inländischen (WC18186) und ausländischen (WC18187) Steueraufwendungen dar. Tabelle 4.13 gibt einen Überblick über die Anzahl der Beobachtungen, den Mittelwert, die Standardabweichung, das Minimum, den Median und das Maximum der S_t^{tats} je Subsample.

Subsample	Variable	n	Mittelwert	s.d.	Min	Median	Max
BTA1	S_t^{tats}	103	0,0289	0,0234	-0,0055	0,0219	0,1036
BTA2	S_t^{tats}	103	0,0223	0,0230	-0,0162	0,0154	0,1280
BTA3	S_t^{tats}	102	0,0224	0,0210	-0,0279	0,0151	0,0858
BTA4	S_t^{tats}	99	0,0217	0,0209	-0,0016	0,0150	0,0933
BTA5	S_t^{tats}	99	0,0182	0,0206	-0,0356	0,0134	0,0899

Tabelle 4.13: Deskriptive Statistiken zu S_t^{tats} je Subsample.

Aus Tabelle 4.13 ist ersichtlich, dass sowohl Mittelwert und Median der S_t^{tats} des Subsamples BTA1 im Vergleich zu den übrigen Subsamples deutlich höher ausfallen. Die Unterschiede sind nicht nur aus ökonomischer Sicht beträchtlich, sondern ebenso statistisch signifikant.[120] Auf Basis dieser Analyse sowie den bisherigen Untersuchungen bleibt festzuhalten, dass die sehr hohen negativen Book-Tax-Abweichungen offensichtlich auf Pensions-, Drohverlust und Restrukturierungsrückstellungen sowie auf erfolgswirksame Wertminderungen zurückgeführt werden können, was den gegenwärtigen steuerpflichtigen Gewinn des Subsamples BTA1 in Relation zu den anderen Subsamples höher ausfallen lässt. Im IFRS-Konzernabschluss werden diese Sachverhalte aufwandswirksam erfasst und dürfen in der steuerlichen Gewinnermittlung erst bei tatsächlichem Eintritt vollständig oder aktuell in einer geringeren Höhe berücksichtigt werden. In beiden Fällen resultiert ein vergleichsweise hoher steuerlicher Gewinn bzw. eine vergleichsweise hohe tatsächliche Steuerbelastung – wie in Subsample BTA1 der Fall ist.

Darüber hinaus signalisieren die signifikant höheren S_t^{tats} des Subsamples BTA1, dass die Mehrzahl der Geschäftsjahre, in welchen „unechte“ Book-Tax-Abweichungen vorliegen könnten, durch den Ausschluss von Geschäftsjahren mit negativen EBT_IFRS_t eliminiert wurden: Da Book-Tax-Abweichungen auf Basis der latenten Steueraufwendungen resp. -erträge bestimmt werden, ist es möglich, dass einige Geschäftsjahre mit sehr hohen negativen Book-Tax-Abweichungen auf die Aktivierung von latenten Steuern auf steuerliche Verlustvorträge zurückzuführen sind. Denn durch die Höhe der zu aktivierenden Beträge sind diese tendenziell

[120]Die S_t^{tats} des Subsamples BTA1 unterscheiden sich im Mittelwert gegenüber den übrigen Subsamples mindestens auf einem Signifikanzniveau von 5% bei einem einseitigen Test. Die t-Werte betragen 2,05 (BTA2), 2,08 (BTA3), 2,29 (BTA4) und 3,45 (BTA5). Ebenfalls unterscheidet sich der Median mindestens auf einem Signifikanzniveau von 5% bei einem zweiseitigen Test. Die z-Werte des Wilcoxon-Rangsummentests betragen 2,34 (BTA2), 2,19 (BTA3), 2,62 (BTA4) und 3,49 (BTA5).

im Subsample BTA1 anzutreffen.[121] Die hohen S_t^{tats} zeigen, dass in diesem Subsample im Durchschnitt keine steuerlichen Verluste vorliegen und die sehr hohen negativen Book-Tax-Abweichungen folglich nicht nur auf der Aktivierung von latenten Steuern auf steuerliche Verlustvorträge gründen. Es besteht dennoch die Möglichkeit, dass einzelne Geschäftsjahre, in denen steuerliche Verlustvorträge entstanden sind, trotzdem in der Untersuchung enthalten sind. Dies lassen die negativen S_t^{tats} in Tabelle 4.13 vermuten. Die Eliminierung von Geschäftsjahren mit negativen EBT_IFRS_t vermindert lediglich den verzerrenden Einfluss[122], der durch „unechte" Book-Tax-Abweichungen hervorgerufen werden kann.

Ferner lassen Mittelwert und Median in Tabelle 4.13 erkennen, dass die tatsächliche Steuerbelastung in Geschäftsjahren mit sehr hohen positiven Book-Tax-Abweichungen tendenziell am geringsten ist. Der Mittelwert der S_t^{tats} des Subsamples BTA5 unterscheidet sich zum Teil schwach statistisch signifikant von den übrigen Subsamples.[123] Im Median sind die Unterschiede insignifikant. Die geringeren Werte sind dennoch interessant, wenn bedacht wird, dass dieses Subsample die signifikant höchsten IFRS-Ergebnisse aufweist.

Die restlichen Subsamples unterscheiden sich in ihrer tatsächlichen Steuerbelastung kaum voneinander und die Differenzen sind allesamt statistisch insignifikant. Book-Tax-Abweichungen, die auf Basis des latenten Steueraufwands bestimmt werden, eignen sich damit nur in ihren extremen Ausprägungen zur Identifizierung von Unterschieden in der Höhe der tatsächlichen Steuerbelastung.

4.2.4.10 Analyse der Branchenverteilung in den Subsamples

Tabelle 4.14 gibt die Branchenverteilung der Geschäftsjahre absolut und relativ für jedes Subsample wieder.

[121] Vgl. zur Wesentlichkeit aktiver latenter Steuern auf steuerliche Verlustvorträge in deutschen Konzernabschlüssen Zwirner (2007), S. 384 ff.

[122] Vgl. hierzu Abschnitt 4.1.3.1.

[123] Die S_t^{tats} unterscheiden sich im Mittelwert zu denen der Subsamples BTA2 und BTA3 auf einem Signifikanzniveau von 10% bei einem einseitigen Test. Die t-Werte betragen 1,33 (BTA2) und 1,45 (BTA3). Der Unterschied gegenüber BTA4 ist insignifikant mit einem t-Wert von 1,21.

Industry Group gemäß Worldscope		**BTA1**		**BTA2**		**BTA3**		**BTA4**		**BTA5**	
Name	**Nr.**	n	%	n	%	n	%	n	%	n	%
Apparel	1600	5	4,85%	4	3,88%	3	2,91%	1	0,99%	1	1,01%
Automotive	1900	4	3,88%	6	5,83%	3	2,91%	4	3,96%	6	6,06%
Beverages	2200	0	0,00%	0	0,00%	1	0,97%	0	0,00%	0	0,00%
Chemicals	2500	7	6,80%	6	5,83%	6	5,83%	2	1,98%	4	4,04%
Construction	2800	8	7,77%	5	4,85%	4	3,88%	4	3,96%	6	6,06%
Diversified	3100	2	1,94%	3	2,91%	4	3,88%	3	2,97%	2	2,02%
Drugs, Cosmetics & Health Care	3400	9	8,74%	6	5,83%	4	3,88%	3	2,97%	0	0,00%
Electrical	3700	2	1,94%	3	2,91%	4	3,88%	3	2,97%	8	8,08%
Electronics	4000	21	20,39%	10	9,71%	9	8,74%	5	4,95%	17	17,17%
Financial	4300	2	1,94%	6	5,83%	11	10,68%	7	6,93%	12	12,12%
Food	4600	1	0,97%	3	2,91%	2	1,94%	1	0,99%	0	0,00%
Machinery & Equipment	4900	10	9,71%	12	11,65%	13	12,62%	23	22,77%	16	16,16%
Metal Producers	5200	0	0,00%	2	1,94%	1	0,97%	0	0,00%	0	0,00%
Metal Product Manufacturers	5500	2	1,94%	1	0,97%	0	0,00%	1	0,99%	2	2,02%
Oil, Gas, Coal & Related Services	5800	1	0,97%	2	1,94%	1	0,97%	0	0,00%	0	0,00%
Paper	6100	2	1,94%	0	0,00%	1	0,97%	0	0,00%	0	0,00%
Printing & Publishing	6400	1	0,97%	0	0,00%	0	0,00%	2	1,98%	4	4,04%
Recreation	6700	3	2,91%	1	0,97%	0	0,00%	1	0,99%	2	2,02%
Retailers	7000	5	4,85%	6	5,83%	4	3,88%	5	4,95%	2	2,02%
Transportation	7900	0	0,00%	0	0,00%	4	3,88%	3	2,97%	2	2,02%
Utilities	8200	3	2,91%	4	3,88%	2	1,94%	7	6,93%	1	1,01%
Miscellaneous	8500	15	14,56%	23	22,33%	26	25,24%	26	25,74%	14	14,14%
Summe		103	100%	103	100%	103	100%	101	100%	99	100%

Tabelle 4.14: Branchenverteilung der Geschäftsjahre je Subsample.

Grundsätzlich kann konstatiert werden, dass sich die Geschäftsjahre der 22 betrachteten Branchen mit wenigen Ausnahmen ausgewogen in allen Subsamples wiederfinden. Branchen, die relativ stark in einem Subsample anzutreffen sind, finden sich in den anderen Subsamples mit ähnlicher Gewichtung wieder. Branchenzugehörigkeit scheint damit nicht für unterschiedlich hohe Book-Tax-Abweichungen verantwortlich zu sein. Die Anzahl der Geschäftsjahre je Branche in den Subsamples signalisiert, dass keine Branche einen dominierenden Einfluss innerhalb eines Subsamples besitzt. Aus diesen Gründen wird in den Regressionen und den weiteren Analysen zur Extrapolierbarkeit des IFRS-Ergebnisses nicht explizit für die Branchenzugehörigkeit kontrolliert. Darüber hinaus ist eine branchenspezifische Untersuchung, bedingt durch die sehr geringe Anzahl von Beobachtungen je Branche innerhalb eines Subsamples, nicht praktikabel; die Ergebnisse wären nicht repräsentativ. Die maximale Anzahl von Geschäftsjahren einer Branche innerhalb eines Subsamples beträgt 26 Geschäftsjahre in BTA3 bzw. BTA4 für die Branche „Miscellaneous“, wobei angemerkt werden muss, dass dies keine Branche im eigentlichen Sinne darstellt.

Der letzte Teil der empirischen Untersuchung beurteilt die Extrapolierbarkeit der IFRS-Ergebnisse mittels der in Abschnitt 3.2.2 vorgestellten Maßgrößen. Hierdurch können die in Abschnitt 4.1.3.2 aufgestellten Hypothesen überprüft werden.

4.2.5 Maßgrößen zur empirischen Beurteilung der Extrapolierbarkeit des IFRS-Ergebnisses

4.2.5.1 Methodik

Obwohl es sich bei den verwendeten Daten um solche handelt, die eine unvollständige (unbalanced) Panelstruktur aufweisen, werden für die Schätzungen grundsätzlich Querschnittsanalysen mittels OLS durchgeführt. Die Verwendung gepoolter Regressionen wird gewählt, da die in der Untersuchung verwendeten Zeitreihen zu kurz und die Anzahl der Beobachtungen je Unternehmen zu gering sind, um unternehmensspezifische Regressionen durchzuführen.[124] Ferner werden durch die Einteilung der Geschäftsjahre in die Subsamples unternehmensspezifische Zeitreihen zerstört, so dass unternehmensspezifische Regressionen nicht praktikabel sind.

[124] Vgl. zu einer ähnlichen Argumentation Barth/Beaver/Hand/Landsman (1999), S.210; Gassen/Sellhorn (2006), S. 377. Vgl. zu speziellen Schätzmethoden bei dynamischen Modellen und unvollständigen Paneldaten Baltagi (2008), S. 147 ff.

Durch diese Einteilung werden Verzerrungen aufgrund von ausgelassenen, unternehmensspezifischen Variablen in den Regressionen, die die Beständigkeit und die Prognosefähigkeit der IFRS-Ergebnisse und Ergebniskomponenten unter Berücksichtigung der Höhe der Book-Tax-Abweichungen bestimmen, vermindert.[125] Da die Untersuchung der Branchenverteilung keine Auffälligkeiten gezeigt hat und die Anzahl der Geschäftsjahre je Branche in den Subsamples ebenfalls relativ gering ist, wird – wie bereits dargestellt – für die Branchenzugehörigkeit nicht weiter kontrolliert.[126]

Mit Paneldaten sind typischerweise gewisse statistische Probleme verbunden. Bei diesen Problemen handelt es sich um Heteroskedastizität, Autokorrelation der Störterme sowie Multikollinearität.

Multikollinearität liegt vor, wenn zwei oder mehr Regressoren sehr stark miteinander korreliert sind. Wenngleich der OLS-Schätzer bei Vorliegen von Multikollinearität erwartungstreu ist, kann eine substanzielle Korrelation der Regressoren zu Problemen führen.[127] Hierdurch reduziert sich vor allem die Zuverlässigkeit der geschätzten Regressionskoeffizienten, was sich in einer Vergrößerung der Standardfehler dieser Schätzer niederschlägt.[128] Multikollinearität wird mittels Konditionsindizes[129] (condition index) sowie der Varianzproportionen[130] (variance-decomposition proportions) der geschätzten Regressionskoeffizienten beurteilt. Substanzielle Multikollinearität liegt vor, wenn Konditionsindizes einen Wert höher als 30 aufweisen[131] und zugleich mindestens zwei Varianzproportionen größer als 0,5 sind.[132] In den Ergebnistabellen wird stets die maximale Ausprägung der Konditionsindizes – die sog. Konditionszahl[133] (condition number) – angegeben.

[125] Vgl. hierzu Tabelle 4.2 in Abschnitt 4.2.4.1.

[126] Vgl. hierzu die Ausführungen in Abschnitt 4.2.4.10.

[127] Nur eine perfekte Multikollinearität darf nicht bestehen, d.h. es darf keine lineare Abhängigkeit zwischen den Regressoren existieren. In diesem Fall ist eine Regressionsanalyse rechnerisch nicht umsetzbar.

[128] Vgl. ausführlich Wooldridge (2003), S. 96 ff.; Backhaus/Erichson/Plinke/Weiber (2008), S. 88.

[129] Vgl. Belsley/Kuh/Welsch (2004), S. 104.

[130] Vgl. Belsley/Kuh/Welsch (2004), S. 105 ff.

[131] Schwache Multikollinearität ist bei Konditionsindizes von fünf bis zehn anzunehmen. Werte zwischen 15 und 30 werden als „borderline of "tightness" in informal econometric practice“ charakterisiert. Ab einem Wert von 30 kann von einer substanziellen Multikollinearität ausgegangen werden. Vgl. Belsley/Kuh/Welsch (2004), S. 153.

[132] Vgl. ausführlich hierzu Belsley/Kuh/Welsch (2004), S. 112 ff. Zu den Nachteilen anderer Methoden zur Bestimmung und Messung von Multikollinearität vgl. Belsley/Kuh/Welsch (2004), S. 92 ff.

[133] Vgl. Belsley/Kuh/Welsch (2004), S. 100 ff. Die Bestimmung der Konditionszahl, der Konditionsindizes sowie der Varianzproportionen erfolgt in STATA mit dem Befehl „coldiag2“.

Die Varianzproportionen werden nur dann bestimmt und überprüft, wenn ein Verstoß gegen die erste Bedingung gegeben ist, also Konditionsindizes größer als 30 vorliegen.

Da gemäß des Cook-Weißberg-Tests[134] Heteroskedastizität in allen nachfolgenden Regressionen zur Beständigkeit des Ergebnisses und der Ergebniskomponenten vorliegt, müssen die Standardfehler bereinigt werden. Bei Vorliegen von Autokorrelation ist zwar der OLS-Schätzer unverzerrt und konsistent, jedoch sind die Standardfehler der geschätzten Koeffizienten verzerrt.[135] Um für Heteroskedastizität und eine mögliche Autokorrelation der Störterme zu kontrollieren, werden für sämtliche Regressionen robuste Standardfehler (s.e.) gebündelt nach Unternehmen (clustered standard errors[136]) berechnet und zur Ableitung der statistischen Inferenz der Regressoren verwendet.[137] Hierdurch werden die getroffenen Inferenzaussagen gestärkt. Gleichwohl muss an dieser Stelle angeführt werden, dass der Einsatz gepoolter OLS-Regressionen zur Bestimmung der Beständigkeit des buchhalterischen Ergebnisses sowie der Ergebniskomponenten eine gängige Methode in empirischen Arbeiten[138] ist, trotz vermutlich vorliegender Autokorrelation.[139] Dies rechtfertigt zusätzlich die Anwendung dieser Methodik.

Dennoch müssen die Residuen der Regressionen, in denen eine verzögerte abhängige Variable (EBT_IFRS_t) als Regressor verwendet wird, auf Autokorrelation überprüft werden. Falls der Störterm in diesem Fall einem autoregressiven Prozess erster Ordnung AR(1) folgt, liefert die OLS-Regression verzerrte und inkonsistente Ergebnisse.[140] Deshalb werden die Residuen dieser Regressionen auf einen AR(1)-Prozess mittels Arellano-Bond-Test[141] überprüft, der insbesondere nach gepoolten OLS-Regressionen und bei Vorliegen einer unvollständigen Panelstruktur anwendbar ist. Da der Arellano-Bond-Test auf der Annahme beruht, dass

[134] Vgl. grundlegend Cook/Weisberg (1983).

[135] Vgl. Wooldridge (2002), S. 174 und Wooldridge (2003), S. 394.

[136] Vgl. zur Berechnung dieser robusten Standardfehler Froot (1989), S. 336 ff.; Williams (2000); Wooldridge (2002), S. 405 ff. Zur Implementierung in STATA vgl. ausführlich Rogers (1993); vgl. auch Hamilton (2009), S. 273. Grundlegend geht die Adjustierung des Standardfehlers bei Vorliegen von Heteroskedastizität auf Huber (1967) und White (1980) zurück.

[137] Vgl. zu dieser Vorgehensweise ebenfalls Gassen/Sellhorn (2006), S. 377 ff.; Wagenhofer/Dücker (2007), S. 283 f.

[138] Vgl. z.B. Sloan (1996), S. 299; Xie (2001), S. 365; Hanlon (2005), S. 152 f.; Wagenhofer/Dücker (2007), S. 285.

[139] Vgl. hierzu auch Wooldridge (2003), S. 410 ff.

[140] Aufgrund von $\varepsilon_{t+1} = \rho \cdot \varepsilon_t + v_{t+1}$ liegt dann eine Korrelation zwischen EBT_IFRS_t und ε_{t+1} (Endogenität) vor. Vgl. Wooldridge (2003), S. 394.

[141] Dieser Test geht auf Arellano/Bond (1991) zurück. Vgl. ausführlich zu diesem Test sowie zu seiner Implementierung in STATA Roodman (2009), S. 119 ff. sowie S. 126.

keine Korrelation in den Residuen zwischen den Beobachtungen vorliegt, werden darüber hinaus im Rahmen eines alternativen Modells zusätzlich jährliche Dummy-Variablen geschätzt. Durch diese Vorgehensweise trifft diese Annahme tendenziell eher zu. Die Verwendung jährlicher Dummy-Variablen kontrolliert explizit für die Korrelation zwischen den Residuen verschiedener Beobachtungen im gleichen Geschäftsjahr (zeitgleiche Korrelation; contemporaneous correlation).[142]

Da es sich bei allen Regressionsmodellen um etablierte und bewährte Verfahren handelt, wird auf die Überprüfung der Linearität sowie die der Spezifikation dieser Modelle verzichtet.

4.2.5.2 Beständigkeit des IFRS-Ergebnisses sowie der Ergebniskomponenten

Zunächst wird die Beständigkeit[143] des aktuellen IFRS-Ergebnisses vor Steuern in Bezug auf das folgende Geschäftsjahr für das gesamte Sample, d.h. unabhängig von den Subsamples, bestimmt, um die für die eigentliche Untersuchung relevanten Ergebnisse besser beurteilen sowie den Grad der Beständigkeit mit ähnlichen Studien vergleichen zu können. Die Beständigkeit der EBT_IFRS_t des gesamten Samples wird mit folgendem, in der empirischen Forschung gängig verwendetem[144] Prozess bestimmt (**Modell 1a**):

$$EBT\_IFRS_{t+1} = \beta_0 + \beta_1 \cdot EBT\_IFRS_t + \varepsilon_{t+1}. \tag{4.6}$$

Nach Gleichung (4.6) folgen die EBT_IFRS_t einem AR(1)-Prozess mit Drift[145]. Dies impliziert, dass neben zufälligen Schocks, die im Störterm ε_{t+1} abgebildet werden, auch eine strukturelle Komponente β_0 (Drift-Term) den künftigen Wert von EBT_IFRS_{t+1} verändert. Der Regressionskoeffizient β_1 ist die für die Untersuchung relevante Größe und misst die Beständigkeit des IFRS-Ergebnisses.

---

[142] Vgl. Roodman (2009), S. 121 und S. 128.

[143] Vgl. zu dieser Maßgröße Abschnitt 3.2.2.1.

[144] Vgl. z.B. Sloan (1996), S. 297; Francis/LaFond/Olsson/Schipper (2004), S. 980; Hanlon (2005), S. 145; Gassen/Sellhorn (2006), S. 378; Wagenhofer/Dücker (2007), S. 285.

[145] Vgl. Palepu/Healy/Bernard (2004), Part 2, S. 6-4. Dies wurde bereits in einer Vielzahl von empirischen Arbeiten gezeigt. Vgl. hierzu z.B. die empirischen Arbeiten, die in Fußnote 144 angegeben sind. Vgl. grundlegend zu einem AR(1)-Prozess in Zusammenhang mit buchhalterischen Ergebnissen, auch mit weiteren Nachweisen aus der Literatur, Beaver (1970); Ball/Watts (1972); Watts/Leftwich (1977); Freeman/Ohlson/Penman (1982).

Darüber hinaus wird alternativ das Modell unter Berücksichtigung jährlicher Dummy-Variablen (**Modell 1b**) geschätzt:

$$EBT\_IFRS_{t+1} = \alpha_0 + \sum_{t=2002}^{2006} \gamma_t \cdot GJ_t + \beta_1 \cdot EBT\_IFRS_t + \varepsilon_{t+1}. \quad (4.7)$$

In Gleichung (4.7) stellt die Variable GJ_t eine Dummy-Variable dar, die den Wert eins annimmt, sofern das entsprechende Geschäftsjahr (2002-2006) in der Regression verwendet wird. Andernfalls nimmt diese Variable den Wert null an. Die Verwendung dieser Dummy-Variablen dient in allen Regressionen, in denen die verzögerte abhängige Variable EBT_IFRS_t vorkommt, ausschließlich der Kontrolle für zeitgleiche Korrelation, um zum einen die Ergebnisse des Arellano-Bond-Tests zu bekräftigen und zum anderen die Ergebnisse der Regressionen zu bestärken. Um die sog. „dummy variable trap" zu vermeiden[146], werden die Schätzungen ohne explizite Dummy-Variable für das Geschäftsjahr 2001 durchgeführt. Dieses Geschäftsjahr stellt damit das Basisjahr dar und der Effekt wird mit der Konstante α_0 gemessen. Der jeweilige Regressionskoeffizient γ_t gibt somit an, ob sich der Effekt des zugehörigen Geschäftsjahres (2002-2006) signifikant von dem des Geschäftsjahres 2001 unterscheidet. Der Regressionskoeffizient β_1 misst wiederum die Beständigkeit des IFRS-Ergebnisses.

Tabelle 4.15 illustriert das Ergebnis der Regressionen von Gleichung (4.6) (Modell 1a) sowie von Gleichung (4.7) (Modell 1b).

In Modell 1a kann auf Basis des Arellano-Bond-Tests für Autokorrelation die Nullhypothese, die besagt, dass die Residuen der Regression keinem AR(1)-Prozess folgen, nicht abgelehnt werden. Autokorrelation ist demnach nicht gegeben und der OLS-Schätzer für die Beständigkeit ist konsistent und unverzerrt. Die Ergebnisse von Modell 1b bestätigen dieses Ergebnis. Offensichtlich ist es grundsätzlich sinnvoll, für zeitgleiche Korrelation in den Geschäftsjahren zu kontrollieren. Die Ergebnisse der Regressionen zeigen jedoch, dass diese nicht sehr hoch[147] und der relevante Koeffizient β_1 in beiden Modellen etwa gleich ist. Ebenfalls ändert sich das korrigierte Bestimmtheitsmaß $\bar{R}^2$ nur geringfügig durch Berücksichtigung der jährlichen Dummy-Variablen. Das Ergebnis des Modells 1a ist somit konsistent, unverzerrt und offensichtlich robust. Folglich kann es zur weiteren Argumentation verwendet werden.

[146]Vgl. Wooldridge (2003), S. 220 f.

[147]Auf Basis der statistischen Signifikanz ist ein geringes Maß an zeitgleicher Korrelation in den Geschäftsjahren 2003-2006 zu vermuten. Die Koeffizienten $(\alpha_0 + \gamma_t)$ in diesen Geschäftsjahren betragen 0,0296 (2003), 0,0225 (2004), 0,0250 (2005) und 0,0182 (2006).

	Modell 1a		Modell 1b	
Variable	Koeffizient	robuster s.e.	Koeffizient	robuster s.e.
EBT_IFRS_t	0,7634***	0,0305	0,7617***	0,0317
$Konstante$	0,0204***	0,0022	0,0081	0,0054
GJ_{2002}			-0,0028	0,0061
GJ_{2003}			0,0215***	0,0066
GJ_{2004}			0,0144**	0,0061
GJ_{2005}			0,0169***	0,0061
GJ_{2006}			0,0101*	0,0059
Signifikanzniveau (zweiseitig): *10%, **5%, ***1%				
n	509		509	
R^2	0,6911		0,7052	
$\bar{R}^2$	0,6905		0,7017	
$F_{(1,197)\ bzw.\ (6,197)}$	624,88 (0,00)		124,07 (0,00)	
Arellano-Bond-Test	z=1,41 (0,16)		z=1,35 (0,18)	
Konditionszahl	2,88		9,59	
p-Werte sind in Klammern wiedergegeben.				

Anmerkung: Die Tabelle zeigt die Ergebnisse der OLS-Regression zur Messung der Beständigkeit des aktuellen IFRS-Ergebnisses vor Steuern EBT_IFRS_t für das gesamte Sample von n=509 Geschäftsjahre. Es gilt: EBT_IFRS_t = Pretax $Income_t$ (WC01401) - Minority $Interest_t$ (WC01501). Die EBT_IFRS_t wurden mit den Total Assets (WC02999) des Geschäftsjahres t bzw. t+1 skaliert. Der Arellano-Bond-Test für Autokorrelation gründet auf der Nullhypothese, dass die Residuen keinem AR(1)-Prozess folgen und somit keine Autokorrelation vorliegt. Das Modell 1b inklusive jährliche Dummy-Variablen GJ_t wird geschätzt, um für zeitgleiche Korrelation zu kontrollieren. Substanzielle Multikollinearität ist nicht anzunehmen, da die Konditionszahl < 30 ist.

Tabelle 4.15: Beständigkeit der EBT_IFRS_t für das gesamte Sample.

Die Beständigkeit der EBT_IFRS_t beträgt β_1=0,7634 und ist in der Höhe vergleichbar mit den in dieser Arbeit zitierten Studien. Gemäß t-Test (t-Wert=25,03) unterscheidet sich β_1 signifikant von null. Ein uneingeschränkter (pure) Mean-Reversion-Prozess liegt nicht vor und die EBT_IFRS_t sind nicht nur transitorisch. Ebenfalls wird die Nullhypothese β_1=1 (t-Wert=-7,76) verworfen, wobei die Teststatistik von Dickey-Fuller[148] zugrunde gelegt wird.[149] Demnach liegt kein Random-Walk-Prozess vor und die EBT_IFRS_t sind nicht in vollem Umfang permanent.

Im Ergebnis signalisieren diese Tests, dass die EBT_IFRS_t im Sample einem Mean-Reversion-Prozess folgen und sich somit langfristig ihrem Mittelwert annähern. Dieses Ergebnis impliziert, dass für jeden Euro, den ein Unternehmen im aktuellen IFRS-Ergebnis vor Steuern ausweist, im Durchschnitt EUR 0,7634 im IFRS-Ergebnis vor Steuern des folgenden Geschäftsjahres fortbestehen. Es handelt sich hierbei um eine zweiperiodige Betrachtung.[150] Die Konstante β_0=0,0204 bildet einen strukturellen Wachstumseffekt ab. $\beta_0>0$ impliziert, dass der erwartete Wert der EBT_IFRS_{t+1} tendenziell zunimmt, auch wenn β_1=0 wäre. Zur Beurteilung der Beständigkeit wird der Drift-Term nicht benötigt. Deshalb wird dieser in den nachfolgenden Regressionen nicht weiter betrachtet.

Bevor die für die Untersuchung relevanten Regressionen vorgestellt und durchgeführt werden, wird im Vorfeld ebenfalls die Beständigkeit der aktuellen Periodenabgrenzungen vor Steuern sowie die der aktuellen operativen Cashflows vor Steuern in Bezug auf das folgende Geschäftsjahr für das gesamte Sample gemessen. Da Autokorrelation[151] und Heteroskedastizität vorliegen werden auch hier robuste Standardfehler gebündelt nach Unternehmen berechnet und zur Bestimmung der Signifikanz der Regressionskoeffizienten verwendet. Erneut werden zwei Modelle, ohne und mit jährlichen Dummy-Variablen, geschätzt.

[148]Vgl. zu den kritischen Werten dieser Teststatistik im Falle eines Random-Walk-Prozesses mit einem Drift-Term z.B. Banerjee/Dolado/Galbraith/Hendry (1993), S. 103. Vgl. grundlegend hierzu u.a. Dickey/Fuller (1979).

[149]Die t-Werte der normalen Teststatistik sind unter der Nullhypothese β_1=1 und einem Random-Walk-Modell (mit Drift-Term) ungültig. Vgl. hierzu Banerjee/Dolado/Galbraith/Hendry (1993), S. 99 ff.; Wooldridge (2003), S. 607 ff.

[150]Unternehmensspezifische, längerfristige Zeitreihen können aus den bereits erläuterten Gründen nicht geschätzt werden. Vgl. hierzu Abschnitt 4.2.5.1.

[151]Vgl. hierzu die z-Werte des Arellano-Bond-Tests in Tabelle 4.16. Die Nullhypothese, die besagt, dass keine Autokorrelation vorliegt, wird in diesen Schätzungen auf einem Signifikanzniveau von 10% gerade noch abgelehnt. Autokorrelation ist demnach in einem geringen Ausmaß vermutlich vorhanden. Da in diesen Schätzungen keine verzögerte abhängige Variable verwendet wird, führt ein eventuell vorhandener AR(1)-Prozess in den Residuen nicht zu inkonsistenten und verzerrten Ergebnissen.

Die Regressionsgleichung ohne jährliche Dummy-Variablen (**Modell 2a**) lautet[152]:

$$EBT\_IFRS_{t+1} = \beta_0 + \beta_1 \cdot PABT_t + \beta_2 \cdot CFOBT_t + \varepsilon_{t+1}. \quad (4.8)$$

Werden Dummy-Variablen analog zu der Vorgehensweise in (4.7) berücksichtigt, um für die Effekte der zeitgleichen Korrelation zu kontrollieren und die Ergebnisse der OLS-Schätzungen zu untermauern, verändert sich Gleichung (4.8) zu (**Modell 2b**):

$$\begin{aligned} EBT\_IFRS_{t+1} &= \alpha_0 + \sum_{t=2002}^{2006} \gamma_t \cdot GJ_t + \beta_1 \cdot PABT_t + \beta_2 \cdot CFOBT_t \\ &+ \varepsilon_{t+1}. \end{aligned} \quad (4.9)$$

Der Regressionskoeffizient β_1 misst jeweils die Beständigkeit der $PABT_t$ und β_2 die der $CFOBT_t$. Die übrigen Regressoren messen unverändert die bereits erläuterten Effekte. Tabelle 4.16 illustriert die Ergebnisse der OLS-Schätzungen von Gleichungen (4.8) (Modell 2a) und (4.9) (Modell 2b).

Die Ergebnisse von Modell 2a verändern sich erneut nur minimal, wenn für zeitgleiche Korrelation kontrolliert wird. Diese ist offensichtlich wieder in einigen Geschäftsjahren vorhanden, jedoch wiederholt relativ gering.[153] Insbesondere verändern sich die relevanten Koeffizienten β_1 und β_2 durch Berücksichtigung der jährlichen Dummy-Variablen lediglich marginal. Die $\bar{R}^2$ der Modelle unterscheiden sich auch nur geringfügig. Die durchgeführten Tests führen für beide Modelle zu dem gleichen Ergebnis. Somit sind die Ergebnisse des Modells 2a anscheinend robust. Nachfolgend werden daher nur noch die Ergebnisse dieses Modells betrachtet.

Die Regressionskoeffizienten β_1=0,6921 und β_2=0,7833 unterscheiden sich signifikant von null (t-Werte: 19,55 bzw. 24,71) und sind vergleichbar mit den Ergebnissen in SLOAN (1996).[154] Der F-Test ($\beta_1 = \beta_2$) verwirft die Nullhypothese, nach der sich die Koeffizienten nicht unterscheiden (F-Wert=13,42; p=0,00). β_2 ist signifikant höher als β_1; folglich sind die $CFOBT_t$ beständiger als die $PABT_t$.

[152] Vgl. zu dieser Regressionsgleichung auch Sloan (1996), S. 297 sowie Hanlon (2005), S. 145.

[153] Auf Basis der statistischen Signifikanz ist ein geringes Maß an zeitgleicher Korrelation in den Geschäftsjahren 2003-2006 zu vermuten. Die Koeffizienten ($\alpha_0 + \gamma_t$) in diesen Geschäftsjahren betragen 0,0232 (2003), 0,0180 (2004), 0,0216 (2005) und 0,0151 (2006).

[154] Vgl. Sloan (1996), S. 300.

	Modell 2a		Modell 2b	
Variable	Koeffizient	robuster s.e.	Koeffizient	robuster s.e.
$PABT_t$	0,6921***	0,0354	0,6911***	0,0351
$CFOBT_t$	0,7833***	0,0317	0,7787***	0,0327
$Konstante$	0,0161***	0,0026	0,0046	0,0056
GJ_{2002}			-0,0038	0,0060
GJ_{2003}			0,0186***	0,0064
GJ_{2004}			0,0134**	0,0061
GJ_{2005}			0,0170***	0,0062
GJ_{2006}			0,0105*	0,0059
Signifikanzniveau (zweiseitig): *10%, **5%, ***1%				
n	509		509	
R^2	0,7024		0,7153	
$\bar{R}^2$	0,7012		0,7113	
$F_{(2,197)\ bzw.\ (7,197)}$	308,36 (0,00)		107,65 (0,00)	
Arellano-Bond-Test	z=1,67 (0,09)		z=1,68 (0,09)	
Konditionszahl	4,40		10,35	
F-Test:				
$\beta_1 = \beta_2$	13,42 (0,00)		15,52 (0,00)	
p-Werte sind in Klammern wiedergegeben.				

Anmerkung: Die Tabelle zeigt die Ergebnisse der OLS-Regression zur Messung der Beständigkeit der aktuellen Periodenabgrenzungen vor Steuern $PABT_t$ sowie die der aktuellen operativen Cashflows vor Steuern $CFOBT_t$ für das gesamte Sample von n=509 Geschäftsjahre. Es gilt: EBT_IFRS_t = Pretax Income_t (WC01401) – Minority Interest_t (WC01501); $CFOBT_t$ = Net Cash Flow Operating Activities_t (WC04860) + Taxation $(\text{Cash Flow})_t$ (WC04150); $PABT_t = EBT\_IFRS_t - CFOBT_t$. Alle Variablen wurden mit den Total Assets (WC02999) des Geschäftsjahres t bzw. t+1 skaliert. Der Arellano-Bond-Test für Autokorrelation gründet auf der Nullhypothese, dass die Residuen keinem AR(1)-Prozess folgen und somit keine Autokorrelation vorliegt. Das Modell 2b inklusive jährliche Dummy-Variablen GJ_t wird geschätzt, um für zeitgleiche Korrelation zu kontrollieren. Substanzielle Multikollinearität ist nicht anzunehmen, da die Konditionszahl < 30 ist.

Tabelle 4.16: Beständigkeit der $PABT_t$ und der $CFOBT_t$ für das gesamte Sample.

Diese Ergebnisse signalisieren, dass jeder Euro des aktuellen IFRS-Ergebnisses vor Steuern, der auf Periodenabgrenzungen gründet, im Durchschnitt mit EUR 0,6921 im IFRS-Ergebnis vor Steuern des folgenden Geschäftsjahres fortbesteht. Für die operativen Cashflows vor Steuern gilt analog, dass jeder Euro des aktuellen IFRS-Ergebnisses vor Steuern, der auf operative Cashflows basiert, im Durchschnitt mit EUR 0,7833 im IFRS-Ergebnis vor Steuern des folgenden Geschäftsjahres fortbesteht. Somit wird auch die Beständigkeit der Ergebniskomponenten nur für das Folgejahr gemessen.[155]

Eine mögliche Erklärung für dieses Ergebnis ($\beta_1 < \beta_2$) ist, dass eine Über- oder Unterschätzung der aktuellen Periodenabgrenzungen eine entsprechende Adjustierung der künftigen Periodenabgrenzungen hervorruft. Der Ausweis dieser fehlerhaften Periodenabgrenzungen und die hierdurch in künftigen Geschäftsjahren vorzunehmenden Anpassungen erhöhen die Volatilität der ausgewiesenen Periodenabgrenzungen insgesamt und gegenüber den operativen Cashflows. Dies schlägt sich sowohl in der Beständigkeit der Periodenabgrenzungen als auch in der Beständigkeit des buchhalterischen Ergebnisses[156] nieder. Fehlerhafte Periodenabgrenzungen können die Folge von Mess- und/oder Prognosefehlern sein, auch wenn die Schätzungen resp. Prognosen durch das Management objektiv und akribisch vorgenommen werden. Ebenfalls können fehlerhafte Periodenabgrenzungen das Ergebnis von buchmäßiger Bilanzpolitik sein. Hingegen müssen operative Cashflows nicht geschätzt bzw. prognostiziert werden und lassen sich daher mit einer größeren Verlässlichkeit bestimmen. Ferner erfordert reale Bilanzpolitik, die durchaus in der Praxis anzutreffen ist, für gewöhnlich eine Absprache mit den beteiligten Parteien sowie die (zeitliche) Beeinflussung der Transaktionen. Es müssen insgesamt größere Anstrengungen seitens des Managements als bei der Manipulation von Periodenabgrenzungen unternommen werden. Folglich sind Periodenabgrenzungen weniger beständig als operative Cashflows.[157]

Im Folgenden wird zunächst die Beständigkeit der EBT_IFRS_t und dann die der $PABT_t$ sowie die der $CFOBT_t$ jeweils für das folgende Geschäftsjahr unter Berücksichtigung der Höhe der Book-Tax-Abweichungen für die Subsamples BTA1-BTA5 bestimmt.

[155]Unternehmensspezifische, längerfristige Zeitreihen können aus den bereits erläuterten Gründen nicht geschätzt werden. Vgl. hierzu Abschnitt 4.2.5.1.

[156]Vgl. hierzu Dechow/Dichev (2002), S. 49 ff.

[157]Vgl. zu einer ähnlichen Argumentation auch Sloan (1996), S. 290 f. Vgl. zu einem Überblick über weitere mögliche Erklärungen zu diesem Ergebnis sowie in diesem Zusammenhang zu der sog. „accrual anomaly" Dechow/Schrand (2004), S. 20 ff.

Ausgehend von den Gleichungen (4.6) und (4.7) werden gepoolte OLS-Regressionen durchgeführt, um die Beständigkeit des aktuellen IFRS-Ergebnisses in Bezug auf das folgende Geschäftsjahr in den einzelnen Subsamples zu messen. Zugleich kann durch die Regression mit subsamplespezifischen Dummy-Variablen bestimmt werden, ob sich die Beständigkeit des IFRS-Ergebnisses in den Subsamples BTA1, BTA2, BTA4 und BTA5 signifikant von der des Benchmark-Subsamples BTA3 unterscheidet.[158] Gleichung (4.6) ändert sich zu (**Modell 3a**):

$$\begin{aligned} EBT\_IFRS_{t+1} &= \beta_0 + \beta_1 \cdot BTA1 + \beta_2 \cdot BTA2 + \beta_3 \cdot BTA4 + \beta_4 \cdot BTA5 \\ &+ \beta_5 \cdot EBT\_IFRS_t + \beta_6 \cdot EBT\_IFRS_t \cdot BTA1 \\ &+ \beta_7 \cdot EBT\_IFRS_t \cdot BTA2 + \beta_8 \cdot EBT\_IFRS_t \cdot BTA4 \\ &+ \beta_9 \cdot EBT\_IFRS_t \cdot BTA5 + \varepsilon_{t+1}. \end{aligned} \tag{4.10}$$

Gleichung (4.7) inklusive jährlichen Dummy-Variablen wird modifiziert zu (**Modell 3b**):

$$\begin{aligned} EBT\_IFRS_{t+1} &= \alpha_0 + \sum_{t=2002}^{2006} \gamma_t \cdot GJ_t + \beta_1 \cdot BTA1 + \beta_2 \cdot BTA2 + \beta_3 \cdot BTA4 \\ &+ \beta_4 \cdot BTA5 + \beta_5 \cdot EBT\_IFRS_t + \beta_6 \cdot EBT\_IFRS_t \cdot BTA1 \\ &+ \beta_7 \cdot EBT\_IFRS_t \cdot BTA2 + \beta_8 \cdot EBT\_IFRS_t \cdot BTA4 \\ &+ \beta_9 \cdot EBT\_IFRS_t \cdot BTA5 + \varepsilon_{t+1}. \end{aligned} \tag{4.11}$$

In beiden Gleichungen (4.10) und (4.11) stellen die Variablen BTA1, BTA2, BTA4 und BTA5 Dummy-Variablen dar, die für die Zugehörigkeit zu den korrespondierenden Subsamples kontrollieren. Die entsprechende Dummy-Variable nimmt den Wert eins an, sofern das betreffende Subsample die Beobachtung umfasst; andernfalls haben diese Variablen den Wert null. Für das Benchmark-Subsample BTA3 wird keine explizite Dummy-Variable geschätzt. In Gleichung (4.10) bildet der Koeffizient β_0 den Drift-Term für das Subsample BTA3 ab. Die Koeffizienten β_1 bis β_4 messen, ob sich die Drift-Terme der Subsamples BTA1, BTA2, BTA4 bzw. BTA5 jeweils signifikant von dem des Benchmark-Subsamples BTA3 unterscheiden und kontrollieren somit für unterschiedliche strukturelle Wachstumseffekte in den Subsamples. Wie bereits erläutert wurde, sind diese für die Beurteilung der Beständigkeit der IFRS-Ergebnisse irrelevant und werden nicht weiter diskutiert. Die Beständigkeit der IFRS-Ergebnisse der Subsamples wird durch die Koeffizienten β_5 bis β_9 beurteilt. Der Koeffizient β_5 misst die Beständigkeit des

[158]Vgl. zu dieser Vorgehensweise auch Hanlon (2005), S. 145.

IFRS-Ergebnisses für das Subsample BTA3. Durch die Interaktion der Dummy-Variablen BTA1, BTA2, BTA4 bzw. BTA5 mit der Variable EBT_IFRS_t wird gemessen, ob sich die Beständigkeit der IFRS-Ergebnisse in diesen Subsamples signifikant von der des Benchmark-Subsamples BTA3 unterscheidet. Dies wird jeweils mit den Koeffizienten β_6 bis β_9 ermittelt. Der Grad der Beständigkeit der IFRS-Ergebnisse der Subsamples BTA1, BTA2, BTA4 bzw. BTA5 kann durch Summation des entsprechenden Koeffizienten und dem des Subsamples BTA3 errechnet werden.

In Gleichung (4.11) wird zusätzlich für zeitgleiche Korrelation in den Geschäftsjahren kontrolliert, wobei – wie in den Gleichungen (4.7) und (4.9) – die Schätzungen ohne explizite Dummy-Variable für das Geschäftsjahr 2001 durchgeführt werden. Dementsprechend bildet α_0 in Gleichung (4.11) sowohl den Effekt des Geschäftsjahres 2001 als auch den strukturellen Wachstumseffekt des Benchmark-Subsamples BTA3 ab. Diese Effekte lassen sich nicht separieren. Die übrigen Regressoren messen unverändert die bereits erläuterten Effekte.

Zur Bestimmung der Signifikanz der Regressionskoeffizienten werden wiederum robuste Standardfehler gebündelt nach Unternehmen berechnet und verwendet. Durch die Einteilung der Geschäftsjahre in die Subsamples werden in den Regressionen Verzerrungen aufgrund von ausgelassenen, unternehmensspezifischen Variablen vermindert, da Unternehmen, die mit mehreren Geschäftsjahren im gesamten Sample vertreten sind, in Abhängigkeit ihrer jährlichen Book-Tax-Abweichung Bestandteil verschiedener Subsamples sein können. Dadurch werden unternehmensspezifische Zeitreihen auseinander gerissen.[159]

In Übereinstimmung mit den aufgestellten Hypothesen H1a und H1b in Abschnitt 4.1.3.2 wird erwartet, dass die Koeffizienten β_6 und β_9 negativ sind und sich jeweils signifikant von β_5 unterscheiden. Dies würde implizieren, dass IFRS-Ergebnisse in Geschäftsjahren, in denen sehr hohe negative (BTA1) oder sehr hohe positive (BTA5) Book-Tax-Abweichungen vorliegen, weniger beständig sind als IFRS-Ergebnisse in Geschäftsjahren, die durch „normale" Book-Tax-Abweichungen (BTA3) gekennzeichnet sind. Signifikant positive oder negative Werte für die Koeffizienten β_7 resp. β_8 drücken aus, dass die IFRS-Ergebnisse der Subsamples BTA2 resp. BTA4 entweder beständiger oder weniger beständig in Relation zu den IFRS-Ergebnissen des Subsamples BTA3 sind.

[159]Vgl. hierzu Tabelle 4.2 in Abschnitt 4.2.4.1.

Tabelle 4.17 veranschaulicht die Ergebnisse der OLS-Schätzungen der Gleichungen (4.10) (Modell 3a) und (4.11) (Modell 3b).

Auch bei diesen Regressionen lässt sich feststellen, dass sich die Ergebnisse der Modelle ohne und inklusive jährliche Dummy-Variablen unwesentlich voneinander unterscheiden. Vor allem ist nur ein minimaler Unterschied in den relevanten Koeffizienten β_5 bis β_9 zwischen Modell 3a und Modell 3b zu erkennen; die Inferenzaussagen ändern sich nicht.[160] Die jährlichen Dummy-Variablen in Modell 3b signalisieren, dass zeitgleiche Korrelation in einem geringen Ausmaß in denselben Geschäftsjahren wie bei den vorhergehenden Regressionen vorhanden ist.[161] In Modell 3a kann auf Basis des Arellano-Bond-Tests für Autokorrelation gefolgert werden, dass die Residuen der Regression keinem AR(1)-Prozess folgen. Autokorrelation ist demnach nicht gegeben. Dies wird durch das Ergebnis dieses Tests in Modell 3b untermauert. Überdies ändert sich das $\bar{R}^2$ nur geringfügig durch Berücksichtigung der jährlichen Dummy-Variablen. Die Ergebnisse des Modells 3a sind somit konsistent, unverzerrt und offensichtlich robust. Sie werden deshalb im Folgenden verwendet.

[160] Lediglich die statistische Signifikanz des Koeffizienten β_7, der den Unterschied in der Beständigkeit des IFRS-Ergebnisses des Subsamples BTA2 gegenüber der des Subsamples BTA3 misst, wird ein wenig abgeschwächt. Der t-Wert ändert sich von -2,70 (p=0,007) zu -2,45 (p=0,015).

[161] Auf Basis der statistischen Signifikanz ist ein geringes Maß an zeitgleicher Korrelation in den Geschäftsjahren 2003-2005 zu vermuten. Da die Effekte, die durch α_0 im Modell 3b gemessen werden, sich nicht separieren lassen, kann das jeweilige Ausmaß $(\alpha_0 + \gamma_t)$ nicht genau bestimmt werden. Allerdings sind die Koeffizienten γ_t geringer als in den vorangegangen Regressionen, was als Indiz dafür gesehen werden kann, dass das Maß an zeitgleicher Korrelation durch die subsamplespezifischen Regressionen vermindert wird.

Variable	Modell 3a Koeffizient	Modell 3a robuster s.e.	Modell 3b Koeffizient	Modell 3b robuster s.e.
EBT_IFRS_t	0,9383***	0,0545	0,9237***	0,0545
$EBT\_IFRS_t \cdot BTA1$	-0,1030	0,0849	-0,0931	0,0868
$EBT\_IFRS_t \cdot BTA2$	-0,1992***	0,0737	-0,1817**	0,0743
$EBT\_IFRS_t \cdot BTA4$	-0,1540***	0,0572	-0,1438***	0,0552
$EBT\_IFRS_t \cdot BTA5$	-0,4351***	0,0844	-0,4176***	0,0853
$Konstante$	0,0086*	0,0045	0,0001	0,0065
$BTA1$	0,0136**	0,0062	0,0127**	0,0058
$BTA2$	0,0111**	0,0053	0,0096*	0,0052
$BTA4$	0,0079*	0,0046	0,0074*	0,0044
$BTA5$	0,0329***	0,0078	0,0318***	0,0077
GJ_{2002}			-0,0065	0,0060
GJ_{2003}			0,0172***	0,0065
GJ_{2004}			0,0119**	0,0057
GJ_{2005}			0,0137**	0,0056
GJ_{2006}			0,0080	0,0054
Signifikanzniveau (zweiseitig): *10%, **5%, ***1%				
n	509		509	
R^2	0,7181		0,7302	
$\bar{R}^2$	0,7130		0,7225	
$F_{(9,197)\ bzw.\ (14,197)}$	112,06 (0,00)		76,97 (0,00)	
Arellano-Bond-Test	z=1,51 (0,13)		z=1,57 (0,12)	
Konditionszahl	12,68		15,15	
F-Test:				
$\beta_6 = \beta_7$	1,12 (0,29)		1,01 (0,32)	
$\beta_6 = \beta_8$	0,46 (0,50)		0,46 (0,50)	
$\beta_6 = \beta_9$	15,63 (0,00)		14,02 (0,00)	
$\beta_7 = \beta_8$	0,33 (0,57)		0,25 (0,62)	
$\beta_7 = \beta_9$	6,90 (0,01)		6,79 (0,01)	
$\beta_8 = \beta_9$	13,98 (0,00)		13,60 (0,00)	
p-Werte sind in Klammern wiedergegeben.				

Anmerkung: Die Tabelle zeigt die Ergebnisse der OLS-Regression zur Messung der Beständigkeit des aktuellen IFRS-Ergebnisses vor Steuern EBT_IFRS_t in Abhängigkeit der Höhe der aktuellen Book-Tax-Abweichungen BTA_t für die Subsamples BTA1-BTA5 mit insgesamt n=509 Geschäftsjahren. Unterschiede der Subsamples gegenüber dem Benchmark-Subsample BTA3 werden durch die Dummy-Variablen BTA1, BTA2, BTA4 bzw. BTA5 gemessen. Es gilt: EBT_IFRS_t = Pretax Income$_t$ (WC01401) - Minority Interest$_t$ (WC01501). Die EBT_IFRS_t wurden mit den Total Assets (WC02999) des Geschäftsjahres t bzw. t+1 skaliert. Der Arellano-Bond-Test für Autokorrelation gründet auf der Nullhypothese, dass die Residuen keinem AR(1)-Prozess folgen und somit keine Autokorrelation vorliegt. Das Modell 3b inklusive jährliche Dummy-Variablen GJ_t wird geschätzt, um für zeitgleiche Korrelation zu kontrollieren. Substanzielle Multikollinearität ist nicht anzunehmen, da die Konditionszahl < 30 ist.

Tabelle 4.17: Beständigkeit der EBT_IFRS_t je Subsample.

Die Beständigkeit der EBT_IFRS_t im Subsample BTA3 beträgt β_5=0,9383 und ist die höchste aller Subsamples. Der Wert unterscheidet sich signifikant von null (t-Wert=17,22). Die EBT_IFRS_t des Benchmark-Subsamples sind demnach extrem beständig. Für jeden Euro, den ein Unternehmen dieses Subsamples im aktuellen IFRS-Ergebnis vor Steuern ausweist, werden im Durchschnitt EUR 0,9383 im IFRS-Ergebnis vor Steuern des folgenden Geschäftsjahres fortbestehen. Dies signalisiert, dass die EBT_IFRS_t in einem deutlichen Umfang permanent sind. Folglich könnte das aktuelle IFRS-Ergebnis bei Vorliegen „normaler" Book-Tax-Abweichungen ohne erhebliche Modifikationen in das Folgejahr übertragen werden. Es eignet sich somit am besten von allen Subsamples zur Verwendung in Bewertungskalkülen von Analysten und Investoren. Wie bereits im Rahmen der deskriptiven Analysen festgestellt wurde, stellen die IFRS-Ergebnisse des Subsamples BTA3 eine adäquate Benchmark dar, um die Extrapolierbarkeit der IFRS-Ergebnisse der restlichen Subsamples zu beurteilen. Dies wird nun durch die subsamplespezifischen OLS-Schätzungen untermauert.

Die EBT_IFRS_t des Subsamples BTA1 sind mit dem zweithöchsten Wert aller Subsamples in Höhe von 0,8353 ($\beta_5+\beta_6$) weniger beständig als die des Subsamples BTA3. Allerdings ist der Unterschied in Höhe von β_6=-0,1030 insignifikant (t-Wert=-1,21). Hypothese H1a muss dementsprechend abgelehnt werden. Die IFRS-Ergebnisse in Geschäftsjahren mit sehr hohen negativen Book-Tax-Abweichungen sind damit vergleichbar beständig zu IFRS-Ergebnissen von Geschäftsjahren, die durch „normale" Book-Tax-Abweichungen charakterisiert sind. Auch wenn der Unterschied gegenüber dem Subsample BTA3 insignifikant ist, wird durch die geringere Beständigkeit des IFRS-Ergebnisses im Subsample BTA1 angedeutet, dass dieses Subsample in einem größeren Umfang Geschäftsjahre umfasst, in denen transitorische Komponenten das aktuelle IFRS-Ergebnis bestimmen, die die Beständigkeit der EBT_IFRS_t gegenüber der des Subsamples BTA3 verringern. Im Anschluss an die Darstellung der übrigen Ergebnisse werden mögliche Erklärungen für dieses Resultat gegeben.

Mit dem geringsten Wert aller Subsamples in Höhe von 0,5032 ($\beta_5+\beta_9$) besitzt das Subsample BTA5 erheblich unbeständige EBT_IFRS_t. Der Unterschied von β_9=-0,4351 gegenüber dem Benchmark-Subsample BTA3 ist statistisch signifikant (t-Wert=-5,16) und ökonomisch beträchtlich. Folglich kann Hypothese H1b nicht abgelehnt werden. Die IFRS-Ergebnisse in Geschäftsjahren mit sehr hohen positiven Book-Tax-Abweichungen sind deutlich weniger beständig als IFRS-Ergebnisse in Geschäftsjahren, die durch „normale" Book-Tax-Abweichungen gekennzeichnet sind. Sehr hohe positive Book-Tax-Abweichungen können demnach auf ein von transitorischen Elementen geprägtes aktuelles IFRS-Ergebnis hinweisen. Die Book-Tax-Abweichungen kehren sich eindeutig zum Nachteil des künftigen IFRS-Ergebnisses um. Dies impliziert, dass die EBT_IFRS_t dieses Subsamples – unabhängig von der Ursache dieser transitorischen Komponenten – zum Teil fehlerhafte und nicht permanente Komponenten beinhalten, die im nächsten Geschäftsjahr revidiert werden und entsprechende Adjustierungen an dem künftigen IFRS-Ergebnis hervorrufen. Wie die F-tests zeigen, sind die aktuellen IFRS-Ergebnisse des Subsamples BTA5 ebenfalls signifikant unbeständiger im Vergleich zu denen der Subsamples BTA1 (F-Wert=15,63; p=0,00), BTA2 (F-Wert=6,90; p=0,01) und BTA4 (F-Wert=13,98; p=0,00). Als Resultat bleibt festzuhalten, dass die IFRS-Ergebnisse dieses Subsamples sehr genau analysiert und erhebliche Anpassungen an diesen vorgenommen werden müssen, wenn sie in Bewertungsmodellen verwendet werden sollen.

Mit einem Wert von 0,7391 (β_5+β_7) für das Subsample BTA2 und 0,7843 (β_5+β_8) für das Subsample BTA4 sind die EBT_IFRS_t dieser Subsamples im Vergleich zu denen des Benchmark-Subsamples BTA3 ebenfalls unbeständiger. Die Unterschiede von β_7=-0,1992 bzw. β_8=-0,1540 sind jeweils statistisch signifikant (t-Wert=-2,70 bzw. -2,69). Dieses Resultat ist insofern interessant, als dass anscheinend bereits geringfügig höhere negative oder positive Abweichungen relativ zur Benchmark signalisieren, dass die Beständigkeit der EBT_IFRS_t vermindert ist. Auf Basis der F-Tests lassen sich keine weiteren Unterschiede in der Beständigkeit der EBT_IFRS_t zwischen den Subsamples BTA1, BTA2 und BTA4 ausmachen.

Abbildung 4.4 stellt die Ergebnisse der Regressionen dar und visualisiert die gewonnen Erkenntnisse. Bei dieser Darstellung wird deutlich, dass sich die Regressionsgeraden der Subsamples BTA1 und BTA3 nur geringfügig unterscheiden. Demgegenüber sind die Unterschiede zwischen dem Subsample BTA3 und den übrigen Subsamples eindeutig.

Die Resultate der OLS-Schätzung zeigen, dass die Unterschiede in der Beständigkeit der EBT_IFRS_t zwischen den Subsamples BTA3 und BTA1 insignifikant sind und Hypothese H1a entsprechend verworfen werden muss. Nachfolgend werden mögliche Erklärungen für dieses Ergebnis gegeben.

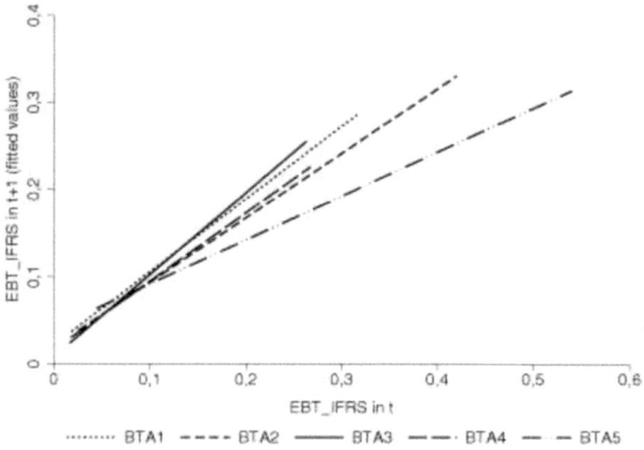

Abbildung 4.4: Graphische Veranschaulichung der Ergebnisse der OLS-Regression (Modell 3a) – gemeinsame Betrachtung.

Zunächst muss ausgeschlossen werden, dass die Resultate – vor allem die erhöhte Beständigkeit der EBT_IFRS_t des Subsamples BTA1 – lediglich aus wenigen Beobachtungen resultieren, die einen verzerrenden Einfluss auf die Ergebnisse der Regressionen ausüben. Hierzu werden die Regressionsgeraden inklusive den Beobachtungen in EBT_IFRS_{t+1} subsamplespezifisch in Abbildung 4.5 dargestellt. Sofern einzelne Beobachtungen weit entfernt von der Regressionsgeraden liegen, könnten diese die Ergebnisse wesentlich verzerren.

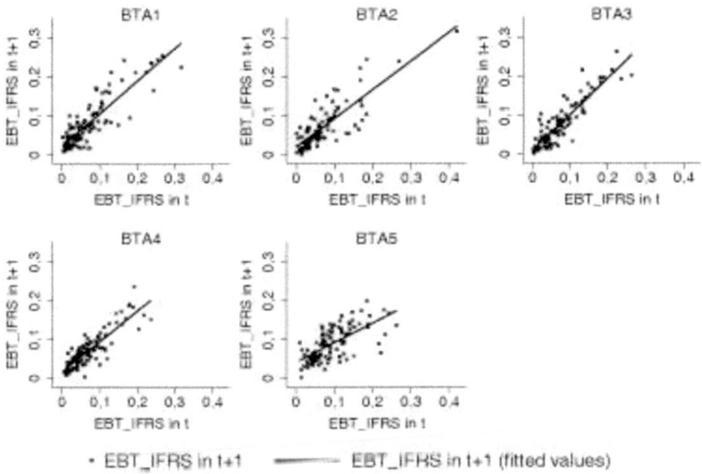

Abbildung 4.5: Graphische Veranschaulichung der subsamplespezifischen Regressionsgeraden (Modell 3a) und der Beobachtungen in EBT_IFRS_{t+1}.

Abbildung 4.5 zeigt, dass es keine extremen Beobachtungen gibt, die die Ergebnisse erheblich verzerren könnten.[162] Dies gilt nicht nur für das Subsample BTA1, sondern auch für die Ergebnisse der übrigen Subsamples. Es kann daher ausgeschlossen werden, dass lediglich wenige Beobachtungen für die Resultate verantwortlich sind und sich die relativ hohe Beständigkeit der EBT_IFRS_t des Subsamples BTA1 hierdurch erklären lässt. Im Folgenden wird die hohe Bestän-

[162]Dies wird insbesondere deutlich, wenn Abbildung 4.5 mit Abbildung A.1 im Anhang verglichen wird. Abbildung A.1 im Anhang bildet graphisch die Regressionsgeraden und die Beobachtungen in EBT_IFRS_{t+1} subsamplespezifisch inklusive Ausreißer ab. Hierbei muss die unterschiedliche Skalierung der Abszisse sowie Ordinate beachtet werden. Abbildung A.1 zeigt, dass in allen Subsamples einige extreme Beobachtungen weit entfernt von den jeweiligen Regressionsgeraden liegen, die die Ergebnisse wesentlich verzerren. Folglich war es sinnvoll, diese Ausreißer zu identifizieren und aus dem Sample zu eliminieren. Vgl. in diesem Zusammenhang auch die Darstellung und Diskussion der Ergebnisse inklusive diesen extremen Beobachtungen in Abschnitt 4.2.7. Darüber hinaus wurden weitere Analysen durchgeführt. Vgl. zu diesen Methoden z.B. Belsley/Kuh/Welsch (2004), S. 10 ff.; Hamilton (2009), S. 209 ff. Insbesondere wurde der Einfluss einzelner Beobachtungen untersucht, die die Resultate wesentlich beeinflussen könnten. Auf die Implikationen der OLS-Schätzungen haben diese Beobachtungen keinen Einfluss.

digkeit der EBT_IFRS_t des Subsamples BTA1 interpretiert und weitere mögliche Ursachen hierfür angeführt.

Da davon auszugehen ist, dass insbesondere Rückstellungen für Pensionen, Drohverluste sowie Restrukturierungen für diese sehr hohen negativen Book-Tax-Abweichungen ursächlich sind, impliziert die hohe Beständigkeit der EBT_IFRS_t, dass die in Zusammenhang stehenden Aufwendungen in einem größeren Umfang im IFRS-Ergebnis des folgenden Geschäftsjahres fortbestehen. Dies könnte implizieren, dass in den hier analysierten Geschäftsjahren die Sachverhalte, auf denen die Rückstellungen gründen, in Zukunft im Durchschnitt tatsächlich eintreten bzw. – z.B. im Fall der Pensionen – die IFRS die Ergebniseffekte ökonomisch korrekter und umfassender abbilden als die steuerrechtlichen Regelungen. Selbst wenn die Schätzungen bzw. Prognosen verhalten und deshalb defektiv sind, aber die Risiken in Zukunft tatsächlich und höher eintreten als dies prognostiziert wurde, sind die aktuellen IFRS-Ergebniseffekte gleichwohl beständig. Denn in diesen Fällen würde die Ursache der Rückstellungskomponenten in der künftigen Ergebnisserie fortbestehen. Demnach kehrt sich in diesen Fällen die sehr hohe negative Book-Tax-Abweichung zugunsten des IFRS-Ergebnisses um. Auf Basis dieser Untersuchung kann jedoch keine Aussage darüber getroffen werden, ob die Risiken tatsächlich künftig eintreten und deshalb die EBT_IFRS_t des Subsamples BTA1 beständig sind. Es kann lediglich festgehalten werden, dass die Effekte womöglich im folgenden Geschäftsjahr fortbestehen.

Gerade im Falle von (unsicheren) Rückstellungen ist jedoch zu vermuten, dass diese nicht immer korrekt bestimmt werden, da die den Rückstellungen zugrunde liegenden Sachverhalte nicht eintreten, zugehörige Schätzungen und Prognosen defektiv sind oder sie zu manipulativen Zwecken eingesetzt werden. Folglich ist die hohe Beständigkeit vor diesem Hintergrund doch überraschend, da in diesen Fällen Adjustierungen am künftigen IFRS-Ergebnis notwendig sind. Nun könnte es sein, dass die resultierenden Ergebniseffekte im folgenden Geschäftsjahr zunächst fortbestehen und die durch diese transitorischen Komponenten ausgelösten Adjustierungen erst in späteren Perioden vorgenommen werden. Dies kann ebenfalls auf Basis dieser Untersuchung nicht beurteilt werden.

Gleichwohl wird auch durch die geringere Beständigkeit der IFRS-Ergebnisse in Relation zum Subsample BTA3 angedeutet, dass das Subsample BTA1 in einem größeren Umfang Geschäftsjahre umfasst, in denen transitorische Komponenten das aktuelle IFRS-Ergebnis bestimmen, die die Beständigkeit der EBT_IFRS_t

gegenüber der des Subsamples BTA3 verringern. Im Hinblick auf die Rückstellungskomponenten bedeutet dies konkret, dass die Aufwendungen im folgenden Geschäftsjahr revidiert werden, da die Risiken überhaupt nicht eingetreten sind, sie in der Höhe wertmäßig überschätzt wurden oder die Bildung der Rückstellungen durch bilanzpolitische Gründe motiviert war. Ferner können in diesem Subsample auch transitorische Wertanpassungen enthalten sein, wie z.B. temporäre Abschreibungen auf Finanzanlagen, die zuvor erfolgswirksam auf einen über den Anschaffungskosten liegenden Wert zugeschrieben wurden. Steuerlich löst dieser Sachverhalt keine oder eine geringere Abschreibung aus. In diesen Situationen würden sich die sehr hohen negativen Book-Tax-Abweichungen künftig zum Nachteil des IFRS-Ergebnisses umkehren, was die Beständigkeit der EBT_IFRS_t einschränkt. Der Einfluss dieser Book-Tax-Abweichungen scheint jedoch nicht zu überwiegen, weshalb der Unterschied gegenüber dem Subsample BTA3 insgesamt insignifikant ist. Dies könnte mit der zweiperiodigen Betrachtung zusammenhängen, da die Revision dieser transitorischen Komponenten erst in künftigen Perioden vorgenommen wird.

Eine weitere Erklärung, weshalb der Einfluss dieser sehr hohen negativen Book-Tax-Abweichungen, die sich eventuell auf transitorische Ergebniskomponenten zurückführen lassen, nicht überwiegt, könnte mit „unechten" Book-Tax-Abweichungen, die durch die Aktivierung von latenten Steuern auf steuerliche Verlustvorträge entstehen, zusammenhängen. Diese können ein Auseinanderdriften des steuerlichen Gewinns und des IFRS-Ergebnisses implizieren, obwohl dies nicht gegeben ist.[163] Um den verzerrenden Einfluss dieser „unechten" Book-Tax-Abweichungen zu vermindern, wurden Geschäftsjahre mit negativen EBT_IFRS_t aus der Untersuchung entfernt. Es besteht dennoch die Möglichkeit, dass einzelne Geschäftsjahre, in denen latente Steuern auf steuerliche Verlustvorträge aktiviert werden, trotzdem in der Untersuchung enthalten sind.[164] Da die Höhe der Book-Tax-Abweichungen auf Basis der latenten Steueraufwendungen resp. -erträge bestimmt wird, ist es möglich, dass einige der Geschäftsjahre mit sehr hohen negativen Book-Tax-Abweichungen auf die Aktivierung von latenten Steuern auf steuerliche Verlustvorträge zurückzuführen sind. Denn tendenziell sind diese im Subsample BTA1 anzutreffen. Diese Geschäftsjahre könnten für die insignifikanten Unterschiede verantwortlich sein, wenn lediglich eine geringe „echte" Book-Tax-Abweichung eigentlich vorliegt, allerdings durch die Aktivierung einer

[163] Vgl. hierzu Abschnitt 4.1.3.1.
[164] Vgl. hierzu die Analyse der S_t^{tats} in Abschnitt 4.2.4.9.

Steuerlatenz auf den steuerlichen Verlustvortrag signalisiert wird, dass sehr hohe negative Book-Tax-Abweichungen existieren. Dadurch werden Geschäftsjahre, die in das Subsample BTA3 einzuordnen sind, in das Subsample BTA1 eingeteilt. Wie die Ergebnisse der Untersuchung zeigen, sind die EBT_IFRS_t des Subsamples BTA3 extrem beständig. Folglich könnten diese Geschäftsjahre die Beständigkeit der EBT_IFRS_t des Subsamples BTA1 durchschnittlich erhöhen und den Unterschied zu den Geschäftsjahren des Subsamples BTA3 insignifikant werden lassen.

Die durchgeführten F-Tests geben zusätzlich empirische Unterstützung, dass die EBT_IFRS_t des Subsamples BTA1 weniger beständig sind als bei Vorliegen „normaler" Book-Tax-Abweichungen. Auf Basis dieser F-Tests lassen sich keine signifikanten Unterschiede in der Beständigkeit der EBT_IFRS_t zwischen den Subsamples BTA1, BTA2 und BTA4 ausmachen.[165] Da die EBT_IFRS_t der Subsamples BTA2 und BTA4 signifikant und ökonomisch weniger beständig sind als die EBT_IFRS_t des Subsamples BTA3, jedoch der Unterschied in der Beständigkeit zwischen den Subsamples BTA3 und BTA1 gleichzeitig insignifikant ist, liegen offensichtlich Effekte vor, die dies verursachen. Dies könnten Geschäftsjahre sein, die extrem beständige EBT_IFRS_t haben und eigentlich zum Subsample BTA3 gehören, allerdings durch die Aktivierung einer Steuerlatenz auf einen steuerlichen Verlustvortrag in das Subsample BTA1 eingeteilt werden. Diese lassen den Unterschied in der Beständigkeit der EBT_IFRS_t zwischen dem Subsample BTA3 und BTA1 insignifikant werden, da sie die Beständigkeit der EBT_IFRS_t des Subsamples BTA1 insgesamt erhöhen. Doch gibt es trotzdem ausreichend Geschäftsjahre mit sehr hohen negativen Book-Tax-Abweichungen, die weniger beständige EBT_IFRS_t haben und diese den insignifikanten Unterschied zu den Subsamples BTA2 und BTA4 bewirken.

Ungeachtet der Probleme bei der Approximation von „echten", sehr hohen negativen Book-Tax-Abweichungen und den hieraus resultierenden Effekten, können womöglich die Ansatzvoraussetzungen für aktive latente Steuern[166] und das Realisationsprinzip im Rahmen der steuerlichen Gewinnermittlung Informationen über die Beständigkeit der EBT_IFRS_t kommunizieren. Aktive latente Steuern dürfen nur dann bilanziert werden, wenn die zu aktivierende latente Steuerforderung im Zeitpunkt der Auflösung voraussichtlich mit zukünftigen steuerpflich-

[165]Die F-Werte betragen: 1,12 (p=0,29) (BTA1 vs. BTA2); 0,46 (p=0,50) (BTA1 vs. BTA4); 0,33 (p=0,57) (BTA2 vs. BTA4).

[166]Vgl. ausführlich Abschnitt 2.3.2.2.

tigen Gewinnen verrechnet und damit steuerlich wirksam genutzt werden kann (IAS 12.24). Um dies zu beurteilen, führt IAS 12 Objektivierungskriterien an. Das Unternehmen muss (1) ausreichend passive latente Steuern bilanziert haben, die gegenüber derselben Steuerbehörde bestehen und die sich im selben Geschäftsjahr auflösen werden. Da im Subsample BTA1 sehr hohe aktive latente Steuern generiert werden, könnte es sein, dass dies nicht zutrifft. In diesem Fall muss (2) das Unternehmen mit hinreichender Wahrscheinlichkeit ausreichend steuerpflichtige Gewinne in den künftigen Geschäftsjahren der Auflösung der aktiven Steuerlatenz nachweisen und/oder (3) in der Lage sein, diese in ausreichender Höhe durch steuerbilanzpolitische oder sachverhaltsgestaltende Maßnahmen zu generieren. Da in der Steuerbilanz überwiegend nur tatsächlich realisierte Erträge berücksichtigt werden dürfen, lassen sich Rückschlüsse auf künftige Cashflows ziehen. Für die Geschäftsjahre des Subsamples BTA1 mit sehr hohen negativen Book-Tax-Abweichungen kann somit festgehalten werden, dass das aktuelle steuerbilanzielle Ergebnis deutlich höher ist als das gegenwärtige IFRS-Ergebnis und, aufgrund der Ansatzvoraussetzungen für aktive Steuerlatenzen, künftig ein positives steuerliches Ergebnis zu erwarten ist. Folglich könnte es sein, dass dies eine positive Ergebnisentwicklung im IFRS-Abschluss signalisiert. Diese Entwicklung könnte von beständigen EBT_IFRS_t getrieben sein. Um zu beurteilen, ob die Ansatzvoraussetzungen für aktive Steuerlatenzen Informationen hinsichtlich der Beständigkeit des IFRS-Ergebnisses besitzen, müssten diese für mehrere künftige Geschäftsjahre untersucht werden. Dies geht auf Basis der hier vorgenommenen zweiperiodigen Betrachtung nicht hervor.

Wie die deskriptive Untersuchung gezeigt hat, kann im Durchschnitt angenommen werden, dass die sehr hohen negativen Book-Tax-Abweichungen auf die diskutierten Rückstellungen zurückgeführt werden können, die tendenziell mit Unsicherheit behaftet sind und transitorische Komponenten umfassen. Die hohe Beständigkeit der EBT_IFRS_t lässt sich vermutlich durch „unechte“ sehr hohe negative Book-Tax-Abweichungen erklären. Womöglich sind aber auch die Ergebniseffekte aus diesen Rückstellungen beständig, da die steuerrechtlichen Regelungen sehr restriktiv sind und zudem ökonomisch unpräzise Bewertungen in der steuerlichen Gewinnermittlung vorgenommen werden. Ferner könnte es sein, dass die Effekte zwar im folgenden Geschäftsjahr fortbestehen, aber bei einer längerfristigen Betrachtung unbeständig sind. Gleiches gilt auch für Wertanpassungen von Vermögensgegenständen und Schulden. Diese können permanent sein und im künftigen IFRS-Ergebnis fortbestehen, aber auch transitorisch sein und in Zukunft revidiert werden. Die zweiperiodige Betrachtung limitiert die Aussagekraft der Resultate. Schließlich ist es möglich, dass sehr hohe negative Book-Tax-Abweichungen – ungeachtet der hier angeführten Argumentation – Unterschiede in der Beständigkeit nicht erklären können. Im Ergebnis bleibt festzuhalten, dass die hohe Beständigkeit des Subsamples BTA1 mit Vorsicht interpretiert werden muss. Die Untersuchung der Prognosefähigkeit der EBT_IFRS_t und der Vergleich mit dem Subsample BTA3 könnte weiterführende Erkenntnisse liefern.

Es kann konstatiert werden, dass je höher positive Book-Tax-Abweichungen in einem Geschäftsjahr sind, desto unbeständiger ist offensichtlich das IFRS-Ergebnis dieses Geschäftsjahres. Für negative Book-Tax-Abweichungen kann dies nicht grundsätzlich postuliert werden. Dem Anschein nach implizieren negative Book-Tax-Abweichungen bis zu einem gewissen Ausmaß ebenfalls, dass die Beständigkeit der korrespondierenden IFRS-Ergebnisse vermindert ist. Ab einer bestimmten Höhe signalisieren negative Book-Tax-Abweichungen jedoch, dass das IFRS-Ergebnis nicht zwingend weniger beständig ist im Vergleich zu lediglich einem geringen Auseinanderdriften von steuerlichem Gewinn und IFRS-Ergebnis. Mögliche Ursachen für dieses Ergebnis wurden ausführlich diskutiert.

Nun wird die Beständigkeit der aktuellen Periodenabgrenzungen und die der aktuellen operativen Cashflows jeweils in Bezug auf das folgende Geschäftsjahr subsamplespezifisch beurteilt. Basierend auf den Gleichungen (4.8) und (4.9) werden gepoolte subsamplespezifische OLS-Regressionen durchgeführt, um die Beständigkeit der $PABT_t$ und $CFOBT_t$ in den einzelnen Subsamples zu messen. Durch die subsamplespezifischen Dummy-Variablen kann auch hier bestimmt werden, ob sich die Beständigkeit der Periodenabgrenzungen bzw. die der operativen Cashflows in den Subsamples BTA1, BTA2, BTA4 und BTA5 signifikant von der des Benchmark-Subsamples BTA3 unterscheidet.[167] Gleichung (4.8) ändert sich zu (**Modell 4a**):

$$\begin{aligned} EBT\_IFRS_{t+1} &= \beta_0 + \beta_1 \cdot BTA1 + \beta_2 \cdot BTA2 + \beta_3 \cdot BTA4 + \beta_4 \cdot BTA5 \\ &+ \beta_5 \cdot PABT_t + \beta_6 \cdot CFOBT_t + \beta_7 \cdot PABT_t \cdot BTA1 \\ &+ \beta_8 \cdot CFOBT_t \cdot BTA1 + \beta_9 \cdot PABT_t \cdot BTA2 \\ &+ \beta_{10} \cdot CFOBT_t \cdot BTA2 + \beta_{11} \cdot PABT_t \cdot BTA4 \\ &+ \beta_{12} \cdot CFOBT_t \cdot BTA4 + \beta_{13} \cdot PABT_t \cdot BTA5 \\ &+ \beta_{14} \cdot CFOBT_t \cdot BTA5 + \varepsilon_{t+1}. \end{aligned} \tag{4.12}$$

[167] Vgl. zu dieser Vorgehensweise auch Hanlon (2005), S. 146.

Gleichung (4.9) inklusive jährlichen Dummy-Variablen wird modifiziert zu (**Modell 4b**):

$$\begin{aligned} EBT\_IFRS_{t+1} &= \alpha_0 + \sum_{t=2002}^{2006} \gamma_t \cdot GJ_t + \beta_1 \cdot BTA1 + \beta_2 \cdot BTA2 + \beta_3 \cdot BTA4 \\ &+ \beta_4 \cdot BTA5 + \beta_5 \cdot PABT_t + \beta_6 \cdot CFOBT_t \\ &+ \beta_7 \cdot PABT_t \cdot BTA1 + \beta_8 \cdot CFOBT_t \cdot BTA1 \\ &+ \beta_9 \cdot PABT_t \cdot BTA2 + \beta_{10} \cdot CFOBT_t \cdot BTA2 \\ &+ \beta_{11} \cdot PABT_t \cdot BTA4 + \beta_{12} \cdot CFOBT_t \cdot BTA4 \\ &+ \beta_{13} \cdot PABT_t \cdot BTA5 + \beta_{14} \cdot CFOBT_t \cdot BTA5 \\ &+ \varepsilon_{t+1}. \end{aligned} \tag{4.13}$$

In beiden Gleichungen (4.12) und (4.13) kontrollieren die binären Dummy Variablen BTA1, BTA2, BTA4 und BTA5 erneut für die Zugehörigkeit zu den korrespondierenden Subsamples, wobei für das Benchmark-Subsample BTA3 keine explizite Dummy-Variable geschätzt wird. In Gleichung (4.12) stellt der Koeffizient β_0 unverändert den Drift-Term für das Subsample BTA3 dar und die Koeffizienten β_1 bis β_4 messen, ob sich die Drift-Terme der Subsamples BTA1, BTA2, BTA4 bzw. BTA5 jeweils signifikant von dem des Benchmark-Subsamples BTA3 unterscheiden. Hiermit kontrollieren sie für unterschiedliche strukturelle Wachstumseffekte in den Subsamples. Wiederum sind diese Koeffizienten für die Beurteilung der Beständigkeit der Ergebniskomponenten irrelevant und werden nicht weiter diskutiert. Die Beständigkeit der Periodenabgrenzungen der Subsamples wird durch die Koeffizienten β_5, β_7, β_9, β_{11} und β_{13} beurteilt. Der Koeffizient β_5 misst die Beständigkeit der aktuellen Periodenabgrenzungen für das Subsample BTA3. Durch die Interaktion der Dummy-Variablen BTA1, BTA2, BTA4 bzw. BTA5 mit der Variable $PABT_t$ wird gemessen, ob sich die Beständigkeit der Periodenabgrenzungen in diesen Subsamples signifikant von der Beständigkeit des Benchmark-Subsamples BTA3 unterscheidet. Dies wird jeweils mit den Koeffizienten β_7, β_9, β_{11} bzw. β_{13} ermittelt. Der Grad der Beständigkeit der Periodenabgrenzungen der Subsamples BTA1, BTA2, BTA4 bzw. BTA5 kann durch Summation des entsprechenden Koeffizienten und dem des Subsamples BTA3 errechnet werden. Analog werden der Grad und die Unterschiede in der Beständigkeit der operativen Cashflows subsamplespezifisch durch die Koeffizienten β_6, β_8, β_{10}, β_{12} und β_{14} bestimmt.

In Gleichung (4.13) wird zusätzlich für zeitgleiche Korrelation in den Geschäftsjahren kontrolliert, wobei – wie in den Gleichungen (4.7) und (4.9) – die Schätzungen ohne explizite Dummy-Variable für das Geschäftsjahr 2001 durchgeführt werden. Dementsprechend bildet α_0 in Gleichung (4.11) sowohl den Effekt des Geschäftsjahres 2001 als auch den strukturellen Wachstumseffekt des Benchmark-Subsamples BTA3 ab, wobei sich diese Effekte nicht voneinander trennen lassen. Die übrigen Regressoren messen unverändert die bereits erläuterten Effekte. Da Autokorrelation[168] und Heteroskedastizität vorliegen, werden auch hier robuste Standardfehler gebündelt nach Unternehmen berechnet und zur Bestimmung der Signifikanz der Regressionskoeffizienten verwendet.[169]

In Übereinstimmung mit den aufgestellten Hypothesen H2a und H2b in Abschnitt 4.1.3.2 wird erwartet, dass die Koeffizienten β_7 und β_{13} negativ sind und sich jeweils signifikant von β_5 unterscheiden. Dies würde implizieren, dass Periodenabgrenzungen in Geschäftsjahren, in denen sehr hohe negative (BTA1) oder sehr hohe positive (BTA5) Book-Tax-Abweichungen vorliegen, weniger beständig sind als Periodenabgrenzungen in Geschäftsjahren, die durch „normale“ Book-Tax-Abweichungen (BTA3) gekennzeichnet sind. Signifikant positive oder negative Werte für die Koeffizienten β_9 resp. β_{11} drücken aus, dass die Periodenabgrenzungen der Subsamples BTA2 resp. BTA4 entweder beständiger oder weniger beständig in Relation zu den Periodenabgrenzungen des Subsamples BTA3 sind.

Hinsichtlich der subsamplespezifischen Beständigkeit der operativen Cashflows wurde ex ante keine Prognose gemacht. Book-Tax-Abweichungen basieren auf Unterschieden in der Kalkulation und der zeitlichen Verteilung der Periodenabgrenzungen, so dass dementsprechend eine eindeutige Verknüpfung zwischen diesen besteht. Diese Verbindung ist im Fall der operativen Cashflows nicht gegeben.

Tabelle 4.18 bildet die Ergebnisse der OLS-Schätzungen der Gleichungen (4.12) (Modell 4a) und (4.13) (Modell 4b) ab.

[168]Vgl. hierzu die z-Werte des Arellano-Bond-Tests in Tabelle 4.18. Die Nullhypothese, die besagt, dass keine Autokorrelation vorliegt, wird in diesen Schätzungen auf einem Signifikanzniveau von 10% gerade noch abgelehnt. Autokorrelation ist demnach in einem geringen Ausmaß vermutlich vorhanden. Da in diesen Schätzungen keine verzögerte abhängige Variable verwendet wird, führt ein eventuell vorhandener AR(1)-Prozess in den Residuen nicht zu inkonsistenten und verzerrten Ergebnissen.

[169]Durch die Einteilung der Geschäftsjahre in die Subsamples werden in den Regressionen Verzerrungen aufgrund von ausgelassenen, unternehmensspezifischen Variablen vermindert.

	Modell 4a		Modell 4b	
Variable	Koeffizient	robuster s.e.	Koeffizient	robuster s.e.
$PABT_t$	0,8918***	0,0888	0,8667***	0,0878
$CFOBT_t$	0,9354***	0,0561	0,9183***	0,0563
$PABT_t \cdot BTA1$	-0,1529	0,1193	-0,1340	0,1206
$CFOBT_t \cdot BTA1$	-0,0802	0,0829	-0,0696	0,0854
$PABT_t \cdot BTA2$	-0,2904***	0,1087	-0,2592**	0,1105
$CFOBT_t \cdot BTA2$	-0,1474*	0,0813	-0,1306	0,0815
$PABT_t \cdot BTA4$	-0,1486	0,0995	-0,1231	0,0973
$CFOBT_t \cdot BTA4$	-0,1441**	0,0613	-0,1333**	0,0581
$PABT_t \cdot BTA5$	-0,3849***	0,1103	-0,3582***	0,1080
$CFOBT_t \cdot BTA5$	-0,4361***	0,0926	-0,4208***	0,0941
$Konstante$	0,0074*	0,0045	0,0004	0,0067
$BTA1$	0,0075	0,0074	0,0069	0,0070
$BTA2$	0,0031	0,0059	0,0018	0,0058
$BTA4$	0,0074	0,0052	0,0069	0,0049
$BTA5$	0,0346***	0,0090	0,0337***	0,0088
GJ_{2002}			-0,0082	0,0061
GJ_{2003}			0,0142**	0,0064
GJ_{2004}			0,0108*	0,0058
GJ_{2005}			0,0132**	0,0058
GJ_{2006}			0,0078	0,0056
Signifikanzniveau (zweiseitig): *10%, **5%, ***1%				

	Modell 4a	Modell 4b
n	509	509
R^2	0,7294	0,7408
$\bar{R}^2$	0,7217	0,7307
$F_{(14,197)\ bzw.\ (19,197)}$	81,29 (0,00)	67,40 (0,00)
Arellano-Bond-Test	z=1,77 (0,08)	z=1,88 (0,06)
Konditionszahl	19,47	21,24
F-Test:		
$\beta_7 = \beta_9$ / $\beta_8 = \beta_{10}$	1,97 (0,16) / 0,58 (0,45)	1,65 (0,20) / 0,51 (0,48)
$\beta_7 = \beta_{11}$ / $\beta_8 = \beta_{12}$	0,00 (0,96) / 0,65 (0,42)	0,02 (0,90) / 0,67 (0,41)
$\beta_7 = \beta_{13}$ / $\beta_8 = \beta_{14}$	5,84 (0,02) / 16,09 (0,00)	5,60 (0,02) / 14,52 (0,00)
$\beta_9 = \beta_{11}$ / $\beta_{10} = \beta_{12}$	2,64 (0,11) / 0,00 (0,97)	2,47 (0,12) / 0,00 (0,97)
$\beta_9 = \beta_{13}$ / $\beta_{10} = \beta_{14}$	0,99 (0,32) / 7,99 (0,00)	1,10 (0,30) / 7,89 (0,00)
$\beta_{11} = \beta_{13}$ / $\beta_{12} = \beta_{14}$	9,43 (0,00) / 10,81 (0,00)	11,08 (0,00) / 10,73 (0,00)
p-Werte sind in Klammern wiedergegeben.		

Anmerkung: Die Tabelle zeigt die Ergebnisse der OLS-Regression zur Messung der Beständigkeit der aktuellen Periodenabgrenzungen vor Steuern $PABT_t$ sowie die der aktuellen operativen Cashflows vor Steuern $CFOBT_t$ in Abhängigkeit der Höhe der aktuellen Book-Tax-Abweichungen BTA_t für die Subsamples BTA1-BTA5 mit insgesamt n=509 Geschäftsjahren. Unterschiede der Subsamples gegenüber dem Benchmark-Subsample BTA3 werden durch die Dummy-Variablen BTA1, BTA2, BTA4 bzw. BTA5 gemessen. Es gilt: EBT_IFRS_t = Pretax Income$_t$ (WC01401) – Minority Interest$_t$ (WC01501); $CFOBT_t$ = Net Cash Flow Operating Activities$_t$ (WC04860) + Taxation (Cash Flow)$_t$ (WC04150); $PABT_t = EBT\_IFRS_t - CFOBT_t$. Alle Variablen wurden mit den Total Assets (WC02999) des Geschäftsjahres t bzw. t+1 skaliert. Der Arellano-Bond-Test für Autokorrelation gründet auf der Nullhypothese, dass die Residuen keinem AR(1)-Prozess folgen und somit keine Autokorrelation vorliegt. Das Modell 4b inklusive jährliche Dummy-Variablen GJ_t wird geschätzt, um für zeitgleiche Korrelation zu kontrollieren. Substanzielle Multikollinearität ist nicht anzunehmen, da die Konditionszahl < 30 ist.

Tabelle 4.18: Beständigkeit der $PABT_t$ und der $CFOBT_t$ je Subsample.

Bei diesen Regressionen kann man erkennen, dass sich die Ergebnisse der Modelle ohne und inklusive jährliche Dummy-Variablen stärker voneinander unterscheiden als dies in den vorangegangen OLS-Schätzungen der Fall war. Die jährlichen Dummy-Variablen in Modell 4b deuten wieder an, dass zeitgleiche Korrelation in einem geringen Ausmaß in denselben Geschäftsjahren wie bei den vorhergehenden Regressionen vorhanden ist.[170] Die Unterschiede in den relevanten Koeffizienten sind dennoch nicht erheblich und die Ergebnisse der beiden Modelle lassen die selben Schlussfolgerungen zu. Insbesondere ändern sich die statistischen Inferenzaussagen, mit Ausnahme der des Subsamples BTA2, nicht. Während sich die Beständigkeit der $PABT_t$ im Subsample BTA2 offensichtlich von der der $PABT_t$ im Subsample BTA3 unterscheidet, scheint dies für die $CFOBT_t$ des Subsamples BTA2 nicht eindeutig zu sein.[171] Erneut ändert sich das $\bar{R}^2$ nur marginal durch Berücksichtigung der jährlichen Dummy-Variablen. Da die Implikationen beider Modelle identisch sind, werden zur Argumentation lediglich die Ergebnisse des Modells 4a verwendet.

Die Beständigkeit der $PABT_t$ bzw. der $CFOBT_t$ im Subsample BTA3 beträgt β_5=0,8918 bzw. β_6=0,9354 und ist jeweils die höchste aller Subsamples. Beide Koeffizienten unterscheiden sich signifikant von null (t-Wert=10,04 bzw. 16,67). Die $PABT_t$ und die $CFOBT_t$ des Benchmark-Subsamples sind, wie auch die EBT_IFRS_t dieses Subsamples, äußerst beständig und damit in einem erheblichen Umfang permanent. Diese Ergebnisse besagen, dass jeder Euro des aktuellen IFRS-Ergebnisses vor Steuern, der auf Periodenabgrenzungen gründet, im Durchschnitt mit EUR 0,8918 im IFRS-Ergebnis vor Steuern des folgenden Geschäftsjahres fortbesteht. Für die operativen Cashflows vor Steuern gilt entsprechend, dass jeder Euro des aktuellen IFRS-Ergebnisses vor Steuern, der auf operative Cashflows basiert, im Durchschnitt mit EUR 0,9354 im IFRS-Ergebnis vor Steuern des folgenden Geschäftsjahres fortbesteht. Die OLS-Schätzungen bekräftigen,

[170] Auf Basis der statistischen Signifikanz ist ein geringes Maß an zeitgleicher Korrelation in den Geschäftsjahren 2003-2005 zu vermuten. Da die Effekte, die durch α_0 im Modell 4b gemessen werden, sich nicht separieren lassen, kann das jeweilige Ausmaß $(\alpha_0 + \gamma_t)$ nicht genau bestimmt werden. Die Koeffizienten γ_t sind erneut geringer als in den vorangegangen Regressionen, was ebenso hier als Indiz dafür gesehen werden kann, dass das Maß an zeitgleicher Korrelation durch die subsamplespezifischen Regressionen vermindert wird.

[171] Die statistische Signifikanz der Koeffizienten β_9 und β_{10}, die die Unterschiede in der Beständigkeit der Periodenabgrenzungen und der operativen Cashflows des Subsamples BTA2 gegenüber denen des Subsamples BTA3 messen, werden beide durch Berücksichtigung der jährlichen Dummy-Variablen ein wenig abgeschwächt. Der t-Wert des Koeffizienten β_9 ändert sich von -2,67 (p=0,008) zu -2,35 (p=0,02). Der Koeffizient β_{10} wird insignifikant. Der t-Wert ändert sich von -1,81 (p=0,07) zu -1,60 (p=0,11).

dass die Ergebniskomponenten des Subsamples BTA3 eine angemessene Benchmark bilden, um die Beständigkeit der $PABT_t$ und der $CFOBT_t$ der restlichen Subsamples zu beurteilen.

Die $PABT_t$ des Subsamples BTA1 sind mit einem Wert von 0,7389 (β_5+β_7) im Vergleich zu denen des Subsamples BTA3 weniger beständig, doch ist der Unterschied von β_7=-0,1529 mit einem t-Wert von -1,28 erneut insignifikant.[172] Hypothese H2a muss folglich verworfen werden. Die Periodenabgrenzungen in Geschäftsjahren mit sehr hohen negativen Book-Tax-Abweichungen sind damit vergleichbar beständig wie Periodenabgrenzungen in Geschäftsjahren, die durch „normale" Book-Tax-Abweichungen gekennzeichnet sind. Interessant ist, dass die $PABT_t$ weniger beständig sind als die EBT_IFRS_t dieses Subsamples, aber der Unterschied zum Subsample BTA3 dennoch insignifikant ist. Die geringere Beständigkeit der Periodenabgrenzungen gegenüber der des Subsamples BTA3 impliziert wiederum, dass das Subsample BTA1 in einem größeren Ausmaß auch Geschäftsjahre beinhaltet, in denen transitorische Elemente die Beständigkeit der $PABT_t$ verringern. Jedoch scheint der Einfluss dieser Book-Tax-Abweichungen insgesamt nicht zu überwiegen, weshalb der Unterschied gegenüber dem Subsample BTA3 insignifikant ist. Die bereits angeführten Erklärungen in Zusammenhang mit der Beständigkeit der EBT_IFRS_t dieses Subsamples gelten entsprechend.

Die $PABT_t$ des Subsamples BTA5 sind mit einem Wert von 0,5069 (β_5+β_{13}) relativ unbeständig. Der deutliche Unterschied von β_{13}=-0,3849 gegenüber dem Benchmark-Subsample BTA3 ist statistisch signifikant (t-Wert=-3,49). Demnach kann Hypothese H2b nicht abgelehnt werden. Die Periodenabgrenzungen in Geschäftsjahren mit sehr hohen positiven Book-Tax-Abweichungen sind beachtlich weniger beständig als Periodenabgrenzungen in Geschäftsjahren, die durch „normale" Book-Tax-Abweichungen charakterisiert sind. Sehr hohe positive Abweichungen können demnach transitorische Periodenabgrenzungen aufzeigen. Die Book-Tax-Abweichungen kehren sich eindeutig zum Nachteil des künftigen IFRS-Ergebnisses um. Dies impliziert, dass die $PABT_t$ dieses Subsamples – unabhängig von der Ursache dieser transitorischen Komponenten – zum Teil fehlerhafte bzw. nicht permanente Komponenten beinhalten, die im folgenden Geschäftsjahr revidiert werden und entsprechende Adjustierungen an dem künftigen IFRS-Ergebnis

[172] In Zusammenhang mit diesem Resultat wurden ebenso umfangreiche Analysen durchgeführt. Es kann ausgeschlossen werden, dass wenige extreme Beobachtungen dieses Ergebnis verursachen.

hervorrufen. Wie die F-Tests zeigen, sind die aktuellen Periodenabgrenzungen ebenfalls signifikant unbeständiger im Vergleich zu denen der Subsamples BTA1 (F-Wert=5,84; p=0,02) und BTA4 (F-Wert=9,43; p=0,00). Die Periodenabgrenzungen des Subsamples BTA5 müssen daher sehr genau analysiert werden, da sie in einem deutlichen Umfang transitorisch sind.

Mit einem Wert von 0,6014 ($\beta_5+\beta_9$) für das Subsample BTA2 und 0,7432 ($\beta_5+\beta_{11}$) für das Subsample BTA4 sind die $PABT_t$ ebenfalls unbeständiger im Vergleich zu den $PABT_t$ des Benchmark-Subsamples BTA3. Jedoch ist nur der Unterschied des Subsamples BTA2 von β_9=-0,2904 statistisch signifikant (t-Wert=-2,67). Das Subsample BTA4 hat zwar weniger beständige aktuelle Periodenabgrenzungen gegenüber dem Subsample BTA3, doch lassen sich auf Basis dieser Untersuchung keine signifikanten[173] Unterschiede feststellen. Da der F-Test zwischen β_9 und β_{11} insignifikant ist (F-Wert=2,64; p=0,11) und die $PABT_t$ des Subsamples BTA2 weniger beständig sind als die des Subsamples BTA3, kann tendenziell davon ausgegangen werden, dass die $PABT_t$ des Subsamples BTA4 ebenfalls weniger beständig sind. Da ex ante nicht unbedingt erwartet wurde, dass leicht höhere Book-Tax-Abweichungen in Relation zu der definierten Benchmark einen Informationsgehalt für die Extrapolierbarkeit besitzen, ist der insignifikante Unterschied zum Subsample BTA3 nicht weiter überraschend. Eine eindeutige Erklärung für dieses Resultat kann basierend auf dieser Untersuchung nicht gegeben werden.

Ferner zeigen die F-Tests, dass keine signifikanten Unterschiede in der Beständigkeit der $PABT_t$ zwischen den Subsamples BTA1 und BTA2 (F-Wert=1,97; p=0,16) sowie BTA4 (F-Wert=0,00; p=0,96) bestehen. Dies liefert wiederum empirische Unterstützung dafür, dass die $PABT_t$ des Subsamples BTA1 insgesamt im Vergleich zu Geschäftsjahren mit „normalen“ Book-Tax-Abweichungen weniger beständig sind, trotz des insignifikanten Unterschieds, da die $PABT_t$ des Subsamples BTA2 ökonomisch und statistisch signifikant unbeständiger sind im Vergleich zu den $PABT_t$ des Subsamples BTA3. Der insignifikante Unterschied in der Beständigkeit der $PABT_t$ zwischen den Subsamples BTA1 und BTA3 könnte auf die Aktivierung von latenten Steuern auf steuerliche Verlustvorträge zurückzuführen sein, die fälschlicherweise sehr hohe negative Book-Tax-Abweichungen kommunizieren.

[173] Der Unterschied beträgt β_{11}=-0,1486 und ist mit einem t-Wert von -1,49 weniger deutlich insignifikant wie dies im Fall des Subsamples BTA1 ist.

Im Ergebnis kann auch hier festgehalten werden, dass je höher positive Book-Tax-Abweichungen in einem Geschäftsjahr sind, desto unbeständiger sind die Periodenabgrenzungen dieses Geschäftsjahres. Für negative Book-Tax-Abweichungen werden die bereits gemachten Ausführungen ebenfalls bekräftigt. Diese implizieren offensichtlich bis zu einem gewissen Grad, dass die Beständigkeit der korrespondierenden Periodenabgrenzungen eingeschränkt ist. Ab einer bestimmten Höhe signalisieren negative Book-Tax-Abweichungen jedoch, dass die Periodenabgrenzungen teilweise im IFRS-Ergebnis des folgenden Geschäftsjahres fortbestehen und nicht zwingend weniger beständig sind im Vergleich zu „normalen" Book-Tax-Abweichungen. Mögliche Erklärungen für dieses Ergebnis wurden ausführlich in Zusammenhang mit der Beständigkeit der EBT_IFRS_t des Subsamples BTA1 angeführt. Die höhere Beständigkeit muss allerdings mit Vorsicht interpretiert werden.

Da keine unmittelbaren Zusammenhänge zwischen operativen Cashflows und der Höhe von Book-Tax-Abweichungen bestehen, ist die Interpretation der Regressionskoeffizienten dieser Ergebniskomponente schwierig und Vermutungen können lediglich für sehr hohe negative bzw. sehr hohe positive Book-Tax-Abweichungen geäußert werden.

Im Subsample BTA1 sind die $CFOBT_t$ mit einem Wert von 0,8552 (β_6+β_8) ähnlich beständig wie im Subsample BTA3. Der Unterschied gegenüber dem Benchmark-Subsample in Höhe von β_8=-0,0802 ist statistisch deutlich insignifikant (t-Wert=-0,97). Womöglich lassen sich keine signifikanten Unterschiede durch die Verzerrungen, die von „unechten" Book-Tax-Abweichungen ausgehen, messen. Dieses Ergebnis lässt sich möglicherweise auch durch das Realisationsprinzip in der Steuerbilanz und den Ansatzvoraussetzungen für aktive Steuerlatenzen im IFRS-Abschluss erklären. In der Steuerbilanz dürfen nur tatsächlich realisierte Erträge berücksichtigt werden. Die hieraus resultierenden operativen Cashflows werden unmittelbar Bestandteil des aktuellen IFRS-Ergebnisses und Abweichungen vom steuerbilanziellen Gewinn liegen somit nicht vor. Aufgrund der Ansatzvoraussetzungen für aktive latente Steuern kann es sein, dass in Zukunft ausreichend steuerbilanzielle Gewinne vorliegen werden und damit zahlungsgleiche steuerliche Erträge. Diese operativen Cashflows sind ebenfalls im künftigen IFRS-Ergebnis vorhanden. Entsprechend ist es möglich, dass sehr hohe negative Book-Tax-Abweichungen auf künftige operative Cashflows hindeuten können. Sind diese eine Folge von Aktionen in der aktuellen Periode, dann sind die aktuellen operativen

Cashflows beständig und es ließen sich keine signifikanten Unterschiede zu den sehr beständigen $CFOBT_t$ des Subsamples BTA3 identifizieren.

Die $CFOBT_t$ des Subsamples BTA5 sind mit einem Wert von 0,4993 (β_6+β_{14}) erheblich unbeständig. Der Unterschied in Höhe von β_{14}=-0,4361 gegenüber dem Subsample BTA3 ist statistisch signifikant (t-Wert=-4,71). Die F-Tests deuten an, dass die $CFOBT_t$ ebenfalls signifikant unbeständiger im Vergleich zu denen der Subsamples BTA1 (F-Wert=16,09; p=0,00), BTA2 (F-Wert=7,99; p=0,00) und BTA4 (F-Wert=10,81; p=0,00) sind. Die Untersuchung der Periodenabgrenzungen hat gezeigt, dass das IFRS-Ergebnis dieses Subsamples zugleich durch ein hohes Maß an transitorischen Periodenabgrenzungen gekennzeichnet ist. Vielleicht gründen einige dieser transitorischen Komponenten auf buchmäßige Bilanzpolitik, die eventuell durch Sachverhaltsgestaltung flankiert wird.[174] Derartige Maßnahmen würden die Beständigkeit der aktuellen operativen Cashflows vermindern und demnach könnten sehr hohe positive Book-Tax-Abweichungen reale Bilanzpolitik indizieren.

Ebenfalls tendieren die $CFOBT_t$ der Subsamples BTA2 bzw. BTA4 mit den Werten 0,7880 (β_6+β_{10}) bzw. 0,7913 (β_6+β_{12}) dazu, weniger beständig zu sein als im Subsample BTA3, wobei der Unterschied des Subsamples BTA2 nicht eindeutig ist.[175]

Somit kann festgehalten werden, dass Book-Tax-Abweichungen womöglich einen Informationsgehalt für die Beständigkeit der operativen Cashflows besitzen, doch können auf Basis dieser Untersuchung nur Vermutungen über diesen Zusammenhang angeführt werden. Tendenziell weisen hohe positive Book-Tax-Abweichungen auf weniger beständige operative Cashflows hin. Hohe negative Book-Tax-Abweichungen können hingegen als Indiz für beständigere operative Cashflows gesehen werden. Doch da keine unmittelbare Verbindung zwischen Book-Tax-Abweichungen und operativen Cashflows besteht, sind die Zusammenhänge nicht eindeutig. Zweifelsohne sollte die Beständigkeit dieser Ergebniskomponente beim Vorliegen hoher positiver oder hoher negativer Book-Tax-Abweichungen analysiert werden.

Die subsamplespezifischen Messungen der Beständigkeit des aktuellen IFRS-Ergebnisses (Modell 3a und 3b) sowie die der Ergebniskomponenten (Modell 4a

[174] Vgl. zu diesem Argument auch Hanlon (2005), S. 154 f. sowie die Ausführungen im Anschluss an die Hypothesen H2a und H2b in Abschnitt 4.1.3.2.

[175] Vgl. hierzu Fußnote 171 in diesem Abschnitt.

und 4b) zeigen, dass Book-Tax-Abweichungen wichtige und relevante Informationen enthalten. Extrem beständige IFRS-Ergebnisse sowie Ergebniskomponenten liegen in Geschäftsjahren mit „normalen" Book-Tax-Abweichungen vor. Die Beständigkeit des IFRS-Ergebnisses sowie die der Ergebniskomponenten sind erheblich eingeschränkt in Geschäftsjahren mit sehr hohen positiven Book-Tax-Abweichungen. Die Resultate im Falle sehr hoher negativer Book-Tax-Abweichungen sind nicht eindeutig und die hohe Beständigkeit muss vorsichtig und differenziert interpretiert werden. Die Ursachen der bilanzierten latenten Steuern und ihre Entwicklung sollten in jedem Fall detailliert untersucht werden, wenn hohe latente Steueraufwendungen resp. -erträge bestehen, da sich hierdurch transitorische Ergebniskomponenten gegebenenfalls identifizieren lassen, die die Beständigkeit und damit die Extrapolierbarkeit des aktuellen IFRS-Ergebnisses einschränken.

4.2.5.3 Prognosefähigkeit des IFRS-Ergebnisses

Im Folgenden wird die Prognosefähigkeit[176] des aktuellen IFRS-Ergebnisses für künftige IFRS-Ergebnisse subsamplespezifisch gemessen. Diese Maßgröße misst die Fähigkeit des aktuellen IFRS-Ergebnisses, sich selbst in Zukunft zu prognostizieren.[177] Hierzu werden die Gleichungen (4.6) und (4.7) für jedes Subsample BTA1 bis BTA5 einzeln geschätzt. Als Beurteilungskriterium dient zum einen die Standardabweichung der Residuen[178] $\sigma(\varepsilon_{t+1})$ der OLS-Schätzungen und zum anderen der subsamplespezifische Quotient[179] aus $\sigma(\varepsilon_{t+1})$ und dem Mittelwert der absolut[180] geschätzten IFRS-Ergebnisse $|\widehat{EBT\_IFRS_{t+1}}|$.[181] Je geringer die Werte dieser Maßgrößen sind, desto besser ist die Prognosefähigkeit des aktuellen IFRS-Ergebnisses. Die subsamplespezifischen Regressionskoeffizienten β_1, die die Beständigkeit messen, werden nicht erneut angegeben. Diese lassen sich aus den

[176] Vgl. zu dieser Maßgröße Abschnitt 3.2.2.2.

[177] Vgl. Lipe (1990), S. 50.

[178] Vgl. z.B. Lipe (1990), S. 59; Francis/LaFond/Olsson/Schipper (2004), S. 980.

[179] Vgl. zu dieser Vorgehensweise Gu (2007), S. 1081 ff.

[180] Eigentlich ist die explizite betragsmäßige Betrachtung in dieser Untersuchung überflüssig, da durch den Verlustfilter lediglich positive IFRS-Ergebnisse verwendet werden und damit auch sämtliche geschätzte Werte positiv sind.

[181] Eine alternative Möglichkeit ist, jedes Residuum $\varepsilon_{t+1,i}$ zunächst mit dem korrespondierenden geschätzten Wert $|\widehat{EBT\_IFRS_{t+1,i}}|$ zu skalieren und die Standardabweichung dieser Quotienten als Maßgröße zu verwenden. Jedoch werden durch diese Vorgehensweise teilweise enorme Ausreißer generiert, da sehr geringe Werte von $|\widehat{EBT\_IFRS_{t+1,i}}|$ vorkommen. Dies führt zu hohen Quotienten, die einen starken Einfluss auf die resultierende Maßgröße haben, so dass sich die Ergebnisse nicht mehr eindeutig interpretieren lassen. Vgl. ähnlich Gu (2007), S. 1087.

Ergebnissen der OLS-Schätzungen der Gleichungen (4.10) bzw. (4.11) ableiten und wurden bereits in Abschnitt 4.2.5.2 dargestellt und ausführlich diskutiert.

In Übereinstimmung mit der Hypothese H3 in Abschnitt 4.1.3.2 wird erwartet, dass IFRS-Ergebnisse in Geschäftsjahren, in denen sehr hohe positive (BTA5) oder sehr hohe negative (BTA1) Book-Tax-Abweichungen vorliegen, sich schlechter zur Prognose eignen. Demnach müsste $\sigma(\varepsilon_{t+1})$ bzw. $\frac{\sigma(\varepsilon_{t+1})}{|\widehat{\overline{EBT\_IFRS_{t+1}}}|}$ in den Subsamples BTA1 und BTA5 im Vergleich zum Benchmark-Subsample BTA3 signifikant größer sein.

Tabelle 4.19 bildet die Maßgrößen basierend auf den subsamplespezifischen OLS-Schätzungen der Gleichung (4.6) (Modell 1a) ab.

Subsample	**n**	$\sigma(\varepsilon_{t+1})$	$\lvert\widehat{\overline{EBT\_IFRS_{t+1}}}\rvert$	$\frac{\sigma(\varepsilon_{t+1})}{\lvert\widehat{\overline{EBT\_IFRS_{t+1}}}\rvert}$
BTA1	103	$0{,}0313_{(3;4)}$	$0{,}0812_{(2;4)}$	0,3855
BTA2	103	$0{,}0315_{(3;4)}$	$0{,}0683_{(1;3;5)}$	0,4612
BTA3	103	$0{,}0259_{(1;2;5)}$	$0{,}0787_{(2;5)}$	0,3291
BTA4	101	$0{,}0231_{(1;2;5)}$	$0{,}0708_{(1;5)}$	0,3263
BTA5	99	$0{,}0317_{(3;4)}$	$0{,}0889_{(2;3;4)}$	0,3566

Anmerkung: Die Tabelle zeigt die Ergebnisse der OLS-Regressionen zur Messung der Prognosefähigkeit des aktuellen IFRS-Ergebnisses vor Steuern EBT_IFRS_{t+1} in Abhängigkeit der Höhe der aktuellen Book-Tax-Abweichungen BTA_t für die Subsamples BTA1-BTA5. Die Bestimmung von $\sigma(\varepsilon_{t+1})$ bzw. $|\widehat{\overline{EBT\_IFRS_{t+1}}}|$ basiert auf der subsamplespezifischen OLS-Schätzung von Gleichung (4.6) ($EBT\_IFRS_{t+1} = \beta_0 + \beta_1 \cdot EBT\_IFRS_t + \varepsilon_{t+1}$). Es gilt: EBT_IFRS_t = Pretax Income$_t$ (WC01401) - Minority Interest$_t$ (WC01501). Die EBT_IFRS_t wurden mit den Total Assets (WC02999) des Geschäftsjahres t bzw. t+1 skaliert. Signifikante Unterschiede zwischen den Subsamples BTA1-BTA5 werden durch tiefgestellte Zahlen (1-5) signalisiert. Die $\sigma(\varepsilon_{t+1})$ unterscheiden sich mindestens auf einem Signifikanzniveau von 5% bei einem einseitigen Test. Die $|\widehat{\overline{EBT\_IFRS_{t+1}}}|$ unterscheiden sich mindestens auf einem Signifikanzniveau von 10% bei einem einseitigen Test.

Tabelle 4.19: Prognosefähigkeit der EBT_IFRS_t je Subsample (OLS-Schätzungen ohne jährlichen Dummy-Variablen).

Werden zunächst lediglich die Standardabweichungen der Residuen $\sigma(\varepsilon_{t+1})$ der subsamplespezifischen OLS-Schätzungen betrachtet, ist ersichtlich, dass diese mit 0,0313 für das Subsample BTA1 und 0,0317 für das Subsample BTA5 etwa gleich und jeweils signifikant höher sind als für das Subsample mit „normalen“ Book-Tax-Abweichungen BTA3 (0,0259). Mit den Werten 0,3855 (BTA1) bzw. 0,3566

(BTA5) und 0,3291 (BTA3) gilt dies ebenfalls für die skalierte Standardabweichung der Residuen $\frac{\sigma(\varepsilon_{t+1})}{|\widehat{EBT\_IFRS_{t+1}}|}$. Auch hier sind die Unterschiede offensichtlich signifikant.[182] Die Ergebnisse in Tabelle 4.19 zeigen, dass Hypothese H3 nicht verworfen werden kann. Somit ist die Prognosefähigkeit aktueller IFRS-Ergebnisse bei Vorliegen sehr hoher Book-Tax-Abweichungen vermindert im Vergleich zu Geschäftsjahren mit „normalen" Book-Tax-Abweichungen. Die Geschäftsjahre des Subsamples BTA3 bilden wiederum eine adäquate Benchmark zur Beurteilung der Prognosefähigkeit.

Die EBT_IFRS_t des Subsamples BTA5 sind somit nicht nur erheblich unbeständig[183], sondern ebenfalls schlechter geeignet zu Prognosezwecken. Demnach ist das aktuelle IFRS-Ergebnis bei Vorliegen sehr hoher positiver Book-Tax-Abweichungen nicht repräsentativ für das künftige IFRS-Ergebnis. Offensichtlich gründen die EBT_IFRS_t in einem größeren Umfang auf transitorische Komponenten, die nicht im künftigen IFRS-Ergebnis fortbestehen und die damit ebenfalls die Prognosefähigkeit verschlechtern. Da diese Maßgrößen unmittelbar zusammenhängen, ist dieses Resultat erwartungsgemäß und bestätigt die bereits gewonnenen Erkenntnisse zur Beständigkeit der EBT_IFRS_t dieses Subsamples.

Für das Subsample BTA1 kann ebenfalls festgehalten werden, dass die Prognosefähigkeit des aktuellen IFRS-Ergebnisses gegenüber der des Subsamples BTA3, trotz ähnlich beständiger[184] EBT_IFRS_t, vermindert ist. Offensichtlich umfassen die EBT_IFRS_t dieses Subsamples Effekte, die im künftigen IFRS-Ergebnis fortbestehen und die das aktuelle IFRS-Ergebnis in seiner Prognosefähigkeit für künftige IFRS-Ergebnisse vermindern. Obwohl Hypothese H3 nicht abgelehnt werden kann, überrascht dieses Resultat, da die Maßgrößen Beständigkeit und Prognosefähigkeit zusammenhängen. Diese Erkenntnis bekräftigt die Vermutung, dass die

[182]Zur Beurteilung der Signifikanz werden zusätzlich die subsamplespezifischen Mittelwerte der geschätzten künftigen IFRS-Ergebnisse $|\widehat{EBT\_IFRS_{t+1}}|$ auf signifikante Unterschiede getestet. Sowohl $\sigma(\varepsilon_{t+1})$ als auch $|\widehat{EBT\_IFRS_{t+1}}|$ des Subsamples BTA5 unterscheiden sich signifikant von den Werten des Subsamples BTA3. Dies impliziert, dass, obwohl die Skalierung im Subsample BTA5 mit einem signifikant höheren Wert im Vergleich zum Subsample BTA3 durchgeführt wird, die Maßgröße trotzdem höher ist. Folglich ist die Prognosefähigkeit vermindert. Für das Subsample BTA1 ist der Unterschied in $|\widehat{EBT\_IFRS_{t+1}}|$ insignifikant gegenüber dem Subsample BTA3. Demnach kann auf Basis der signifikant höheren $\sigma(\varepsilon_{t+1})$ dieses Subsamples gefolgert werden, dass die Maßgröße $\frac{\sigma(\varepsilon_{t+1})}{|\widehat{EBT\_IFRS_{t+1}}|}$ ebenfalls signifikant höher ist im Vergleich zu dem Wert des Subsamples BTA3.

[183]Vgl. hierzu die Ergebnisse der OLS-Schätzungen in Tabelle 4.17 in Abschnitt 4.2.5.2.

[184]Vgl. hierzu die Ergebnisse der OLS-Schätzungen in Tabelle 4.17 in Abschnitt 4.2.5.2.

insignifikanten Unterschiede in der Beständigkeit der EBT_IFRS_t zwischen den Subsamples BTA1 und BTA3 mit Vorsicht interpretiert werden müssen. Mögliche Erklärungen hierfür werden im Folgenden gegeben.

Im Durchschnitt sind die IFRS-Ergebnisse und Periodenabgrenzungen des Subsamples BTA1 relativ beständig. Jedoch ergibt die Messung der Prognosefähigkeit, dass diese gleichzeitig vermindert ist. Dies spricht zusätzlich dafür, dass das Subsample BTA1 sehr hohe negative Book-Tax-Abweichungen beinhaltet, die sich auf die Aktivierung von latenten Steuern auf steuerliche Verlustvorträge zurückführen lassen. Diese „unechten“ Book-Tax-Abweichungen bewirken, dass Geschäftsjahre, in denen tatsächlich lediglich geringe Unterschiede zwischen dem IFRS-Ergebnis und dem steuerlichen Gewinn vorliegen, fälschlicherweise in das Subsample BTA1 eingeordnet werden. Die Messung der Beständigkeit der EBT_IFRS_t des Subsample BTA3 zeigt, dass diese extrem beständig sind. Werden Geschäftsjahre dieses Subsamples fälschlicherweise in das Subsample BTA1 eingeordnet, können diese die Beständigkeit der EBT_IFRS_t im Durchschnitt erhöhen und damit den Unterschied zwischen dem Subsample BTA1 und BTA3 insignifikant werden lassen. Die verminderte Prognosefähigkeit der EBT_IFRS_t bekräftigt die Vermutung, dass die EBT_IFRS_t des Subsamples BTA1 tendenziell unbeständiger sind als die der Benchmark.

Daneben basieren die sehr hohen negativen Book-Tax-Abweichungen überwiegend auf den diskutierten Rückstellungskomponenten, da die IFRS bestehende Risiken umfassender und genauer abbilden, als dies steuerlich zulässig ist. Allerdings wurde die Beständigkeit des aktuellen IFRS-Ergebnisses nur in Bezug auf das folgende Geschäftsjahr beurteilt und festgestellt, dass die Effekte im IFRS-Ergebnis des Folgejahres fortbestehen könnten. Inwieweit diese tatsächlich in künftigen Jahren eintreffen und ob sie eventuell in künftigen Perioden revidiert werden, geht aus der Untersuchung nicht hervor. Fest steht, dass die korrespondierenden Periodenabgrenzungen mit Unsicherheit behaftet sind, da die Schätzungen und Prognosen bezüglich Höhe und Zeitpunkt nicht immer genau eintreffen. Die hieraus resultierende anteilige Ergebnisserie könnte die Volatilität der künftigen Ergebnisserie insgesamt größer werden lassen. Diese unsicheren Komponenten können eine starke Veränderung des aktuellen IFRS-Ergebnisses hervorrufen, in der künftigen IFRS-Ergebnisserie zunächst fortbestehen und gleichzeitig die Volatilität der künftigen Serie erhöhen. Folglich wäre die Prognosefähigkeit des aktuellen IFRS-Ergebnisses durch die resultierende, erhöhte Volatilität der künftigen Ergebnisserie, die eine Folge der umfassenderen Erfassung dieser Risiken ist, vermindert. Allerdings bedeutet dies nicht, dass das aktuelle IFRS-Ergebnis weniger beständig sein muss.[185] Der gleiche Effekt kann auch aus transitorischen Neubewertungen resultieren, die in regelmäßigen Abständen, bedingt durch marktwertbasierte Schwankungen, durchgeführt werden müssen. Diese erhöhen ebenfalls die Volatilität der künftigen Ergebnisserie – unabhängig von der Höhe eventuell entstehender Book-Tax-Abweichungen – und reduzieren damit die Prognosefähigkeit des aktuellen IFRS-Ergebnisses.

Ferner ist zu vermuten, dass durch die Erfassung dieser Ergebniskomponenten im aktuellen IFRS-Ergebnis möglicherweise beständige, ergebnismindernde Effekte berücksichtigt werden, die das aktuelle IFRS-Ergebnis in seiner Höhe vermindern. Dieses verminderte Niveau könnte nicht repräsentativ für künftige Perioden sein, weshalb die Prognosefähigkeit des aktuellen IFRS-Ergebnisses, trotz der Beständigkeit der Ursachen für das verminderte Ergebnisniveau, eingeschränkt sein könnte. Untermauert wird diese Vermutung durch die Erkenntnisse aus der deskriptiven Untersuchung der Ergebnisentwicklung. Diese hat gezeigt, dass die IFRS-Ergebnisse in Geschäftsjahren mit sehr hohen negativen Book-Tax-Abweichungen durch den signifikant höchsten Anstieg von t nach t+1 charakterisiert sind. Dies könnte sich zusätzlich negativ auf die Prognosefähigkeit auswirken.[186]

Zusätzliche Gründe für eine eingeschränkte Prognosefähigkeit der IFRS-Ergebnisse des Subsamples BTA1 ergeben sich aus der Tatsache, dass auch weitere transitorische Ergebniskomponenten, die ursächlich für sehr hohe negative Book-Tax-Abweichungen sind, die Beständigkeit und daher die Prognosefähigkeit insgesamt im Vergleich zur Benchmark einschränken können.

Die EBT_IFRS_t im Subsample BTA2 besitzen dem Anschein nach die schlechteste Prognosefähigkeit. Während die Standardabweichung der Residuen $\sigma(\varepsilon_{t+1})$

[185]SCHIPPER/VINCENT (2003) beschreiben diesen Zusammenhang wie folgt: „*(...) we note a possible contradiction between the persistence and predictive ability of an earnings series: highly persistent earnings – a random walk – will have low predictive ability if the variance (i.e., the absolute magnitude) of a typical shock to the earnings series is large. Earnings that are of high quality on the persistence dimension may be of low quality on the predictive ability dimension. The determining factor is the variance of the innovation series, which in turn determines the time-series variability of earnings – low variance of the innovation series implies low variability of earnings, and vice versa.*“ Zitat nach Schipper/Vincent (2003), S. 101. LIPE (1990) beschreibt den Unterschied zwischen Beständigkeit und Prognosefähigkeit folgendermaßen: „*The difference between predictability and persistence is that the predictability of earnings is a function of the average absolute magnitude of the annual earnings shocks, whereas the time-series persistence of earnings reflects the autocorrelation in earnings.*“ Zitat nach Lipe (1990), S. 50.

[186]Vgl. zu diesen Erkenntnissen Abschnitt 4.2.4.3 bis Abschnitt 4.2.4.5.

mit einem Wert von 0,0315 etwa gleich hoch ist wie in den Subsamples BTA1 und BTA5, ist die skalierte Standardabweichung $\frac{\sigma(\varepsilon_{t+1})}{|\widehat{EBT\_IFRS_{t+1}}|}$ mit 0,4612 deutlich die höchste. Ebenfalls unterscheiden sich beide Werte signifikant von denen des Subsamples BTA3. Wie für das Subsample BTA1 bereits angemerkt wurde, hat die deskriptive Untersuchung ergeben, dass in den Subsamples mit (sehr) hohen negativen Book-Tax-Abweichungen der signifikant höchste Anstieg des IFRS-Ergebnisses von t nach t+1 zu verzeichnen ist. Das Subsample BTA2 beinhaltet zudem signifikant weniger beständige IFRS-Ergebnisse in Relation zu Geschäftsjahren mit „normalen" Book-Tax-Abweichungen. Demnach vermindert das ausgeprägte Ergebniswachstum in Verbindung mit transitorischen Ergebniskomponenten die Prognosefähigkeit der EBT_IFRS_t in diesem Subsample.

Das Subsample BTA4 besitzt, wie das Subsample BTA3, EBT_IFRS_t mit der besten Prognosefähigkeit. Die Unterschiede sind insignifikant. Mit $\sigma(\varepsilon_{t+1})$=0,0231 und $\frac{\sigma(\varepsilon_{t+1})}{|\widehat{EBT\_IFRS_{t+1}}|}$=0,3263 sind die Werte für die Maßgrößen signifikant geringer gegenüber denen der Subsamples BTA1, BTA2 und BTA5. Bei der Interpretation dieser Werte muss allerdings berücksichtigt werden, dass dieses Subsample im Durchschnitt signifikant weniger beständige EBT_IFRS_t im Vergleich zum Benchmark-Subsample BTA3 umfasst. Somit enthält dieses Subsample teilweise transitorische Ergebniskomponenten, die die Prognosefähigkeit erhöhen und die nicht im künftigen IFRS-Ergebnis fortbestehen.[187] Die Extrapolierbarkeit des IFRS-Ergebnisses ist daher tendenziell eingeschränkt. Da ex ante nicht unbedingt erwartet wurde, dass leicht höhere Book-Tax-Abweichungen in Relation zu der definierten Benchmark einen Informationsgehalt für die Extrapolierbarkeit besitzen, ist der insignifikante Unterschied zum Subsample BTA3 nicht weiter überraschend. Eindeutige Aussagen über die Ursachen dieses Ergebnisses lassen sich auf Basis dieser Untersuchung allerdings nicht treffen.

Diese Ergebnisse zeigen, dass Book-Tax-Abweichungen dazu verwendet werden können, um die Prognosefähigkeit aktueller IFRS-Ergebnisse zu beurteilen. Jedoch muss diese Maßgröße zusammen mit der Beständigkeit gesehen werden. IFRS-Ergebnisse in Geschäftsjahren, die durch „normale" Book-Tax-Abweichungen gekennzeichnet sind, können anscheinend ohne erhebliche Modifikationen in die Zukunft extrapoliert werden. Die Geschäftsjahre dieses Samples umfassen IFRS-Ergebnisse, die im Durchschnitt extrem beständig sind und eine hohe Prognosefähigkeit besitzen. Liegen sehr hohe Book-Tax-Abweichungen vor, muss de-

[187] Vgl. in Zusammenhang mit diesem Ergebnis auch Schipper/Vincent (2003), S. 101.

ren Ursachen nachgegangen werden. Im Falle sehr hoher negativer Unterschiede könnte das IFRS-Ergebnis, bedingt durch die aufwandswirksamen Rückstellungskomponenten, vermindert und nicht repräsentativ für künftige Perioden sein. Die Effekte, die ursächlich für diese Abweichungen sind, bestehen jedoch offensichtlich im IFRS-Ergebnis des folgenden Geschäftsjahres fort. Zudem umfasst das entsprechende Subsample BTA1 sehr wahrscheinlich „unechte“ Book-Tax-Abweichungen, die die Beständigkeit der EBT_IFRS_t im Durchschnitt erhöhen. Entsprechend muss analysiert werden, inwieweit das aktuelle IFRS-Ergebnis in seinem Niveau tatsächlich nachhaltig ist. Zusätzlich sollte berücksichtigt werden, dass die künftigen IFRS-Ergebnisse womöglich volatiler werden und sich schwer prognostizieren lassen. Sehr hohe positive Unterschiede signalisieren, dass aktuelle IFRS-Ergebnisse unbeständig sind und eine schlechte Prognosefähigkeit besitzen. Auch hier ist unbedingt eine detaillierte Analyse vorzunehmen, da zu vermuten ist, dass das aktuelle IFRS-Ergebnis stark von transitorischen Komponenten bestimmt sein könnte.

Die Ergebnisse zur Prognosefähigkeit des aktuellen IFRS-Ergebnisses bestätigen sich, wenn die subsamplespezifischen OLS-Schätzungen inklusive jährlichen Dummy-Variablen wiederholt werden. Tabelle 4.20 stellt die Maßgrößen basierend auf den subsamplespezifischen OLS-Schätzungen der Gleichung (4.7) (Modell 1b) dar.

4.2.5.4 Volatilität und Glättung des IFRS-Ergebnisausweises

Schließlich wird die Volatilität bzw. die Glättung[188] des IFRS-Ergebnisausweises subsamplespezifisch gemessen und zur Beurteilung der Extrapolierbarkeit verwendet. Die Volatilität des IFRS-Ergebnisausweises wird auf Basis zwei verschiedener Maßgrößen beurteilt. Bei der Berechnung dieser Maßgrößen werden jeweils die $CFOBT_t$ als Referenzgröße verwendet. Diese sind Bestandteil der EBT_IFRS_t, so dass die Volatilität des IFRS-Ergebnisausweises u.a. automatisch von der Volatilität der operativen Cashflows vor Steuern abhängt.

[188]Vgl. zu dieser Maßgröße Abschnitt 3.2.2.3.

Subsample	n	$\sigma(\varepsilon_{t+1})$	$\lvert\widehat{\overline{EBT\_IFRS}}_{t+1}\rvert$	$\frac{\sigma(\varepsilon_{t+1})}{\lvert\widehat{\overline{EBT\_IFRS}}_{t+1}\rvert}$
BTA1	103	$0{,}0308_{(3;4)}$	$0{,}0812_{(2;4)}$	0,3793
BTA2	103	$0{,}0299_{(3;4)}$	$0{,}0683_{(1;3;5)}$	0,4378
BTA3	103	$0{,}0240_{(1;2;5)}$	$0{,}0787_{(2;5)}$	0,3050
BTA4	101	$0{,}0212_{(1;2;5)}$	$0{,}0708_{(1;5)}$	0,2994
BTA5	99	$0{,}0303_{(3;4)}$	$0{,}0889_{(2;3;4)}$	0,3408

Anmerkung: Die Tabelle zeigt die Ergebnisse der OLS-Regressionen zur Messung der Prognosefähigkeit des aktuellen IFRS-Ergebnisses vor Steuern EBT_IFRS_t in Abhängigkeit der Höhe der aktuellen Book-Tax-Abweichungen BTA_t für die Subsamples BTA1-BTA5. Die Bestimmung von $\sigma(\varepsilon_{t+1})$ bzw. $\lvert\widehat{\overline{EBT\_IFRS}}_{t+1}\rvert$ basiert auf der subsamplespezifischen OLS-Schätzung von Gleichung (4.7) ($EBT\_IFRS_{t+1} = \alpha_0 + \sum_{t=2002}^{2006} \gamma_t \cdot GJ_t + \beta_1 \cdot EBT\_IFRS_t + \varepsilon_{t+1}$). Es gilt: EBT_IFRS_t = Pretax Income$_t$ (WC01401) - Minority Interest$_t$ (WC01501). Die EBT_IFRS_t wurden mit den Total Assets (WC02999) des Geschäftsjahres t bzw. t+1 skaliert. Signifikante Unterschiede zwischen den Subsamples BTA1-BTA5 werden durch tiefgestellte Zahlen (1-5) signalisiert. Die $\sigma(\varepsilon_{t+1})$ unterscheiden sich mindestens auf einem Signifikanzniveau von 5% bei einem einseitigen Test. Die $\lvert\widehat{\overline{EBT\_IFRS}}_{t+1}\rvert$ unterscheiden sich mindestens auf einem Signifikanzniveau von 10% bei einem einseitigen Test.

Tabelle 4.20: Prognosefähigkeit der EBT_IFRS_t je Subsample (OLS-Schätzungen mit jährlichen Dummy-Variablen).

Die erste Maßgröße setzt die Standardabweichung der IFRS-Ergebnisse vor Steuern $\sigma(EBT\_IFRS_t)$ ins Verhältnis zur Standardabweichung der operativen Cashflows vor Steuern $\sigma(CFOBT_t)$. Der Quotient $\frac{\sigma(EBT\_IFRS_t)}{\sigma(CFOBT_t)}$ misst somit die Volatilität des IFRS-Ergebnisausweises und kontrolliert zugleich für die zugrunde liegende Volatilität der operativen Cashflows. Die $CFOBT_t$ spiegeln den nicht geglätteten Teil des IFRS-Ergebnisses wider.[189] Für eine sinnvolle Interpretation, muss diese Maßgröße unternehmensspezifisch und über einen längeren Zeitraum gemessen werden. Hierzu wird das reduzierte Sample aus Abschnitt 4.2.4.4 verwendet und die Volatilität des IFRS-Ergebnisausweises über einen Zeitraum von drei[190] Perioden gemessen. Die Maßgröße wird für jedes Unternehmen für den Zeitraum von t-1 nach t+1 berechnet, wobei t die Periode darstellt, in der die Geschäftsjahre der betrachteten Unternehmen abhängig von der Höhe der Book-Tax-Abweichung in die Subsamples BTA1-BTA5 eingeteilt werden. Die Periode t-1 resp. t+1 ist die vorangegangene resp. folgende Periode für das jeweilige Unternehmen. Zur Beurteilung der Volatilität wird der subsamplespezifische Median des Quotienten $\frac{\sigma(EBT\_IFRS_t)}{\sigma(CFOBT_t)}$ herangezogen.[191] Je geringer der Wert dieser Maßgröße ist, desto geglätteter bzw. weniger volatil ist der IFRS-Ergebnisausweis.

Die zweite Maßgröße verwendet als Referenzgröße die periodischen Veränderungen der operativen Cashflows vor Steuern ($\Delta CFOBT_{t-1\to t}$ bzw. $\Delta CFOBT_{t\to t+1}$) und misst die Korrelation zwischen diesen und den periodischen Veränderungen der Periodenabgrenzungen vor Steuern ($\Delta PABT_{t-1\to t}$ bzw. $\Delta PABT_{t\to t+1}$). Als Datengrundlage werden wiederum die verkleinerten Subsamples aus Abschnitt 4.2.4.4 verwendet, um Aussagen über die Entwicklung des IFRS-Ergebnisausweises über drei Perioden treffen zu können. Die periodische Veränderung der $CFOBT_t$ sowie die der $PABT_t$ wird für jedes Unternehmen jeweils zwischen der Periode t-1 und t bzw. t und t+1 berechnet und die Korrelation im Rahmen einer Querschnittsanalyse gepoolt über alle Unternehmen eines Subsamples für diesen Zeitraum bestimmt.[192] Als Beurteilungskriterium dient der Rangkorrelationskoeffizient nach Spearman, der ein nichtparametrisches Maß für Korrelation ist.[193]

[189]Vgl. Francis/LaFond/Olsson/Schipper (2004), S. 972.

[190]Bedingt durch die mehrperiodige Betrachtung, nehmen die Anforderungen an die Daten zu und die Anzahl der Beobachtungen in den Subsamples verkleinert sich. Eine Betrachtung von mehr als drei Perioden scheidet aus, da hierdurch über 50% der Beobachtungen ausgeschlossen werden. Vgl. hierzu ausführlich Abschnitt 4.2.4.4.

[191]Vgl. zu dieser Vorgehensweise Leuz/Nanda/Wysocki (2003), S. 509.

[192]Vgl. zu dieser Vorgehensweise auch Leuz/Nanda/Wysocki (2003), S. 510; Bhattacharya/Daouk/Welker (2003), S. 649.

[193]Vgl. auch Leuz/Nanda/Wysocki (2003), S. 514.

Je stärker negativ der Korrelationskoeffizient $\rho(\Delta PABT, \Delta CFOBT)$ ist, desto weniger volatil ist der IFRS-Ergebnisausweis.

Im Rahmen dieser Untersuchung können diese Maßgrößen dazu verwendet werden, um zu beurteilen, ob sehr hohe Book-Tax-Abweichungen als Indiz dafür gesehen werden können, dass die Ergebnisvolatilität hoch ist. Der Grund hierfür wird nachfolgend erläutert.

Die Volatilität bzw. die periodischen Veränderungen der $CFOBT_t$ dienen als Referenzgröße. Die $CFOBT_t$ sind sowohl Bestandteil des IFRS-Ergebnisses als auch des Steuerbilanzgewinns. Durch diese Ergebniskomponente entstehen keine Book-Tax-Abweichungen. Diese resultieren ausschließlich aus Unterschieden in der Kalkulation und der zeitlichen Verteilung von Periodenabgrenzungen zwischen der Gewinnermittlung nach steuerlichen Methoden und nach den IFRS. Die Volatilität bzw. die periodische Veränderung der operativen Cashflows ist daher automatisch Bestandteil des IFRS-Ergebnisses und des steuerlichen Gewinns. Folglich sind Unterschiede in der Volatilität des Ergebnisausweises zwischen der IFRS- und der steuerlichen Gewinnermittlung auf unterschiedliche Periodisierungen zurückzuführen. Bestehen lediglich geringe Unterschiede zwischen dem IFRS-Ergebnis vor Steuern und dem Steuerbilanzgewinn, liegen also Geschäftsjahre mit „normalen" Book-Tax-Abweichungen vor, impliziert dies, dass nur geringfügige Unterschiede zwischen den steuerlichen und den IFRS-Periodenabgrenzungen existieren. Da angenommen wird, dass steuerliche Periodenabgrenzungen tendenziell konservativ bestimmt werden und weniger marktwertbasierten Schwankungen ausgesetzt sind, könnte die Ergebnisvolatilität beim Bestehen „normaler" Book-Tax-Abweichungen gering sein. Korrespondierend zu Hypothese H4 wird erwartet, dass IFRS-Ergebnisausweise in Geschäftsjahren, in denen sehr hohe positive oder sehr hohe negative Book-Tax-Abweichungen vorliegen, volatiler sind als IFRS-Ergebnisausweise in Geschäftsjahren, die durch „normale" Book-Tax-Abweichungen charakterisiert sind. Dementsprechend müsste $\frac{\sigma(EBT\_IFRS_t)}{\sigma(CFOBT_t)}$ größer bzw. $\rho(\Delta PABT, \Delta CFOBT)$ weniger negativ sein für die Subsamples BTA1 und BTA5 im Vergleich zum Benchmark-Subsample BTA3.

Tabelle 4.21 gibt einen Überblick über diese Maßgrößen. Da sie auf Basis der verkleinerten Subsamples bestimmt werden, ist eine Verknüpfung mit den bisherigen Resultaten nur eingeschränkt möglich.

	$\frac{\sigma(EBT\_IFRS_t)}{\sigma(CFOBT_t)}$		$\rho(\Delta PABT, \Delta CFOBT)$	
Subsample	**n**$_U$	**Median**	**n**$_{GJ}$	**Korrelation (Spearman)**
BTA1	64	$0{,}4349_{(5)}$	128	$-0{,}8011_{(5)}$ (0,00)
BTA2	59	$0{,}5549_{(5)}$	118	-0,7685 (0,00)
BTA3	61	0,6020	122	-0,7796 (0,00)
BTA4	57	0,6147	114	$-0{,}8403_{(5)}$ (0,00)
BTA5	57	$0{,}8609_{(1;2)}$	114	$0{,}6989_{(1;4)}$ (0,00)

Anmerkung: Die Tabelle zeigt die Ergebnisse zur Messung der Volatilität des IFRS-Ergebnisausweises vor Steuern in Abhängigkeit der Höhe der aktuellen Book-Tax-Abweichungen BTA_t für die Subsamples BTA1-BTA5. Die erste Maßgröße stellt den subsamplespezifischen Median des Quotienten $\frac{\sigma(EBT\_IFRS_t)}{\sigma(CFOBT_t)}$ dar. Dieser Quotient wird für jedes Unternehmen eines Subsamples für den Zeitraum t-1 nach t+1 bestimmt. Die zweite Maßgröße misst die Korrelation zwischen den periodischen Veränderungen der operativen Cashflows vor Steuern ($\Delta CFOBT_{t-1\rightarrow t}$ bzw. $\Delta CFOBT_{t\rightarrow t+1}$) und den periodischen Veränderungen der Periodenabgrenzungen vor Steuern ($\Delta PABT_{t-1\rightarrow t}$ bzw. $\Delta PABT_{t\rightarrow t+1}$). $\rho(\Delta PABT, \Delta CFOBT)$ ist der Rangkorrelationskoeffizient nach Spearman, der im Rahmen einer Querschnittsanalyse gepoolt über alle Unternehmen eines Subsamples für den Zeitraum t-1 nach t+1 bestimmt wird. Es gilt: EBT_IFRS_t = Pretax Income$_t$ (WC01401) – Minority Interest$_t$ (WC01501); $CFOBT_t$ = Net Cash Flow Operating Activities$_t$ (WC04860) + Taxation (Cash Flow)$_t$ (WC04150); $PABT_t = EBT\_IFRS_t - CFOBT_t$. Alle Variablen wurden mit den Total Assets (WC02999) des betreffenden Geschäftsjahres (t-1; t; t+1) skaliert. Signifikante Unterschiede zwischen den Subsamples BTA1-BTA5 werden durch tiefgestellte Zahlen (1-5) signalisiert. Die Mediane des Quotienten $\frac{\sigma(EBT\_IFRS_t)}{\sigma(CFOBT_t)}$ bzw. die $\rho(\Delta PABT, \Delta CFOBT)$ unterscheiden sich mindestens auf einem Signifikanzniveau von 10% bei einem zweiseitigen Test. Der p-Wert der Korrelation ist in Klammern wiedergegeben.

Tabelle 4.21: Volatilität des IFRS-Ergebnisausweises je Subsample.

Die Ergebnisse in Tabelle 4.21 zeigen, dass Hypothese H4 anscheinend nur in Bezug auf sehr hohe positive Book-Tax-Abweichungen nicht verworfen werden kann. Die Volatilität des IFRS-Ergebnisausweises für das Subsample BTA5 beträgt 0,8669 bzw. -0,6989 und ist somit im Vergleich zu den Werten des Subsamples BTA3 (0,6020 bzw. -0,7796) höher. Die Unterschiede sind allerdings statistisch insignifikant. Für Geschäftsjahre mit sehr hohen negativen Book-Tax-Abweichungen ist die Volatilität des IFRS-Ergebnisausweises geringer. Die Werte der Maßgrößen betragen 0,4349 bzw. -0,8011. Doch auch hier sind die Unterschiede zu den Werten des Subsamples BTA3 statistisch insignifikant. Die Volatilität des IFRS-Ergebnisausweises in den Subsamples BTA2 (0,5549 bzw. -0,7685) und BTA4 (0,6147 bzw. -0,8403) unterscheidet sich nur minimal von dem des Subsamples BTA3. Lediglich die Unterschiede in der Volatilität des IFRS-Ergebnisausweises zwischen den Subsamples mit sehr hohen negativen und sehr hohen positiven Book-Tax-Abweichungen sind für beide Maßgrößen statistisch signifikant.

Hypothese H4 gründet auf der Überlegung, dass die Volatilität des Ergebnisausweises durch die Bilanzorientierung und der zunehmenden fair value-Bilanzierung in den IFRS steigt. Die Steuerbilanz ist hingegen vergangenheitsorientiert und unterliegt weniger marktwertbasierten Schwankungen. Falls das IFRS-Ergebnis stark durch transitorische Neubewertungen determiniert ist und die Volatilität hierdurch erhöht wird, könnte ein weniger volatiler Steuerbilanzgewinn als Benchmark fungieren. Viele dieser Neubewertungen haben zum Teil massive Book-Tax-Abweichungen zur Folge, so dass sehr hohe Book-Tax-Abweichungen volatile IFRS-Ergebnisausweise signalisieren könnten. Die subsamplespezifischen Messungen der Volatilität des IFRS-Ergebnisausweises zeigen jedoch, dass dies nicht unbedingt der Fall ist. Hohe Book-Tax-Abweichungen, die auf Basis des latenten Steueraufwands berechnet werden, deuten offensichtlich nicht uneingeschränkt eine erhöhte Volatilität des IFRS-Ergebnisausweises an. Die Ergebnisse der Maßgrößen für die Subsamples BTA1, BTA2 und BTA4 demonstrieren, dass grundsätzlich keine höhere Volatilität besteht, falls hohe Book-Tax-Abweichungen vorliegen. Dies gilt allerdings nicht für das Subsample BTA5, welches von sehr hohen positiven Book-Tax-Abweichungen gekennzeichnet ist. Eine Interpretation dieser Resultate wird nachfolgend vorgenommen.

Die Werte der Maßgrößen des Subsamples BTA5 implizieren, dass sehr hohe positive Book-Tax-Abweichungen eine erhöhte Volatilität des IFRS-Ergebnisausweises indizieren können. Die Hauptfunktion der Rechnungslegung ist, anfallende Cashflows sachlich einzelnen Perioden durch Periodisierungen zuzuordnen. Hierdurch soll die ökonomische Leistungserstellung angemessener abgebildet werden; das Resultat ist das buchhalterische Ergebnis.[194] Insbesondere werden damit Informationen über die künftige Ergebnisentwicklung kommuniziert und zufällige Schwankungen der Cashflows ausgeglichen. Die erhöhte Volatilität des IFRS-Ergebnisausweises signalisiert, dass dies offensichtlich mit den Periodenabgrenzungen des Subsamples BTA5, die sehr hohe positive Book-Tax-Abweichungen zur Folge haben, teilweise nicht gelingt. Dies könnte auf Periodenabgrenzungen basieren, die sich in ihrer Höhe und ihrem zeitlichen Anfall nicht vom Management in der Gestalt steuern lassen, dass ein für künftige Perioden repräsentatives IFRS-Ergebnis kommuniziert werden kann. Der Informationsgehalt des aktuellen IFRS-Ergebnisses für künftige IFRS-Ergebnisse wird hierdurch vermindert. Die Periodenabgrenzungen dieses Subsamples lassen sich vermutlich teilweise auf Sachverhalte zurückführen, die auf transitorische Neubewertungen der Vermögenswerte und Schulden gründen. Diese können die Volatilität des IFRS-Ergebnisausweises erhöhen.

Im Vergleich zum IFRS-Ergebnisausweis des Subsamples BTA5 ist der des Subsamples BTA1 signifikant weniger volatil. Im Subsample BTA1 sind Periodenabgrenzungen enthalten, die eine Glättung des IFRS-Ergebnisausweises verursachen und die sehr hohe negative Book-Tax-Abweichungen generieren. Dieses Resultat impliziert, dass Periodenabgrenzungen in der IFRS-Gewinnermittlung erfasst werden, die einen weniger volatilen Ergebnisausweis bewirken und gleichzeitig steuerlich nicht zugelassen sind. Dies könnte auf die diskutierten Rückstellungen zurückzuführen sein. Während die Risiken (noch) nicht bzw. ökonomisch unpräzise in der steuerlichen Gewinnermittlung erfasst werden, erlauben die IFRS die (genauere) Antizipation dieser Risiken. Diese vorverlagerte Aufwandsrealisation könnte eine Glättung des IFRS-Ergebnisausweises hervorrufen. Wird von bilanzpolitischen Manipulationen des Managements abgesehen, die auf eine Ergebnis-

[194] Vgl. Schipper/Vincent (2003), S. 101; Francis/LaFond/Olsson/Schipper (2004), S. 972.

glättung abzielen[195], bedeutet dies, dass das Management seinen Informationsvorsprung hinsichtlich der künftigen IFRS-Ergebnisentwicklung verwendet, um dadurch bereits erkennbare Risiken zu kommunizieren, welche – wenn sie unberücksichtigt bleiben – die Volatilität des IFRS-Ergebnisausweises künftig erhöhen. Durch diese Glättung wird das IFRS-Ergebnis tendenziell repräsentativer für künftige Perioden. Dieses Resultat steht somit in gewisser Weise im Widerspruch zu den bisherigen Erkenntnissen. Im Rahmen der Ergebniszusammenfassung der empirischen Untersuchung wird hierauf in Abschnitt 4.2.6 eingegangen.

Die Messungen der Volatilität des IFRS-Ergebnisausweises in den Subsamples BTA2 und BTA4 zeigen, dass lediglich minimale Unterschiede zum Subsample BTA3 bestehen. Die Unterschiede zwischen den Subsamples BTA2 und BTA4 sind ebenfalls nicht eindeutig und statistisch insignifikant, so dass die Resultate dieser beiden Subsamples nicht einander gegenübergestellt werden können, wie dies im Fall der Subsamples BTA1 und BTA5 möglich ist. Offensichtlich können geringfügig höhere Book-Tax-Abweichungen im Vergleich zu der hier definierten Benchmark keine Unterschiede in der Volatilität des IFRS-Ergebnisausweises aufzeigen. Da ex ante nicht erwartet wurde, dass Unterschiede festzustellen sind, ist dieses Resultat nicht überraschend.

Diese Ergebnisse zeigen, dass nur sehr hohe positive Book-Tax-Abweichungen eine erhöhte Volatilität des IFRS-Ergebnisausweises signalisieren können. Doch sind die Unterschiede im Vergleich zu Geschäftsjahren mit „normalen" Book-Tax-Abweichungen statistisch insignifikant. Liegen sehr hohe negative Book-Tax-Abweichungen vor, ist der IFRS-Ergebnisausweis insignifikant weniger volatil gegenüber der Benchmark. Die signifikanten Unterschiede in der Volatilität zwischen den Subsamples BTA1 und BTA5 lassen vermuten, dass eine Ergebnisglättung mit den Komponenten, die in Geschäftsjahren mit sehr hohen positiven Book-Tax-Abweichungen anzutreffen sind, offensichtlich schlechter möglich ist als mit denjenigen, die sehr hohe negative Book-Tax-Abweichungen generieren.

[195]Ergebnisglättung kann ebenfalls als Form der Bilanzpolitik angesehen werden. LEUZ/NANDA/WYSOCKI (2003) verwenden u.a. diese Maßgrößen und argumentieren, dass geringere bzw. negativere Ausprägungen auf eine verminderte Ergebnisqualität hindeuten können. Vgl. Leuz/Nanda/Wysocki (2003), S. 509 f. Vgl. ähnlich Bhattacharya/Daouk/Welker (2003), S. 648 f. Hingegen interpretieren FRANCIS/LAFOND/OLSSON/SCHIPPER (2004) einen weniger volatilen Ergebnisausweis als qualitätvoll: Das Management verwendet seinen Informationsvorsprung, um transitorische Schwankungen des Ergebnisausweises auszugleichen. Hierdurch wird ein Ergebnis kommuniziert, welches tendenziell repräsentativer ist für künftige Perioden. Vgl. Francis/LaFond/Olsson/Schipper (2004), S. 972. Vgl. kritisch zu diesem Widerspruch Wagenhofer/Dücker (2007), S. 274.

Abschließend werden die Resultate aller Maßgrößen sowie die Erkenntnisse aus der deskriptiven Untersuchung gemeinsam verwendet, um Aussagen hinsichtlich der Extrapolierbarkeit des aktuellen IFRS-Ergebnisses zu treffen. Zudem wird überprüft, ob sich auf Basis des IFRS-Ergebnisses vor Steuern und den dazugehörigen latenten Steueraufwendungen ein Benchmark-Intervall konstruieren lässt, in dem sich „normale" Book-Tax-Abweichungen einordnen lassen, da diese offensichtlich extrapolierbare aktuelle IFRS-Ergebnisse kommunizieren.

4.2.6 Praktische Implikationen der Ergebnisse der empirischen Untersuchung und Konstruktion einer Benchmark

Die deskriptiven Untersuchungen sowie die Berechnung und der Vergleich der subsamplespezifischen Maßgrößen zur Beurteilung der Extrapolierbarkeit des aktuellen IFRS-Ergebnisses haben gezeigt, dass „echte" Book-Tax-Abweichungen, die auf Basis der latenten Steueraufwendungen nach IAS 12 bestimmt werden, Informationen hinsichtlich der Extrapolierbarkeit des aktuellen IFRS-Ergebnisses beinhalten. An dieser Stelle wird wiederholt angeführt, dass das Divergieren des steuerlichen Gewinns und des IFRS-Ergebnisses verschiedene Gründe haben kann. Empirisch können sie den diskutierten Entstehungsursachen in Abschnitt 4.1.2 ohne Detailanalyse nicht eindeutig zugeordnet werden. Die empirischen Untersuchungen haben ergeben, dass sie sehr wohl interessante und nützliche Hinweise geben können, um die Extrapolierbarkeit des aktuellen IFRS-Ergebnisses einzuschätzen – trotz der Vielfalt dieser Ursachen und dem simultanen Vorliegen der resultierenden Book-Tax-Abweichungen. Latente Steueraufwendungen resp. -erträge können offensichtlich genutzt werden, um eine Benchmark zu konstruieren, die ein stabiles und nachhaltiges IFRS-Ergebnis kommuniziert. Liegen Abweichungen von dieser Benchmark vor, sollten Analysten, Investoren und empirische Forscher das publizierte IFRS-Ergebnis sorgfältig analysieren und die Gründe für diese Abweichungen herausfinden – das IFRS-Ergebnis könnte nicht repräsentativ für künftige Geschäftsjahre sein und sich somit nicht ohne weitere Modifikationen in Bewertungskalkülen und empirischen Modellen verwenden lassen.

Das in dieser Arbeit betrachtete Sample besteht aus Geschäftsjahren von deutschen Unternehmen, die im CDAX gelistet sind. Der Untersuchungszeitraum umfasst die Jahre 2001 bis 2007. Zur Bestimmung der „echten" Book-Tax-Abweichungen wurden nur IFRS-Geschäftsjahre mit positiven IFRS-Ergebnissen in die

Untersuchung einbezogen, um Effekte aus der Aktivierung von latenten Steuern auf Verlustvorträge, die „unechte“ Book-Tax-Abweichungen darstellen, zu reduzieren. Zur Berechnung der BTA_t wurden die gemäß Worldscope ausgewiesenen latenten Steueraufwendungen (WC18188 und WC18189) der betrachteten Periode herangezogen, mit der Bilanzsumme (WC02999) des jeweiligen Geschäftsjahres skaliert und unter Verwendung des Steuersatzes s=38,65% approximiert. Die Geschäftsjahre wurden dann auf Basis der sich ergebenden BTA_t in die Subsamples BTA1-BTA5 eingeteilt. In Tabelle 4.22 wird diese Einteilung als Verhältnis der Book-Tax-Abweichungen bzw. der latenten Steueraufwendungen (WC18188 und WC18189) in Prozent der Bilanzsumme (WC02999) je Subsample als Intervall angegeben. Negative Prozentzahlen drücken aus, dass es sich um latente Steuererträge handelt.

	Book-Tax-Abweichung in % der Bilanzsumme			latenter Steueraufwand in % der Bilanzsumme		
Art der BTA_t	**Min**	⟷	**Max**	**Min**	⟷	**Max**
sehr hohe negative BTA_t (BTA1)	-9,75%	⟷	-1,18%	-3,77%	⟷	-0,46%
hohe negative BTA_t (BTA2)	-1,17%	⟷	-0,10%	-0,45%	⟷	-0,04%
„normale“ BTA_t (BTA3)	-0,10%	⟷	0,56%	-0,04%	⟷	0,22%
hohe positive BTA_t (BTA4)	0,58%	⟷	1,56%	0,22%	⟷	0,60%
sehr hohe positive BTA_t (BTA5)	1,66%	⟷	14,07%	0,64%	⟷	5,44%

Tabelle 4.22: Book-Tax-Abweichungen und latente Steueraufwendungen in Prozent der Bilanzsumme.

Tabelle 4.22 macht deutlich, dass die latenten Steueraufwendungen der Geschäftsjahre sehr gering erscheinen, wenn sie auf die Bilanzsumme bezogen werden. Dennoch hat die empirische Untersuchung ergeben, dass die zugrunde liegenden Sachverhalte – also die Abweichungen des IFRS-Ergebnisses vom steuerlichen Gewinn – Informationen hinsichtlich der Qualität des IFRS-Ergebnisses beinhalten können. Dies gilt insbesondere für sehr hohe sowie für „normale“ Abweichungen – also für die Subsamples BTA1, BTA3 und BTA5. Die Ergebnisse der Subsamples mit hohen negativen und hohen positiven Unterschieden (BTA2 und BTA4) sind insgesamt nicht eindeutig und schwer zu interpretieren. Während in der deskriptiven Untersuchung beinahe keine Auffälligkeiten und Unterschiede zu Geschäftsjahren mit „normalen“ Book-Tax-Abweichungen identifiziert werden konnten, haben die Maßgrößen zu erkennen gegeben, dass bereits geringfügig höhere negative oder positive Abweichungen von der in dieser Arbeit definierten Benchmark sich tendenziell nachteilig auf die Extrapolierbarkeit des aktuellen IFRS-Ergebnisses auswirken können. Das Kontrollieren für hohe Book-Tax-Abweichungen und die differenzierte Untersuchung der fünf Subsamples war insofern sinnvoll, da vor allem im Falle negativer Abweichungen interessante Erkenntnisse gewonnen werden konnten, die womöglich bei einer weniger detaillierten Einteilung nicht zu erkennen gewesen wären bzw. die Ergebnisse verzerrt hätten. Es ist davon auszugehen, dass die Geschäftsjahre und die Eigenschaften der IFRS-Ergebnisse bzw. die der Ergebniskomponenten dieser Subsamples eine „Mischung“ aus denen der Subsamples mit „normalen“ und denen mit sehr hohen Abweichungen sind. Entsprechend sind die Ergebnisse und Erkenntnisse nicht eindeutig. Trotz der Einsicht, dass sich bereits geringe Abweichungen von der hier definierten Norm negativ auf die Qualität des ausgewiesenen IFRS-Ergebnisses auswirken können, werden in der Zusammenfassung die Ergebnisse der Subsamples BTA2 und BTA4 nicht im Detail beleuchtet.

Die Untersuchungen haben gezeigt, dass **„normale“ Book-Tax-Abweichungen** ein extrapolationsfähiges IFRS-Ergebnis kommunizieren. Die IFRS-Ergebnisse im entsprechenden Subsample BTA3 sind stabil, wenig volatil und nachhaltig erzielbar.

Dies hat bereits die deskriptive Untersuchung zu erkennen gegeben. In dieser wurde festgestellt, dass das Subsample BTA3 eine konstant positive Ergebnisentwicklung aufweist und die IFRS-Ergebnisse eine geeignete Benchmark darstellen, um die Extrapolierbarkeit des IFRS-Ergebnisses in den übrigen Subsamples zu beurteilen. Die Entwicklung der IFRS-Ergebnisse kann auf die Folgeperiode übertragen werden, so dass sie sich zum Zwecke der Extrapolation eignen. Zusätzlich wurde festgestellt, dass die operativen Cashflows nur für Geschäftsjahre mit „normalen“ Book-Tax-Abweichungen konstant ansteigen und sich die Periodenabgrenzungen gleichzeitig auf einem relativ stabilen Niveau bewegen.

Die Erkenntnisse der deskriptiven Untersuchung werden durch die Entwicklung und Untersuchung der Maßgrößen untermauert. Die in dieser Arbeit definierten „normalen“ Abweichungen des IFRS-Ergebnisses vom steuerlichen Gewinn deuten an, dass die aktuellen IFRS-Ergebnisse und Ergebniskomponenten extrem beständig sind. Ferner besitzen die aktuellen IFRS-Ergebnisse eine hohe Prognosefähigkeit. Der IFRS-Ergebnisausweis über drei Perioden zeigt keine erhöhte Volatilität an. Im Durchschnitt sind die aktuellen IFRS-Ergebnisse repräsentativ für künftige Perioden und können ohne erhebliche Modifikationen in Bewertungskalkülen und empirischen Modellen verwendet werden.

Das Subsample BTA1 ist durch **sehr hohe negative Book-Tax-Abweichungen** gekennzeichnet. In diesem Subsample ist zu vermuten, dass der steuerliche Gewinn deutlich höher als das IFRS-Ergebnis ist. Durch den Verlustfilter kann davon ausgegangen werden, dass diese Abweichungen im Durchschnitt nicht auf die Aktivierung von latenten Steuern auf steuerliche Verlustvorträge gründen. Sie resultieren hauptsächlich aus höheren Wertansätzen in Zusammenhang mit Pensions-, Drohverlust- und Restrukturierungsrückstellungen sowie erfolgswirksamen Wertanpassungen.

Die Untersuchungen der Geschäftsjahre und die Kontrolle hinsichtlich ausgeprägten Wachstumsphasen und Unterschieden in der tatsächlichen Steuerbelastung unterstützen diese Vermutung. Unterschiede im Wachstum zwischen den Subsamples können als Ursache für unterschiedlich hohe Book-Tax-Abweichngen ausgeschlossen werden. Die Analyse der tatsächlichen Steuerbelastung zeigt, dass diese signifikant am höchsten ist, wenn sehr hohe negative Book-Tax-Abweichungen vorliegen. Die eben erwähnten Aufwendungen können hierfür ursächlich sein. Darüber hinaus untermauert die deskriptive Analyse der Periodenabgrenzungen diese These, da die IFRS-Ergebnisse im Subsample BTA1 durch signifikant niedrigere negative, nichtzahlungsgleiche Elemente charakterisiert sind. Die signifikant geringeren Periodenabgrenzungen dieses Subsamples können daher auf Rückstellungskomponenten in Zusammenhang mit Pensionen, Drohverlusten und Restrukturierungen sowie auf hohen aufwandswirksamen Wertanpassungen gründen. Steuerrechtlich dürfen diese Sachverhalte nur beschränkt, meist nur bei tatsächlichem Eintritt der zugrunde liegenden Sachverhalte oder, im Falle von Pensionen, zu einem geringeren Wert berücksichtigt werden. Derartige Periodenabgrenzungen vermindern das aktuelle IFRS-Ergebnis und haben gleichzeitig steuerlich noch keine bzw. geringere Auswirkungen.

Im Rahmen der Hypothesenbildung wurde argumentiert, dass die hohen Aufwendungen in Zusammenhang mit Rückstellungen tendenziell unsichere Komponenten sind. Sie können fehlerhaft sein, da künftige Risiken nicht oder in einer anderen Höhe eintreten bzw. kann die Bildung bilanzpolitische Gründe haben. Aufwandswirksame Wertanpassungen können aus marktwertbasierten Schwankungen resultieren und lediglich temporär sein. In diesen Fällen wären die Aufwendungen transitorisch. Da diese Komponenten in einem größeren Umfang in der IFRS-Gewinnermittlung im Vergleich zur Steuerbilanz angesetzt werden dürfen und sehr hohe negative Book-Tax-Abweichungen generieren, wurde vermutet, dass die korrespondierenden IFRS-Ergebnisse weniger beständig sind und eine schlechte Prognosefähigkeit besitzen. Ferner wurde erwartet, dass diese Komponenten, insbesondere marktwertbasierte temporäre Wertanpassungen, die Volatilität des IFRS-Ergebnisausweises erhöhen. Die Kombination dieser Faktoren schränkt die Extrapolierbarkeit des aktuellen IFRS-Ergebnisses ein.

Die deskriptive Untersuchung hat keine eindeutigen Erkenntnisse diesbezüglich hervorgebracht. Hier wurde lediglich festgestellt, dass die IFRS-Ergebnisse des Subsamples BTA1 durch den signifikant höchsten Anstieg von t nach t+1 gekennzeichnet sind. Wird die Entwicklung der Vorperiode t-1 hinzugezogen, scheinen die Gewinne von einem gleichbleibenden Niveau sprunghaft anzusteigen. Dies könnte ein Indiz dafür sein, dass sehr hohe negative Unterschiede zwischen dem IFRS-Ergebnis und der steuerlichen Gewinnermittlung einen künftigen Anstieg des IFRS-Ergebnisses signalisieren. Doch geht dies aus dieser Untersuchung nicht klar hervor. Es wurde lediglich vermutet, dass dieser signifikant höhere Anstieg des IFRS-Ergebnisses sich nachteilig auf die Prognosefähigkeit auswirken könnte. Hinsichtlich der Beständigkeit dieser Entwicklung bzw. des aktuellen IFRS-Ergebnisses und seinen Komponenten konnte keine Aussage getroffen werden. Die deskriptive Analyse der Ergebnisentwicklung über drei Perioden hat ergeben, dass der IFRS-Ergebnisausweis nicht auffällig volatil erscheint.

Die Messung der Beständigkeit, Prognosefähigkeit und Volatilität haben überraschende Resultate geliefert, die ex ante nicht vermutet wurden.

Die Messung der Beständigkeit der aktuellen IFRS-Ergebnisse und der Periodenabgrenzungen des Subsamples BTA1 hat ergeben, dass diese jeweils im Vergleich zu Geschäftsjahren mit „normalen“ Book-Tax-Abweichungen zwar weniger beständig sind, jedoch ist der Unterschied statistisch insignifikant. Um dieses überraschende Resultat zu erklären, wurden zusätzliche Analysen durchgeführt. Sehr wahrscheinlich verzerren „unechte“ Book-Tax-Abweichungen, die in einer geringen Anzahl noch im Sample anzutreffen sind, die genaue Messung. Womöglich sind aber auch die Ergebniseffekte aus den Rückstellungen beständig, da die steuerrechtlichen Regelungen sehr restriktiv sind und zudem ökonomisch unpräzise Bewertungen in der steuerlichen Gewinnermittlung vorgenommen werden. Ferner könnte es sein, dass die Effekte zwar noch im folgenden Geschäftsjahr fortbestehen, aber längerfristig nicht. Gleiches gilt für Wertanpassungen von Vermögensgegenständen und Schulden. Diese können permanent sein und im künftigen IFRS-Ergebnis fortbestehen, aber auch transitorisch sein und in Zukunft revidiert werden. Die zweiperiodige Betrachtung in dieser Untersuchung limitiert die Aussagekraft der Resultate. Schließlich ist es möglich, dass Geschäftsjahre mit sehr hohen negativen Book-Tax-Abweichungen Unterschiede in der Beständigkeit nicht erklären können. Im Ergebnis bleibt festzuhalten, dass die hohe Beständigkeit des Subsamples BTA1 mit Vorsicht und differenziert interpretiert werden muss.

Die Messung der Prognosefähigkeit der aktuellen IFRS-Ergebnisse zeigt, dass diese erheblich eingeschränkt ist in diesem Subsample, was sich – trotz einer im Durchschnitt höheren Beständigkeit – auf die Rückstellungen und auf die Wertanpassungen zurückführen lassen könnte. Diese unsicheren Komponenten können eine starke Veränderung des aktuellen IFRS-Ergebnisses hervorrufen, in der künftigen IFRS-Ergebnisserie zunächst fortbestehen und gleichzeitig die Volatilität der künftigen Serie erhöhen. Folglich wäre die Prognosefähigkeit des aktuellen IFRS-Ergebnisses durch die resultierende, erhöhte Volatilität der künftigen Ergebnisserie vermindert. Die verminderte Prognosefähigkeit gibt zusätzliche empirische Unterstützung dafür, dass die erhöhte Beständigkeit beim Vorliegen von sehr hohen negativen Book-Tax-Abweichungen mit Vorsicht interpretiert werden muss.

Schließlich hat die Messung der Volatilität des IFRS-Ergebnisausweises in den reduzierten Subsamples ergeben, dass sich diese im Subsample BTA1 nicht signifikant von der der Benchmark unterscheidet, allerdings signifikant geringer im Vergleich zu Geschäftsjahren mit sehr hohen positiven Book-Tax-Abweichungen ist. Im Subsample BTA1 sind Periodenabgrenzungen enthalten, die eine Glättung des IFRS-Ergebnisausweises verursachen und sehr hohe negative Book-Tax-Abweichungen generieren. Dieses Resultat impliziert, dass Periodenabgrenzungen in der IFRS-Gewinnermittlung erfasst werden, die einen weniger volatilen Ergebnisausweis bewirken und gleichzeitig steuerlich nicht zugelassen sind, was möglicherweise auf die diskutierten Rückstellungen zurückgeführt werden kann. Während die Risiken (noch) nicht bzw. ökonomisch unpräzise in der steuerlichen Gewinnermittlung erfasst werden, erlauben die IFRS die (genauere) Antizipation dieser Risiken. Diese vorverlagerte Aufwandsrealisation könnte eine Glättung des

IFRS-Ergebnisausweises hervorrufen. Das IFRS-Ergebnis könnte daher tendenziell repräsentativer für künftige Perioden sein.

Im Ergebnis bleibt festzuhalten, dass die Resultate in Zusammenhang mit sehr hohen negativen Book-Tax-Abweichungen nicht eindeutig sind und vorsichtig interpretiert werden müssen. Die Beständigkeit des IFRS-Ergebnisses ist anscheinend vermindert gegenüber Geschäftsjahren mit „normalen" Book-Tax-Abweichungen. Die aktuellen IFRS-Ergebnisse besitzen offensichtlich eindeutig eine schlechte Prognosefähigkeit. Der IFRS-Ergebnisausweis über drei Perioden ist jedoch nicht volatil. Insgesamt scheint daher die Extrapolierbarkeit des aktuellen IFRS-Ergebnisses im Vergleich zur Benchmark der Tendenz nach eingeschränkt. Entsprechend müssen die den latenten Steuererträgen zugrunde liegenden Sachverhalte analysiert und ihre Auswirkungen auf die künftige Ergebnisentwicklung abgeschätzt werden. Das aktuelle IFRS-Ergebnis muss einer kritischen Analyse unterzogen werden, bevor es in Bewertungskalkulen repräsentativ für künftige Perioden verwendet werden kann.

Die widersprüchlichen Resultate der Maßgrößen in Zusammenhang mit sehr hohen negativen Book-Tax-Abweichungen demonstrieren, dass es nicht sinnvoll ist lediglich eine empirische Maßgröße zur Beurteilung der Ergebnisqualität heranzuziehen, sondern dass weitere kontextabhängige Maßgrößen verwendet werden müssen. Deshalb sind die Resultate der empirischen Studien von LEV/NISSIM (2004) und HANLON (2005) kritisch zu sehen.[196]

Das Subsample BTA5 ist durch **sehr hohe positive Book-Tax-Abweichungen** charakterisiert. In diesem Subsample ist zu vermuten, dass das IFRS-Ergebnis deutlich höher als der steuerbilanzielle Gewinn ist. Werden aktive latente Steuern auf steuerliche Verlustvorträge vernachlässigt, sind in deutschen Konzernabschlüssen tendenziell passive latente Steuern zu erwarten. Diese Abweichungen sind die Folge einer vorverlagerten Ertrags- resp. späteren Aufwandsrealisation in der IFRS-Gewinnermittlung im Vergleich zur Steuerbilanz. Eine wichtige Rolle spielen dabei die erweiterten Ermessensspielräume in den IFRS im Vergleich zu den steuerrechtlichen Regelungen.

Im Rahmen der Hypothesenbildung wurde argumentiert, dass die erweiterten Ermessensspielräume in den IFRS Schätzungen und Prognosen des Managements erfordern. Diese können mit Fehlern behaftet sein. Ferner eröffnen diese auch Manipulationsspielräume und damit die Möglichkeit, buchmäßige Bilanzpolitik

[196] Vgl. hierzu ausführlich Abschnitt 3.1.4.2 und Abschnitt 3.1.4.3.

zu praktizieren. Gleichzeitig sind die gleichen Ermessensspielräume nicht in vollem Umfang oder gar nicht in der steuerlichen Gewinnermittlung anzutreffen. Zudem ist es denkbar, dass vermehrt Geschäftsjahre in diesem Subsample sind, deren Book-Tax-Abweichungen durch erfolgswirksame, transitorische Wertanpassungen von Vermögensgegenständen und Schulden generiert wurden. Ebenfalls erfordert das ausgeprägte Realisationsprinzip in den IFRS, welches sehr hohe positive Book-Tax-Abweichungen bewirken kann, die Schätzung und zeitliche Verteilung der Erträge. Da fehlerhafte oder nicht permanente aktuelle Ergebnisse Adjustierungen am künftigen IFRS-Ergebnis zur Folge haben, wurde vermutet, dass IFRS-Ergebnisse in Geschäftsjahren mit sehr hohen positiven Book-Tax-Abweichungen weniger beständig sind und eine schlechte Prognosefähigkeit besitzen. Darüber hinaus wurde vermutet, dass der IFRS-Ergebnisausweis durch erfolgswirksame Wertanpassungen sehr volatil ist. Wie im Subsample BTA1 wurde erwartet, dass die Kombination dieser Faktoren die Extrapolierbarkeit des aktuellen IFRS-Ergebnisses vermindert.

Die Erkenntnisse aus der deskriptiven Untersuchung haben diese Vermutungen bereits untermauert. Die deskriptive Analyse der IFRS-Ergebnisse von Geschäftsjahren mit sehr hohen positiven Book-Tax-Abweichungen hat gezeigt, dass sie das signifikant höchste Niveau in Relation zu den anderen Subsamples haben, jedoch eine abnehmende Tendenz von t nach t+1 aufweisen. In der mehrperiodigen Betrachtung der IFRS-Ergebnisse wurde ein erheblicher Gewinnanstieg von t-1 nach t festgestellt, dem sich jedoch eine starker Rückgang von t nach t+1 anschließt. Die mehrperiodige Untersuchung der Ergebniskomponenten zeigt, dass sich die operativen Cashflows und die Periodenabgrenzungen diametral entwickeln – während die $CFOBT_t$ von t-1 nach t stark abnehmen, wurde ein ausgeprägter Anstieg der $PABT_t$ identifiziert. In der Folgeperiode hat sich dieses Verhältnis umgekehrt. Dies hat vermuten lassen, dass die Periodenabgrenzungen unbeständig sind. Darüber hinaus hat die Untersuchung der subsamplespezifischen Wachstumsfaktoren des IFRS-Ergebnisses ergeben, dass die Veränderung des Gewinns im Falle sehr hoher positiver Book-Tax-Abweichungen am geringsten ist. Die IFRS-Ergebnisse verbleiben demnach auf einem hohen Niveau bzw. scheinen geringfügig abzunehmen. Fraglich war daher, ob das signifikant höhere Ergebnisniveau nachhaltig ist oder auf transitorischen Komponenten beruht. Nach diesen deskriptiven Erkenntnissen konnte konstatiert werden, dass das aktuelle IFRS-Ergebnis zum Teil auf Komponenten gründet, die möglicherweise nicht beständig sind. Dies könnte sich nachteilig auf die Prognosefähigkeit auswirken. Zudem schien die Volatilität des IFRS-Ergebnisausweises von t-1 nach t+1 hoch zu sein.

Die empirische Messung der Beständigkeit, Prognosefähigkeit und Volatilität haben diese Erkenntnisse bestärkt.

Die Ergebnisse zur Beständigkeit haben gezeigt, dass die IFRS-Ergebnisse und die Ergebniskomponenten in Geschäftsjahren mit sehr hohen positiven Book-Tax-Abweichungen signifikant weniger beständig sind wie diejenigen in Geschäftsjahren, die durch „normale“ Book-Tax-Abweichungen charakterisiert sind. Sehr hohe positive Book-Tax-Abweichungen können nach diesem Resultat auf ein von transitorischen Elementen geprägtes aktuelles IFRS-Ergebnis hinweisen. Offensichtlich werden in künftigen Perioden zum Teil fehlerhafte und nicht permanente Komponenten revidiert und entsprechende Adjustierungen am künftigen IFRS-Ergebnis vorgenommen.

Dies wirkt sich auch negativ auf die Prognosefähigkeit des aktuellen IFRS-Ergebnisses aus. Die Prognosefähigkeit des aktuellen IFRS-Ergebnisses ist signifikant schlechter als in Geschäftsjahren mit „normalen“ Book-Tax-Abweichungen. Dieses Resultat untermauert die bereits gewonnen Erkenntnisse aus der Analyse der Beständigkeit.

Schließlich hat die Messung der Volatilität des IFRS-Ergebnisausweises in den reduzierten Subsamples ergeben, dass der Unterschied zur Benchmark insignifikant, jedoch signifikant höher im Vergleich zu Geschäftsjahren mit sehr hohen negativen Book-Tax-Abweichungen ist. Die erhöhte Volatilität des IFRS-Ergebnisausweises im Subsample BTA5 signalisiert, dass eine Glättung des Ergebnisausweises offensichtlich mit den Periodenabgrenzungen, die sehr hohe positive Book-Tax-Abweichungen zur Folge haben, schlechter gelingt. Dies könnte auf Periodenabgrenzungen hindeuten, die sich in ihrer Höhe und ihrem zeitlichen Anfall nicht vom Management in der Gestalt steuern lassen, dass ein für künftige Perioden repräsentatives IFRS-Ergebnis kommuniziert werden kann. Der Informationsgehalt des aktuellen IFRS-Ergebnisses für künftige IFRS-Ergebnisse wird hierdurch vermindert.

Die Ergebnisse der empirischen Untersuchung zeigen, dass sehr hohe positive Book-Tax-Abweichungen als Warnsignal in Bezug auf die künftige Ergebnisentwicklung interpretiert werden können. Die Unterschiede zwischen der IFRS- und der steuerlichen Gewinnermittlung gründen, zumindest zum Teil, offensichtlich in erheblichem Maße auf transitorischen Ergebniskomponenten, die in künftigen Perioden revidiert werden und Adjustierungen am künftigen IFRS-Ergebnis verursachen. Die Beständigkeit des IFRS-Ergebnisses ist eindeutig vermindert gegenüber Geschäftsjahren mit „normalen" Book-Tax-Abweichungen. Zudem besitzen die aktuellen IFRS-Ergebnisse eine schlechte Prognosefähigkeit. Der IFRS-Ergebnisausweis über drei Perioden ist volatil. Die Extrapolierbarkeit des aktuellen IFRS-Ergebnisses ist insgesamt eingeschränkt im Vergleich zur Benchmark. Als Resultat bleibt festzuhalten, dass IFRS-Ergebnisse in Geschäftsjahren mit sehr hohen positiven Book-Tax-Abweichungen sehr genau analysiert und erhebliche Anpassungen an diesen vorgenommen werden müssen, da sie nicht repräsentativ für künftige Perioden sind. Die den latenten Steueraufwendungen zugrunde liegenden Ursachen sollten unbedingt beleuchtet werden, da sich hierdurch transitorische Ergebniskomponenten identifizieren lassen, die die Extrapolierbarkeit des aktuellen IFRS-Ergebnisses erheblich einschränken können.

Die Zusammenfassung der empirischen Ergebnisse macht nochmal deutlich, dass latente Steueraufwendungen nach IAS 12 wichtige Informationen für Analysten bzw. Investoren kommunizieren und deshalb zusätzlich in der Jahresabschlussanalyse eingesetzt werden sollten. Daher wird abschließend überprüft, ob sich auf Basis des IFRS-Ergebnisses vor Steuern und den dazugehörigen latenten Steueraufwendungen ein Benchmark-Intervall – ähnlich wie in Tabelle 4.22 – angeben lässt, in dem sich „normale" Book-Tax-Abweichungen einordnen lassen. Hierzu werden die Book-Tax-Abweichungen zusätzlich als Verhältnis des latenten Steueraufwands zu dem IFRS-Ergebnis vor Steuern ausgedrückt. In Tabelle 4.23 werden der Mittelwert sowie die Werte des 0,25-, 0,5- (=Median) und 0,75-Quantils der latenten Steueraufwendungen (WC18188 und WC18189) in Prozent des IFRS-Ergebnisses vor Steuern EBT_IFRS_t[197] je Subsample angegeben. Erneut geben negative Prozentzahlen an, dass es sich um latente Steuererträge handelt.

[197]Zur Erinnerung: Bei den EBT_IFRS_t handelt es sich um das IFRS-Periodenergebnis vor Steuern abzüglich dem Minderheitenanteil (Pretax Income (WC01401) - Minority Interest (WC01501)). Das Periodenergebnis, korrigiert um den Minderheitenanteil, liegt der Berechnung der von Analysten häufig verwendeten Kennzahl „Gewinn je Aktie" zugrunde.

Art der BTA_t	latenter Steueraufwand in % der EBT_IFRS_t Mittelwert	25%	Median	75%
sehr hohe negative BTA_t (BTA1)	-45,19%	-43,89%	-18,49%	-8,87%
hohe negative BTA_t (BTA2)	-12,32%	-8,14%	-4,00%	-2,23%
„normale“ BTA_t (BTA3)	2,87%	0,35%	1,25%	3,30%
hohe positive BTA_t (BTA4)	10,09%	3,78%	7,63%	12,81%
sehr hohe positive BTA_t (BTA5)	23,71%	10,49%	15,85%	26,45%

Tabelle 4.23: Klassifizierung der BTA_t als latente Steueraufwendungen in Prozent der EBT_IFRS_t.

Mittelwerte[198] und Mediane[199] in Tabelle 4.23 unterscheiden sich zwischen allen Subsamples auf einem Signifikanzniveau von mindestens 1%. Die Signifikanz der Unterschiede lässt erkennen, dass es auf Basis des Verhältnisses der latenten Steueraufwendungen bzw. -erträge zu dem IFRS-Ergebnis vor Steuern anscheinend möglich ist, das Ausmaß der Abweichungen von der Benchmark zu beurteilen. Allerdings lässt sich kein überschneidungsfreies Intervall konstruieren.[200] Wenn jedoch die Werte zwischen dem 0,25- und 0,75-Quantil herangezogen werden, ist eine gewisse Tendenz erkennbar. Es handelt sich hierbei um das Intervall, in dem sich die zentralen 50% der Daten eines Subsamples befinden. Hiernach liegen „normale“ Book-Tax-Abweichungen vor, die ein extrapolationsfähiges IFRS-Ergebnis kommunizieren, wenn die latenten Steueraufwendungen ungefähr -2% bis 3% des IFRS-Ergebnisses vor Steuern betragen. Abweichungen hiervon sollten als Warnsignal für die künftige Ergebnisentwicklung interpretiert werden und – auf Basis der Erkenntnisse der empirischen Untersuchung – ausreichend Anlass zu weiteren detaillierten Analysen geben.

[198] Die t-Werte betragen: -3,72 (BTA1 vs. BTA2); -6,10 (BTA1 vs. BTA3); -6,91 (BTA1 vs. BTA4); -8,00 (BTA1 vs. BTA5); -3,75 (BTA2 vs. BTA3); -5,39 (BTA2 vs. BTA4); -6,99 (BTA2 vs. BTA5); -7,32 (BTA3 vs. BTA4); -6,60 (BTA3 vs. BTA5); -4,15 (BTA4 vs. BTA5).

[199] Die z-Werte des Wilcoxon-Rangsummentests betragen: -8,50 (BTA1 vs. BTA2); -12,40 (BTA1 vs. BTA3); -12,34 (BTA1 vs. BTA4); -12,28 (BTA1 vs. BTA5); -12,34 (BTA2 vs. BTA3); -12,34 (BTA2 vs. BTA4); -12,28 (BTA2 vs. BTA5); -8,82 (BTA3 vs. BTA4); -10,98 (BTA3 vs. BTA5); -6,44 (BTA4 vs. BTA5).

[200] Vgl. hierzu die Minima und Maxima in Tabelle A.7 im Anhang.

4.2.7 Limitationen der Untersuchung, Robustheit der Ergebnisse und künftiges Forschungspotenzial

In diesem Abschnitt werden Limitationen der empirischen Untersuchung angeführt und die Ergebnisse auf ihre Robustheit hin überprüft. Die Darstellung gibt gleichzeitig Hinweise für künftiges Forschungspotenzial.

Zunächst ist wichtig, anzumerken, dass die Ergebnisse dieser Untersuchung nicht generell auf andere Samples und Zeitabschnitte übertragbar sind. Das hier betrachtete Sample umfasst Geschäftsjahre von deutschen Unternehmen, die im CDAX gelistet sind und die allesamt ein positives IFRS-Periodenergebnis vor Steuern ausweisen. Diese Restriktion war zwingend notwendig, damit überwiegend „echte" Book-Tax-Abweichungen in der Untersuchung berücksichtigt werden konnten. Aus diesem Grund sind die Ergebnisse beispielsweise nicht übertragbar auf Unternehmen, die sich in einer Verlustsituation befinden. Ebenso kann nicht unterstellt werden, dass die Ergebnisse für andere Länder oder für andere Zeitabschnitte repräsentativ sind. Der Untersuchungszeitraum umfasst die Jahre 2001 bis 2007. Die zeitliche Beschränkung auf diesen Zeitraum war aus mehreren Gründen notwendig. Erstens, um zu gewährleisten, dass die Regelungen der latenten Steuerverrechnung nach IAS 12 über den gesamten Untersuchungszeitraum einheitlich sind. Zweitens, um ausreichend deutsche Unternehmen zu haben, die nach den IFRS bilanzieren. Schließlich, um den Einfluss der Steuerreformen der Jahre 2000 und 2008 auf die Steuerlatenzen auszuschließen. Folglich muss separat überprüft werden, ob sich Ergebnisse auch auf andere Zeitabschnitte anwenden lassen.

Die in dieser Arbeit verwendeten Daten wurden aus der Worldscope Datenbank von Thomson Financial entnommen. Sie wurden direkt verwendet und nicht auf Fehler kontrolliert. Die Anpassungen, die in der Worldscope Datenbank zu Vergleichszwecken vorgenommen werden, wurden nicht bereinigt. Von diesen Anpassungen könnte ein verzerrender Effekt ausgehen.

Die vorsteuerliche Betrachtung des IFRS-Ergebnisses sowie der Ergebniskomponenten ist sehr entscheidend in dieser Untersuchung. Da bei der Berechnung der $CFOBT_t$[201] und der $PABT_t$[202] die operativen Cashflows (Net Cash Flow Opera-

[201] Die $CFOBT_t$ bestimmen sich durch Summation der operativen Cashflows (Net Cash Flow Operating Activities (WC04860)) und den gezahlten Steuern gemäß Kapitalflussrechnung (Taxation (Cash Flow) (WC04150)).

[202] Sie sind die Differenz der EBT_IFRS_t abzüglich der $CFOBT_t$.

ting Activities (WC04860)) um die gezahlten Steuern angepasst werden müssen, hat sich das Sample extrem verkleinert, da Angaben zu den Steuerzahlungen (Taxation (Cash Flow) (WC04150)) in der Worldscope Datenbank vielfach nicht vorhanden waren. Die Ergebnisse könnten hierdurch verzerrt sein, da nicht garantiert werden kann, dass es sich hierbei um ein unsystematisches Fehlen handelt.

Da einige extreme Ausprägungen von relevanten Untersuchungsvariablen im Sample vorhanden waren, ist dieses um Ausreißer bereinigt worden. Hierzu wurde ein objektives Verfahren gewählt. Daher muss auf die Eliminierung dieser Ausreißer eingegangen und aufgezeigt werden, wie sich die Ergebnisse der Maßgrößen inklusive diesen Beobachtungen darstellen. Für die empirische Untersuchung wurden Ausreißer auf Basis der studentisierten Residuen der grundlegenden OLS-Regression zur Messung der Beständigkeit der EBT_IFRS_t in Abhängigkeit der Ausprägung von BTA_t (Gleichung (4.10)[203]) identifiziert und aus dem Sample eliminiert. Hierdurch wurde das ursprüngliche Sample von 537 Geschäftsjahren um 28 Beobachtungen auf 509 Beobachtungen verkleinert.[204] Dieses Vorgehen war notwendig, da einige Werte einen starken Einfluss[205] auf die Ergebnisse hatten und diese entsprechend verzerrten. Die Tabellen A.8 bis A.13 im Anhang stellen die Ergebnisse der Maßgrößen (Beständigkeit und Prognosefähigkeit) für das Sample inklusive diesen Ausreißern dar. Sie machen deutlich, dass sich die gewonnen Erkenntnisse – trotz einiger Abweichungen – weitgehend bestätigen, wenn diese extremen Beobachtungen einbezogen werden. Die Messung der Volatilität des IFRS-Ergebnisausweises in den verkleinerten Subsamples ändert sich nicht.[206] Im Folgenden soll kurz auf die wesentlichen Unterschiede eingegangen werden.

Insbesondere die Ergebnisse zur subsamplespezifischen Beständigkeit der aktuellen IFRS-Ergebnisse und der Ergebniskomponenten im Fall „normaler“ sowie sehr hoher Book-Tax-Abweichungen ändern sich lediglich marginal. Die qualitativen Aussagen bleiben gleich. Die Ergebnisse werden sogar noch deutlicher. Die Wer-

[203] Vgl. Abschnitt 4.2.5.2.

[204] Vgl. Abschnitt 4.2.4.1.

[205] Vgl. hierzu die deskriptiven Statistiken in den Tabellen A.2 bis A.5 im Anhang. Vgl. auch die graphische Veranschaulichung in Abbildung A.1 im Anhang.

[206] Zur Bestimmung der korrespondierenden Maßgrößen mussten drei aufeinanderfolgende Geschäftsjahre eines Unternehmens im gesamten Sample vorhanden sein. Bei den Ausreißern handelt es sich um einzelne Geschäftsjahre. Auch wenn die Ausreißer berücksichtigt werden, entstehen keine weiteren unternehmensspezifischen Zeitreihen, die die genannte Anforderung erfüllen bzw. ändern sich die bestehenden Zeitreihen nicht, die zur Messung der Volatilität verwendet werden.

te der relevanten Regressionskoeffizienten, die die Beständigkeit jeweils messen, sind im Fall sehr hoher negativer Book-Tax-Abweichungen weniger negativ und bei Vorliegen sehr hoher positiver Book-Tax-Abweichungen stärker negativ. Die statistischen Inferenzaussagen für diese Subsamples ändern sich nicht. Ebenso werden die Ergebnisse der Messung der Prognosefähigkeit für „normale“ sowie sehr hohe Book-Tax-Abweichungen deutlicher und damit bestätigt.

Die Ergebnisse der Maßgrößen für die Subsamples BTA2 und BTA4 ändern sich insofern, als dass die Unterschiede gegenüber der Benchmark insignifikant werden. Dies zeigt, dass die Ergebnisse der Maßgrößen dieser Subsamples nicht eindeutig sind. Die Messung der Beständigkeit ergibt, dass die Koeffizienten der Subsamples BTA2 und BTA4 nun insignifikant sind. Die aus diesen Subsamples entfernten Beobachtungen umfassen offensichtlich IFRS-Ergebnisse bzw. Ergebniskomponenten, deren Entwicklung sehr ähnlich der Entwicklung der IFRS-Ergebnisse bzw. Ergebniskomponenten bei Vorliegen „normaler“ Book-Tax-Abweichungen ist. Werden diese Werte in die Analyse miteinbezogen, lassen sich keine signifikanten Unterschiede mehr konstatieren. Hierdurch ändert sich auch die Messung der Prognosefähigkeit des aktuellen IFRS-Ergebnisses.

Es kann festgehalten werden, dass sich die wesentlichen getroffenen Aussagen qualitativ nicht ändern, wenn alle verfügbaren Beobachtungen in der Untersuchung berücksichtigt werden. Die Betrachtung zeigt allerdings, dass von den Ausreißern – insbesondere im Falle sehr hoher Book-Tax-Abweichungen – ein verzerrender Einfluss ausgeht. Der Ausschluss dieser Beobachtungen war demnach sinnvoll, da hierdurch sichergestellt werden konnte, dass die wesentlichen Untersuchungsergebnisse nicht von wenigen extremen Beobachtungen getrieben sind.

Da eine grundlegende Untersuchung von FREEMAN/OHLSON/PENMAN (1982) ergeben hat, dass buchhalterische Ergebnisse von Unternehmen mit einer relativ hohen oder niedrigen Eigenkapitalrentabilität dazu tendieren können, weniger beständig zu sein[207], wird in den Regressionen zur Messung der Beständigkeit des aktuellen IFRS-Ergebnisses hierfür kontrolliert. Es könnte sich hierbei um eine korrelierte, ausgelassene Variable handeln, welche die Ergebnisse wesentlich beeinflusst. Hierzu werden die Gleichungen (4.10) bzw. (4.11), die jeweils die subsamplespezifische Beständigkeit der EBT_IFRS_t messen, um den Interaktionsterm $EBT\_IFRS_t \cdot ROEBT_t$ erweitert. Bei $ROEBT_t$ handelt es sich um die Eigenkapitalrentabilität vor Steuern, die als Verhältnis des IFRS-Periodenergebnisses vor

[207] Vgl. Freeman/Ohlson/Penman (1982), S. 643 ff.

Steuern (Pretax Income (WC01401)) zum Eigenkapital in der Periode t (Common Equity (WC03501)) berechnet wird. Dieser Term misst den Effekt, den Unterschiede in der Eigenkapitalrentabilität vor Steuern auf die Beständigkeit der EBT_IFRS_t haben. Die vorsteuerliche Betrachtung ist wichtig, um die Konsistenz der Regressionsgleichung zu wahren.[208] Tabelle A.14 im Anhang zeigt die Ergebnisse dieser Regressionen. Es zeigt sich, dass der Interaktionsterm -0,1105 bzw. -0,0956 beträgt und in beiden Modellen insignifikant ist. Die restlichen Koeffizienten ändern sich nur geringfügig und die Inferenzaussagen überhaupt nicht. Daraus lässt sich folgern, dass die bisherigen Ergebnisse robust und nicht durch Unterschiede in der Eigenkapitalrentabilität getrieben sind.[209]

Von enormer Bedeutung für die Ergebnisse dieser Untersuchung ist die Einteilung der Geschäftsjahre in die Subsamples auf Basis der Höhe der Book-Tax-Abweichungen. Die Analyse der Branchenverteilung hat gezeigt, dass Branchen, die relativ stark in einem Subsample anzutreffen sind, sich in den anderen Subsamples mit ähnlicher Gewichtung wiederfinden.[210] Branchenzugehörigkeit scheint damit nicht für unterschiedlich hohe Book-Tax-Abweichungen verantwortlich zu sein. Ausgeprägte Wachstumsphasen können ebenfalls als Ursache unterschiedlich hoher Book-Tax-Abweichungen ausgeschlossen werden.[211] Das Kontrollieren für Unterschiede in der Unternehmensgröße (durch Skalierung aller Variablen), für zeitliche Einflüsse (durch jährliche Dummy-Variablen) oder für Effekte, die durch unterschiedliche Eigenkapitalrentabilitäten entstehen, untermauert, dass von diesen Faktoren kein Einfluss ausgeht. Dennoch kann nicht ausgeschlossen werden, dass es andere korrelierte, jedoch ausgelassene Einflussfaktoren gibt, die die Einteilung in die Subsamples wesentlich bestimmen und die Ergebnisse deshalb substanziell

[208] Vgl. auch Hanlon (2005), S. 162 zu dieser Sensitivitätsanalyse. Sie verwendet jedoch in ihrer Analyse offensichtlich die Eigenkapitalrentabilität nach Steuern. Diese Vorgehensweise ist m.E. inkorrekt, da durch die Interaktion des vorsteuerlichen buchhalterischen Ergebnisses mit der nachsteuerlichen Eigenkapitalrentabilität zusätzlich ein Steuereffekt berücksichtigt wird, weshalb vermutlich der von ihr berechnete Interaktionsterm stark negativ (-0,428) und signifikant ist.

[209] Wird die Vorgehensweise von Hanlon (2005), S. 162 gewählt und der Interaktionsterm auf Basis der nachsteuerlichen Eigenkapitalrentabilität ROE_t (WC08301) berechnet und in den Regressionen berücksichtigt, ist dieser in dieser Untersuchung ebenfalls negativ und signifikant. Er beträgt in Gleichung (4.10) $EBT\_IFRS_t \cdot ROE_t$=-0,2500*** bzw. -0,2502** in Gleichung (4.11). Die Regressionskoeffizienten der übrigen Variablen ändern sich jedoch hierdurch gegenüber der vorsteuerlichen Betrachtung und der Verwendung von $EBT\_IFRS_t \cdot ROEBT_t$ lediglich minimal und die Inferenzaussagen überhaupt nicht.

[210] Vgl. Abschnitt 4.2.4.10.

[211] Vgl. Abschnitt 4.2.4.8.

beeinflussen könnten. Die Sensitivitätsanalysen und Kontrollen sichern lediglich ab, dass die Ergebnisse nicht von den erwähnten Faktoren beeinflusst werden.

In diesem Zusammenhang ist wichtig, anzumerken, dass lediglich Querschnittsanalysen verwendet wurden. Eine branchen- bzw. unternehmensspezifische Betrachtung war aufgrund der vorliegenden Datenstruktur und des relativ kurzen Zeitabschnitts nicht möglich. Die Analyse der Subsamples hinsichtlich der Branchenverteilung hat gezeigt, dass die Anzahl der Geschäftsjahre je Branche in den Subsamples gering ist, so dass branchenspezifische Analysen nicht sinnvoll waren.[212] Die geringe Anzahl von Beobachtungen je Branche in einem Subsample reduziert möglicherweise branchenspezifische Einflüsse. Doch kann hierfür nicht garantiert werden. Es ist zu vermuten, dass die Branchenzugehörigkeit durchaus einen Effekt auf die Ergebnisse haben kann. Bedingt durch die Datenstruktur kann dies allerdings nicht untersucht werden. Da die in der Untersuchung verwendeten Zeitreihen zu kurz und die Anzahl der Beobachtungen je Unternehmen zu gering sind, wurde die Verwendung gepoolter Regressionen gewählt. Man kann davon ausgehen, dass durch die Einteilung der Geschäftsjahre in die Subsamples Verzerrungen aufgrund von ausgelassenen, unternehmensspezifischen Variablen in den Analysen vermindert werden.[213] Allerdings kann nicht ausgeschlossen werden, dass sämtliche Effekte hierdurch eliminiert wurden. Obwohl die Verwendung gepoolter Regressionen in der empirischen Forschung zur Analyse der Ergebnisqualität gängig ist, könnten unternehmensspezifische Regressionen andere Ergebnisse generieren.[214] Gleiches gilt für branchenspezifische Schätzungen und Analysen. Daher könnte diese Studie zukünftig bei entsprechend verfügbaren Daten und einem längeren zeitlichen Horizont wiederholt und für etwaige branchen- und/oder unternehmensspezifische Effekte kontrolliert werden. Jedoch würde auch dann das Problem bestehen, dass durch die Einteilung der Geschäftsjahre in die Subsamples auf Basis der Höhe der Book-Tax-Abweichungen unternehmensspezifische Zeitreihen auseinander gerissen werden und folglich unternehmensspezifische Schätzungen nicht praktikabel wären.

Die Beständigkeit und Prognosefähigkeit des aktuellen IFRS-Ergebnisses wurde lediglich für das folgende Geschäftsjahr gemessen. Dies limitiert die Aussagekraft der Ergebnisse, da unklar ist, ob und inwieweit sich diese bei einer längerfristigen

[212]Vgl. hierzu Tabelle 4.14 in Abschnitt 4.2.4.10.
[213]Vgl. hierzu Tabelle 4.2 in Abschnitt 4.2.4.1.
[214]Vgl. zu speziellen Schätzmethoden bei dynamischen Modellen und unvollständigen Paneldaten Baltagi (2008), S. 147 ff.

Betrachtung bestätigen. Aufgrund der vorliegenden Datenstruktur und den zeitlichen Restriktionen war eine längerfristige Betrachtung nicht möglich. Deshalb könnte die Studie in Zukunft wiederholt werden, wobei die Beständigkeit, Prognosefähigkeit und Volatilität über einen längeren zeitlichen Horizont gemessen wird. Insbesondere vor dem Hintergrund der Resultate in Zusammenhang mit sehr hohen negativen Book-Tax-Abweichungen erscheint dies sinnvoll.

Es wurde mehrfach angeführt, dass sich die Book-Tax-Abweichungen nicht ohne Detailanalyse – wenn überhaupt – den Entstehungsursachen in Abschnitt 4.1.2 zuordnen lassen. Die Ausführungen in Abschnitt 2.3 haben gezeigt, dass latente Steuern in beinahe allen Bilanzpositionen auftreten können. Abschnitt 4.1.2 hat demonstriert, dass sie automatisch durch die korrekte und angemessene Anwendung der jeweiligen Vorschriften entstehen, aber auch durch steuerliche Optimierungskalküle und/oder Bilanzpolitik im IFRS-Abschluss motiviert sein können. Darüber hinaus können sie das Resultat von Ermessensspielräumen in beiden Periodisierungskonzeptionen sein.

In dieser Untersuchung wurde lediglich die Ursache sehr hoher negativer Book-Tax-Abweichungen in deutschen Konzernabschlüssen – wenn aktive latente Steuern auf Verlustvorträge vernachlässigt werden – basierend auf der Untersuchung von ZWIRNER (2007)[215] näher beleuchtet und vor allem auf Pensions-, Restrukturierungs- und Drohverlustrückstellungen zurückgeführt. Zusätzlich wurde argumentiert, dass hohe aufwandswirksame Wertanpassungen, die steuerlich nicht bzw. in einer geringeren Höhe zulässig sind, sehr hohe negative Book-Tax-Abweichungen verursachen. Hierauf basierend wurden entsprechende Implikationen für die Ergebnisse abgeleitet. In der empirischen Untersuchung wurden keine signifikanten Unterschiede in der Beständigkeit der aktuellen IFRS-Ergebnisse sowie der aktuellen Periodenabgrenzungen zwischen den Subsamples BTA1 und BTA3 gefunden. Die Hypothesen H1a und H2a mussten dementsprechend abgelehnt werden. Dieses Ergebnis muss jedoch mit Vorsicht interpretiert werden, da die Insignifikanz der Unterschiede in der Beständigkeit eventuell auch andere Ursachen haben kann, die nicht mit diesen Ergebniskomponenten zusammenhängen. Das Resultat dieser Untersuchung sollte lediglich als Hinweis gewertet werden, dass sehr hohe negative Book-Tax-Abweichungen in deutschen IFRS-Konzernabschlüssen möglicherweise zunächst im folgenden Geschäftsjahr fortbestehen können.

[215] Vgl. hierzu Zwirner (2007), S. 425 f.

Zusätzlich können „unechte“ Book-Tax-Abweichungen die Messungen in Zusammenhang mit dem Subsample BTA1 verzerren. Die geringere Beständigkeit – auch wenn der Unterschied insignifikant ist – sowie die schlechte Prognosefähigkeit der IFRS-Ergebnisse des Subsamples BTA1 im Vergleich zum Subsample BTA3 demonstriert, dass die Qualität des ausgewiesenen IFRS-Periodenergebnisses gegenüber Geschäftsjahren mit „normalen“ Book-Tax-Abweichungen vermindert ist und genauer analysiert werden muss.

Von einer genaueren Spezifizierung und Differenzierung der Ursachen der latenten Steuern wurde ansonsten grundsätzlich abgesehen. Im Ergebnis beinhalten Book-Tax-Abweichungen, die auf Basis der latenten Steueraufwendungen resp. -erträge approximiert werden, Informationen hinsichtlich der Extrapolierbarkeit des IFRS-Ergebnisses. Doch wird in dieser Untersuchung nicht evident, auf welchen Typ von Book-Tax-Abweichungen sich dies zurückführen lässt. Vor allem bleibt ungeklärt, ob Differenzen, die automatisch entstehen, Investoren und Analysten bei ihren Analysen zur Nachhaltigkeit der IFRS-Ergebniskomponenten unterstützen können. Auf Basis von Jahresabschlussinformationen, die einer Datenbank entnommen werden, ist es nicht möglich, die Entstehungsursachen latenter Steuern im Detail abzuleiten. Insbesondere eine Trennung der latenten Steuern in solche, die automatisch generiert werden und solche, die auf steuerlichen Optimierungskalkülen und/oder auf Bilanzpolitik im IFRS-Abschluss gründen, ist nicht ohne weiteres durchführbar. Doch womöglich könnte eine derartige Differenzierung zusätzliche Erkenntnisse generieren. Künftige Studien könnten genau hieran anknüpfen und versuchen, die verschiedenen Ursachen der Book-Tax-Abweichungen zu approximieren und die Implikationen dieser für die Extrapolierbarkeit des IFRS-Ergebnisses herauszuarbeiten.

Vor diesem Hintergrund wurde angenommen, dass das jeweilige Management eines Unternehmens in gleicher Art und Weise in der Lage ist, Steuerbilanzpolitik zu betrieben und es diesbezüglich keinen Unterschied zwischen den Unternehmen gibt. Diese Annahme ist nicht unproblematisch. Es ist also nicht klar, inwieweit Steuerbilanzpolitik die Ergebnisse tatsächlich beeinflusst. Dies lässt sich allerdings empirisch nicht einfach messen. Es ist daher nicht eindeutig, ob Book-Tax-Abweichungen, die auf steuerbilanzpolitischen Maßnahmen basieren, Informationen bezüglich der Qualität des IFRS-Ergebnisses kommunizieren können. Unternehmen, die eine aggressive Steuerplanung betreiben, könnten – analog zu der Vorgehensweise von Ayers/Jiang/Laplante (2009)[216] – auf Basis eines über mehrere Jahre kumulierten, unternehmensspezifischen effektiven Steuersatzes bestimmt werden. Die Ergebnisqualität dieser Unternehmen könnte dann mit der von Unternehmen verglichen werden, die vermutlich weniger ausgeprägt Steuerplanung betreiben. Ferner könnte ein eventueller Zusammenhang zu der Art und Höhe der latenten Steuern der Unternehmen untersucht werden. Dies setzt jedoch voraus, dass entsprechend lange unternehmensspezifische Zeitreihen vorliegen, damit die Steuerplanungsaktivitäten sinnvoll approximiert und beurteilt werden können. Auch hier besteht Bedarf an weiteren Untersuchungen.

Die Ergebnisse im Fall sehr hoher Book-Tax-Abweichungen lassen Spekulationen zu, dass in diesen Subsamples Geschäftsjahre enthalten sind, in denen womöglich Bilanzpolitik im IFRS-Abschluss betrieben wird und hierdurch sehr hohe Book-Tax-Abweichungen generiert werden. Doch auf Basis der vorliegenden Untersuchung können keine endgültigen Aussagen hierzu getroffen werden. Der Zusammenhang zwischen bilanzpolitischen Maßnahmen und der Entstehung von latenten Steuern müsste explizit in einer künftigen Studie näher analysiert werden.

In Abschnitt 4.1.3.1 wurde erläutert, dass aktive latente Steuern auf steuerliche Verlustvorträge „unechte" Book-Tax-Abweichungen generieren und dadurch die Ergebnisse verzerren können. Deshalb wurde ein Verlustfilter implementiert und Geschäftsjahre mit negativem IFRS-Ergebnis nicht in die Untersuchung miteinbezogen. Diese Vorgehensweise stellt annähernd sicher, dass aktivierte Steuerlatenzen auf steuerliche Verlustvorträge nicht im Sample enthalten sind. Es verhindert jedoch nicht, dass das Sample Geschäftsjahre umfassen könnte, in denen derartige aktive latente Steuern aufgelöst werden. Ebenfalls kann nicht garantiert werden, dass die Effekte aus der Bildung von aktiven latenten Steuern auf steuerliche Verlustvorträge überhaupt nicht im Sample enthalten sind, da ein vortragsfähiger steuerlicher Verlust durchaus auch in Geschäftsjahren mit einem positiven IFRS-Ergebnis vorliegen kann. Für die empirische Untersuchung wurde dennoch unterstellt, dass die Effekte aus der Aktivierung von latenten Steuern auf Verlustvorträge vernachlässigbar gering und im Sample überwiegend „echte" Book-Tax-Abweichungen enthalten sind. Allerdings zeigt die Messung der Beständigkeit der IFRS-Ergebnisse sowie der Ergebniskomponenten im Fall sehr hoher negativer Book-Tax-Abweichungen, dass eventuell die Resultate doch durch „un-

[216] Vgl. hierzu Ayers/Jiang/Laplante (2009), S. 23 f. sowie die Ausführungen zu dieser empirischen Studie in Abschnitt 3.1.4.2.

echte“ Book-Tax-Abweichungen verzerrt werden. Entsprechend sollte dies bei der Interpretation der Ergebnisse berücksichtigt werden.

Die in dieser Arbeit verwendeten Jahresabschlussdaten basieren auf IFRS-Konzernabschlüssen deutscher Kapitalgesellschaften. Da diese Unternehmen international tätig sind und (nach den IFRS) konsolidierungspflichtige Tochtergesellschaften, Betriebsstätten und Beteiligungen im Ausland unterhalten, umfassen die Daten auch Steuerlatenzen, die im Ausland generiert werden. Diese Latenzen beruhen meist auf divergierenden Wertansätzen in der IFRS Bilanz I der konsolidierungspflichtigen Gesellschaft und den im betreffenden Ansässigkeitsstaat geltenden steuerlichen Gewinnermittlungsregelungen (inside basis differences) oder auf Differenzen zwischen dem Nettovermögen einer Konzerngesellschaft im IFRS-Konzernabschluss und dem steuerlichen Buchwert der Beteiligung dieser Gesellschaft bei der jeweiligen Muttergesellschaft (outside basis differences).[217] Folglich rufen ausländische steuerliche Regelungen einen Teil der Book-Tax-Abweichungen hervor. Ebenfalls werden diese durch Regelungen des internationalen Steuerrechts sowie Doppelbesteuerungsabkommen beeinflusst. Auf diese Thematik wurde in der Untersuchung nicht eingegangen und es wurde implizit unterstellt, dass sich die Zielsetzung und der Adressat der steuerlichen Gewinnermittlung im Ausland nicht von denen in Deutschland unterscheidet. Es ist damit nicht klar, welche Rolle Steuerlatenzen spielen, die in ausländischen Gesellschaften generiert werden und inwieweit diese die Einteilung in die Subsamples beeinflussen. Eine Trennung in inländische und ausländische latente Steueraufwendungen war jedoch durch die inkonsistente Erfassung dieser Positionen in der Worldscope Datenbank nicht möglich. In der Mehrzahl der Geschäftsjahre des Samples sind die gesamten latenten Steueraufwendungen kumuliert als „inländische“ (WC18188) ausgewiesen.

Schließlich muss angeführt werden, dass in dieser Untersuchung nur rechnungslegungsbasierte Maßgrößen verwendet und die weiteren Analysen ebenfalls nur auf Basis von Jahresabschlussinformationen durchgeführt wurden. Es wurde nicht untersucht, inwieweit die in dieser Arbeit gewonnen Erkenntnisse am Kapitalmarkt wahrgenommen werden. Die Wertrelevanz der empirischen Ergebnisse bleibt somit ungeklärt und könnte zusätzlich in Zukunft untersucht werden.

[217] Vgl. hierzu ausführlich Abschnitt 2.3.3.

Kapitel 5

Zusammenfassung und Fazit

Gegenstand dieser Arbeit ist der Informationsgehalt latenter Steuern nach IAS 12. Es wird untersucht, ob die der latenten Steuerverrechnung gemäß IAS 12 zugrunde liegenden Book-Tax-Abweichungen relevante Informationen enthalten, die zusätzlich im Rahmen der Jahresabschlussanalyse verwendet werden können, um die Extrapolierbarkeit des IFRS-Ergebnisses zu beurteilen. Explizit wird untersucht, ob latente Steuern nach IAS 12 verwendet werden können, um die Höhe der Abweichung des steuerlichen Gewinns vom IFRS-Ergebnis zu approximieren und um damit eine Benchmark zu kreieren, die zusätzliche Erkenntnisse hinsichtlich der nachhaltigen Ertragslage bzw. der „Qualität" des publizierten IFRS-Ergebnisses liefert.

In Kapitel 2 wird dazu zunächst ein umfassendes Verständnis für die Abgrenzung latenter Steuern in einem IFRS-Konzernabschluss vermittelt. Es wird gezeigt, dass Book-Tax-Abweichungen eine Divergenz zwischen dem IFRS-Ergebnis vor Steuern und dem tatsächlichen Steueraufwand, der sich auf Basis des steuerlichen Gewinns ergibt, generieren. Die latente Steuerverrechnung knüpft hieran an und zielt auf die Eliminierung der durch Book-Tax-Abweichungen hervorgerufenen Divergenzen ab. Steuerwirkungen werden den Sachverhalten, die im IFRS-Jahresabschluss erfasst werden, zeitlich entsprechend zugeordnet. Zudem wird ein besserer Einblick in die (künftige) Steuerbelastung und damit auch in die (Netto-)Vermögenslage eines Unternehmens oder Konzerns ermöglicht.

Die Abgrenzung von latenten Steuern in einem IFRS-(Konzern)Abschluss basiert auf dem bilanzorientierten Temporary-Konzept in Verbindung mit der Liability-Methode. Temporary differences nach IAS 12 umfassen sämtliche Differenzen, die sich aus unterschiedlichen Wertansätzen in der IFRS-Bilanz gegenüber der Steuerbilanz, unabhängig von ihren Entstehungsursachen, ergeben. Diese können in einem Jahresabschluss nach IFRS durch beinahe jeden Geschäftsvorfall hervorgerufen werden. Für lediglich wenige dieser temporary differences besteht gemäß IAS 12 ein explizites Ansatzverbot. Latente Steuern nach IAS 12 bilden somit eine Vielzahl an Book-Tax-Abweichungen ab und enthalten deshalb umfassende Informationen über Unterschiede in der Gewinnermittlung nach den IFRS und nach steuerrechtlichen Methoden.

Kapitel 3 zeigt auf Basis der Erkenntnisse existierender empirischer Untersuchungen, die in erster Linie im US-amerikanischen Rechtsraum durchgeführt wurden, dass die latente Steuerverrechnung eine bedeutende Informationsquelle in einem kapitalmarktorientierten Konzernabschluss sein kann. Auf Basis der Informationen der latenten Steuerabgrenzung können steuerliche Wertansätze approximiert werden. Zudem besitzen latente Steuern wertrelevante Informationen. Der Kapitalmarkt bepreist die Komponenten der latenten Steuerpositionen entsprechend den darin enthaltenen Informationen der zugrunde liegenden temporary differences. Insbesondere werden Informationen über künftige Steuerbelastungen bzw. -entlastungen in der Preisbildung berücksichtigt. Book-Tax-Abweichungen, die gleichzeitig erfolgswirksame temporary differences zur Folge haben, besitzen einen Informationsgehalt zum Nachweis von Bilanzpolitik und können daher zusätzlich bzw. ergänzend in Modellen zur Bestimmung von „diskretionären" Periodenabgrenzungen verwendet werden.

Latente Steuern und andere steuerliche Größen aus dem kapitalmarktorientierten Jahresabschluss können ferner dazu verwendet werden, den steuerbilanziellen Gewinn bzw. Abweichungen von diesem approximativ zu bestimmen. Für den US-amerikanischen Rechtsraum zeigt sich, dass aus einem approximativ rekonstruierten Steuerbilanzgewinn bzw. aus der Höhe der Abweichungen dieses Steuerbilanzgewinns vom US-GAAP-Ergebnis zusätzliche Erkenntnisse für die Analyse der (nachhaltigen) Ertragslage eines Unternehmens gewonnen werden können. Zum einen lassen die Ergebnisse empirischer Untersuchungen vermuten, dass ein approximativ rekonstruierter Steuerbilanzgewinn zusätzliche Informationen umfasst, die der Kapitalmarkt in der Preisbildung berücksichtigt. Offensichtlich benutzt der Kapitalmarkt steuerliche Informationen aus dem Jahresabschluss nach US-GAAP, um die nachhaltige Ertragslage besser beurteilen zu können. Zum anderen lassen die Erkenntnisse aus empirischen Studien vermuten, dass die Höhe des Unterschieds zwischen dem US-GAAP-Ergebnis und dem steuerlichen Gewinn ebenfalls zur Beurteilung der „Ergebnisqualität" des US-GAAP-Ergebnisses herangezogen werden kann. Allerdings kommen diese Studien in Abhängigkeit ihrer Definition von „Ergebnisqualität“ zu unterschiedlichen Implikationen. Diese widersprüchlichen Implikationen sind u.a. Motivation, eine umfassendere, kontextabhängige Untersuchung der „Qualität“ des IFRS-Ergebnisses in deutschen Konzernabschlüssen vor dem Hintergrund der latenten Steuerabgrenzung nach IAS 12 durchzuführen.

Aus diesem Grund wird anschließend in Kapitel 3 der Begriff „Ergebnisqualität“ präzisiert und dargestellt, wie er in dieser Arbeit konkret zu verstehen ist. Hierzu wird der Blickwinkel eines Investors oder Analysten eingenommen. Für diese Adressaten besitzen Ergebnisse eine hohe Qualität, wenn sie sich in die Zukunft extrapolieren lassen und damit einen adäquaten Indikator für künftige Ergebnisse darstellen. Anhand theoretisch fundierter Bewertungsmodelle, die in Forschung und Praxis verwendet werden, wird verdeutlicht, dass buchhalterische Ergebnisse und deren Qualität eine bedeutende Rolle spielen. Zudem wird auf Basis der Erkenntnisse aus empirischen Untersuchungen dargelegt, dass Analysten und Investoren das buchhalterische Ergebnis als essenzielle Kennzahl in ihre Analysen miteinbeziehen, was entsprechend substanziiert ist. Schließlich wird gezeigt, dass das buchhalterische Ergebnis relevante Informationen in Bezug auf die Wertschöpfung und die nachhaltige Ertragslage einer Unternehmung beinhaltet. Insbesondere wird angeführt, dass die Orientierung am Ergebnis sinnvoller ist, als lediglich die Cashflows der Unternehmung zu Rate zu ziehen. Basierend auf dieser Darstellung werden rechnungslegungsbasierte, empirische Maßgrößen identifiziert, die sich zur Beurteilung der Extrapolierbarkeit des IFRS-Ergebnisses verwenden lassen. Dies sind (1) die Beständigkeit des aktuellen IFRS-Ergebnisses sowie die der aktuellen Periodenabgrenzungen und Cashflows, (2) die Prognosefähigkeit des aktuellen IFRS-Ergebnisses sowie (3) die Volatilität bzw. Glättung des IFRS-Ergebnisausweises.

Die Ausführungen im Rahmen der Bildung der Hypothesen in Kapitel 4 lassen erkennen, dass die Ursachen von Book-Tax-Abweichungen in einem IFRS-Konzernabschluss umfangreich und vielfältig sind. Sie können „automatisch“ in nahezu jeder Bilanzposition auftreten. Zudem können sie auf steuerlichen Optimierungskalkülen und/oder auf bilanzpolitischen Maßnahmen im IFRS-Abschluss gründen. Darüber hinaus können sie das Resultat von Ermessensspielräumen in beiden Periodisierungskonzeptionen sein. Es lassen sich verschiedene Situationen und Sachverhalte aufzeigen, die definitiv dafür sprechen, dass Book-Tax-Abweichungen als Benchmark zur Beurteilung der Extrapolierbarkeit des IFRS-

Ergebnisses verwendet werden können. Jedoch liegen diese Sachverhalte in der Realität nebeneinander mit anderen Ursachen und nicht separat vor. Ob Book-Tax-Abweichungen tatsächlich genutzt werden können, um die Extrapolierbarkeit des IFRS-Ergebnisses zu beurteilen, bildet daher die zentrale Fragestellung der empirischen Untersuchung dieser Arbeit.

Das in der empirischen Untersuchung betrachtete Sample besteht aus Geschäftsjahren von deutschen Unternehmen, die im CDAX gelistet sind. Der Untersuchungszeitraum umfasst die Jahre 2001 bis 2007. Die für die Untersuchung erforderlichen Jahresabschlussdaten wurden der Worldscope Datenbank von Thomson Financial entnommen. Zur Approximation der Book-Tax-Abweichungen wurden die periodischen latenten Steueraufwendungen herangezogen.

Die deskriptiven Untersuchungen sowie die Berechnung und der Vergleich der Maßgrößen zur Beurteilung der Extrapolierbarkeit des aktuellen IFRS-Ergebnisses zeigen, dass Book-Tax-Abweichungen, die auf Basis der latenten Steueraufwendungen nach IAS 12 bestimmt werden, Informationen hinsichtlich der Extrapolierbarkeit des aktuellen IFRS-Ergebnisses beinhalten:

- Liegen „normale" Book-Tax-Abweichungen in der aktuellen Periode vor, ist das korrespondierende IFRS-Ergebnis extrapolierbar. Die in dieser Arbeit definierten „normalen" Abweichungen des IFRS-Ergebnisses vom steuerlichen Gewinn deuten an, dass die aktuellen IFRS-Ergebnisse und Ergebniskomponenten extrem beständig sind, die aktuellen IFRS-Ergebnisse eine hohe Prognosefähigkeit besitzen, und dass der IFRS-Ergebnisausweis keine erhöhte Volatilität anzeigt. Im Durchschnitt sind die aktuellen IFRS-Ergebnisse repräsentativ für künftige Perioden und können ohne erhebliche Modifikationen in Bewertungskalkülen und empirischen Modellen verwendet werden.

- Bestehen in der aktuellen Periode sehr hohe positive Book-Tax-Abweichungen, sprich ist das IFRS-Ergebnis deutlich höher als der steuerliche Gewinn, ist die Extrapolierbarkeit des aktuellen IFRS-Ergebnisses insgesamt eingeschränkt. Die Ergebnisse der Untersuchung geben empirische Unterstützung dafür, dass die Beständigkeit des aktuellen IFRS-Ergebnisses vermindert ist, aktuelle IFRS-Ergebnisse eine schlechte Prognosefähigkeit besitzen, und dass der IFRS-Ergebnisausweis volatil ist. Als Resultat bleibt festzuhalten, dass IFRS-Ergebnisse in Geschäftsjahren mit sehr hohen positiven Book-Tax-Abweichungen sehr genau analysiert und erhebliche Anpassungen an diesen vorgenommen werden müssen, da sie nicht repräsentativ für künftige Perioden sind.

- Existieren in der aktuellen Periode sehr hohe negative Book-Tax-Abweichungen, sprich ist das IFRS-Ergebnis deutlich geringer als der steuerliche Gewinn, scheint die Extrapolierbarkeit des aktuellen IFRS-Ergebnisses ebenfalls tendenziell eingeschränkt. Allerdings sind die Resultate nicht eindeutig. Während die Beständigkeit des aktuellen IFRS-Ergebnisses der Tendenz nach vermindert ist und die aktuellen IFRS-Ergebnisse eindeutig eine schlechte Prognosefähigkeit besitzen, zeigt der IFRS-Ergebnisausweis keine erhöhte Volatilität an. Es lässt sich somit festhalten, dass das aktuelle IFRS-Ergebnis im Falle sehr hoher negativer Book-Tax-Abweichungen einer kritischen Analyse unterzogen werden muss, bevor es in Bewertungskalkülen repräsentativ für künftige Perioden verwendet werden kann.

Zusammenfassend machen die Untersuchungen deutlich, dass das IFRS-Ergebnis extrapolierbar ist, sofern lediglich ein geringes Auseinanderdriften des steuerlichen Gewinns vom IFRS-Ergebnis gegeben ist. Latente Steueraufwendungen nach IAS 12 können offensichtlich genutzt werden, um eine Benchmark zu konstruieren, die ein stabiles und nachhaltiges IFRS-Ergebnis kommuniziert. Liegen Abweichungen von dieser Benchmark vor, sollten Analysten, Investoren und empirische Forscher das publizierte IFRS-Ergebnis sorgfältig analysieren und die Gründe für diese Abweichungen herausfinden – das IFRS-Ergebnis könnte nicht repräsentativ für künftige Geschäftsjahre sein und sich somit nicht ohne weitere Modifikationen in Bewertungskalkülen und empirischen Modellen verwenden lassen.

Auf Basis des IFRS-Ergebnisses vor Steuern und den dazugehörigen latenten Steueraufwendungen lässt sich eine Benchmark bilden, in dem sich „normale" Book-Tax-Abweichungen einordnen lassen. Diese Benchmark bezieht sich auf latente Steueraufwendungen bzw. -erträge, die ungefähr -2% bis 3% des IFRS-Ergebnisses vor Steuern betragen. Latente Steueraufwendungen bzw. -erträge, die höher ausfallen, sollten als Warnsignal für die künftige Ergebnisentwicklung interpretiert werden und – auf Basis der Erkenntnisse dieser empirischen Untersuchung – ausreichend Anlass zu weiteren detaillierten Analysen geben.

Die Erkenntnisse dieser Arbeit sind von besonderem aktuellen Interesse, wenn berücksichtigt wird, dass aufgrund des BilMoG künftig auch die Unterschiede zwischen dem Ergebnis nach HGB und dem nach steuerrechtlichen Methoden tendenziell größer werden. Infolge des BilMoG sowie des Übergangs auf das Temporary-Konzept und der damit verbundenen Erweiterung des Anwendungsbereichs der §§ 274, 306 HGB wird ferner die Bedeutung latenter Steuern auch im HGB-Abschluss deutlich zunehmen. Aus diesen Gründen entstehen zukünftig weitaus mehr Book-Tax-Abweichungen, die latente Steuern generieren, so dass davon auszugehen ist, dass in Deutschland die Relevanz dieser Thematik auf Seiten der Forschung als auch auf Seiten der Praxis weiter steigt. Die vorliegende Arbeit trägt dieser Entwicklung Rechnung, da sie auf fundierte Weise den bisherigen Kenntnisstand zusammenträgt und weiterentwickelt.

Kapitel A

Anhang

Branchenzugehörigkeit lt. Worldscope Industry Groups (WC06011)				Geschäftsjahre		Unternehmen	
Nr.	Branche	Nr.	Subbranche	n	%	n	%
1600	APPAREL	1610	Apparel Manufacturers	5	0,93%	2	0,99%
		1620	Diversified Apparel Manufacturers	6	1,12%	1	0,49%
		1640	Shoe Manufacturers	6	1,12%	1	0,49%
1900	AUTOMOTIVE	1910	Diversified Automotive Manufacturers	21	3,91%	5	2,46%
		1920	Original Parts & Accessories Manufacturers	3	0,56%	2	0,99%
2200	BEVERAGES	2210	Brewers	1	0,19%	1	0,49%
2500	CHEMICALS	2510	Diversified Chemical Manufacturers	15	2,79%	5	2,46%
		2550	Rubber & Tire Manufacturers	2	0,37%	1	0,49%
		2580	Miscellaneous Chemicals	8	1,49%	4	1,97%
2800	CONSTRUCTION	2810	Diversified Construction Companies	10	1,86%	2	0,99%
		2820	Brick, Clay & Refractory Products	6	1,12%	2	0,99%
		2840	Cement Products	4	0,74%	1	0,49%
		2870	Engineering & Contracting Services	2	0,37%	1	0,49%
		2890	Gypsum, Lumber & Building Supplies	6	1,12%	3	1,48%
3100	DIVERSIFIED	3110	General Diversified	14	2,61%	5	2,46%
3400	DRUGS, COSMETICS & HEALTH CARE	3420	Cosmetics & Toiletries	6	1,12%	1	0,49%
		3430	Ethical Drug Manufacturers	13	2,42%	4	1,97%
		3440	Medical, Surgical & Dental Suppliers	6	1,12%	3	1,48%
3700	ELECTRICAL	3730	Industrial & Commercial Electrical Equipment	15	2,79%	6	2,96%
		3750	Miscellaneous Electrical	6	1,12%	3	1,48%
4000	ELECTRONICS	4010	Diversified	3	0,56%	1	0,49%
		4020	Automatic Controls	1	0,19%	1	0,49%
		4030	Electronic Data Processing Equipment	13	2,42%	5	2,46%
		4060	Parts & Components	5	0,93%	2	0,99%
		4070	Radio, T.V. & Phonograph Manufacturers	2	0,37%	1	0,49%

		4080	Systems & Subsystems	33	6,15%	13	6,40%
		4090	Miscellaneous Electronics	13	2,42%	5	2,46%
4300	FINANCIAL	4380	Land and Real Estate	7	1,30%	4	1,97%
		4392	Rental & Leasing	21	3,91%	8	3,94%
		4394	Securities Brokerage Firms	10	1,86%	3	1,48%
4600	FOOD	4610	Diversified	2	0,37%	1	0,49%
		4680	Sugar Producer	5	0,93%	1	0,49%
4900	MACHINERY & EQUIPMENT	4910	Diversified Machinery	7	1,30%	2	0,99%
		4940	Construction Machinery	5	0,93%	2	0,99%
		4950	Engines	3	0,56%	1	0,49%
		4960	Gauges & Meters Manufacturers	5	0,93%	1	0,49%
		4970	Industrial Machinery	41	7,64%	20	9,85%
		4980	Machine Tools	4	0,74%	1	0,49%
		4991	Transportation Equipment	3	0,56%	2	0,99%
		4992	Miscellaneous Machinery & Equipment	7	1,30%	3	1,48%
5200	METAL PRODUCERS	5280	Steel Producers - Integrated	6	1,12%	1	0,49%
5500	METAL PRODUCT MANUFACTURERS	5510	Diversified	4	0,74%	1	0,49%
		5570	Miscellaneous Metal Products Manufacturers	2	0,37%	1	0,49%
5800	OIL, GAS, COAL & RELATED SERVICES	5890	Miscellaneous Oil, Gas & Coal	4	0,74%	2	0,99%
6100	PAPER	6140	Miscellaneous Paper	3	0,56%	1	0,49%
6400	PRINTING & PUBLISHING	6430	Newspaper Publishers	3	0,56%	1	0,49%
		6440	Printers	4	0,74%	2	0,99%
6700	RECREATION	6720	Motion Picture Producers & Distributors	1	0,19%	1	0,49%
		6750	Radio & T.V. Broadcasts	4	0,74%	1	0,49%
		6780	Miscellaneous Recreation	2	0,37%	2	0,99%
7000	RETAILERS	7020	Department Store Chains	9	1,68%	2	0,99%
		7091	Miscellaneous Retailers	13	2,42%	6	2,96%

7900	TRANSPORTATION	7910	Airlines	3	0,56%	1	0,49%
		7970	Miscellaneous Transportation	6	1,12%	1	0,49%
8200	UTILITIES	8210	Communications	8	1,49%	3	1,48%
		8220	Electric Power Companies	3	0,56%	1	0,49%
		8240	Electric Power & Gas Companies	8	1,49%	2	0,99%
8500	MISCELLANEOUS	8510	Advertising Agencies	1	0,19%	1	0,49%
		8520	Furnishings	13	2,42%	5	2,46%
		8550	Medical Services	7	1,30%	3	1,48%
		8570	Scientific Equipment & Supplies	2	0,37%	2	0,99%
		8580	Service Organizations	39	7,26%	18	8,87%
		8590	Shipbuilding	3	0,56%	1	0,49%
		8591	Wholesalers	25	4,66%	8	3,94%
		8592	Miscellaneous Companies	19	3,54%	6	2,96%
			Summe	537	100,00%	203	100,00%

Tabelle A.1: Branchenverteilung im Sample.

Variable	n	Mittelwert	s.d.	Min	Median	Max
BTA_t	537	0,0023	0,0382	-0,4869	0,0020	0,2132
EBT_IFRS_{t+1}	537	0,0849	0,0669	0,0004	0,0676	0,5403
EBT_IFRS_t	537	0,0806	0,0688	0,0004	0,0631	0,5403
$PABT_t$	537	-0,0268	0,0725	-0,2689	-0,0331	0,3634
$CFOBT_t$	537	0,1075	0,0813	-0,2455	0,0982	0,4462
ω	537	0,4985	2,5550	-0,9685	0,0880	47,5345

Tabelle A.2: Deskriptive Statistiken des gesamten Samples inklusive Ausreißer.

Variable	n	Mittelwert	s.d.	Min	Median	Max
BTA_t	28	0,0074	0,1322	-0,4869	0,0058	0,2132
EBT_IFRS_{t+1}	28	0,2199	0,1160	0,0147	0,2127	0,5403
EBT_IFRS_t	28	0,1869	0,1262	0,0147	0,1783	0,5403
$PABT_t$	28	0,0454	0,1427	-0,1155	-0,0153	0,3582
$CFOBT_t$	28	0,1415	0,1208	-0,2455	0,1286	0,3867
ω	28	0,9733	1,7481	-0,9243	0,6239	7,4966

Tabelle A.3: Deskriptive Statistiken der Ausreißer.

Subsample	Variable	Mittelwert	s.d.	Min	25%	Median	75%	Max
	BTA_t	-0,0355	0,0578	-0,4869	-0,0347	-0,0240	-0,0161	-0,0118
	EBT_IFRS_{t+1}	0,0876	0,0723	0,0085	0,0359	0,0689	0,1123	0,3971
BTA1	EBT_IFRS_t	0,0752	0,0712	0,0024	0,0248	0,0514	0,0994	0,3167
(n=108)	$PABT_t$	-0,0454	0,0747	-0,2689	-0,0893	-0,0472	-0,0113	0,3582
	$CFOBT_t$	0,1207	0,0839	-0,1005	0,0637	0,1122	0,1740	0,4341
	ω	0,7282	2,1346	-0,7807	-0,0562	0,2732	0,6782	18,3758
	BTA_t	-0,0059	0,0032	-0,0117	-0,0091	-0,0054	-0,0033	-0,0010
	EBT_IFRS_{t+1}	0,0746	0,0699	0,0004	0,0339	0,0546	0,0920	0,4203
BTA2	EBT_IFRS_t	0,0719	0,0721	0,0004	0,0276	0,0539	0,0918	0,4203
(n=107)	$PABT_t$	-0,0325	0,0551	-0,1439	-0,0611	-0,0349	-0,0062	0,2269
	$CFOBT_t$	0,1044	0,0776	-0,1055	0,0651	0,0952	0,1431	0,4462
	ω	0,9576	4,9786	-0,9685	-0,1746	0,0623	0,3673	47,5345
	BTA_t	0,0024	0,0019	-0,0010	0,0008	0,0020	0,0041	0,0056
	EBT_IFRS_{t+1}	0,0839	0,0648	0,0013	0,0373	0,0709	0,1202	0,3014
BTA3	EBT_IFRS_t	0,0761	0,0579	0,0013	0,0337	0,0654	0,1043	0,2626
(n=108)	$PABT_t$	-0,0315	0,0595	-0,2425	-0,0627	-0,0278	-0,0019	0,1236
	$CFOBT_t$	0,1076	0,0827	-0,0802	0,0559	0,0953	0,1456	0,3980
	ω	0,3767	1,2738	-0,7192	-0,1813	0,0444	0,3458	7,4966
	BTA_t	0,0101	0,0028	0,0058	0,0078	0,0097	0,0125	0,0165
	EBT_IFRS_{t+1}	0,0800	0,0688	0,0038	0,0379	0,0660	0,0959	0,5403
BTA4	EBT_IFRS_t	0,0739	0,0565	0,0051	0,0333	0,0602	0,0970	0,2674
(n=107)	$PABT_t$	-0,0169	0,0717	-0,1893	-0,0539	-0,0257	0,0064	0,3342
	$CFOBT_t$	0,0908	0,0768	-0,2455	0,0490	0,0892	0,1242	0,3846
	ω	0,2473	0,6509	-0,9363	-0,1675	0,0986	0,4998	3,0605
	BTA_t	0,0411	0,0293	0,0166	0,0229	0,0310	0,0504	0,2132
	EBT_IFRS_{t+1}	0,0987	0,0560	0,0024	0,0556	0,0913	0,1298	0,2687
BTA5	EBT_IFRS_t	0,1060	0,0787	0,0090	0,0534	0,0880	0,1383	0,5403
(n=107)	$PABT_t$	-0,0076	0,0914	-0,1811	-0,0563	-0,0302	0,0152	0,3634
	$CFOBT_t$	0,1137	0,0836	-0,2349	0,0658	0,1128	0,1523	0,3277
	ω	0,1816	1,0557	-0,8206	-0,2439	0,0179	0,3525	9,1791

Tabelle A.4: Deskriptive Statistiken der Subsamples BTA1-BTA5 inklusive Ausreißer.

Subsample	Variable	Mittelwert	s.d.	Min	25%	Median	75%	Max
BTA1 (n=5)	BTA_t	-0,1906	0,2247	-0,4869	-0,3796	-0,0339	-0,0283	-0,0245
	EBT_IFRS_{t+1}	0,2200	0,1217	0,0691	0,1742	0,1921	0,2674	0,3971
	EBT_IFRS_t	0,1694	0,1166	0,0386	0,0707	0,1742	0,2483	0,3152
	$PABT_t$	0,0437	0,1930	-0,1155	-0,0893	-0,0257	0,0910	0,3582
	$CFOBT_t$	0,1257	0,1182	-0,0429	0,0831	0,1279	0,1862	0,2740
	ω	1,1161	1,6044	-0,7807	0,5355	0,5993	1,7159	3,5107
BTA2 (n=4)	BTA_t	-0,0056	0,0043	-0,0114	-0,0088	-0,0048	-0,0025	-0,0016
	EBT_IFRS_{t+1}	0,2368	0,1810	0,0147	0,0927	0,2561	0,3809	0,4203
	EBT_IFRS_t	0,2338	0,1422	0,0607	0,1273	0,2386	0,3403	0,3971
	$PABT_t$	-0,0307	0,0389	-0,0710	-0,0634	-0,0310	0,0021	0,0104
	$CFOBT_t$	0,2644	0,1055	0,1318	0,1907	0,2696	0,3382	0,3867
	ω	0,2876	1,1330	-0,9243	-0,4330	0,1314	1,0081	1,8118
BTA3 (n=5)	BTA_t	0,0026	0,0015	0,0016	0,0018	0,0019	0,0026	0,0052
	EBT_IFRS_{t+1}	0,1905	0,0917	0,0821	0,1247	0,1817	0,2626	0,3014
	EBT_IFRS_t	0,1037	0,0852	0,0147	0,0480	0,0710	0,1671	0,2175
	$PABT_t$	-0,0202	0,0847	-0,1131	-0,0482	-0,0338	-0,0241	0,1181
	$CFOBT_t$	0,1239	0,0548	0,0721	0,0995	0,1048	0,1277	0,2153
	ω	2,6320	3,0670	-0,6227	0,8040	2,6985	2,7839	7,4966
BTA4 (n=6)	BTA_t	0,0107	0,0035	0,0063	0,0088	0,0101	0,0127	0,0165
	EBT_IFRS_{t+1}	0,2340	0,1635	0,0764	0,1561	0,1756	0,2799	0,5403
	EBT_IFRS_t	0,1520	0,0812	0,0708	0,0853	0,1430	0,2025	0,2674
	$PABT_t$	0,1280	0,1414	-0,0439	-0,0064	0,1381	0,2079	0,3342
	$CFOBT_t$	0,0240	0,1395	-0,2455	-0,0054	0,0832	0,0994	0,1292
	ω	0,8982	1,1553	-0,6227	-0,4164	1,2675	1,7369	2,1561
BTA5 (n=8)	BTA_t	0,0863	0,0647	0,0252	0,0407	0,0696	0,1156	0,2132
	EBT_IFRS_{t+1}	0,2192	0,0673	0,1078	0,1746	0,2486	0,2654	0,2687
	EBT_IFRS_t	0,2525	0,1543	0,1092	0,1444	0,1909	0,3498	0,5403
	$PABT_t$	0,0635	0,1600	-0,1087	-0,0373	-0,0076	0,1981	0,3105
	$CFOBT_t$	0,1890	0,0672	0,1036	0,1230	0,1959	0,2306	0,2989
	ω	0,2467	0,7620	-0,8004	-0,3663	0,2978	0,7246	1,4615

Tabelle A.5: Deskriptive Statistiken der Ausreißer je Subsample.

Subsample	Variable	n	Mittelwert	s.d.	Min	Median	Max
BTA1	$Total\ Assets_t$ (EUR)	103	6.288.316	17.980.679	17.935	1.036.995	121.208.000
	UE_t (EUR)	103	6.026.532	12.315.702	12.526	1.068.800	61.347.000
	ROE_t (%)	101	14,33	12,15	0,26	9,82	48,9
	$Leverage_t$ (%)	103	65,77	71,86	0,00	43,61	400,82
BTA2	$Total\ Assets_t$ (EUR)	103	10.115.875	27.620.280	21.949	786.922	133.565.000
	UE_t (EUR)	103	8.300.531	20.774.710	15.107	1.168.355	104.875.000
	ROE_t (%)	101	14,32	10,67	0,29	12,38	63,28
	$Leverage_t$ (%)	102	112,32	292,11	0,00	53,74	2880,58
BTA3	$Total\ Assets_t$ (EUR)	103	12.736.580	37.844.425	5.959	897.295	217.264.992
	UE_t (EUR)	103	7.160.049	16.481.174	5.193	849.270	91.740.000
	ROE_t (%)	102	18,58	22,94	0,22	14,43	196,06
	$Leverage_t$ (%)	102	125,80	198,43	0,00	74,28	1313,31
BTA4	$Total\ Assets_t$ (EUR)	101	9.576.664	27.452.680	11.359	548.075	155.210.000
	UE_t (EUR)	101	5.366.514	10.695.425	4.992	546.428	48.999.000
	ROE_t (%)	96	14,60	9,95	0,12	13,47	53,70
	$Leverage_t$ (%)	100	132,23	231,59	0,00	64,12	1588,29
BTA5	$Total\ Assets_t$ (EUR)	99	6.202.529	15.199.426	3.827	418.690	73.794.000
	UE_t (EUR)	99	5.938.367	13.421.723	3.396	408.179	55.722.000
	ROE_t (%)	89	17,41	11,02	1,80	14,31	70,69
	$Leverage_t$ (%)	95	72,31	86,55	0,00	47,58	424,07

Anmerkung: $TotalAssets_t$ (WC02999) bilden die Bilanzsumme und UE_t (WC01001) die Umsatzerlöse ab. ROE_t (WC08301) misst die Eigenkapitalrentabilität und $Leverage_t$ (WC08231) den Verschuldungsgrad (Verhältnis von Fremdkapital zu Eigenkapital). Zur Berechnung der Kennzahlen „Return on Equity - Total" (WC08301) und „Total Debt % Common Equity" (WC08231) in der Worldscope-Datenbank vgl. Thomson Financial (2007), S. 445 und S. 469.

Tabelle A.6: Deskriptive Statistiken zu weiteren Charakteristika der Subsamples.

Art der BTA_t	latenter Steueraufwand in % der EBT_IFRS_t							
	n	**Mittelwert**	**s.d.**	**Min**	**25%**	**Median**	**75%**	**Max**
sehr hohe negative BTA_t **(BTA1)**	103	-45,19%	79,89%	-453,98%	-43,89%	-18,49%	-8,87%	-2,31%
hohe negative BTA_t **(BTA2)**	103	-12,32%	40,81%	-375,88%	-8,14%	-4,00%	-2,23%	-0,19%
„normale" BTA_t **(BTA3)**	103	2,87%	4,54%	-1,31%	0,35%	1,25%	3,30%	23,63%
hohe positive BTA_t **(BTA4)**	101	10,09%	8,90%	1,15%	3,78%	7,63%	12,81%	45,47%
sehr hohe positive BTA_t **(BTA5)**	99	23,71%	31,71%	3,39%	10,49%	15,85%	26,45%	249,27%

Tabelle A.7: Deskriptive Statistiken der latenten Steueraufwendungen in Prozent der EBT_IFRS_t.

Variable	Modell 1a Koeffizient	Modell 1a robuster s.e.	Modell 1b Koeffizient	Modell 1b robuster s.e.
EBT_IFRS_t	0,7019***	0,0631	0,7052***	0,0630
$Konstante$	0,0284***	0,0049	0,0165**	0,0069
GJ_{2002}			-0,0021	0,0062
GJ_{2003}			0,0247***	0,0079
GJ_{2004}			0,0150*	0,0078
GJ_{2005}			0,0160*	0,0083
GJ_{2006}			0,0069	0,0076

Signifikanzniveau (zweiseitig): *10%, **5%, ***1%

	Modell 1a	Modell 1b
n	537	537
R^2	0,5215	0,5333
$\bar{R}^2$	0,5206	0,5281
$F_{(1,202)\ bzw.\ (6,202)}$	123,87 (0,00)	48,11 (0,00)
Arellano-Bond-Test	z=-0,38 (0,70)	z=-0,41 (0,68)
Konditionszahl	2,71	9,60

p-Werte sind in Klammern wiedergegeben.

Anmerkung: Die Tabelle zeigt die Ergebnisse der OLS-Regression zur Messung der Beständigkeit des aktuellen IFRS-Ergebnisses vor Steuern EBT_IFRS_t für das gesamte Sample inklusive Ausreißern von n=537 Geschäftsjahre. Es gilt: EBT_IFRS_t = Pretax Income$_t$ (WC01401) - Minority Interest$_t$ (WC01501). Die EBT_IFRS_t wurden mit den Total Assets (WC02999) des Geschäftsjahres t bzw. t+1 skaliert. Der Arellano-Bond-Test für Autokorrelation gründet auf der Nullhypothese, dass die Residuen keinem AR(1)-Prozess folgen und somit keine Autokorrelation vorliegt. Das Modell 1b inklusive jährliche Dummy-Variablen GJ_t wird geschätzt, um für zeitgleiche Korrelation zu kontrollieren. Substanzielle Multikollinearität ist nicht anzunehmen, da die Konditionszahl < 30 ist.

Tabelle A.8: Beständigkeit der EBT_IFRS_t für das gesamte Sample inklusive Ausreißer.

Variable	Modell 2a Koeffizient	Modell 2a robuster s.e.	Modell 2b Koeffizient	Modell 2b robuster s.e.
$PABT_t$	0,6153***	0,0676	0,6207***	0,0680
$CFOBT_t$	0,7500***	0,0569	0,7478***	0,0577
$Konstante$	0,0209***	0,0052	0,0101	0,0071
GJ_{2002}			-0,0035	0,0061
GJ_{2003}			0,0205***	0,0080
GJ_{2004}			0,0133*	0,0081
GJ_{2005}			0,0161*	0,0085
GJ_{2006}			0,0080	0,0075
Signifikanzniveau (zweiseitig): *10%, **5%, ***1%				
n	537		537	
R^2	0,5404		0,5496	
$\bar{R}^2$	0,5387		0,5436	
$F_{(2,202)\ bzw.\ (7,202)}$	86,96 (0,00)		47,26 (0,00)	
Arellano-Bond-Test	z=-0,37 (0,71)		z=-0,37 (0,72)	
Konditionszahl	3,98		10,24	
F-Test:				
$\beta_1 = \beta_2$	6,73 (0,01)		6,03 (0,01)	
p-Werte sind in Klammern wiedergegeben.				

Anmerkung: Die Tabelle zeigt die Ergebnisse der OLS-Regression zur Messung der Beständigkeit der aktuellen Periodenabgrenzungen vor Steuern $PABT_t$ sowie die der aktuellen operativen Cashflows vor Steuern $CFOBT_t$ für das gesamte Sample inklusive Ausreißern von n=537 Geschäftsjahre. Es gilt: EBT_IFRS_t = Pretax Income_t (WC01401) − Minority Interest_t (WC01501); $CFOBT_t$ = Net Cash Flow Operating Activities_t (WC04860) + Taxation (Cash $\text{Flow})_t$ (WC04150); $PABT_t = EBT\_IFRS_t - CFOBT_t$. Alle Variablen wurden mit den Total Assets (WC02999) des Geschäftsjahres t bzw. t+1 skaliert. Der Arellano-Bond-Test für Autokorrelation gründet auf der Nullhypothese, dass die Residuen keinem AR(1)-Prozess folgen und somit keine Autokorrelation vorliegt. Das Modell 2b inklusive jährliche Dummy-Variablen GJ_t wird geschätzt, um für zeitgleiche Korrelation zu kontrollieren. Substanzielle Multikollinearität ist nicht anzunehmen, da die Konditionszahl < 30 ist.

Tabelle A.9: Beständigkeit der $PABT_t$ und der $CFOBT_t$ für das gesamte Sample inklusive Ausreißer.

Variable	Modell 3a Koeffizient	Modell 3a robuster s.e.	Modell 3b Koeffizient	Modell 3b robuster s.e.
EBT_IFRS_t	0,8912***	0,0758	0,8848***	0,0772
$EBT\_IFRS_t \cdot BTA1$	-0,0889	0,1347	-0,0753	0,1353
$EBT\_IFRS_t \cdot BTA2$	-0,0809	0,0862	-0,0768	0,0845
$EBT\_IFRS_t \cdot BTA4$	-0,0394	0,1700	-0,0320	0,1689
$EBT\_IFRS_t \cdot BTA5$	-0,5265***	0,1398	-0,5152***	0,1389
$Konstante$	0,0161**	0,0068	0,0085	0,0093
$BTA1$	0,0111	0,0098	0,0101	0,0096
$BTA2$	0,0002	0,0074	-0,0005	0,0073
$BTA4$	0,0010	0,0114	0,0016	0,0110
$BTA5$	0,0439***	0,0120	0,0438***	0,0121
GJ_{2002}			-0,0077	0,0064
GJ_{2003}			0,0195**	0,0084
GJ_{2004}			0,0123	0,0081
GJ_{2005}			0,0109	0,0080
GJ_{2006}			0,0035	0,0077

Signifikanzniveau (zweiseitig): *10%, **5%, ***1%

	Modell 3a	Modell 3b
n	537	537
R^2	0,5698	0,5801
$\bar{R}^2$	0,5625	0,5689
$F_{(9,202)\ bzw.\ (14,202)}$	54,43 (0,00)	41,32 (0,00)
Arellano-Bond-Test	z=0,30 (0,77)	z=0,33 (0,74)
Konditionszahl	13,18	15,60
F-Test:		
$\beta_6 = \beta_7$	0,00 (0,95)	0,00 (0,99)
$\beta_6 = \beta_8$	0,07 (0,80)	0,05 (0,82)
$\beta_6 = \beta_9$	7,70 (0,01)	7,71 (0,01)
$\beta_7 = \beta_8$	0,06 (0,80)	0,08 (0,78)
$\beta_7 = \beta_9$	10,58 (0,00)	10,49 (0,00)
$\beta_8 = \beta_9$	3,75 (0,05)	3,76 (0,05)

p-Werte sind in Klammern wiedergegeben.

Anmerkung: Die Tabelle zeigt die Ergebnisse der OLS-Regression zur Messung der Beständigkeit des aktuellen IFRS-Ergebnisses vor Steuern EBT_IFRS_t in Abhängigkeit der Höhe der aktuellen Book-Tax-Abweichungen BTA_t für die Subsamples BTA1-BTA5 inklusive Ausreißern mit insgesamt n=537 Geschäftsjahren. Unterschiede der Subsamples gegenüber dem Benchmark-Subsample BTA3 werden durch die Dummy-Variablen BTA1, BTA2, BTA4 bzw. BTA5 gemessen. Es gilt: EBT_IFRS_t = Pretax Income$_t$ (WC01401) - Minority Interest$_t$ (WC01501). Die EBT_IFRS_t wurden mit den Total Assets (WC02999) des Geschäftsjahres t bzw. t+1 skaliert. Der Arellano-Bond-Test für Autokorrelation gründet auf der Nullhypothese, dass die Residuen keinem AR(1)-Prozess folgen und somit keine Autokorrelation vorliegt. Das Modell 3b inklusive jährliche Dummy-Variablen GJ_t wird geschätzt, um für zeitgleiche Korrelation zu kontrollieren. Substanzielle Multikollinearität ist nicht anzunehmen, da die Konditionszahl < 30 ist.

Tabelle A.10: Beständigkeit der EBT_IFRS_t je Subsample inklusive Ausreißer.

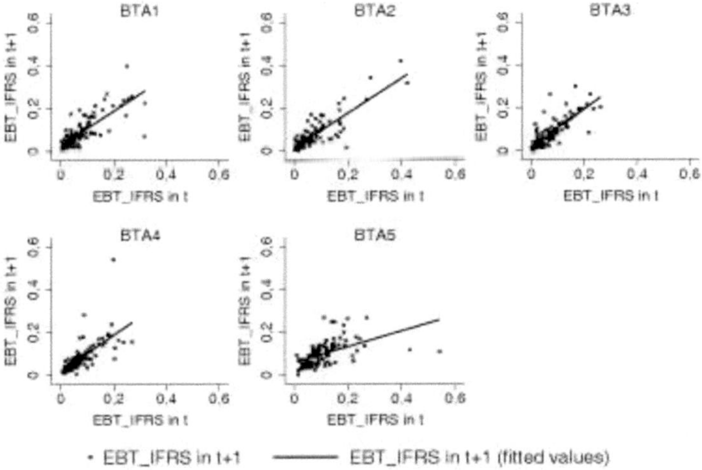

Abbildung A.1: Graphische Veranschaulichung der subsamplespezifischen Regressionsgeraden (Modell 3a) und der Beobachtungen in EBT_IFRS_{t+1} inklusive Ausreißer.

Variable	Modell 4a Koeffizient	Modell 4a robuster s.e.	Modell 4b Koeffizient	Modell 4b robuster s.e.
$PABT_t$	0,7744***	0,1007	0,7603***	0,1010
$CFOBT_t$	0,8923***	0,0715	0,8822***	0,0731
$PABT_t \cdot BTA1$	-0,1216	0,1684	-0,0996	0,1679
$CFOBT_t \cdot BTA1$	-0,0073	0,0966	0,0060	0,0981
$PABT_t \cdot BTA2$	-0,1119	0,1158	-0,0895	0,1161
$CFOBT_t \cdot BTA2$	-0,0420	0,0786	-0,0369	0,0790
$PABT_t \cdot BTA4$	0,1392	0,2254	0,1596	0,2282
$CFOBT_t \cdot BTA4$	-0,0787	0,1507	-0,0742	0,1486
$PABT_t \cdot BTA5$	-0,4462***	0,1673	-0,4258***	0,1637
$CFOBT_t \cdot BTA5$	-0,4707***	0,1406	-0,4631***	0,1395
$Konstante$	0,0123*	0,0064	0,0050	0,0093
$BTA1$	-0,0018	0,0092	-0,0025	0,0090
$BTA2$	-0,0050	0,0070	-0,0053	0,0069
$BTA4$	0,0093	0,0111	0,0101	0,0107
$BTA5$	0,0410***	0,0117	0,0412***	0,0118
GJ_{2002}			-0,0086	0,0065
GJ_{2003}			0,0164*	0,0085
GJ_{2004}			0,0121	0,0083
GJ_{2005}			0,0119	0,0084
GJ_{2006}			0,0041	0,0078

Signifikanzniveau (zweiseitig): *10%, **5%, ***1%

	Modell 4a	Modell 4b
n	537	537
R^2	0,5927	0,6018
$\bar{R}^2$	0,5818	0,5872
$F_{(14,202)\ bzw.\ (19,202)}$	56,19 (0,00)	50,01 (0,00)
Arellano-Bond-Test	z=0,49 (0,62)	z=0,56 (0,57)
Konditionszahl	19,07	20,93
F-Test:		
$\beta_7 = \beta_9$ / $\beta_8 = \beta_{10}$	0,00 (0,95) / 0,14 (0,71)	0,00 (0,95) / 0,19 (0,66)
$\beta_7 = \beta_{11}$ / $\beta_8 = \beta_{12}$	1,00 (0,32) / 0,21 (0,65)	0,99 (0,32) / 0,27 (0,60)
$\beta_7 = \beta_{13}$ / $\beta_8 = \beta_{14}$	3,27 (0,07) / 13,09 (0,00)	3,29 (0,07) / 13,10 (0,00)
$\beta_9 = \beta_{11}$ / $\beta_{10} = \beta_{12}$	1,29 (0,26) / 0,06 (0,80)	1,28 (0,26) / 0,06 (0,80)
$\beta_9 = \beta_{13}$ / $\beta_{10} = \beta_{14}$	5,82 (0,02) / 9,77 (0,00)	6,03 (0,01) / 9,76 (0,00)
$\beta_{11} = \beta_{13}$ / $\beta_{12} = \beta_{14}$	3,71 (0,06) / 2,99 (0,09)	3,73 (0,05) / 3,04 (0,08)

p-Werte sind in Klammern wiedergegeben.

Anmerkung: Die Tabelle zeigt die Ergebnisse der OLS-Regression zur Messung der Beständigkeit der aktuellen Periodenabgrenzungen vor Steuern $PABT_t$ sowie die der aktuellen operativen Cashflows vor Steuern $CFOBT_t$ in Abhängigkeit der Höhe der aktuellen Book-Tax-Abweichungen BTA_t für die Subsamples BTA1-BTA5 inklusive Ausreißern mit insgesamt n=537 Geschäftsjahren. Unterschiede der Subsamples gegenüber dem Benchmark-Subsample BTA3 werden durch die Dummy-Variablen BTA1, BTA2, BTA4 bzw. BTA5 gemessen. Es gilt: EBT_IFRS_t = Pretax Income$_t$ (WC01401) – Minority Interest$_t$ (WC01501); $CFOBT_t$ = Net Cash Flow Operating Activities$_t$ (WC04860) + Taxation (Cash Flow)$_t$ (WC04150); $PABT_t = EBT\_IFRS_t - CFOBT_t$. Alle Variablen wurden mit den Total Assets (WC02999) des Geschäftsjahres t bzw. t+1 skaliert. Der Arellano-Bond-Test für Autokorrelation gründet auf der Nullhypothese, dass die Residuen keinem AR(1)-Prozess folgen und somit keine Autokorrelation vorliegt. Das Modell 4b inklusive jährliche Dummy-Variablen GJ_t wird geschätzt, um für zeitgleiche Korrelation zu kontrollieren. Substanzielle Multikollinearität ist nicht anzunehmen, da die Konditionszahl < 30 ist.

Tabelle A.11: Beständigkeit der $PABT_t$ und der $CFOBT_t$ je Subsample inklusive Ausreißer.

Subsample	n	$\sigma(\varepsilon_{t+1})$	$\lvert\widehat{\overline{EBT\_IFRS}}_{t+1}\rvert$	$\frac{\sigma(\varepsilon_{t+1})}{\lvert\widehat{\overline{EBT\_IFRS}}_{t+1}\rvert}$
BTA1	108	$0{,}0443_{(2;3)}$	$0{,}0876_{(2;5)}$	0,5057
BTA2	107	$0{,}0383_{(1;4;5)}$	$0{,}0746_{(1;5)}$	0,5134
BTA3	108	$0{,}0391_{(1;4;5)}$	$0{,}0839_{(5)}$	0,4660
BTA4	107	$0{,}0492_{(2;3)}$	$0{,}0800_{(5)}$	0,6150
BTA5	107	$0{,}0481_{(2;3)}$	$0{,}0987_{(1;2;3;4)}$	0,4873

Anmerkung: Die Tabelle zeigt die Ergebnisse der OLS-Regressionen zur Messung der Prognosefähigkeit des aktuellen IFRS-Ergebnisses vor Steuern EBT_IFRS_{t+1} in Abhängigkeit der Höhe der aktuellen Book-Tax-Abweichungen BTA_t für die Subsamples BTA1-BTA5 inklusive Ausreißern. Die Bestimmung von $\sigma(\varepsilon_{t+1})$ bzw. $\lvert\widehat{\overline{EBT\_IFRS}}_{t+1}\rvert$ basiert auf der subsamplespezifischen OLS-Schätzung von Gleichung (4.6) ($EBT\_IFRS_{t+1} = \beta_0 + \beta_1 \cdot EBT\_IFRS_t + \varepsilon_{t+1}$). Es gilt: EBT_IFRS_t = Pretax Income$_t$ (WC01401) - Minority Interest$_t$ (WC01501). Die EBT_IFRS_t wurden mit den Total Assets (WC02999) des Geschäftsjahres t bzw. t+1 skaliert. Signifikante Unterschiede zwischen den Subsamples BTA1-BTA5 werden durch tiefgestellte Zahlen (1-5) signalisiert. Die $\sigma(\varepsilon_{t+1})$ unterscheiden sich mindestens auf einem Signifikanzniveau von 5% bei einem einseitigen Test. Die $\lvert\widehat{\overline{EBT\_IFRS}}_{t+1}\rvert$ unterscheiden sich mindestens auf einem Signifikanzniveau von 10% bei einem einseitigen Test.

Tabelle A.12: Prognosefähigkeit der EBT_IFRS_t je Subsample inklusive Ausreißer (OLS-Schätzungen ohne jährlichen Dummy-Variablen).

Subsample	**n**	$\sigma(\varepsilon_{t+1})$	$\lvert\widehat{\overline{EBT\_IFRS}}_{t+1}\rvert$	$\frac{\sigma(\varepsilon_{t+1})}{\lvert\widehat{\overline{EBT\_IFRS}}_{t+1}\rvert}$
BTA1	108	$0{,}0441_{(2;3)}$	$0{,}0876_{(2;5)}$	0,5034
BTA2	107	$0{,}0365_{(1;4;5)}$	$0{,}0746_{(1;5)}$	0,4893
BTA3	108	$0{,}0374_{(1;4;5)}$	$0{,}0839_{(5)}$	0,4458
BTA4	107	$0{,}0476_{(2;3)}$	$0{,}0800_{(5)}$	0,5950
BTA5	107	$0{,}0473_{(2;3)}$	$0{,}0987_{(1;2;3;4)}$	0,4792

Anmerkung: Die Tabelle zeigt die Ergebnisse der OLS-Regressionen zur Messung der Prognosefähigkeit des aktuellen IFRS-Ergebnisses vor Steuern EBT_IFRS_t in Abhängigkeit der Höhe der aktuellen Book-Tax-Abweichungen BTA_t für die Subsamples BTA1-BTA5 inklusive Ausreißern. Die Bestimmung von $\sigma(\varepsilon_{t+1})$ bzw. $\lvert\widehat{\overline{EBT\_IFRS}}_{t+1}\rvert$ basiert auf der subsamplespezifischen OLS-Schätzung von Gleichung (4.7) ($EBT\_IFRS_{t+1} = \alpha_0 + \sum_{t=2002}^{2006} \gamma_t \cdot GJ_t + \beta_1 \cdot EBT\_IFRS_t + \varepsilon_{t+1}$). Es gilt: EBT_IFRS_t = Pretax Income$_t$ (WC01401) - Minority Interest$_t$ (WC01501). Die EBT_IFRS_t wurden mit den Total Assets (WC02999) des Geschäftsjahres t bzw. t+1 skaliert. Signifikante Unterschiede zwischen den Subsamples BTA1-BTA5 werden durch tiefgestellte Zahlen (1-5) signalisiert. Die $\sigma(\varepsilon_{t+1})$ unterscheiden sich mindestens auf einem Signifikanzniveau von 5% bei einem einseitigen Test. Die $\lvert\widehat{\overline{EBT\_IFRS}}_{t+1}\rvert$ unterscheiden sich mindestens auf einem Signifikanzniveau von 10% bei einem einseitigen Test.

Tabelle A.13: Prognosefähigkeit der EBT_IFRS_t je Subsample inklusive Ausreißer (OLS-Schätzungen mit jährlichen Dummy-Variablen).

Variable	Modell 3a (inklusive $EBT\_IFRS_t \cdot ROEBT_t$) Koeffizient	robuster s.e.	Modell 3b (inklusive $EBT\_IFRS_t \cdot ROEBT_t$) Koeffizient	robuster s.e.
EBT_IFRS_t	0,9962***	0,0625	0,9736***	0,0641
$EBT\_IFRS_t \cdot BTA1$	-0,1125	0,0825	-0,1011	0,0848
$EBT\_IFRS_t \cdot BTA2$	-0,2009***	0,0720	-0,1835***	0,0722
$EBT\_IFRS_t \cdot BTA4$	-0,1596***	0,0610	-0,1484***	0,0574
$EBT\_IFRS_t \cdot BTA5$	-0,4328***	0,0827	-0,4165***	0,0843
$EBT\_IFRS_t \cdot ROEBT_t$	-0,1105	0,0863	-0,0956	0,0924
$Konstante$	0,0069	0,0044	0,0011	0,0064
$BTA1$	0,0140**	0,0061	0,0131**	0,0057
$BTA2$	0,0111**	0,0052	0,0096*	0,0051
$BTA4$	0,0082*	0,0048	0,0076*	0,0045
$BTA5$	0,0314***	0,0077	0,0305***	0,0076
GJ_{2002}			-0,0066	0,0061
GJ_{2003}			0,0161***	0,0065
GJ_{2004}			0,0117**	0,0057
GJ_{2005}			0,0132**	0,0057
GJ_{2006}			0,0075	0,0055

Signifikanzniveau (zweiseitig): *10%, **5%, ***1%

	Modell 3a	Modell 3b
n	509	509
R^2	0,7207	0,7320
$\bar{R}^2$	0,7151	0,7238
$F_{(10,197)\ bzw.\ (15,197)}$	121,30 (0,00)	85,02 (0,00)
Arellano-Bond-Test	z=1,32 (0,19)	z=1,44 (0,15)
Konditionszahl	14,61	16,70

p-Werte sind in Klammern wiedergegeben.

Anmerkung: Die Tabelle zeigt die Ergebnisse der OLS-Regression zur Messung der Beständigkeit des aktuellen IFRS-Ergebnisses vor Steuern EBT_IFRS_t in Abhängigkeit der Höhe der aktuellen Book-Tax-Abweichungen BTA_t für die Subsamples BTA1-BTA5 mit insgesamt n=509 Geschäftsjahren. Unterschiede der Subsamples gegenüber dem Benchmark-Subsample BTA3 werden durch die Dummy-Variablen BTA1, BTA2, BTA4 bzw. BTA5 gemessen. In diesen Regressionen wird zusätzlich explizit für den Effekt von Unterschieden in der Eigenkapitalrentabilität vor Steuern auf die Beständigkeit der EBT_IFRS_t durch den Interaktionsterm $EBT\_IFRS_t \cdot ROEBT_t$ kontrolliert. Es gilt: EBT_IFRS_t = Pretax Income$_t$ (WC01401) - Minority Interest$_t$ (WC01501) und $ROEBT_t = \frac{\text{Pretax Income}_t(WC01401)}{\text{Common Equity}_t(WC03501)}$. Die EBT_IFRS_t wurden mit den Total Assets (WC02999) des Geschäftsjahres t bzw. t+1 skaliert. Der Arellano-Bond-Test für Autokorrelation gründet auf der Nullhypothese, dass die Residuen keinem AR(1)-Prozess folgen und somit keine Autokorrelation vorliegt. Das Modell 3b inklusive jährliche Dummy-Variablen GJ_t wird geschätzt, um für zeitgleiche Korrelation zu kontrollieren. Substanzielle Multikollinearität ist nicht anzunehmen, da die Konditionszahl < 30 ist.

Tabelle A.14: Beständigkeit der EBT_IFRS_t je Subsample inklusive der Kontrolle für Unterschiede in $ROEBT_t$.

Literaturverzeichnis

AAA Financial Accounting Standards Committee (2001): Equity Valuation Models and Measuring Goodwill Impairment, in: Accounting Horizons 2001, S. 161–170.

Aktay, Timur und Ries, Christoph (2008): Konzernsteuerquote und steuerliche Überleitungsrechnung als Instrument zur Beurteilung betrieblicher Steuerpolitik – Eine empirische Auswertung von Konzernabschlüssen, in: Die Wirtschaftsprüfung 2008, S. 761–768.

Amir, Eli; Kirschenheiter, Michael und Willard, Kristen (1997): The Valuation of Deferred Taxes, in: Contemporary Accounting Research 1997, S. 597–622.

Amir, Eli und Sougiannis, Theodore (1999): Analysts' Interpretation and Investors' Valuation of Tax Carryforwards, in: Contemporary Accounting Research 1999, S. 1–33.

Antonakopoulos, Nadine (2007): Gewinnkonzeptionen und Erfolgsdarstellung nach IFRS – Analyse der direkt im Eigenkapital erfassten Erfolgsbestandteile –, Wiesbaden.

Arellano, Manuel und Bond, Stephen (1991): Some Tests of Specification for Panel Data: Monte Carlo Evidence and an Application to Employment Equations, in: The Review of Economic Studies 1991, S. 277–297.

Ayers, Benjamin C. (1998): Deferred Tax Accounting Under SFAS No. 109: An Empirical Investigation of its Incremental Value-Relevance Relative to APB No. 11, in: The Accounting Review 1998, S. 195–212.

Ayers, Benjamin C.; Jiang, John und Laplante, Stacie K. (2009): Taxable Income as a Performance Measure: The Effects of Tax Planning and Earnings Quality, in: Contemporary Accounting Research 2009, S. 15–54.

BACKHAUS, Klaus; ERICHSON, Bernd; PLINKE, Wulff und WEIBER, Rolf (2008): Multivariate Analysemethoden – Eine anwendungsorientierte Einführung –, 12., vollst. überarb. Aufl., Berlin – Heidelberg.

BAETGE, Jörg und BEERMANN, Thomas (1999): Die Neubewertung des Sachanlagevermögens nach International Accounting Standards (IAS), in: Steuer und Bilanzen 1999, S. 341–348.

BAETGE, Jörg; KIRSCH, Hans-Jürgen und THIELE, Stefan (2004): Konzernbilanzen, 7., überarb. Aufl., Düsseldorf.

BAETGE, Jörg; KIRSCH, Hans-Jürgen und THIELE, Stefan (2007): Bilanzen, 9., aktualisierte Aufl., Düsseldorf.

BALL, Ray (2006): International Financial Reporting Standards (IFRS): pros and cons for investors, in: Accounting and Business Research (Special Issue) 2006, S. 5–27.

BALL, Ray und WATTS, Ross (1972): Some Time Series Properties of Accounting Income, in: The Journal of Finance 1972, S. 663–681.

BALLWIESER, Wolfgang und KURZ, Gerhard (2007): Ertragsteuern, in: Wolfgang Ballwieser, Frank Beine, Sven Hayn, Volker H. Peemöller, Lothar Schruff, Claus-Peter Weber (Hrsg.), Wiley Kommentar zur internationalen Rechnungslegung nach IFRS 2007, 3. Aufl., Weinheim, S. 713–770.

BALTAGI, Badi H. (2008): Econometric Analysis of Panel Data, 4. Aufl., Chichester.

BANERJEE, Anindya; DOLADO, Juan J.; GALBRAITH, John W. und HENDRY, David (1993): Co-Integration, Error Correction, and the Econometric Analysis of Non-Stationary Data, New York.

BARTH, Mary E. (2008): Global Financial Reporting: Implications for U.S. Academics, in: The Accounting Review 2008, S. 1159–1179.

BARTH, Mary E.; BEAVER, William H.; HAND, John R. M. und LANDSMAN, Wayne R. (1999): Accruals, Cash Flows, and Equity Values, in: Review of Accounting Studies 1999, S. 205–229.

BARTH, Mary E.; BEAVER, William H. und LANDSMAN, Wayne R. (2001): The relevance of the value relevance literature for financial accounting standard setting: another view, in: Journal of Accounting and Economics 2001, S. 77–104.

BARTH, Mary E. und HUTTON, Amy P. (2004): Analyst Earnings Forecast Revisions and the Pricing of Accruals, in: Review of Accounting Studies 2004, S. 59–96.

BARTOV, Eli (1993): The Timing of Asset Sales and Earnings Manipulation, in: The Accounting Review 1993, S. 840–855.

BAUMAN, Christine C.; BAUMAN, Mark P. und HALSEY, Robert F. (2001): Do Firms Use the Deferred Tax Asset Valuation Allowance to Manage Earnings?, in: The Journal of the American Taxation Association (Supplement) 2001, S. 27–48.

BAUMANN, Karl-Heinz und SPANHEIMER, Jürgen (2008): § 274 HGB Steuerabgrenzung, in: Karlheinz Küting und Claus-Peter Weber (Hrsg.), Handbuch der Rechnungslegung Einzelabschluss – Kommentar zur Bilanzierung und Prüfung –, 5., aktualisierte und erw. Aufl.; Stand: 3. Ergänzungslieferung August 2008, Stuttgart, S. 1–26.

BEAVER, William H. (1970): The Time Series Behavior of Earnings, in: Journal of Accounting Research 1970, S. 62–99.

BEAVER, William H. (1998): Financial Reporting: An Accounting Revolution, 3. Aufl., New Jersey.

BEAVER, William H. und DUKES, Roland E. (1972): Interperiod Tax Allocation, Earnings Expectations, and the Behavior of Security Prices, in: The Accounting Review 1972, S. 320–332.

BELLOVARY, Jodi L.; GIACOMINO, Don E. und AKERS, Michael D. (2005): Earnings Quality: It's Time to Measure and Report, in: The CPA Journal 2005, S. 32–37.

BELSLEY, David A.; KUH, Edwin und WELSCH, Roy E. (2004): Regression Diagnostics – Identifying Influential Data and Sources of Collinearity –, New Jersey.

BERGER, Axel (2006): Was der DPR aufgefallen ist: Ermessensspielraum und die Bilanzierung von latenten Steuern auf Verlustvorträge, in: Der Betrieb 2006, S. 2473–2475.

BHATTACHARYA, Utpal; DAOUK, Hazem und WELKER, Michael (2003): The World Price of Earnings Opacity, in: The Accounting Review 2003, S. 641–678.

BINGER, Marc (2009): Der Ansatz von Rückstellungen nach HGB und IFRS im Vergleich – Regelungsschärfe, Zweckadäquanz sowie Eignung für die Steuerbilanz –, Wiesbaden.

BLACK, Homer A. (1966): Interperiod Allocation of Corporate Income Taxes, New York.

BLOCK, Stanley B. (1999): A Study of Financial Analysts: Practice and Theory, in: Financial Analysts Journal 1999, S. 86–95.

BRÄHLER, Gernot; BRUNE, Philipp und HEERDT, Tobias (2008): Die Auswirkungen der Zinsschranke auf die Aktivierung latenter Steuern, in: Zeitschrift für internationale und kapitalmarktorientierte Rechnungslegung 2008, S. 289–295.

BÜNING, Herbert und TRENKLER, Götz (1994): Nichtparametrische statistische Methoden, 2. Aufl., Berlin.

BURGER, Anton; FRÖHLICH, Jürgen und ULBRICH, Philipp R. (2004): Die Auswirkungen der Umstellung von HGB auf IFRS auf wesentliche Kennzahlen der externen Unternehmensrechnung, in: Zeitschrift für internationale und kapitalmarktorientierte Rechnungslegung 2004, S. 353–366.

BURGER, Anton; FRÖHLICH, Jürgen und ULBRICH, Philipp R. (2006): Kapitalmarktorientierung in Deutschland – Aktualisierung der Studien aus den Jahren 2003 und 2004 vor dem Hintergrund der Änderung der Rechnungslegung von Emittenten –, in: Zeitschrift für internationale und kapitalmarktorientierte Rechnungslegung 2006, S. 113–122.

BURGER, Anton und ULBRICH, Philipp R. (2005): Kapitalmarktorientierung in Deutschland – Aktualisierung der Studie aus dem Jahr 2003 vor dem Hintergrund der Änderung der Rechnungslegung –, in: Zeitschrift für internationale und kapitalmarktorientierte Rechnungslegung 2005, S. 39–47.

BUSHEE, Brian J. (1998): The Influence of Institutional Investors on Myopic R&D Investment Behavior, in: The Accounting Review 1998, S. 305–333.

BUSHMAN, Robert; ENGEL, Ellen und SMITH, Abbie (2006): An Analysis of the Relation between the Stewardship and Valuation Roles of Earnings, in: Journal of Accounting Research 2006, S. 53–83.

BUSSE VON COLBE, Walther (2004): Goodwill: eine unendliche Geschichte – Der ganze Goodwill soll es sein! –, in: Betriebs-Berater 2004, S. I („Die erste Seite").

BUSSE VON COLBE, Walther; ORDELHEIDE, Dieter; GEBHARDT, Günther und PELLENS, Bernhard (2006): Konzernabschlüsse – Rechnungslegung nach betriebswirtschaftlichen Grundsätzen sowie nach Vorschriften des HGB und der IAS/IFRS –, 8., überarb. Aufl., Wiesbaden.

CHANEY, Paul K. und JETER, Debra C. (1994): The Effect of Deferred Taxes on Security Prices, in: Journal of Accounting, Auditing and Finance 1994, S. 91–116.

CHEN, Kevin C. W. und SCHODERBEK, Michael P. (2000): The 1993 Tax Rate Increase and Deferred Tax Adjustments: A Test of Functional Fixation, in: Journal of Accounting Research 2000, S. 23–44.

CHRISTENSEN, Peter O.; FELTHAM, Gerald A. und SABAC, Florin (2005): A contracting perspective on earnings quality, in: Journal of Accounting and Economics 2005, S. 265–294.

CHRISTENSEN, Theodore E.; PAIK, Gyung H. und STICE, Earl K. (2008): Creating a Bigger Bath Using the Deferred Tax Valuation Allowance, in: Journal of Business Finance & Accounting 2008, S. 601–625.

COENENBERG, Adolf G. (2005): Jahresabschluss und Jahresabschlussanalyse – Betriebswirtschaftliche, handelsrechtliche, steuerrechtliche und internationale Grundsätze – HGB, IFRS und US-GAAP –, 20., überarb. Aufl., Stuttgart.

COENENBERG, Adolf G. und HILLE, Klaus (1979): Latente Steuern in Einzel- und Konzernabschluß – Zur Diskussion der 4. und 7. EG-Richtlinie –, in: Die Betriebswirtschaft 1979, S. 601–621.

COENENBERG, Adolf G. und HILLE, Klaus (1997): Latente Steuern nach der neu gefaßten Richtlinie IAS 12, in: Der Betrieb 1997, S. 537–544.

COENENBERG, Adolf G. und SCHULTZE, Wolfgang (2002): Unternehmensbewertung: Konzeptionen und Perspektiven, in: Die Betriebswirtschaft 2002, S. 597–621.

COENENBERG, Adolf G. und SCHULTZE, Wolfgang (2002a): Das Multiplikator-Verfahren in der Unternehmensbewertung: Konzeption und Kritik, in: Finanz Betrieb 2002, S. 697–703.

COLLINS, Daniel W. und KOTHARI, S.P. (1989): An Analysis of Intertemporal and Cross-Sectional Determinants of Earnings Response Coefficients, in: Journal of Accounting and Economics 1989, S. 143–181.

COOK, R. Dennis und WEISBERG, Sanford (1983): Diagnostics for Heteroscedasticity in Regression, in: Biometrika 1983, S. 1–10.

CRABTREE, Aaron und MAHER, John J. (2009): The Influence of Differences in Taxable Income and Book Income on the Bond Credit Market, in: The Journal of the American Taxation Association 2009, S. 75–99.

CRASSELT, Nils und NÖLTE, Uwe (2007): Aktienbewertung mit dem Abnormal Earnings Growth Model, in: Finanz Betrieb 2007, S. 523–531.

DEANGELO, Linda Elizabeth (1986): Accounting Numbers as Market Valuation Substitutes: A Study of Management Buyouts of Public Stockholders, in: The Accounting Review 1986, S. 400–420.

DECHOW, Patricia M. (1994): Accounting earnings and cash flows as measures of firm performance – The role of accounting accruals, in: Journal of Accounting and Economics 1994, S. 3–42.

DECHOW, Patricia M. und DICHEV, Ilia D. (2002): The Quality of Accruals and Earnings: The Role of Accrual Estimation Errors, in: The Accounting Review (Supplement) 2002, S. 35–59.

DECHOW, Patricia M.; RICHARDSON, Scott A. und TUNA, Irem (2003): Why are Earnings Kinky? An Examination of the Earnings Management Explanation, in: Review of Accounting Studies 2003, S. 355–384.

DECHOW, Patricia M. und SCHRAND, Catherine M. (2004): Earnings Quality, Charlottesville.

DECHOW, Patricia M. und SKINNER, Douglas J. (2000): Earnings Management: Reconciling the Views of Accounting Academics, Practitioners, and Regulators, in: Accounting Horizons 2000, S. 235–250.

DECHOW, Patricia M.; SLOAN, Richard G. und SWEENEY, Amy P. (1995): Detecting Earnings Management, in: The Accounting Review 1995, S. 193–225.

DEMPFLE, Urs (2006): Charakterisierung, Analyse und Beeinflussung der Konzernsteuerquote, Wiesbaden.

DESAI, Mihir A. und DHARMAPALA, Dhammika (2009): Earnings Management, Corporate Tax Shelters, and Book–Tax Alignment, in: National Tax Journal 2009, S. 169–186.

DEUTSCHE BÖRSE (2009): Leitfaden zu den Aktienindizes der Deutschen Börse – Version 6.11 (April 2009) –.

DICKEY, David A. und FULLER, Wayne A. (1979): Distribution of the Estimators for Autoregressive Time Series With a Unit Root, in: Journal of the American Statistical Association 1979, S. 427–431.

DRUKARCZYK, Jochen (1973): Zur Brauchbarkeit der Konzeption des „ökonomischen Gewinns", in: Die Wirtschaftsprüfung 1973, S. 183–188.

DUSEMOND, Michael und KESSLER, Harald (2001): Rechnungslegung kompakt, Einzel- und Konzernabschluß, HGB – IAS – US-GAAP, 2. Aufl., München – Wien.

EBERHARTINGER, Eva (2000): Ertragsteuerliche Konsequenzen der Internationalisierung der Rechnungslegung, Wien.

EDWARDS, Edgar O. und BELL, Philip W. (1961): The Theory and Measurement of Business Income, Berkeley: University of California Press.

EITZEN, Bernd von und HELMS, Svenia (2002): Aktive latente Steuern auf steuerliche Verlustvorträge nach US-GAAP – Anwendungsbesonderheiten für deutsche Unternehmen, in: Betriebs-Berater 2002, S. 823–828.

ENTWISTLE, Gary M. und PHILLIPS, Fred (2003): Relevance, Reliability, and the Earnings Quality Debate, in: Issues in Accounting Education 2003, S. 79–92.

ERNST, Edgar; GASSEN, Joachim und PELLENS, Bernhard (2009): Verhalten und Präferenzen deutscher Aktionäre – Eine Befragung von privaten und institutionellen Anlegern zum Informationsverhalten, zur Dividendenpräferenz und zur Wahrnehmung von Stimmrechten – Studien des Deutschen Aktieninstituts, Heft 42, Rüdiger von Rosen (Hrsg.), Frankfurt am Main.

ERNSTING, Ingo (2001): Auswirkungen des Steuersenkungsgesetzes auf die Steuerabgrenzung in Konzernabschlüssen nach US-GAAP und IAS, in: Die Wirtschaftsprüfung 2001, S. 11–22.

ERNSTING, Ingo und LOITZ, Rüdiger (2004): Zur Bilanzierung latenter Steuern bei Personengesellschaften nach IAS 12, in: Der Betrieb 2004, S. 1053–1060.

FELTHAM, Gerald A. und OHLSON, James A. (1995): Valuation and Clean Surplus Accounting for Operating and Financial Activities, in: Contemporary Accounting Research 1995, S. 689–731.

FELTHAM, Gerald A. und OHLSON, James A. (1996): Uncertainty Resolution and the Theory of Depreciation Measurement, in: Journal of Accounting Research 1996, S. 209–234.

FÖRSCHLE, Gerhart und HOFFMANN, Karl (1998): Latente Steuern nach IAS 12 unter Berücksichtigung des deutschen Körperschaftsteuersystem, in: Der Betrieb 1998, S. 2125–2129.

FÖRSCHLE, Gerhart und KRONER, Matthias (1996): International Accounting Standards: Offene Fragen zur künftigen Steuerabgrenzung – Ein Beitrag zur Novellierung von IAS 12 –, in: Der Betrieb 1996, S. 1633–1639.

FRANCIS, Jennifer; LAFOND, Ryan; OLSSON, Per M. und SCHIPPER, Katherine (2004): Costs of Equity and Earnings Attributes, in: The Accounting Review 2004, S. 967–1010.

FRANCIS, Jennifer; OLSSON, Per und OSWALD, Dennis R. (2000): Comparing the Accuracy and Explainability of Dividend, Free Cash Flow, and Abnormal Earnings Equity Value Estimates, in: Journal of Accounting Research 2000, S. 45–70.

FRANK, Mary Margaret (2009): DISCUSSION OF Inferring U.S. Tax Liability from Financial Statement Information, in: The Journal of the American Taxation Association 2009, S. 65–74.

FRANK, Mary Margaret; LYNCH, Luann J. und REGO, Sonja Olhoft (2009): Tax Reporting Aggressiveness and Its Relation to Aggressive Financial Reporting, in: The Accounting Review 2009, S. 467–496.

FRANK, Mary Margaret und REGO, Sonja Olhoft (2006): Do Managers Use the Valuation Allowance Account to Manage Earnings around Certain Earnings Targets?, in: The Journal of the American Taxation Association 2006, S. 43–65.

FRANKE, Günter und HAX, Herbert (2004): Finanzwirtschaft des Unternehmens und Kapitalmarkt, 5., überarb. Aufl., Berlin – Heidelberg – New York.

FREEMAN, Robert N.; OHLSON, James A. und PENMAN, Stephen H. (1982): Book Rate-of-Return and Prediction of Earnings Changes: An Empirical Investigation, in: Journal of Accounting Research 1982, S. 639–653.

FREIBERG, Jens (2006): Tarifeffekte bei der Steuerlatenzrechnung nach IFRS, in: Praxis der internationalen Rechnungslegung 2006, S. 176–178.

FREIDANK, Carl-Christian und VELTE, Patrick (2008): Bilanztheorien, in: Das Wirtschaftsstudium 2008, S. 711–716.

FROOT, Kenneth A. (1989): Consistent Covariance Matrix Estimation with Cross-Sectional Dependence and Heteroskedasticity in Financial Data, in: The Journal of Financial and Quantitative Analysis 1989, S. 333–355.

FÜLBIER, Rolf Uwe und MAGES, Monika K. (2007): Überlegungen zur Bilanzierung latenter Steuern bei Personengesellschaften nach IAS 12, in: Zeitschrift für internationale und kapitalmarktorientierte Rechnungslegung 2007, S. 69–79.

GASSEN, Joachim und SELLHORN, Thorsten (2006): Applying IFRS in Germany – Determinants and Consequences, in: Betriebswirtschaftliche Forschung und Praxis 2006, S. 365–386.

GENS, Peter-Michael und WAHLE, Thomas (2003): Bewertung körperschaft- und gewerbesteuerlicher Verlustvorträge für aktive latente Steuern nach IAS, in: Zeitschrift für internationale und kapitalmarktorientierte Rechnungslegung 2003, S. 288–291.

GIVOLY, Dan und HAYN, Carla (1992): The Valuation of the Deferred Tax Liability: Evidence from the Stock Market, in: The Accounting Review 1992, S. 394–410.

GORDON, Myron J. (1959): Dividends, Earnings, and Stock Prices, in: The Review of Economics and Statistics 1959, S. 99–105.

GORDON, Myron J. und SHAPIRO, Eli (1956): Capital Equipment Analysis: The Required Rate of Profit, in: Management Science 1956, S. 102–110.

GRAHAM, John R.; HARVEY, Campbell R. und RAJGOPAL, Shiva (2005): The economic implications of corporate financial reporting, in: Journal of Accounting and Economics 2005, S. 3–73.

GRAHAM, John R.; RAEDY, Jana Smith und SHACKELFORD, Douglas A. (2010): Research in Accounting for Income Taxes (January 11, 2010), in: Working Paper (abrufbar unter: http://ssrn.com/abstract=1312005), S. 1–123.

GREENE, William H. (2003): Econometric Analysis, 5. Aufl., New Jersey.

GU, Zhaoyang (2007): Across-sample Incomparability of R^2s and Additional Evidence on Value Relevance Changes Over Time, in: Journal of Business Finance & Accounting 2007, S. 1073–1098.

HAMILTON, Lawrence C. (2009): Statistics with STATA – Updated for Version 10 –, Belmont.

HANLON, Michelle (2003): What Can We Infer about a Firm's Taxable Income from Its Financial Statements?, in: National Tax Journal 2003, S. 831–863.

HANLON, Michelle (2005): The Persistence and Pricing of Earnings, Accruals, and Cash Flows When Firms Have Large Book-Tax Differences, in: The Accounting Review 2005, S. 137–166.

HANLON, Michelle und HEITZMAN, Shane (2009): A Review of Tax Research (September 21, 2009), in: Simon School Working Paper No. FR 09-23 (abrufbar unter: http://ssrn.com/abstract=1476561), S. 1–131.

HANLON, Michelle; LAPLANTE, Stacie Kelley und SHEVLIN, Terry (2005): Evidence for the Possible Information Loss of Conforming Book Income and Taxable Income, in: The Journal of Law and Economics 2005, S. 407–442.

HANLON, Michelle und MAYDEW, Edward L. (2009): Book-Tax Conformity: Implications for Multinational Firms, in: National Tax Journal 2009, S. 127–153.

HANLON, Michelle; MAYDEW, Edward L. und SHEVLIN, Terry (2008): An unintended consequence of book-tax conformity: A loss of earnings informativeness, in: Journal of Accounting and Economics 2008, S. 294–311.

HANLON, Michelle und SHEVLIN, Terry (2005): Book-Tax Conformity for Corporate Income: An Introduction to the Issues, in: Tax Policy and the Economy 2005, S. 101–134.

HAYN, Sven und GRÜNE, Michael (2006): Konzernabschluss nach IFRS – Konsolidierung und Bilanzierung –, München.

HEALY, Paul M. (1985): The Effect of Bonus Schemes on Accounting Decisions, in: Journal of Accounting & Economics 1985, S. 85–107.

HEALY, Paul M. und WAHLEN, James M. (1999): A Review of the Earnings Management Literature and Its Implications for Standard Setting, in: Accounting Horizons 1999, S. 365–383.

HERZIG, Norbert (2004): IAS/IFRS und steuerliche Gewinnermittlung – Eigenständige Steuerbilanz und modifizierte Überschussrechnung - Gutachten für das Bundesfinanzministerium –, Düsseldorf.

HERZIG, Norbert und VOSSEL, Stephan (2009): Paradigmenwechsel bei latenten Steuern nach dem BilMoG, in: Betriebs Berater 2009, S. 1174–1178.

HETTICH, Günter; JÜTTLER, Helmut und LUDERER, Bernd (2009): Mathematik für Wirtschaftswissenschaftler und Finanzmathematik, 10. Aufl., München.

HEURUNG, Rainer (2000): Latente Steuerabgrenzung im Konzernabschluß im Vergleich zwischen HGB, IAS und US-GAAP, in: Die Aktiengesellschaft 2000, S. 538–553.

HEURUNG, Rainer (2000a): Steuerabgrenzung nach dem Temporary Differences-Konzept im befreienden Konzernabschluss, in: Betriebs-Berater 2000, S. 1340–1347.

HEURUNG, Rainer und KURTZ, Michael (2000): Latente Steuern nach dem Temporary Differences-Konzept: Ausgewählte Problembereiche, in: Betriebs-Berater 2000, S. 1775–1780.

HEUSER, Paul J. und THEILE, Carsten (2005): IAS/IFRS Handbuch – Einzel- und Konzernabschluss –, 2., neu bearb. Aufl., Köln.

HOFFMANN, Wolf-Dieter (2008): § 26 Steuern vom Einkommen, in: Norbert Lüdenbach und Wolf-Dieter Hoffmann (Hrsg.), Haufe IFRS-Kommentar, 6. Aufl., Freiburg im Breisgau, S. 1331–1410.

HOFFMANN, Wolf-Dieter (2008a): § 12 Öffentliche Zuwendungen (Government Grants), in: Norbert Lüdenbach und Wolf-Dieter Hoffmann (Hrsg.), Haufe IFRS-Kommentar, 6. Aufl., Freiburg im Breisgau, S. 527–551.

HORSCHITZ, Harald; GROSS, Walter und FANCK, Bernfried (2007): Bilanzsteuerrecht und Buchführung, 11., neu bearb. Aufl., Stuttgart.

HOYOS, Martin und FISCHER, Norbert (2006): § 274 Steuerabgrenzung, in: Helmut Ellrott, Gerhart Förschle, Martin Hoyos und Norbert Winkeljohann (Hrsg.), Beck'scher Bilanz-Kommentar – Handels- und Steuerbilanz §§238 bis 339, 342 bis 342e HGB mit EGHGB und IAS/IFRS-Abweichungen –, 6., völlig neubearb. Aufl., München, S. 1035–1056.

HUBER, Peter J. (1967): The Behavior of Maximum Likelihood Estimates Under Nonstandard Conditions, in: Lucien M. Le Cam und Jerzy Neyman (Hrsg.), Proceedings of the Fifth Berkeley Symposium on Mathematical Statistics and Probability, Volume 1: Statistics, Berkeley – Los Angeles, S. 221–233.

IASB (2003): Board Decisions on International Accounting Standards – IASB Update April 2003 –, abrufbar unter: http://www.iasb.org/Updates/IASB+Updates/2003/2003+IASB+Updates.htm (abgerufen am: 14.01.2007).

IASB (2005): Board Decisions on International Financial Reporting Standards – IASB Update February 2005 –, abrufbar unter: http://www.iasb.org/Updates/IASB+Updates/2005/2005+IASB+Updates.htm (abgerufen am: 30.01.2007).

IASB (2006): Discussion Paper – Preliminary Views on an improved Conceptual Framework for Financial Reporting: The Objective of Financial Reporting and Qualitative Characteristics of Decision-useful Financial Reporting Information, London.

IASB (2007): Short-term convergence: income taxes (Dezember 2007), abrufbar unter: http://www.iasb.org/Current+Projects/IASB+Projects/Income+Taxes/Income+Taxes.htm (abgerufen am: 14.01.2008).

IASC FOUNDATION (2009): IASC Foundation Constitution – Revised Constitution 1 February 2009 –, S. 1–19.

IAS-VERORDNUNG (2002): Verordnung EG Nr. 1606/2002 betreffend der Anwendung internationaler Rechnungslegungsstandards vom 19.07.2002, ABIEG L 243 vom 11.09.2002.

IDW (2008): International Financial Reporting Standards IFRS einschließlich International Accounting Standards IAS und Interpretationen – Die amtlichen EU-Texte (Englisch-Deutsch) – IDW Textausgabe –, 4., aktualisierte Aufl., Düsseldorf.

JONES, Jennifer J. (1991): Earnings Management During Import Relief Investigations, in: Journal of Accounting Research 1991, S. 193–228.

KAGER, Rebekka; KNIRSCH, Deborah und NIEMANN, Rainer (2008): Steuerliche Wertansätze als zusätzliche Information für unternehmerische Entscheidungen? – Eine Auswertung von IFRS-Abschlüssen der deutschen DAX-30- und der österreichischen ATX-Unternehmen –, in: arqus Diskussionsbeiträge zur Quantitativen Steuerlehre – Diskussionsbeitrag Nr. 50 – 2008.

KAHLE, Holger (2002): Internationale Rechnungslegung und ihre Auswirkungen auf Handels- und Steuerbilanz, Wiesbaden.

KAHLE, Holger (2002a): Maßgeblichkeitsgrundsatz auf Basis der IAS?, in: Die Wirtschaftsprüfung 2002, S. 178–188.

KARRENBROCK, Holger (1991): Latente Steuern in Bilanz und Anhang, Düsseldorf.

KESSLER, Harald; LEINEN, Markus und PAULUS, Benjamin (2009): Das BilMoG und die latenten Steuern (Teil 1), in: Zeitschrift für internationale und kapitalmarktorientierte Rechnungslegung 2009, S. 716–728.

KESSLER, Harald; LEINEN, Markus und PAULUS, Benjamin (2010): Das BilMoG und die latenten Steuern (Teil 2), in: Zeitschrift für internationale und kapitalmarktorientierte Rechnungslegung 2010, S. 46–49.

KIRSCH, Hanno (2002): Abgrenzung latenter Steuern bei Personengesellschaften in Deutschland nach IAS 12, in: Deutsches Steuerrecht 2002, S. 1875–1880.

KIRSCH, Hanno (2007): Auswirkung der Unternehmensteuerreform 2008 auf die Bilanzierung und Bewertung latenter Steuern nach IAS 12, in: Deutsches Steuerrecht 2007, S. 1268–1273.

KLEIN, Oliver (2001): Die Bilanzierung latenter Steuern nach HGB, IAS und US-GAAP im Vergleich, in: Deutsches Steuerrecht 2001, S. 1450–1456.

KNIRSCH, Deborah (2005): Die antizipierte und realisierte Steuerbelastung von Unternehmen – Auswirkungen einer Investitionsrechnung mit vereinfachter Steuerbemessungsgrundlage –, Wiesbaden.

KRÖNER, Michael und BECKENHAUB, Claus (2008): Konzernsteuerquote: Vom Tax Accounting zum Tax Management, in: Die Unternehmensbesteuerung 2008, S. 631–640.

KÜHNE, Erhard; MELCHER, Winfried und WESEMANN, Michael (2009): Latente Steuern nach dem BilMoG – Grundlagen und Zweifelsfragen (Teil 1), in: Die Wirtschaftsprüfung 2009, S. 1005–1014.

KÜHNE, Erhard; MELCHER, Winfried und WESEMANN, Michael (2009a): Latente Steuern nach dem BilMoG – Grundlagen und Zweifelsfragen (Teil 2), in: Die Wirtschaftsprüfung 2009, S. 1057–1065.

KÜTING, Karlheinz und GATTUNG, Andreas (2005): Abgrenzung latenter Steuern auf timing und temporary differences – Grundlagen der Abgrenzung bilanzierungs- oder bewertungsbedingter Differenzen nach HGB sowie DRS 10 und IAS 12 –, in: Steuer und Bilanzen 2005, S. 241–248.

KÜTING, Karlheinz und WEBER, Claus-Peter (2006): Der Konzernabschluss – Praxis der Konzernrechnungslegung nach HGB und IFRS –, 10., überarb. Aufl., Stuttgart.

KÜTING, Karlheinz und WIRTH, Johannes (2004): Bilanzierung von Unternehmenszusammenschlüssen nach IFRS 3, in: Zeitschrift für internationale und kapitalmarktorientierte Rechnungslegung 2004, S. 167–177.

KÜTING, Karlheinz und ZWIRNER, Christian (2003): Latente Steuern in der Unternehmenspraxis: Bedeutung für Bilanzpolitik und Unternehmensanalyse – Grundlagen sowie empirischer Befund in 300 Konzernabschlüssen von in Deutschland börsennotierten Unternehmen –, in: Die Wirtschaftsprüfung 2003, S. 301–316.

KÜTING, Karlheinz und ZWIRNER, Christian (2005): Zunehmende Bedeutung und Indikationsfunktion latenter Steuern in der Unternehmenspraxis, in: Betriebs-Berater 2005, S. 1553–1562.

KÜTING, Karlheinz und ZWIRNER, Christian (2007): Abgrenzung latenter Steuern nach IFRS in der Bilanzierungspraxis in Deutschland: Dominanz der steuerlichen Verlustvorträge, in: Die Wirtschaftsprüfung 2007, S. 555–562.

KÜTING, Karlheinz und ZWIRNER, Christian (2007a): Quantitative Auswirkungen der IFRS-Rechnungslegung auf das Bilanzbild in Deutschland – Ein Modell zur Erfassung von Unterschieden zwischen der nationalen Rechnungslegung und der IFRS-Bilanzierung –, in: Zeitschrift für internationale und kapitalmarktorientierte Rechnungslegung 2007, S. 92–102.

KÜTING, Karlheinz und ZWIRNER, Christian (2007b): Analyse quantitativer Reinvermögenseffekte durch die Anwendung der IFRS – Modellierte Berechnungsmethodik und empirische Befunde –, in: Zeitschrift für internationale und kapitalmarktorientierte Rechnungslegung 2007, S. 142–151.

KÜTING, Karlheinz; ZWIRNER, Christian und REUTER, Michael (2003): Latente Steuern im nationalen und internationalen Jahresabschluss: Konzeptionelle Grundlagen und synoptischer Vergleich, in: Betrieb und Wirtschaft 2003, S. 441–447.

KUMAR, Krishna R. und VISVANATHAN, Gnanakumar (2003): The Information Content of the Deferred Tax Valuation Allowance, in: The Accounting Review 2003, S. 471–490.

LANG, Joachim (2008): § 4 Rechtsstaatliche Ordnung des Steuerrechts, in: Klaus Tipke und Joachim Lang (Hrsg.), Steuerrecht, 19. völlig überarb. Aufl., Köln, S. 69–135.

LEE, Charles M. C. (1999): Accounting-Based Valuation: Impact on Business Practices and Research, in: Accounting Horizons 1999, S. 413–425.

LEHMANN, Matthias (2003): Finanzwirtschaft – Eine marktorientierte Einführung für Ökonomen und Juristen –, Berlin – Heidelberg – New York.

LEUZ, Christian; NANDA, Dhananjay und WYSOCKI, Peter D. (2003): Earnings management and investor protection: an international comparison, in: Journal of Financial Economics 2003, S. 505–527.

LEV, Baruch (1989): On the Usefulness of Earnings and Earnings Research: Lessons and Directions from Two Decades of Empirical Research, in: Journal of Accounting Research 1989, S. 153–192.

LEV, Baruch und NISSIM, Doron (2004): Taxable Income, Future Earnings, and Equity Values, in: The Accounting Review 2004, S. 1039–1074.

LIENAU, Achim (2006): Bilanzierung latenter Steuern im Konzernabschluss nach IFRS, Düsseldorf.

LIPE, Robert (1990): The Relation between Stock Returns and Accounting Earnings Given Alternative Information, in: The Accounting Review 1990, S. 49–71.

LISOWSKY, Petro (2009): Inferring U.S. Tax Liability from Financial Statement Information, in: The Journal of the American Taxation Association 2009, S. 29–63.

LOITZ, Rüdiger (2007): Bilanzierung latenter Steueransprüche für Vorträge noch nicht genutzter steuerlicher Verluste nach IFRS, in: Die Wirtschaftsprüfung 2007, S. 778–787.

LOITZ, Rüdiger (2009): Wesentliche Änderungen des Tax Accounting durch die Einführung von ED/2009/2 für die Unternehmenspraxis, in: Der Betrieb 2009, S. 1997–2005.

LOITZ, Rüdiger und NEUKAMM, Michael (2008): Der Zinsvortrag und die Bilanzierung von latenten Steueransprüchen, in: Die Wirtschaftsprüfung 2008, S. 196–203.

LOITZ, Rüdiger und RÖSSEL, Carsten (2002): Die Diskontierung von latenten Steuern, in: Der Betrieb 2002, S. 645–651.

LÜCKE, Wolfgang (1955): Investitionsrechnung auf der Basis von Ausgaben oder Kosten, in: Zeitschrift für handelswissenschaftliche Forschung, Ergänzungsheft 1955, S. 310–324.

LÜCKE, Wolfgang (1965): Die kalkulatorischen Zinsen im betrieblichen Rechungswesen, in: Zeitschrift für Betriebswirtschaft 1965, S. 3–28.

LÜDENBACH, Norbert (2008): § 32 Tochterunternehmen im Konzern- und Einzelabschluss, in: Norbert Lüdenbach und Wolf-Dieter Hoffmann (Hrsg.), Haufe IFRS-Kommentar, 6. Aufl., Freiburg im Breisgau, S. 1919–2016.

LÜDENBACH, Norbert und HOFFMANN, Wolf-Dieter (2003): Imparitätische Wahrscheinlichkeit – Zukunftswerte im IAS-Regelwerk, in: Zeitschrift für internationale und kapitalmarktorientierte Rechnungslegung 2003, S. 5–14.

LÜHRMANN, Volker (1997): Latente Steuern im Konzernabschluß, Düsseldorf.

MAIER, Michael T. und WEIL, Matthias (2009): Latente Steuern im Einzel- und Konzernabschluss: Auswirkungen des BilMoG auf die Bilanzierungspraxis, in: Der Betrieb 2009, S. 2729–2736.

MAUL, Karl-Heinz (1992): Offene Probleme der Bewertung von Unternehmen durch Wirtschaftsprüfer, in: Der Betrieb 1992, S. 1253–1259.

MEYER, Marco; LOITZ, Rüdiger; QUELLA, Jerome-Oliver und ZERWAS, Peter (2009): Latente Steuern – Bewertung, Bilanzierung, Beratung –, Wiesbaden.

MEYER, Udo; BORNHOFEN, Martin C. und HOMRIGHAUSEN, Andreas (2005): Anteile an Personengesellschaften nach Steuerrecht und nach IFRS – Steuerlatenzen im Einzel- und Konzernabschluss –, in: Zeitschrift für internationale und kapitalmarktorientierte Rechnungslegung 2005, S. 504–512.

MILLER, Gregory S. und SKINNER, Douglas J. (1998): Determinants of the Valuation Allowance for Deferred Tax Assets under SFAS No. 109, in: The Accounting Review 1998, S. 213–233.

MILLER, Merton H. und MODIGLIANI, Franco (1961): Dividend Policy, Growth, and the Valuation of Shares, in: The Journal of Business 1961, S. 411–433.

MILLS, Lillian F. und NEWBERRY, Kaye J. (2001): The Influence of Tax and Nontax Costs on Book-Tax Reporting Differences: Public and Private Firms, in: The Journal of the American Taxation Association 2001, S. 1–19.

MOXTER, Adolf (1983): Grundsätze ordnungsmäßiger Unternehmensbewertung, 2. Aufl., Wiesbaden.

MÜLLER, Stefan und REINKE, Jens (2008): Other comprehensive income nach IFRS im DAX, MDAX und SDAX – Empirische Analyse von erfolgsneutral erfassten Erträgen und Aufwendungen im Berichtsjahr 2006 bzw. 2005/2006 –, in: Praxis der internationalen Rechnungslegung 2008, S. 258–267.

MÜNSTERMANN, Hans (1966): Die Bedeutung des ökonomischen Gewinns für den externen Jahresabschluß der Aktiengesellschaft, in: Die Wirtschaftsprüfung 1966, S. 579–586.

NOBES, Christopher (2006): The survival of international differences under IFRS: towards a research agenda, in: Accounting and Business Research 2006, S. 233–245.

OESTREICHER, Andreas; SCHMIDT, Frank und SPENGEL, Christoph (1999): Steuerliche Gewinnermittlung nach internationalen Grundsätzen – Eine EDV-gestützte quantitative Analyse der Belastungs- und Wettbewerbswirkungen –, in: Steuern und Bilanzen 1999, S. 1035–1041.

OESTREICHER, Andreas und SPENGEL, Christoph (1999): Maßgeblichkeit der International Accounting Standards für die steuerliche Gewinnermittlung? – International vergleichende Analyse der wirtschaftlichen Wirkungen eines Übergangs auf die Rechnungslegung nach den IAS –, Baden-Baden.

OESTREICHER, Andreas und SPENGEL, Christoph (1999a): International Accounting Standards, Maßgeblichkeitsprinzip und Besteuerung, in: Der Betrieb 1999, S. 593–600.

OESTREICHER, Andreas und SPENGEL, Christoph (2001): Anwendung von IAS in der EU – Zukunft des Maßgeblichkeitsprinzips und Steuerbelastung, in: Recht der Internationalen Wirtschaft 2001, S. 889–902.

OHLSON, James A. (1995): Earnings, Book Values, and Dividends in Equity Valuation, in: Contemporary Accounting Research 1995, S. 661–687.

OHLSON, James A. (2005): On Accounting-Based Valuation Formulae, in: Review of Accounting Studies 2005, S. 323–347.

OHLSON, James A. und JUETTNER-NAUROTH, Beate E. (2005): Expected EPS and EPS Growth as Determinants of Value, in: Review of Accounting Studies 2005, S. 349–365.

OHLSON, James A. und PENMAN, Stephen H. (1992): Disaggregated Accounting Data as Explanatory Variables for Returns, in: Journal of Accounting, Auditing and Finance 1992, S. 553–573.

PALEPU, Krishna G.; HEALY, Paul M. und BERNARD, Victor L. (2004): Business Analysis & Valuation – Using Financial Statements –, 3. Aufl., Versailles.

PAWELZIK, Kai Udo (2006): Latente Steuern auf Goodwilldifferenzen bei der Konsolidierung von Personengesellschaften nach IFRS, in: Zeitschrift für internationale und kapitalmarktorientierte Rechnungslegung 2006, S. 13–19.

PELLENS, Bernhard; FÜLBIER, Rolf Uwe; GASSEN, Joachim und SELLHORN, Thorsten (2008): Internationale Rechnungslegung – IFRS 1 bis 8, IAS 1 bis 41, IFRIC-Interpretationen, Standardentwürfe –, 7., überarb. und erw. Aufl., Stuttgart.

PELLENS, Bernhard; GASSEN, Joachim und RICHARD, Marc (2003): Ausschüttungspolitik börsennotierter Unternehmen in Deutschland, in: Die Betriebswirtschaft 2003, S. 309–332.

PENMAN, Stephen H. (2003): The Quality of Financial Statements: Perspectives from the Recent Stock Market Bubble, in: Accounting Horizons 2003, S. 77–96.

PENMAN, Stephen H. (2004): Financial Statement Analysis and Security Valuation, 2. Aufl., New York.

PETERSEN, Karl; BANSBACH, Florian und DORNBACH, Eike (2008): IFRS Praxishandbuch – Ein Leitfaden für die Rechungslegung mit Fallbeispielen –, 3., aktualisierte und erw. Aufl., München.

PETERSEN, Karl und ZWIRNER, Christian (2009): Rechnungslegung und Prüfung im Umbruch: Überblick über das neue deutsche Bilanzrecht – Veränderte Rahmenbedingungen durch das verabschiedete Bilanzrechtsmodernisierungsgesetz (BilMoG) –, in: Zeitschrift für internationale und kapitalmarktorientierte Rechnungslegung 2009 (Beihefter 1 zu Heft 5 vom 4. Mai 2009), S. 1–45.

PHILLIPS, John D.; PINCUS, Morton und REGO, Sonja Olhoft (2003): Earnings Management: New Evidence Based on Deferred Tax Expense, in: The Accounting Review 2003, S. 491–521.

PHILLIPS, John D.; PINCUS, Morton; REGO, Sonja Olhoft und WAN, Huishan (2004): Decomposing Changes in Deferred Tax Assets and Liabilities to Isolate Earnings Management Activities, in: The Journal of the American Taxation Association 2004, S. 43–66.

PREINREICH, Gabriel A.D. (1937): Goodwill in Accountancy, in: Journal of Accountancy 1937, S. 28–50.

PREINREICH, Gabriel A.D. (1938): Annual Survey of Economic Theory: The Theory of Depreciation, in: Econometrica 1938, S. 219–241.

RABENECK, Jasmin und REICHERT, Gudrun (2002): Latente Steuern im Einzelabschluss (Teil I), in: Deutsches Steuerrecht 2002, S. 1366–1372.

RABENECK, Jasmin und REICHERT, Gudrun (2002a): Latente Steuern im Einzelabschluss (Teil II), in: Deutsches Steuerrecht 2002, S. 1409–1416.

RAYBURN, Judy (1986): The Association of Operating Cash Flow and Accruals with Security Returns, in: Journal of Accounting Research 1986, S. 112–133.

RÖDDER, Thomas (2007): Überblick über die Unternehmensteuerreform 2008, in: Harald Schaumburg und Thomas Rödder (Hrsg.), Unternehmensteuerreform 2008 – Gesetze, Materialien, Erläuterungen –, S. 351–392.

ROGERS, William H. (1993): Regression standard errors in clustered samples, in: Stata Technical Bulletin Reprints 1993, S. 88–94.

RONEN, Joshua und YAARI, Varda (2008): Earnings Management – Emerging Insights in Theory, Practice, and Research –, New York.

ROODMAN, David (2009): How to do xtabond2: An introduction to difference and system GMM in Stata, in: The Stata Journal 2009, S. 86–136.

ROYCHOWDHURY, Sugata (2006): Earnings management through real activities manipulation, in: Journal of Accounting and Economics 2006, S. 335–370.

RUHNKE, Klaus; SCHMIDT, Martin und SEIDEL, Thorsten (2005): Ergebnisneutrale oder ergebniswirksame Auflösung zuvor ergebnisneutral gebildeter latenter Steuern nach IFRS?, in: Zeitschrift für internationale und kapitalmarktorientierte Rechnungslegung 2005, S. 82–88.

SCHÄFFELER, Ursula (2000): Latente Steuern nach US-GAAP für deutsche Unternehmen, Frankfurt am Main.

SCHANZ, Deborah und SCHANZ, Sebastian (2009): Maßgeblichkeit der Handelsbilanz für die Steuerbilanz in Europa und in den USA, in: Steuer und Wirtschaft 2009, S. 311–322.

SCHEFFLER, Wolfram (2007): Besteuerung von Unternehmen I – Ertrag-, Substanz- und Verkehrsteuern –, 10., neubearb. Aufl., Heidelberg.

SCHEFFLER, Wolfram (2007a): Besteuerung von Unternehmen II – Steuerbilanz und Vermögensaufstellung –, 5., neu bearb. Aufl., Heidelberg.

SCHILDBACH, Thomas (1998): Latente Steuern auf permanente Differenzen und andere Kuriositäten – Ein Blick in das gelobte Land jenseits der Maßgeblichkeit, in: Die Wirtschaftsprüfung 1998, S. 939–947.

SCHILDBACH, Thomas (2008): Der handelsrechtliche Jahresabschluss, 8., überarb. Aufl., Herne – Berlin.

SCHIPPER, Katherine und VINCENT, Linda (2003): Earnings Quality, in: Accounting Horizons 2003, S. 97–110.

SCHMALENBACH, Eugen (1953): Dynamische Bilanz – unter Mitwirkung von Bauer, Richard –, 11. Aufl., Köln - Opladen.

SCHMIDT, Matthias (2000): Latente Steuern nach den US-GAAP in deutschen Konzernabschlüssen: Wesentliche Konsequenzen einer Steuerabgrenzung gemäß SFAS No. 109 statt nach § 274 und § 306 HGB, in: Wolfgang Ballwieser (Hrsg.), US - amerikanische Rechnungslegung – Grundlagen und Vergleiche mit deutschem Recht –, 4., überarb. und erw. Aufl., Stuttgart, S. 241–281.

SCHNEIDER, Dieter (1963): Bilanzgewinn und ökonomische Theorie, in: Zeitschrift für handelswissenschaftliche Forschung 1963, S. 457–474.

SCHRAND, Catherine M. und WONG, M.H. Franco (2003): Earnings Management Using the Valuation Allowance for Deferred Tax Assets under SFAS No. 109, in: Contemporary Accounting Research 2003, S. 579–611.

SCHULZ-DANSO, Martin (2006): § 25 Laufende und latente Ertragsteuern, in: Werner Bohl, Joachim Riese und Jörg Schlüter (Hrsg.), Beck'sches IFRS-Handbuch – Kommentierung der IFRS/IAS –, 2., vollständig überarb. und erw. Aufl., München, S. 637–697.

SEIDA, Jim A. (2003): Tax Shelter's and Analysis of Enron's Disclosed Tax Information, in: Enron: The Joint Committee on Taxation's Investigative Report – Hearing before the Committee on Finance United States Senate (108th Congress – First Session), February 13, 2003, S. 110–117.

SENGER, Thomas und BRUNE, Wilfried (2006): § 33 Vollkonsolidierung, in: Werner Bohl, Joachim Riese und Jörg Schlüter (Hrsg.), Beck'sches IFRS-Handbuch – Kommentierung der IFRS/IAS –, 2., vollständig überarb. und erw. Aufl., München, S. 924–931.

SEPPELFRICKE, Peter (1999): Moderne Multiplikatorverfahren bei der Aktien- und Unternehmensbewertung, in: Finanz Betrieb 1999, S. 300–307.

SIEGEL, Theodor (1987): Latente Steuern: Konzeptionsprobleme und Anwendungsfragen zur Bilanzierung nach § 274 HGB, in: Bilanzrichtlinien-Gesetz, ZfB-Ergänzungsheft 1/1987, S. 137–174.

SIMLACHER, Alfred und SCHURBOHM-EBNETH, Anne (2009): Die geplanten Änderungen zur Bilanzierung von Ertragsteuern in IFRS-Abschlüssen, in: Zeitschrift für internationale und kapitalmarktorientierte Rechnungslegung 2009, S. 389–399.

SIMON, Herman Veit (1899): Die Bilanzen der Aktiengesellschaften und der Kommanditgesellschaften auf Aktien, 3. Aufl., Berlin.

SLOAN, Richard G. (1996): Do Stock Prices Fully Reflect Infomation in Accruals and Cash Flows About Future Earnings?, in: The Accounting Review 1996, S. 289–315.

SPENGEL, Christoph (2003): International Accounting Standards und Unternehmensbesteuerung in der Europäischen Union (Teil I), in: Internationales Steuerrecht 2003, S. 29–36.

SPENGEL, Christoph (2003a): International Accounting Standards und Unternehmensbesteuerung in der Europäischen Union (Teil II), in: Internationales Steuerrecht 2003, S. 67–72.

SPENGEL, Christoph (2004): Rechnungslegung nach IFRS – Konsequenzen für die Besteuerung, in: Zeitschrift für Controlling und Management, Sonderheft 2/2004, S. 130–140.

SPENGEL, Christoph (2006): IFRS als Ausgangspunkt der steuerlichen Gewinnermittlung in der Europäischen Union – Steuerbelastungskonsequenzen im Länder- und Branchenvergleich, in: Der Betrieb 2006, S. 681–687.

STAUDINGER, Harald (2007): Systematisch zum Erfolg – Mit der richtigen Aktienauswahl konstant den Markt schlagen –, München.

STOBER, Thomas L. (1999): Empirical applications of the Ohlson [1995] and Feltham and Ohlson [1995, 1996] Valuation Models, in: Managerial Finance 1999, S. 3–16.

THOMAS, Jacob K. und ZHANG, Huai (2002): Inventory Changes and Future Returns, in: Review of Accounting Studies 2002, S. 163–187.

THOMSON FINANCIAL (2007): Worldscope Database – Datatype Definitions Guide –, Issue 6, April 2007.

VAN DER MEULEN, Sofie; GAEREMYNCK, Ann und WILLEKENS, Marleen (2007): Attribute differences between U.S. GAAP and IFRS earnings: An exploratory study, in: The International Journal of Accounting 2007, S. 123–142.

VISVANATHAN, Gnanakumar (1998): Deferred Tax Valuation Allowances and Earnings Management, in: Journal of Financial Statement Analysis 1998, S. 6–15.

WAGENHOFER, Alfred (2005): Internationale Rechnungslegungsstandards IAS/IFRS – Grundkonzepte, Bilanzierung, Bewertung, Angaben, Umstellung und Analyse –, 5., überarb. und erw. Aufl., Frankfurt am Main.

WAGENHOFER, Alfred (2009): Internationale Rechnungslegungsstandards IAS/IFRS – Grundlagen und Grundsätze, Bilanzierung, Bewertung und Angaben, Umstellung und Analyse –, 6., aktualisierte und erw. Aufl., München.

WAGENHOFER, Alfred und DÜCKER, Hannes (2007): Die Messung von „Earnings"-Qualität, in: Journal für Betriebswirtschaft 2007, S. 263–297.

WAGENHOFER, Alfred und EWERT, Ralf (2007): Externe Unternehmensrechnung, 2., überarb. und erw. Aufl., Berlin – Heidelberg – New York.

WAGNER, Franz W. (1982): Zur Informations- und Ausschüttungsbemessungsfunktion des Jahresabschlusses auf einem organisierten Kapitalmarkt, in: Zeitschrift für betriebswirtschaftliche Forschung 1982, S. 749–771.

WAGNER, Franz W. (1989): Die zeitliche Erfassung steuerlicher Leistungsfähigkeit, in: Herbert Hax, Werner Kern und Hans-Horst Schröder (Hrsg.), Zeitaspekte betriebswirtschaftlicher Theorie und Praxis, Stuttgart, S. 261–277.

WAGNER, Franz W. (1992): Neutralität und Gleichmäßigkeit als ökonomische und rechtliche Kriterien steuerlicher Normkritik, in: Steuer und Wirtschaft 1992, S. 2–13.

WAGNER, Franz W. (1993): Theorie und Praxis der Rechnungslegung: Lehren aus drei Jahrzehnten, in: Ökonomische Analyse des Bilanzrechts – Entwicklungslinien und Perspektiven –, Zeitschrift für betriebswirtschaftliche Forschung 1993 (Sonderheft 32/93), S. 1–10.

WAGNER, Franz W. (1994): Periodenabgrenzung als Prognoseverfahren – Konzeption und Anwendungsbereich der „einkommensapproximativen Bilanzierung", in: Wolfgang Ballwieser, Hans-Joachim Böcking, Jochen Drukarczyk und Reinhard H. Schmidt (Hrsg.), Bilanzrecht und Kapitalmarkt, Festschrift zum 65. Geburtstag von Adolf Moxter, Düsseldorf, S. 1177–1197.

WAGNER, Franz W. (2005): Besteuerung, in: Michael Bitz, Michel Domsch, Ralf Ewert und Franz W. Wagner (Hrsg.), Vahlens Kompendium der Betriebswirtschaftslehre, Band 2, 5. Aufl., München, S. 407–477.

WAGNER, Franz W. (2005a): Kann die Besteuerung vereinfacht werden, wenn die Rechnungslegung komplexer wird?, in: Betriebswirtschaftliche Forschung und Praxis 2005, S. 528–545.

WATTS, Ross L. und LEFTWICH, Richard W. (1977): The Time Series of Annual Accounting Earnings, in: Journal of Accounting Research 1977, S. 253–271.

WEBER, David P. (2009): Do Analysts and Investors Fully Appreciate the Implications of Book-Tax Differences for Future Earnings?, in: Contemporary Accounting Research 2009, S. 1175–1206.

WELLISCH, Dietmar (2002): Besteuerung von Erträgen, München.

WHITE, Halbert (1980): A Heteroskedasticity-Consistent Covariance Matrix Estimator and a Direct Test for Heteroskedasticity, in: Econometrica 1980, S. 817–838.

WILLIAMS, John B. (1938): The Theory of Investment Value, Amsterdam.

WILLIAMS, Rick L. (2000): A Note on Robust Variance Estimation for Cluster-Correlated Data, in: Biometrics 2000, S. 645–646.

WOLLMERT, Peter und ACHLEITNER, Ann-Kristin (1997): Konzeptionelle Grundlagen der IAS-Rechnungslegung (Teil II), in: Die Wirtschaftsprüfung 1997, S. 245–256.

WOOLDRIDGE, Jeffrey M. (2002): Econometric Analysis of Cross Section and Panel Data, Cambridge.

WOOLDRIDGE, Jeffrey M. (2003): Introductory Econometrics – A Modern Approach –, 2. Aufl., Mason.

XIE, Hong (2001): The Mispricing of Abnormal Accruals, in: The Accounting Review 2001, S. 357–373.

ZÜLCH, Henning und LIENAU, Achim (2004): Die Bedeutung der Steuerabgrenzung für die fair-value-Bilanzierung nicht-finanzieller Vermögenswerte nach den Rechnungslegungsvorschriften des IASB, in: Die Wirtschaftsprüfung 2004, S. 565–576.

ZÜLCH, Henning und LIENAU, Achim (2006): Bilanzierung von investment properties und Sachanlagevermögen unter Berücksichtigung latenter Steuern – Eine Fallstudie zur Anwendung von IAS 16 und IAS 40 –, in: Zeitschrift für internationale und kapitalmarktorientierte Rechnungslegung 2006, S. 698–703.

ZWIRNER, Christian (2007): IFRS-Bilanzierungspraxis – Umsetzungs- und Bewertungsunterschiede in der Rechnungslegung –, Berlin.

ZWIRNER, Christian (2007a): IFRS – Ein zehnjähriger Rückblick auf die sukzessive Rezeption, in: Zeitschrift für internationale und kapitalmarktorientierte Rechnungslegung 2007, S. 599–607.

ZWIRNER, Christian und KÜNKELE, Kai Peter (2009): Die Bedeutung der Neuregelungen des BilMoG im Kontext der zunehmenden Anwendung der IFRS: Annäherung statt Übernahme, in: Zeitschrift für internationale und kapitalmarktorientierte Rechnungslegung 2009, S. 639–648.

ZWIRNER, Christian und KÜNKELE, Kai Peter (2009a): Latente Steuern nach BilMoG: Zehn zentrale Fragestellungen, in: Zeitschrift für Bilanzierung und Rechnungswesen 2009, S. 487–490.